抗碱砧木（资阳香橙）

柑橘砧木苗移栽后的培育

纽荷尔脐橙果园

柑橘果园间作

柑橘叶片缺铁症状

柑橘叶片缺硼症状

脐橙裂果

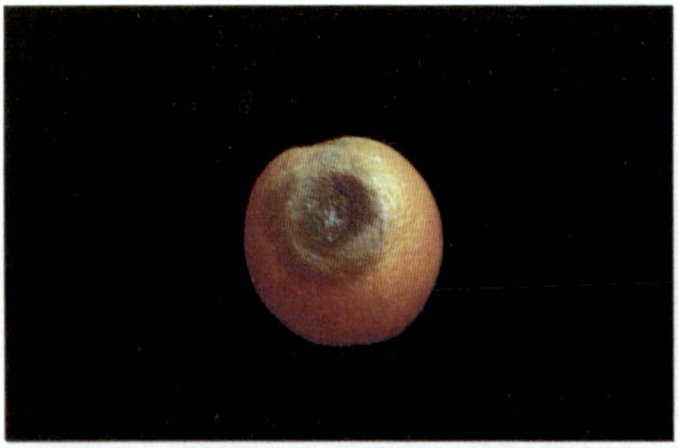

柑橘果实炭疽病症状

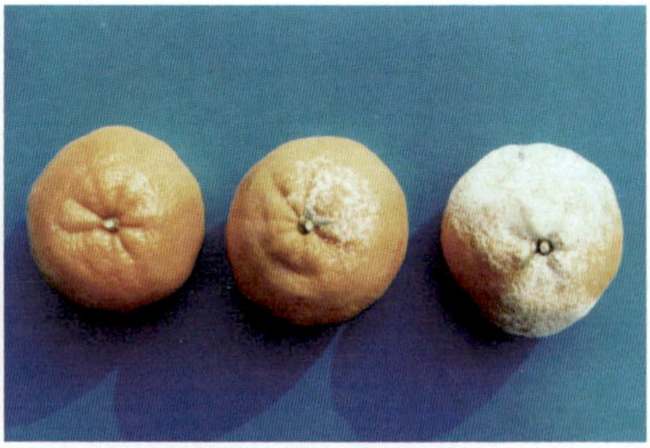

绿霉病果（右边）与正常果

晚熟甜橙日灼病

蜗牛为害脐橙果实

孚优选蕉柑结果性状

岩溪晚芦（椪柑）结果性状

鲍威尔脐橙结果性状

斑菲尔脐橙结果性状

奉节晚熟脐橙结果性状

卡拉卡拉（红肉）脐橙果实

塔罗科血橙果实

塔罗科血橙新系果实

奥灵达夏橙结果性状

露德红夏橙果实

阳春山地马水橘丰产园

晚熟柑橘配套生产技术

主　编

沈兆敏　王　华　张云贵

副主编

秦光成　汪小伟　徐忠强

编著者

（以姓氏笔画为序）

张　湧　张世林　张树清　辛衍军

李永安　何祥林　陈　伟　陈跃飞

陈贵兵　邵蒲芬　罗胜利　郑　勇

骆承树　袁静秋　彭永红　蔡永强

谭　岗

金盾出版社

内 容 提 要

本书由中国柑橘研究所专家编著，主要内容有柑橘生产概述，晚熟柑橘品种，晚熟柑橘苗木繁殖，晚熟柑橘的环境条件、园地规划建设和换优建园，晚熟柑橘果园的土壤管理技术，晚熟柑橘施肥技术，水分管理技术，整形修剪技术，晚熟柑橘的花果管理及高品质栽培技术，晚熟柑橘的无公害病虫害防治技术，晚熟柑橘采收、商品化处理及保鲜技术，晚熟柑橘加工及综合利用技术，晚熟柑橘主要品种的关键栽培技术等。

本书内容丰富，与实践结合紧密，对晚熟柑橘生产的各个环节均有透彻的阐述，适合广大农民朋友和科研工作者阅读参考。

图书在版编目(CIP)数据

晚熟柑橘生产配套技术/沈兆敏，王华，张云贵主编．—北京：金盾出版社，2016.3(2019.3 重印)
ISBN 978-7-5186-0606-1

Ⅰ.①晚… Ⅱ.①沈…②王…③张… Ⅲ.①柑橘类—果树园艺 Ⅳ.①S666

中国版本图书馆 CIP 数据核字(2015)第 251830 号

金盾出版社出版、总发行
北京太平路 5 号(地铁万寿路站往南)
邮政编码：100036 电话：68214039 83219215
传真：68276683 网址：www.jdcbs.cn
北京军迪印刷有限责任公司印刷、装订
各地新华书店经销
开本：850×1168 1/32 印张：14.375 彩页：4 字数：290 千字
2019 年 3 月第 1 版第 3 次印刷
印数：7 001～10 000 册 定价：40.00 元

前　言

我国是柑橘的重要原产中心，被誉为“世界柑橘的资源宝库”；栽培历史悠久，长达4 000多年，我国的柑橘产业在世界柑橘史上留下光辉的业绩。特别是近20年来，我国柑橘产业发展迅速，栽培面积、产量已多年居世界之首。2012年栽培面积230.64万公顷，产量3167.8万吨，已是世界柑橘大国，但还不是强国。

在10多年前，我国的柑橘从供不应求转向局部性的卖难，主要是11～12月份成熟的中熟品种过多。对此，采取了调优品种结构，着重发展柑橘早熟、晚熟品种的对策，目前已见成效。由于晚熟柑橘挂果期长，果实要留在树上越冬，果实成熟期气温回升等影响，增加了晚熟柑橘栽培的难度。不少果农想种又缺技术。

为助推我国柑橘产业持续健康发展和满足果农种植的技术需求，我们编著了《晚熟柑橘配套生产技术》一书。全书共十三章：第一章概述。介绍了我国柑橘生产现状，晚熟柑橘的现状、难点、前景和发展对策。第二章晚熟柑橘品种。介绍了宽皮柑橘、甜橙和柚类共67个品种。第三章晚熟柑橘苗木繁殖。介绍了良种苗木砧木、无病毒苗木的繁殖技术和无病毒良种苗木繁育体系建设。第四章 介绍了晚熟柑橘对环境条件的要求、园(基)地规划、建设和换优建园。第五章晚熟柑橘园的土壤管理技术。介绍了适种晚熟柑橘的土壤类型、养分类型、优质丰产的土壤条件、土壤管理技术、熟化和防止土壤老化的措施。第六章晚熟柑橘的施肥技术。介绍了晚熟柑橘的施肥量、施肥时期和方法、肥料配合使用、不同树龄和类型树的施肥、缺素诊断及矫治、发生肥害的原因及防止以及控制肥料污染等。第七章晚熟柑橘的水分管理。介绍了晚熟柑橘生长发育中水分的重要作用、需水规律和灌溉、排水对优质丰产的影响以及晚熟柑橘对水质的要求。第八章晚熟柑橘的整形修剪。介绍了晚熟柑橘整形修剪的基础、方法、时期、整形修剪技术以及不同品种的整形修剪。第九章晚熟柑橘的花果管理及高品质栽培技术。介绍了促花控花、保花保果、疏花疏果、果实套袋、防止低温落果和防止果实回(返)青的花果管理技术以及高品质栽培技术。第十章晚熟柑橘病虫害无公害防治技术。介绍了病虫害无公害防治的要求、生物防治和61种病虫害的防治技术。第十一章晚熟柑橘采收、商品化处理及保鲜技术。介绍了采收、分级、商品化处理及采后和留树贮藏保鲜技术。第十二章晚熟柑橘加工及综合利用技术。介绍了各种橙汁、橙汁饮料、金橘饼加工以及综合利用技术。第十三章晚熟柑橘主要品种的关键栽培技术。介绍了晚熟脐橙、夏橙、血橙、清见、不知火、默科特、沃柑、蕉柑及其优系、春甜橘和明柳甜橘、粤农晚橘、马水橘、岩溪晚芦和矮晚柚等的关键栽培技术。

全书内容丰富,技术实用,可操作性强,图文并茂,通俗易懂,我们相信该书一定会深受读者、果农欢迎。

本书编著过程中不少同行热情相助,同时参阅了不少资料,在此一并致谢。受时间和水平所限,不妥甚至错误之处欢迎读者指正。

编著者

目 录

第一章 柑橘生产概述

我国柑橘栽培历史悠久，长达4 000多年。柑橘品种资源丰富，无论是甜橙、宽皮柑橘还是柚、柠檬和金柑，品种应有尽有，被誉为“世界柑橘的资源宝库”。我国对世界柑橘产业发展做出过重大的贡献。

本章简介全球柑橘主产国产业优势、我国柑橘生产现状、优势和差距以及晚熟柑橘生产现状、发展前景、难点及对策，为积极而稳妥发展晚熟柑橘提供信息和借鉴经验。

一、全球柑橘主产国产业优势

在全球生产柑橘的国家或地区中，特别是柑橘主产国，柑橘产业各有特色。例如，巴西强大的柑橘加工业，西班牙、南非强劲的鲜柑橘出口，以色列在少雨干旱条件下的柑橘高产栽培，日本先进的柑橘育种及产后商品化处理等，但从柑橘业的综合竞争力看，美国仍然是世界柑橘产业的头号强国。

美国：尽管20世纪90年代以来频受自然灾害和病虫害的严重威胁，但美国以其强大的国力，发达的科学技术和柑橘产业深厚的功底，产业优势依然明显，主要表现在以下诸方面：一是柑橘产业布局合理。美国50个州，柑橘集中布局在佛罗里达州、加利福尼亚州、得克萨斯州和亚利桑那州等4个州。二是高度集约化、产业化。美国柑橘种植者平均每户种植面积在16公顷左右，并不大，但因柑橘园产权与经营权分离，通过合作化道路而走上集约化、产业化。果园主通常收购果园或委托果园公司建成果园后，以合同的形式委托果园管理公司管理，这样聚零为整的方式形成了集约化大生产格局。公司可以在栽培管理和生产资料方面提高效率，降低成本；在经营管理和营销上获得较大利润；同时，由于技术规范统一，产品质量也得到有效保障。中、小果园主走联合之路，组建成统一的组织，已具110多年历史的著名的非营利性合作社——美国新奇士(Sunkist)即是成功的典例。三是柑橘主栽品种突出，早、中、晚熟品种配套，优势明显。四是柑橘产业目标明确，加工、鲜销各有侧重，如佛罗里达州以种植适宜加工的甜橙为主，其次是加工葡萄柚汁为主的葡萄柚，橙汁加工原料品种做到早熟的哈姆林、早金甜橙，中熟的凤梨甜橙、特罗维他甜橙和晚熟的伏令夏橙等配套种植。加利福尼亚州则以种植鲜食脐橙为主。五是机械化程度高。通常，柑橘生产的产前、产中和产后除苗木嫁接和鲜销果采摘用人工操作外，其他农事均用机械自动操作。六是柑橘加工业发达。生产的柑橘75%以上用于加工橙汁。七是科学技术先进。有自主知识产权的品种、品牌和产品。八是柑橘果品尤其是加工制品橙汁，在国内外市场有强大的竞争力。

巴西：20世纪90年代起，巴西柑橘产量上超过久居世界之首的美国，后被中国赶超。巴西柑橘产业的突出优势：一是利用其地处南美东部发展柑橘得天独厚的气候优势，大力发展适宜加工橙汁的甜橙。二是发达的橙汁加工业和商业组织。三是柑橘生产和加工规模化。四是产业协会为柑橘发展提供了组织和后勤供应的保障。协会由果农和农场主组成，主要从事橙汁加工和为出口企业服务，保证了占国际市场一半的橙汁生产与出口。

西班牙：柑橘种植区属地中海气候，气温适宜，光照充足，雨量偏少。西班牙柑橘产业的优势：一是瞄准国际鲜果市场，重视柑橘品种更新，使西班牙柑橘鲜果出口久居全球首位。二是重视柑橘罐头加工业，出口量占世界第二位。三是重视柑橘无病毒苗木的培育和种植，有较高而稳定的平均单产。四是生产区域集中，果园规模成片，设施齐全。80%的柑橘种植在利文蒂区域的达拉戈拉、卡斯特利翁、瓦伦西亚、阿利坎特和穆尔西亚等省(市)。五是依靠灌溉设施有效防止了柑橘旱害。

意大利：世界柑橘重要生产国，在欧洲产量仅次于西班牙。其柑橘产业优势：一是产区集中，柑橘产地主要集中在西西里岛，产量占全意大利的66%以上。二是以种植甜橙为主，其次是柠檬，再者是宽皮柑橘，分别占柑橘产量的60%、26.5%和11.6%。三是柑橘品种重视早中晚熟熟期搭配，血橙尤其是塔罗科血橙很有特色。四是果园基础设施齐全，仅用于防寒的大马力鼓风机在柑橘产区就有5 000多台，寒潮袭来前开动鼓风机，使柑橘免受冻害。五是重视柑橘产后商品化处理，鲜柑橘包装各异、轻简，方便消费。

日本：受气候条件影响，日本可种植柑橘的地域不大，但20世纪90年代以前，无论是柑橘总产量或是单产都对世界柑橘特别是宽皮柑橘生产有一定的影响。其优势主要表现在：一是品种快速推出更新，从普通温州蜜柑到早熟、特早熟温州蜜柑，再到脐橙、杂柑，大量优良柑橘新品种的育成和推广推动了日本柑橘生产的发展。二是栽培技术省力化，新技术不断推出。日本大多是低丘山地果园，且规模不大，为解决人工缺乏，大力研究、推行小型浅耕机、除草机，果园轨道运输等。三是推行柑橘高品质栽培和设施栽培，取得了不菲的经济效益。四是柑橘鲜果现代化商品化处理。

以色列：地处亚、非、欧三大洲汇合点，气候为典型的地中海气候，夏季炎热干燥。以色列在炎热少雨的气候条件下，依靠科学技术和先进的节水灌溉技术，取得柑橘单产世界领先的地位。

南非：地处南半球，以生产甜橙为主。南非柑橘规模不大，但产业化经营水平相当高。其突出优势：一是组织柑橘产业集团，统一对外，积极开拓国外市场。南非有近3 500个农场生产柑橘，64%的鲜果用于出口，柑橘出口收入占柑橘业收入的92%。南非柑橘总部(Outspan)几乎垄断了南非甚至非洲南部国家的柑橘出口。二是重视柑橘管理规程和标准的建立,严把柑橘产品质量,重视市场分析和预测。

韩国:唯一能种植柑橘的是四面环山、气温稍显温暖的济州岛南部。柑橘栽培面积约 2.2 万公顷,产量 60 万吨以上。韩国柑橘产业的突出优势:一是推行柑橘设施栽培,面积达 0.2 万公顷,占柑橘栽培面积的 9%,居世界前列。二是品种主要是温州蜜柑,早、中、晚熟品种搭配,加之设施栽培,柑橘可基本实现周年供应。三是柑橘产区集中成片。

二、全国柑橘生产现状、优势和差距

(一)全国柑橘生产现状

我国柑橘栽培面积和产量均居世界之首。2012 年全国柑橘栽培面积 230.63 万公顷,产量 3167.80 万吨,分别占我国水果面积和产量的 19.00%和 20.97%。在国内水果中,栽培面积居第一位,产量仅次于苹果 3 849.07 万吨(2012 年),居第二位。

柑橘作为商品大致分为 4 类,即甜橙类、宽皮柑橘类、柚和葡萄柚类、柠檬和来檬类。世界以生产甜橙为主,以下依次为宽皮柑橘、柚和葡萄柚、柠檬和来檬,我国是世界宽皮柑橘生产第一大国。2012 年我国宽皮柑橘、甜橙和柚的产量分别为 2 183.51 万吨、591.56 万吨和 337.03 万吨,分别占全国柑橘产量的 68.93%、18.67%和 10.64%,柠檬和金柑约占 2%。

进入 21 世纪以来,由于柑橘产量的快速增加和品种熟期比例不合理,80%是年内 11～12 月份成熟的中熟品种,10 月底前成熟的早熟品种和翌年成熟的晚熟品种很少,加剧了柑橘销售的难度。2012 年柑橘早、中、晚熟品种的比例已由 2000 年的 13∶85∶2 调优为20∶70∶10,早、晚熟品种,尤其是早熟品种有较大增加。

从近10年的变化看,我国柑橘水果均保持了稳定增长的态势,其中,宽皮柑橘、甜橙和柚类3大类水果产量年均增长率分别为9.33%、14.21%和8.37%;从占我国柑橘生产的比重看,柑类和柚类呈总体下降态势(分别由2003年的35.99%、12.20%下降至2012年的32.30%和10.64%)。橘类总体稳定,呈37%左右的小幅波动。甜橙类呈增加态势,由2003年的13.44%增加至2012年的18.67%。

2012年据国内19个生产柑橘的省份统计,其中栽培面积在10万公顷、产量100万吨以上的有湖南、江西、四川、广东、湖北、广西、福建、重庆和浙江等9个省、自治区和直辖市,栽培面积合计215.47万公顷,产量合计3 013.15万吨,分别占全国柑橘面积、产量的93.43%和95.11%;其余10个省市区栽培面积均不足10万公顷,产量也在100万吨以下。

柑类:广西、湖南、湖北和四川是2012年柑类产量在100万吨以上的4个省、自治区,合计707.89万吨,占全国柑类总产量的69.19%。其中,广西是我国最大的柑类产区,2012年产量224.57万吨。

橘类:广东、湖南、江西和湖北是橘类产量在100万吨以上的4个省,产量合计787.08万吨,占全国橘类产量的67.83%。其中,广东和湖南产量在200万吨以上,分别达到241.04万吨和214.90万吨,分别占全国橘类产量的20.77%和18.52%。

甜橙类:主要集中在江西、四川、重庆和广西,2012年总产量合计422.02万吨,占国内甜橙产量的71.43%。其中,江西和四川甜橙产量在100万吨以上,分别为129.05万吨和106.15万吨,分别占国内甜橙产量的21.82%和17.94%。

柚类:主要集中在福建、广东和广西,2012年总产量237.89万吨,占全国柚类产量的70.58%。其中,福建是全国最大的柚类产区，产量在 100 万吨以上，达 118.58 万吨，占全国柚产量的 35.18%。

此外，我国的四川、重庆、云南等省(直辖市)还生产柠檬。

(二)各地柑橘生产现状

1. 湖南　2012 年柑橘栽培面积、产量分别为 40.00 万公顷、483.49 万吨，均居全国第一。湖南以生产温州蜜柑、冰糖橙、脐橙、椪柑等为主，石门县以温州蜜柑为主，柑橘栽培面积 8.8 万公顷、产量 100 万吨，出口 12 万吨；麻阳县盛产冰糖橙，栽培面积 1.733 万公顷、产量 35 万吨，产值 4.5 亿元。湖南平均每 667 米^2 产量 805.76 千克，居全国第十一位。

2. 江西　2012 年柑橘栽培面积 31.73 万公顷、产量 336.46 万吨，分别居全国第二、第六位。江西主产脐橙、南丰蜜橘、温州蜜柑等。赣州市纽荷尔为主的脐橙栽培面积 12 万公顷、产量 150 万吨，成为亚洲和国内最大的脐橙基地；南丰县主产南丰蜜橘，栽培面积 3.33 万公顷、产量 60 万吨。江西平均每 667 米^2 产量 707.07 千克，全国排名第十四位。

3. 四川　2012 年柑橘栽培面积 27.16 万公顷、产量 340.80 万吨，分别居全国第三、第五位。四川主产锦橙、脐橙、夏橙、血橙、杂柑和柠檬等。安岳县柠檬栽培面积 1.33 万公顷，产量 25 万吨，是国内最大的柠檬生产基地，产量占全国的 70%；资中市是国内最大的血橙基地；江安县是夏橙重要生产基地。四川柑橘平均每 667 米^2 产量 836.53 千克，居全国第十位。

4. 广东　2012 年柑橘栽培面积 25.47 万公顷、产量 414.05 万吨，分别居国内第四、第二位。广东主产砂糖橘、沙田柚、暗柳橙、蕉柑和椪柑等，清远市砂糖橘栽培面积 4.8 万公顷、产量 122.5 万吨，是国内最大的砂糖橘产区；梅州市沙田柚栽培面积 2 万公顷、产量 40 万吨。广东柑橘平均每 667 米^2 产量 1 085.08 千克,居第六位。

5. 湖北 2012年柑橘栽培面积24.36万公顷,产量385.31万吨,分别居全国第五、第三位。湖北以生产温州蜜柑、脐橙、椪柑等为主。宜昌市以早熟温州蜜柑为主的柑橘栽培面积11.7万公顷,产量261万吨;秭归县脐橙栽培面积1.5万公顷,产量25万吨。湖北平均每667米^{2}产量1 054.53千克,居第七位。

6. 广西 2012年柑橘栽培面积21.71万公顷、产量384.05万吨,分别居国内第六、第四位。广西主产沙田柚、砂糖橘、脐橙和金柑等。桂林市柑橘栽培面积9.63万公顷,产量183.5万吨;阳朔县金柑栽培面积1万公顷,产量16.2万吨,是全国最大的金柑基地;富川县脐橙栽培面积1.67万公顷,产量20万吨。广西柑橘平均每667米^{2}产量1 179.27千克,居国内第三位。

7. 福建 2012年柑橘栽培面积17.96万公顷,产量303.41万吨,均居全国第七位。福建主产琯溪蜜柚、椪柑(福建称芦柑)等。平和县琯溪蜜柚栽培面积4.43万公顷,产量100万吨左右,是我国最大的柚类生产基地;永春县盛产芦柑,栽培面积0.866万公顷,产量20万吨。琯溪蜜柚和芦柑畅销国内外。福建平均每667米^{2}产量1 126.11千克,居国内第四位。

8. 重庆 2012年重庆柑橘栽培面积16.18万公顷,产量171.53万吨,分别居全国第八和第九位。重庆主产锦橙、夏橙、血橙、长寿沙田柚和杂柑等。重庆被列入国家长江中上游柑橘优势区,适宜既可鲜食又宜加工的锦橙等品种和以鲜食为主的脐橙种植,是国内最大的橙汁原料品种和脐橙基地,也是红橘、血橙和柠檬的生产基地。近几年发展优质的晚熟柑橘较多,有利于错开应市,缓解卖难。重庆柑橘平均每667米^{2}产量708.49千克,居全国第十三位。

9. 浙江 2012年浙江柑橘栽培面积10.49万公顷、产量193.56万吨,分别居全国第九和第八位。浙江主产温州蜜柑、椪柑、本地早、杂柑、文旦柚、胡柚等。浙江柑橘实施精品工程，以提高单产、果实品质和效益为重点，面积减少，质优价好，效益提高，产业正走上良性循环。浙江柑橘平均每667米^{2}产量1 179.74千克，在全国居第二位。

除上述9省、直辖市、自治区外，全国不计台湾还有贵州、云南、陕西、河南、上海、海南、江苏、安徽、甘肃和西藏等10省、直辖市、自治区生产柑橘。柑橘栽培面积和产量：贵州为4.50万公顷和22.74万吨；云南为3.95万公顷和51.73万吨，柑橘有早熟优势；陕西为3.67万公顷和36.80万吨；河南为1.10万公顷和4.04万吨；上海为0.73万公顷和24.28万吨，平均每667米^{2}产量2 229.39千克，单产居全国第一位；海南为0.53万公顷和5.48万吨；江苏为0.35万公顷和5.80万吨；安徽为0.03万公顷和3.41万吨；甘肃为0.03万公顷和0.32万吨；西藏为0.01万公顷和527吨。

(三)我国柑橘产业的优势和差距

近10年来，我国柑橘栽培面积、产量持续增加，尤其是产量增量之大、速度之快举世瞩目。目前，我国柑橘业的优势，一是大规模柑橘优势带的建设，品质显著提高；二是柑橘无病毒苗木的大量培育和大力推广，产业增效潜力渐显；为解柑橘卖难，保证果农收益，全国各地进行了柑橘促销活动等。尽管如此，与全球其他主产国相比，特别是与世界柑橘生产强国相比，还存在较大的差距，主要表现在以下几方面。

一是柑橘总产量大，但平均单产低。目前我国柑橘总产量超过3 000万吨，但平均单产仍低于世界平均水平。2012年我国柑橘平均每667米^{2}产量为915.70千克，低于世界平均水平(1 000千克/667米^2)，更低于上述几大主产国的单产水平(1 500～2 200千克/667米^2)。

二是柑橘总产量大，但出口数量少。全球柑橘鲜果出口量为总产量的10%左右。我国柑橘市场主要在国内。近年来，我国柑橘鲜果出口虽有所增长，但年出口量也只有100万吨左右，仅占总产量的3%左右。我国享有“柑橘罐头王国”之美誉，年出口量在25万吨左右，虽然稳居全球第一，但加工原料占柑橘总产量的比例很小。橙汁大多靠进口，几乎无出口。同时，出口的鲜柑橘价格低于其他主产国，在国际市场价格方面“无话语权”，并且出口主要在周边的国家和地区，进入欧美等发达国家市场的量极少。

三是柑橘总产量大，但加工数量少。我国柑橘加工产品主要是罐头，橙汁加工起步晚，数量少。世界柑橘产业的飞跃发展，橙汁加工业发展的拉动功不可没。我国从柑橘品种资源和市场需求考虑，以宽皮柑橘为主也在情理之中，但目前比例接近70%肯定过大，宽皮柑橘比例过大加剧了柑橘卖难。

四是柑橘总产量大，但生产效益低。由于种植面积大，平均单产低，柑橘生产效益总体偏低，尤其是年复一年的柑橘卖难，种植比较效益日渐下滑。十几年前几千克稻谷买1千克柑橘，现在有的产区几千克柑橘买1千克稻谷。种植效益下降影响了果农种柑橘的积极性，缺管、失管，导致广种薄收，效益更低的恶性循环。如广东砂糖橘主产区，因全国砂糖橘面积不断扩大、产量激增致价格走低，效益也日渐下滑。

五是柑橘总产量大，但损耗量也大。我国栽植的柑橘品种主要是11～12月份成熟的中熟品种，数量大，加之销售渠道不畅，产销不对路，运输燃油费猛涨，柑橘价格持续走低，有的产区果农干脆弃采，任由果实挂树腐烂；有的在运输途中损耗，有的在销地低价抛售，甚至烂损。据粗略估计，我国柑橘每年损耗率不低于总产量的10%，以年产量3 000万吨计，全国果农辛勤劳动一年有300万吨柑橘损耗。

六是柑橘总产量大，但知名品牌少。我国柑橘种植地广，全国有19个省、自治区、直辖市(不含台湾)生产柑橘,而主产柑橘的省、自治区、直辖市有9个,主产柑橘的县市区有1075个。柑橘品种多,栽培的有近百个,主栽品种也有几十个,柑橘品牌至少上百个,但有影响的品牌很少,更无像美国新奇士那样的世界品牌。我国柑橘产区参与创品牌、争名果、注册商标、申报地理标志产品保护等工作积极性很高,也相继推出了众多"名果"、"名牌"和地理标志保护产品,但这些品牌创建工作对促进柑橘产业发展和果农增收,提升我国柑橘业国际竞争力的作用有待加强。

三、晚熟柑橘现状、发展前景、难点及对策

所谓晚熟柑橘,顾名思义是成熟晚的柑橘。但实际上存在两种概念:一种是品种概念,即成熟晚的柑橘品种;另一种是商品概念,即不管何种柑橘品种只要是晚期(翌年)上市的柑橘,都谓晚熟柑橘。

(一)晚熟柑橘现状

1. 获得晚熟柑橘的途径 获得晚熟柑橘有多种途径:一是选择成熟期晚的柑橘品种在适宜的区域种植,这是主要的方法。二是在柑橘适宜的种植区选高纬度、高海拔区域种植,以达延迟成熟的目的。也可通过不同的栽培技术,如使用保护地栽培或设施栽培,使用植物生长调节剂、控水,土壤或树体覆盖等,使种植的柑橘延迟成熟或使已经成熟的果实延后数周或数月采收,错峰上市,取得好的经济效益。可见讨论晚熟柑橘既包括品种问题,也涉及栽培问题。本书重点介绍与品种有关的栽培问题。

2. 晚熟柑橘品种划分 在柑橘类果树中,成熟期的划分较为复杂:因柑橘成熟期的划分有品种(如温州蜜柑、椪柑、脐橙等)、种、属3个层级的分法。而3种分法在生产上都有用处和存在的

理由。将柑橘果树的主要栽培种类作为一个园艺树种看待，来划分成熟期早晚。具体划分方法：早熟（含极早熟，又叫特早熟），8月份至10月底前成熟；中熟，11～12月份成熟；晚熟，翌年1～5月份成熟。也有将翌年1～2月份成熟的称中晚熟；翌年3月份及其以后成熟的称晚熟。

柑橘成熟期有商品成熟期和生理成熟期之分，商品成熟期也称采收成熟期，即果实达到该品种的固有性状、大小和色泽，固（可溶性固形物）酸比要求在8∶1以上，可以采收应市的时期，生产上常称的成熟期，即为此种商品成熟期；生理成熟期是指果实大小、色泽和风味达到最佳状态的时期。柑橘的不同种类、品种的商品成熟期的持续时间，即果实的留树贮藏时期有长有短，凡成熟期晚，留树贮藏期长的种类和品种，是当前我国柑橘市场缺乏的，所以也是最需要、最具发展潜力的柑橘种类和品种。

对11～12月份可采收应市的中熟品种，因果实留树贮藏性能好，可留树贮藏至翌年3月份采收，如不少中熟的普通甜橙、脐橙品种的纽荷尔脐橙等，宽皮柑橘的中熟品种的春见、爱媛22号、爱媛30号、诺瓦等均可延迟上市，但从品种上说，不是真正的晚熟品种。鉴于翌年3月份及以后成熟的真正晚熟柑橘品种少，但在1～2月份成熟的中晚熟品种不少，其中不乏留树贮藏性好的，可延后至3月份或以后采收应市的品种，可供选择利用。目前，我国的晚熟柑橘有相当部分属于这一种。

3. 晚熟柑橘的品种 目前，我国各地发展的晚熟柑橘品种：有甜橙类中脐橙的奉节晚脐橙，国外引进的鲍威尔、斑菲尔、切斯勒特、晚棱、晚脐、红肉脐橙和夏金脐橙等，血橙的塔罗科和塔罗科新系血橙，以及夏橙的奥林达、德尔塔和露德红；宽皮柑橘的岩溪晚芦（椪柑）、马水橘、春甜橘、蕉柑及其优系；杂柑类的默科特、少核默科特、不知火和清见等；以及柚类中的晚白柚、矮晚柚等（详见第二章）。

4. 晚熟柑橘的分布 晚熟柑橘因果实需挂树越冬，种植区域要求有较高的热量条件，冬季极端低温要求不低于－3℃，有的晚熟品种要求不低于0℃。不能满足以上气温条件的区域不适种植。目前，我国晚熟柑橘种植相对集中的区域：晚熟脐橙主要分布在长江三峡库区的重庆市奉节县、云阳县和三峡库区的湖北秭归等县；血橙主要分布在四川资中市及其周边，重庆的万州区、合川区及其周边；夏橙主要分布在重庆市的长寿区，四川省的江安县，湖南省的江永县、广西壮族自治区的荔浦县和贵州省的晴隆等县。晚熟宽皮柑橘的紫金春甜橘、马水橘、晚熟砂糖橘主要分布在广东的清远市、云浮市、肇庆市和河源市，广西的柳州市和桂林市的一些县、区；蕉柑集中在广东的粤东产区。杂柑的默科特、少核默科特产区集中在重庆的江津、涪陵、长寿等区；不知火、清见等杂柑集中产区在四川成都金堂、蒲江等县和眉山市的东坡区。柚类的晚白柚主产我国宝岛台湾和福建省漳州市、四川省的绵阳市；矮晚柚在四川省的遂宁市有栽培。

5. 晚熟柑橘面积产量 据初步统计，2012年我国晚熟柑橘栽培面积10万公顷左右，产量130万吨左右，分别占全国柑橘的4.34%和4.10%，平均每667米^{2}产量866.67千克，低于全国柑橘915.70千克的水平。

（二）晚熟柑橘发展的有利条件和前景

1. 晚熟柑橘发展的有利条件

（1）品种丰富 我国具有丰富的晚熟柑橘品种，从甜橙中的脐橙、血橙、夏橙，宽皮柑橘中的晚熟椪柑、晚熟橘类，到晚熟杂柑、晚熟柚，品种应有尽有，这为适栽晚熟柑橘区域提供了丰富的品种选择。

（2）区域辽阔 我国适栽柑橘的地域辽阔，有250万千米^{2}的亚热带地区适栽柑橘，全国不包括台湾有19个省、自治区、直辖市，1 075 个县市区生产柑橘，在柑橘适栽区域中不少区域可种植晚熟柑橘的不同品种。

(3)需求旺盛　早在 20 世纪 80 年代一些专家学者就建议适度发展晚熟柑橘，但一直发展缓慢。究其原因，主要是前期柑橘生产规模小，产量不大，市场供不应求，不愁销，稍后虽然产量较大，但通过采后贮藏保鲜、果实延后销售，既有市场，也能增效。20 世纪末期以来，各地开始出现晚熟柑橘走俏市场，价格看好。目前，早、中熟柑橘年内售价 1.20～1.80 元/千克，而在翌年应市的晚熟柑橘应市可比肩“洋果”，售价达 4.0～10.0 元/千克。

(4)领导重视　多年来随着我国柑橘产业规模进一步扩大，尤其是产量的不断增加，季节性柑橘卖难问题日益突出，产区农民增收、农业增效受到很大限制，中央和地方各级政府对错峰上市的晚熟柑橘产业发展均给予高度关注。对适宜发展晚熟柑橘的重庆产区，从中央到地方都给予重视和支持，广东、广西、湖南和福建等地有序发展晚熟柑橘也得到各级领导的重视。

2. 晚熟柑橘发展前景　由于市场需求，果农种植能增收，加之我国有适宜种植晚熟柑橘的地域和政府及各方面的支持，预计在 10 年内会有大的发展，栽培面积增加至 20 万公顷，产量增加至 350 万～400 万吨，使全国柑橘早中晚熟品种比例进一步调优为 22∶65∶13，柑橘季产年销，均衡应市，有力缓解柑橘卖难，使广大果农丰产丰收。

(三)晚熟柑橘发展的难点及对策

1. 发展难点　为如期达到发展的目标，对发展晚熟柑橘的难点要有清醒的认识，做到心中有数，技术有备，措施有力。

栽培管理技术不同于早、中熟品种。晚熟柑橘与早、中熟品种相比，果实挂树时间长达 11～13 个月，管护成本增加，栽培技术也相对较难，一旦技术跟不上就会出现产量、品质下降，生产风险较高。例如,夏橙适宜采收的时间是翌年4月底至5月初,果实常会因气温回升出现果皮返青现象;有的品种还会因枝梢生长使果实果汁含量减少,果实浮皮、枯水现象严重。脐橙留树时间过长也会出现果皮返青、品质下降的情况;同时,在品质最佳期采收后不能及时销售,其果实外观内质也会随着销售时间的延长而降低,因此需配套冷链贮运设施,生产经营成本进一步增加。

市场需求易受品质、价格及伏淡水果影响。从市场需求看,刚采下的柑橘鲜果与采后贮藏果相比,消费者会首选鲜果,但销售价格和消费量则受果实外观、内质和消费水平等的影响,实际生产效益与预期收益可能会存在较大差别。另外,随着设施栽培技术和贮藏保鲜技术的不断改进,一些秋季水果也能在春季水果淡季上市,晚熟柑橘在面临上年贮藏保鲜柑橘和新产水果的市场竞争,一旦品质没有保障,市场竞争的优势就会减弱。

2. 发展对策

(1)明晰市场,确定目标 目前,无论是国际或是国内,柑橘鲜销市场极不稳定,大多数年份产大于销,晚熟柑橘情况有所不同,销路看好,但同时要考虑到南半球的澳大利亚、南非等国同期应市的柑橘品种在国际市场及我国市场的竞争优势。柑橘加工制品主要是橙汁,以浓缩橙汁(FCOJ)为主,但非浓缩橙汁(NFC)因市场俏销而发展很快,国际市场橙汁需求稳定,国内市场橙汁需求看好。今后5～10年内我国以重庆产区为主的晚熟柑橘发展将加速,到2020年我国晚熟柑橘的种植比例将由目前不足10%提高到13%,以满足鲜销和加工橙汁之需。

(2)优化品种,适地适种 各类柑橘中均有晚熟柑橘品种,应根据产业目标确定主栽品种和配套品种。适宜种植晚熟柑橘品种的重庆产区,鲜食脐橙选鲍威尔、晚棱、斑菲尔、切斯勒特、奉节晚脐和红肉脐橙等,血橙选塔罗科血橙及其新系,杂柑以默科特和少核默科特为主,适当配植杂柑清见、不知火。加工品种,主要是伏令夏橙中的奥林达,也可适量配植德尔塔、露德红等。四川产区选江安及其周边县市区发展夏橙,资中市及周边县区发展塔罗科血橙和塔罗科血橙新系;成都和眉山产区适度发展市场需求的晚熟杂柑。湖北晚熟柑橘产业以三峡库区的秭归县及其周边为主,选冬季无冻害地发展晚棱、红肉脐橙;广东可在肇庆、云浮、清远、河源、阳春和粤东等柑橘主产区选种马水橘、春甜橘、晚熟砂糖橘和蕉柑等;广西可适度发展马水橘、晚熟砂糖橘和夏橙等,湖南、江西、福建择适栽之地适度发展夏橙,为发展橙汁加工提供原料。

(3)适度规模,效益为先 就种植地域而言,品种应相对集中成片,以市场需求做大规模,以利管理、销售和取得经济效益。就种植者而言,农户、大户、家庭农场和专业合作社和企业都应从自身的经济实力出发,确定种植规模:农户半公顷,几公顷;种植大户、家庭农场几公顷到 10 公顷左右;专业合作社和企业以大小而定,由十几公顷到几十公顷,甚至更多。二是发展规模时都要认真考虑种后管理的经济实力,以避免因管理资金缺乏而导致半途而废,造成巨大的经济损失和不良影响。同时,还应考虑市场容量的大小,根据市场适度规模发展适销对路的品种,有效规避市场风险,以取得经济效益为根本。

(4)科学管理,优质丰产 晚熟柑橘在树上的挂果期长,与早、中熟品种的管理有大的不同,针对不同品种,进行产前、产中的综合管理,尤其是种植后前 3 年未结果幼树的管理。重点抓好品种砧穗组合,促进早结丰产、持续稳产,防止冬季低温落果和入春后果实果皮返青、果实枯水、粒化,抓好果实适时采收及采后贮运技术等管理难点的攻克,使之优质、丰产、低耗、高效。不同晚熟柑橘品种在不同区域种植,需要不同的栽培管理技术。例如,三峡库区奉节产区种植晚熟脐橙,为减少和避免冬季低温落果,栽培上通常采取 5 种措施:一是增施秋肥。成年结果树改“两肥一补”为“三肥两补”,即每年 9 月下旬至 10 月上旬再施 1 次“还阳肥”,在 5 月中旬结合保果喷施叶面肥，于11月上旬果实转色结合冬季第一次施肥，用0.3%尿素+0.3%磷酸二氢钾混合液喷布树冠。二是冬季病虫害预防。冬季多雨、湿度大，重点防治柑橘青绿霉病、疫菌褐腐病和脂点黄斑病等，防止果皮油胞下陷。三是防止冬季低温落果，喷保果剂。通常在11月上旬、12月上旬和翌年1月上旬喷布浓度分别为30、40和50毫克/千克的2,4-D。四是适度修剪。对树冠过密、通风透光差、湿度过大的果园，为防止绿斑病（虚幻球藻）等病害，冬季树冠应适度疏剪、短截。五是防止异常极端低温。用杂草覆盖树盘，最好用反光膜覆盖树盘。

第二章　晚熟柑橘品种

柑橘在植物分类上属于芸香科柑橘亚科柑橘属。柑橘亚科包括33个属，其中用于柑橘生产的只有枳属、金柑属和柑橘属。枳属主要用于柑橘的砧木，金柑属的种也不多，柑橘的绝大多数品种在柑橘属中，柑橘的早、中、晚熟品种都是柑橘属。

目前，我国的晚熟柑橘品种主要分为两类：宽皮柑橘以柑类（含橘橙和橘柚）为主，甜橙以夏橙和脐橙为主，柚和葡萄柚的晚熟品种极少，但这类品种的许多类型留树贮藏的性能很好，可延迟至翌年2～3月份采收。

晚熟柑橘必须具备的主要特性是晚熟；其次是优质；再是良好的抗逆性和适应性。只要具备以上3条，即使其他性状稍差，也有利用价值。以下介绍各类柑橘的晚熟品种。

一、宽皮柑橘类晚熟品种

（一）清　见

1. 品种来历　1949年日本以特罗维他甜橙与宫川温州蜜柑杂交而成。1979年命名，并种苗注册登记。我国引入后种植表现优质、丰产。

2. 特征特性　树势中等。幼树树姿稍直立，结果后逐渐开张。枝梢细长，易下垂。叶片大小中等，叶缘波状。花小，花柱大，且弯曲，花粉全无。果实扁球形，单果重200～250克（大的可达300克以上），果实整齐度差，果色橙黄、较光滑，剥皮较温州蜜柑稍难。果肉橙色，囊衣薄，肉质柔软多汁，果皮、果肉具甜橙香气，含糖 10%～11%，酸 1%。果实无核，品质佳。

3. 适应性及适栽区域 适应性强，适栽地广，适宜在中、南亚热带气候种植，山地、平地栽培均能早结果，丰产稳产。一般种后 3 年能结果，株产 6～7 千克，进入盛果期后株产 70～80 千克，每 667 $米^2$ 栽 56 株产量可达 4 000 千克或更高。

4. 主要物候期 春芽萌发期 2 月下旬至 3 月初，春梢生长期 3 月上旬至 4 月中旬，夏梢生长期 6 月上中旬，秋梢生长期 8 月初至下旬。现蕾期 3 月中旬，盛花期 4 月上中旬，第一次生理落果期 5 月上中旬，第二次生理落果期 5 月下旬至 6 月上旬，果实成熟期翌年 3～4 月份。热量条件较好的重庆产区可在 2 月底采收。

5. 栽培注意点 过晚采收，风味、色泽会变差，应及时采收。

(二)津之香

1. 品种来历 1972 年日本用清见与兴津温州蜜柑杂交育成。1990 年品种命名，1991 年注册登记。我国引入后在浙江、广西、重庆等地有种植。

2. 特征特性 树势中等，开张，树体特征与清见相似，枝无刺，果实扁圆，单果重 160～200 克，果面橙色，果皮较光滑、薄，易剥。囊衣薄，肉质嫩、柔软多汁，可溶性固形物 11%～12%，酸 0.8%～1.0%，味酸甜，品质佳。果实单性结实强，通常无核。

3. 适应性及适栽区域 适应性强，在中、南亚热带均可种植。

4. 主要物候期 春芽萌发期中亚热带产区在 3 月初，生长期在 3 月上中旬，夏梢生长期 6 月上中旬，秋梢生长期 8 月初至下旬。现蕾期 3 月中旬，初花期 4 月初，盛花期 4 月上中旬；第一次生理落果期 5 月上中旬，第二次生理落果期 5 月底至 6 月上旬，果实成熟期翌年 3～4 月份。

5. 栽培注意点 冬季气温较低的产区注意果实防冻。

(三)清　峰

1. 品种来历　1971年日本用清见橘橙与明尼奥拉橘柚杂交而成。1988年命名,1990年种苗登记注册。20世纪末,我国引进试种表现优质丰产。

2. 特征特性　树势中等,枝条长势较开张,枝叶密生,果实扁圆球形至球形,平均单果重200克,果面橙色,果皮光滑、中等厚,果顶有小脐,剥皮较难。囊瓣、囊衣极薄,肉质柔软、多汁,有甜橙香气,可溶性固形物11.5%左右,酸0.8%～0.9%,风味甜酸可口,品质较好。

3. 适应性及适栽区域　与清见相似,唯结果较清见稍晚。

4. 主要物候期　与清见相似。

5. 栽培注意点　冬季防落果,柑橘溃疡病区注意防控该病。

(四)不 知 火

1. 品种来历　原产日本,1979年日本用清见与中野3号椪柑杂交育成。1992年我国引入,在重庆、四川等地有栽培,表现晚熟、质优、丰产。

2. 特征特性　树势中等或偏弱,较直立;枝梢较硬、密生,较细而短。具小刺。果实梨形或高扁圆形,果实大,一般单果重200～280克,果蒂部常有短颈;果面橙黄或橙色,果皮较粗糙、中等厚,易剥离;果肉脆嫩多汁,囊壁薄而脆,甚化渣,糖高酸高,风味浓郁,品质上乘。果实可食率64%,果汁率46%,可溶性固形物13.2%～14%,酸1.03%,无核。

3. 适应性及适栽区域　与清见相似。

4. 主要物候期　与清见相似。果实翌年2月份成熟,挂树至翌年3月份品质更佳。

5. 栽培注意点　用枳作砧木,应选用强势的大叶、大花枳,或选用红橘作砧木;加强肥水管理,挂果量不宜过多,以防树势早衰。在四川、重庆的中亚热带气候种植,一般无须植物生长调节剂保果,冬季果实可安全越冬,但遇温度偏低的年份,或有霜冻的地区,应在霜冻出现前用塑料薄膜覆盖保果。生产上应尽量用已经过脱毒的无病系,以利优质丰产、稳产和有长的丰产期。

(五)默 科 特

1. 品种来历 台湾叫茂谷柑,广西有叫默卡。起源于美国佛罗里达州。我国于1979年和1988年从美国和意大利引进,以后又数次从国外引入,目前重庆、广西、福建、台湾、四川等柑橘产区有栽培,以重庆栽培最多。

2. 特征特性 丛生分枝状树形,树势中等,树姿开张,枝条细软;叶片小,阔披针形。果实扁圆形,中等大或较小,单果重100～130克,果面平滑,橙色,或橙黄色;果皮很薄,厚约0.2厘米,包着紧,但仍易剥离;果肉色深,肉质细嫩化渣,汁多,糖高酸高,风味浓,品质佳,核10粒以上。可溶性固形物11.8%,酸0.6%～1.0%。

3. 适应性及适栽区域 适应性广,适宜在中、南亚热带气候区栽培。

4. 主要物候期 重庆产区春芽萌动期2月下旬至3月初,春梢生长期3月中下旬至4月中旬,夏梢生长期6月上中旬,秋梢生长期8月初至9月中旬。现蕾期3月中旬,盛花期4月上中旬,第一次生理落果期5月上中旬,第二次生理落果期5月下旬至6月上旬,果实成熟期2月底至3月份。

5. 栽培注意点 选冬季无霜冻之地种植,因其结果性好,应疏果适产,防止大小年而使树势早衰;雨少的秋季要防止干旱,以防裂果落果、果实枯水。

(六)少核默科特

1. 品种来历 少核默科特,又名 W. 默科特。从默科特中选育而成,我国有从国外引进和自行育成的少核默科特。

2. 特征特性 树势强,幼树枝较直立,结果后逐渐开张。果实扁圆,单果重 120 克左右,果皮橙红、鲜艳,薄而光滑,易剥皮,肉质细嫩化渣,风味甜浓,可食率 67%,果汁率 45%,可溶性固形物 12.5%~14%,酸 0.7%~0.8%,少核,品质佳。

3. 适应性及适栽区域 同默科特。

4. 主要物候期 同默科特。

5. 栽培注意点 同默科特。

(七)沃 柑

1. 品种来历 以色列用坦普尔橘橙与丹西红橘杂交而成。英文名为 Or 。2004 年由中国农业科学院柑橘研究所从韩国引入。2012 年通过重庆市农作物品种审定委员会审定,现为重庆柑橘优势产业带重点推广的品种之一。

2. 特征特性 生长势强,形成树冠快。果形端正,扁圆形,中等大,平均单果重 130 克,果皮光滑、橙红色,果顶端平,有不明显的印圈,果基平;果皮包着紧、厚 0.36 厘米、易剥,中心柱半空。果肉橙红色,细嫩化渣,汁多味甜。降酸早,12 月中旬可溶性固形物 12%,酸 0.8%,至翌年 3 月上旬,可溶性固形物 13%,酸 0.58%。可食率 74.9%,果汁率 47.6%,核 9~20 粒,品质极佳。

3. 适应性及适栽区域 在重庆、云南、四川种植表现适应性较广、丰产性好。枳砧嫁接苗定植后第三年试花,第四年株产 5.1 千克,第五年株产 17.2 千克,折合每 667 米^2 产量 2 000 千克。抗逆性强,能在瘠薄、肥水条件差的山坡地正常生长结果,耐寒性也较强,冬季落果很少,适宜在冬季气温较低的晚熟柑橘产区发展,也适宜在冬季日照少柑橘产区种植。

4. 主要物候期 果实翌年1月下旬成熟，可留树保鲜至翌年3～4月份采收，其余与默科特同。

5. 栽培注意点 一是以枳作砧木，结果早，丰产性好。二是在紫色土、瘠薄坡地上种植应改良培肥土壤，多施有机肥和磷、钾肥，以促叶色浓绿，减少缺素症发生，快速形成树冠结果。三是防止大小年结果。结果过多不仅会出现果实偏小，而且会形成大小年，甚至发生树势早衰。应注意结果适量，大年疏果，适时采果；小年加强肥水管理，花前喷施0.3%磷酸二氢钾和0.2%硼砂溶液，保花保果，提高产量。四是通过单独或集中成片种植减少果实种子。

（八）紫金春甜橘

1. 品种来历 20世纪60年代，广东省紫金县从当地农家晚熟的“三月红”选育出的晚熟甜橘，2003年通过广东省农作物品种审定委员会认定，并被列入2003年该省农业重点推广的果树新品种。

2. 特征特性 树冠圆头形，也有扁圆形，春梢稍短壮，是营养枝和结果枝，秋梢是主要结果母枝；叶片小，有凹口，叶缘有锯齿，在秋梢上尤其明显。果实扁圆形，较小，单果重45～70克；果顶部平，顶端微浅凹，基部平或平圆，果蒂周围微凹，有数条短而浅的放射状沟纹；果面平滑，有光泽，橙黄色，果皮薄、厚0.1～0.15厘米，较脆，易剥离；中心柱星芒状，空虚，囊瓣8～10，易分离。果肉柔软，果实可溶性固形物12%～13%，酸0.4%～0.5%，味清甜，品质好，核平均每果1.7粒，单独种植常无核。通常5～6年生幼树株产25～30千克，10年生树株产50～60千克。

3. 适应性及适栽区域 适宜广东栽培，目前广东的河源、惠州、广州、清远、中山、肇庆、云浮等市有栽培，广西、浙江有引种和少量栽培，表现较好。

4. 主要物候期　广东产区春芽萌发期2月初至2月上旬，春梢生长期2～4月份，夏梢生长期5～7月份，秋梢生长期8～10月份，由于气温较高，11月份的立冬前后还会抽生冬梢，现蕾期2月上旬，花期2月中旬至3月下旬，果实3月上中旬子房形成，6月上旬生理落果结束。果实成熟期2月中旬至3月上旬。

6. 栽培注意点　无核紫金春甜橘，落花落果严重，需保花保果。

(九)明柳甜橘

1. 品种来历　从紫金春甜橘的芽变中选育出的新品种，2006年经广东省农作物品种审定委员会审定，并定名明柳甜橘，且列入该省农业重点推广的果树新品种。

2. 特征特性　树冠圆头形，树势强，树姿较开张。枝梢较紫金春甜橘粗壮，在营养充足的条件下，有的枝易形成似徒长枝的长枝，且部分带有短刺。幼树的春、夏、秋梢均能成为结果母枝，后随树龄长大，秋梢为主要结果母枝。叶片明显较紫金春甜橘大，叶面与叶背的叶脉比紫金春甜橘明显。花也比紫金春甜橘稍大。果实扁圆形，较紫金春甜橘大，单果重65～85克，果皮较春甜橘稍厚，不易裂果，油胞小，有柳纹，成熟时橙黄色，果心空，果皮有光泽，外观美。果肉橙黄色，可食率约76.3%，可溶性固形物约12.7%，酸0.3%～0.4%，果肉汁多化渣，清甜有香味，品质佳。

3. 适应性及适栽区域　与紫金春甜橘相似。

4. 主要物候期　与紫金春甜橘相似，果实比紫金春甜橘晚成熟7天左右。

5. 栽培注意点　选用三湖红橘、酸橘作砧木早结果，丰产性好。

(十)马 水 橘

1. 品种来历 马水橘又名阳春甜橘,原产广东阳春市马水镇,是传统的农家柑橘品种,2003 年通过广东省农作物品种审定委员会认定。

2. 特征特性 树势健壮,树冠半圆头形,枝梢细密。春梢叶片长椭圆形,秋梢叶片叶缘锯齿明显,果形扁圆形至高扁圆形,橙黄色,有光泽,单果重 30～50 克,果顶平,微凹,蒂部有放射状沟纹,且和果顶部稍向内凹,中心柱空,果皮易剥离。可食率约 82.5%,可溶性固形物 12.0%～13.0%,酸约 0.6%,汁多化渣,口感清甜微带蜜味,品质佳。大面积单独成片种植时平均每果有核 0.3～1.2 粒,品质佳。

3. 适应性及适栽区域 适宜热量条件好的广东栽培,广西也有种植。

4. 主要物候期 在广东阳春市南亚热带气候产区,通常 1 年抽 4 次梢,春梢在 2 月上中旬抽生,4 月上旬至中旬老熟;第一次夏梢在 4 月下旬至 5 月上旬抽生,6 月上中旬老熟;第二次夏梢在 6 月下旬至 7 月上旬抽生,8 月上中旬老熟;秋梢 8 月下旬至 9 月下旬抽生,10 月中旬至 11 月上旬老熟。2 月上中旬现蕾,3 月上旬开花初期,3 月下旬盛花期,谢花期 4 月上旬。第一次生理落果期 4 月上中旬,第二次生理落果期 4 月下旬开始直至 6 月下旬基本结束。12 月下旬果实开始着色,翌年 1 月中旬至 2 月下旬果实成熟。

5. 栽培注意点 用酸橘、三湖红橘或枳作砧木,优质丰产;结果量大时出现果实大小不均匀,宜适时疏除过小的果实。

(十一)华晚无籽砂糖橘

1. 品种来历 由华南农业大学等采用芽变选种的方法,从无核砂糖橘中选育出的晚熟柑橘新品种。2013 年 1 月通过广东省农作物品种审定委员会审定，并命名。

2. 特征特性　树冠半圆形，树势强壮，主干光滑，枝条开张，无刺或刺不明显，叶片卵圆形，叶缘锯齿明显；果实扁圆形，顶端浅凹，平均单果重 45 克，果皮橙黄色，易剥离，果皮厚 0.15～0.20 厘米，油胞凸出明显、密集。果肉可溶性固形物约 14.43%，糖约 11.40%，酸约 0.38%，囊瓣 8～10 瓣，大小均匀，易分离，汁多化渣，清甜而有蜜味。单果平均核 2 粒以下。

3. 适应性及适栽区域　适宜广东栽培，广西也可种植。嫁接苗种植后，第三年平均株产 18.3 千克，第四年 28.6 千克，第五年 40.3 千克。

4. 主要物候期　在广东中部及中南部产区，春芽萌芽期 2 月上中旬，现蕾期 3 月初，盛花期 3 月中下旬，谢花期 3 月底，第一次生理落果期开花前后，第二次生理落果期 5 月上中旬，果实 12 月上中旬开始着色，翌年 1 月下旬至 2 月上旬成熟。

5. 栽培注意点　三湖红橘、酸橘作砧木，防止第一次生理落果严重发生，以免减产。

(十二)年　橘

1. 品种来历　年橘又名叶橘、潮汕橘、省橘，是我国古老柑橘品种，原产广东阳山、新会等地。

2. 特征特性　树冠圆头形，树势较强，树姿略开张，枝梢扁细、中等长，基本无刺，叶片狭长，披针形状椭圆形或长椭圆形，花中等大小。果实扁圆，果顶平、微凹，单果重 52～65 克，果皮橙色。糖 9.25%～11.1%，可溶性固形物 10.5%～12%，最高可达 14%～15%，酸 0.8%～1.5%，每果有核 12～15 粒。

3. 适应性及适栽区域　适宜广东栽培，主产区广东龙门县及其周边，为广东近几年的主栽品种之一，广西也有栽培。年橘丰产稳产，唯味稍酸。

4. 主要物候期 春芽萌发期2月上旬，现蕾期2月底至3月初，初花期3月上旬，盛花期3月中下旬，谢花期3月底，第一次生理落果期3月底至4月上旬，第二次生理落果期5月上中旬，果实翌年1月中下旬成熟，可树上挂果延迟至3月上旬，果实橙红色时采收。

5. 栽培注意点 用三湖红橘、酸橘作砧木。年橘对土壤酸碱度敏感，当pH值在4.0～4.5时，就会出现根尖肿大，叶尖现枯，春梢不转绿，落叶和果实变态等生理病害，影响果实品质、产量。种植应注意土壤选择。

(十三)柳叶橘

1. 品种来历 又叫威尔金橘。美国加利福尼亚州以王柑和地中海柳叶橘为亲本杂交育成。为摩洛哥的主栽品种，我国从摩洛哥引进，在重庆、四川、浙江、福建、湖南有试种，云南、广东有栽培。

2. 特征特性 树冠圆头形，树势较强，树姿较开张，发枝率高，枝梢茂密，有稀疏的短针刺。叶片长而狭窄，披针形。果实中等大小，高扁圆形，单果重83～103克，在云南大理平均单果重180克，果顶狭平，大部分有明显或不明显印环，顶端微凹，基部钝圆或浑圆，果蒂周围有放射状沟数条，果面平滑，果色橙黄色至橙色，果皮包着紧、质脆，较易剥皮。囊瓣易分离，果肉橙色至橙红色，脆嫩、汁多，甜微带酸，渣少，后味浓甜清香，每果核12～17粒。果实可食率约74.6%，果汁率45.5%～50.3%，糖7.7%～10.7%，可溶性固形物10.4%～13.8%，酸0.6%～0.8%。

3. 适应性及适栽区域 适宜云南、广东等产区种植。目前，云南大理州宾川县已作为主栽品种之一，平均667米^{2}产量3 500千克。

4. 主要物候期　云南大理宾川产区种植，2月中下旬萌芽，5月初抽生夏梢，8月上旬抽生秋梢，翌年2月下旬现蕾，3月中旬开花，3月下旬谢花，4月初开始第一次生理落果期，4月下旬第二次生理落果期，10月中下旬果实开始着色，12月下旬果面全部着色，12月中旬着色加深。该品种减酸缓慢，直至翌年2月下旬果实才充分成熟。

5. 栽培注意点　减酸缓慢，应在充分成熟的翌年2月底至3月初采收，品质佳，价又高。

（十四）晚蜜3号

1. 品种来历　晚蜜3号系中国农业科学院柑橘研究所在进行柑橘珠心系育种中，从池田温州蜜柑的实生变异株中选出，可能为池田温州蜜柑与甜橙的自然杂交种。因其许多性状似温州蜜柑，成熟期晚。

2. 特征特性　树势中等或较强，树姿开张，枝条较稀疏粗壮，具刺。叶片大而厚，椭圆形，叶面侧脉常凹陷，叶尖渐尖，基部楔形。果实高扁圆形，单果重150～200克，果顶部广平，基部平或微凹，果面橙色，油胞大而突出，果皮中等，厚0.3～0.4厘米，较易剥皮；果肉橙红色，肉质细嫩化渣，甜酸适口，具较浓的橙香，果实可食率约70%，果汁率约49%，可溶性固形物11%～12%，酸0.8%～1.1%，一般无核，在与有核品种混栽时出现少核。果大无核，风味浓郁，品质优良，唯囊壁化渣性较差，果面较粗糙，可作鲜食和加工制汁的兼用品种。

3. 适应性及适栽区域　耐寒性强，适在温州蜜柑适栽区种植，该品种抗溃疡病。

4. 主要物候期　春芽萌动期2月底至3月初，春梢生长期3月中旬至4月下旬，夏梢生长期5月初至7月下旬，秋梢生长期8月初至10月初；现蕾期在翌年2月底前后，第一次生理落果期3

月上中旬至4月上旬,第二次生理落果期5月初至6月下旬。果实11月中下旬开始着色,翌年1月份完全着色,2月下旬至3月份成熟。

5. 栽培注意点 晚蜜3号的雄蕊败育,没有花粉,为典型的雄性不育而雌性能育的品种,因此种植时应集中成片,以防混栽果实出现种子。

(十五)晚蜜2号

1. 品种来历 该品种系中国农业科学院柑橘研究所杂交育成的品种。亲本母本为尾张温州蜜柑,父本为细叶薄皮甜橙,1965年杂交,1973年鉴定,1979年开始品比和区试,1990年定名推广。

2. 特征特性 树势强健,树姿开张,枝梢粗壮、较硬,叶片肥大浓绿,长椭圆形。果实扁圆形或亚球形,中等大或较大,单果重150～180克;果顶部广凹,常呈脐状,基部略窄,果面平滑,橙红色,油胞突出,果皮厚约0.37厘米,较易剥离。果肉橙红色,柔嫩多汁,囊壁较脆,较化渣,甜酸适度,风味较浓,品质佳。果实可食率约70.9%,果汁率约53%,可溶性固形物10%左右,酸约0.9%,每果核5～6粒。

3. 适应性及适栽区域 与晚蜜3号相似,宜在重庆、湖北、四川、广西种植。

4. 主要物候期 果实翌年1月上中旬成熟,其他物候期与晚蜜3号相似。

5. 栽培注意点 宜成片集中种植,以免果实种子增加。

(十六)晚蜜1号

1. 品种来历 系中国农业科学院柑橘研究所1965年以尾张温州蜜柑为母本,细叶薄皮甜橙为父本杂交,1977年选育出的橘橙杂种。

2. 特征特性　树势强，树姿开张；枝梢粗壮，较密生，枝略披垂，刺短小，叶片长卵形，果实中等大，高扁圆形，单果重 120 克左右，果顶部广平，基部略窄；果面橙红色，油胞细密、凸生，果皮包着较紧、中厚。果肉橙色，肉质细嫩多汁，囊壁薄而化渣，风味酸甜、较浓；果汁可溶性固形物约 11.7%，酸约 1.1%，果实一般无核。

3. 适应性及适栽区域　与晚蜜 3 号相似。

4. 主要物候期　果实 11 月上中旬着色，翌年 1 月下旬成熟，其他物候期与晚蜜 3 号相似。

5. 栽培注意点　同晚蜜 2 号。

(十七)蕉　柑

1. 品种来历　蕉柑又名招柑，因其果身高呈短柱形，福建等地又称桶柑。原产我国广东汕头，可能是橘与橙的天然杂种。

2. 特征特性　树势中等，较开张，树体矮小，树冠圆头形，未结果的树常有徒长枝突出树冠外。枝条细软而易生。果实高扁圆形至亚球形或短椭圆形，部分果实有小乳头状突起，果形及大小欠整齐。果面橙色至橙红色，果皮较厚、较粗糙，坚韧，剥皮较不易。单果重 110～150 克。肉质柔软多汁，化渣，风味浓。糖 7.5%～11%，可溶性固形物 9.5%～13%，酸 0.5%～0.8%。核少，品质上乘。

3. 适应性及适栽区域　适宜在年平均温度 21℃～22℃，≥10℃年活动积温 7 000℃～8 000℃，1 月份平均温度 12℃以上，极端低温 0℃左右的地域栽培。我国栽培较多的为广东潮州、惠州，福建漳州和贵州黔南州等地。

4. 主要物候期　在广东惠州，春芽萌动期 1 月下旬至 2 月初，春梢生长期 2 月上旬至 4 月下旬，夏梢生长期 4 月底至 6 月中旬，秋梢生长期 7 月下旬至 10 月初，冬梢抽生在 10 上中旬。现蕾期 2 月初，盛花期 2 月下旬至 3 月初。第一次生理落果期 3 月下旬至 4 月下旬,第二次生理落果期 5 月上旬至中下旬,果实成熟期翌年 1 月份至 2 月初。

5. 栽培注意点 选择在热量条件好的南亚热带和土壤深厚肥沃之地栽培,砧木选用酸橘、三湖红橘为宜。

(十八)无核蕉柑

1. 品种来历 无核蕉柑又名 85-2 蕉柑。系广东省农业科学院果树研究所等单位 1985 年从由台湾引入的大春系蕉柑选育而成。

2. 特征特性 果大,亚球形至高扁圆形,单果重 150～250 克;果顶有不明显印环,基部狭平,有明显的浅而宽短的放射沟数条,果面略粗,色泽橙色至橙红色,果皮较厚,平均 0.5 厘米,中心柱空虚或半充实,囊壁较薄、易破碎,果肉细嫩、柔软、多汁、化渣。糖 8.2%～9.3%,可溶性固形物 10.5%～11.5%,酸 0.8%～0.9%。甜酸适度,风味浓,有香气,品质好。

3. 适应性及适栽区域 同蕉柑。

4. 主要物候期 同蕉柑。

5. 栽培注意点 同蕉柑。

(十九)迟熟蕉柑

1. 品种来历 迟熟蕉柑又名夏蕉柑。系 20 世纪 50 年代初在广东潮阳市桑田蕉柑群体中选出的一个普通蕉柑变异品种。

2. 特征特性 树冠圆头形,树势中等,较开张。单果重多数在 100～140 克;果面较粗糙,果色橙,有淡橙色带浅绿色纹斑;果皮厚 0.20～0.37 厘米;囊壁厚且韧,每果有核平均 2.3 粒。果实可食率 60%～70%,可溶性固形物 9%～12%,酸 0.7%～1.2%。

3. 适应性及适栽区域 与蕉柑同,目前广东汕头市有少量种植。

4. 主要物候期　除果实迟至翌年4月份成熟外，其余物候期与蕉柑相似。

5. 栽培注意点　以酸橘、三湖红橘为砧木。丰产性和品质不如蕉柑，宜加强栽培管理。

(二十)孚优选蕉柑

1. 品种来历　广东省潮安县古巷镇从该镇的孚中选蕉柑园中选育出的新品系。

2. 特征特性　树冠圆头形，树势较强。果实高扁圆形，果色橙红，果实大，纵径平均6.74厘米，横径平均7.7厘米，每果有核约0.3粒。果实可溶性固形物约13.0%。果形大而端正，肉脆化渣，风味浓，品质佳。

3. 适应性及适栽区域　同蕉柑。

4. 主要物候期　果实翌年1月中下旬成熟，其余同蕉柑。

5. 栽培注意点　同蕉柑。

(二十一)粤丰蕉柑

1. 品种来历　广东省农业科学院果树研究所等单位从台湾省引进的材料中通过系统选育出的蕉柑新品系，2006年通过广东省农作物品种审定委员会审定，为广东重点推广的柑橘新品种之一。

2. 特征特性　树冠圆头形，树势较强。果实高扁圆形，色泽橙红，果蒂平，果顶平具有不明显的印环，果实大小：纵径平均6.5厘米，横径平均7.64厘米，每果平均有核0.6粒。可溶性固形物10.5%～12%，酸约0.8%，肉质较嫩、化渣，品质上乘。

3. 适应性及适栽区域　同蕉柑。

4. 主要物候期　同蕉柑。

5. 栽培注意点　同蕉柑。

(二十二)白1号蕉柑

1. 品种来历 系由广东省普宁市选出的蕉柑新品系。

2. 特征特性 树冠圆头形,树势较健壮 。果实圆球形,果皮色泽橙红,且较光滑,果肩不平,果实大小:纵径平均5.1厘米,横径平均5.7厘米;可溶性固形物约12.0%,酸约0.6%,每果有核约1.2粒,果肉多汁,甜酸适中,品质优。

3. 适应性及适栽区域 同蕉柑。

4. 主要物候期 除果实较蕉柑稍早在12月下旬至翌年1月上旬成熟外,其余同蕉柑。

5. 栽培注意点 同蕉柑。

(二十三)塔59蕉柑

1. 品种来历 系由广东杨村华侨柑橘场从蕉柑实生树中选出的蕉柑新品系。

2. 特征特性 树冠圆头形,树势较强。果实扁圆形,果面光滑,果蒂有明显的放射沟,色泽橙红,果实大小:纵径5.1～6.8厘米,横径5.9～8.6厘米;果肉的可溶性固形物12.2%～13.8%,酸约0.9%。无核,品质优。

3. 适应性及适栽区域 同蕉柑。

4. 主要物候期 与蕉柑相似,唯成熟期较蕉柑晚几天。

5. 栽培注意点 栽植宜集中成片,不与有核品种混栽。以免果实有核。

(二十四)新1号蕉柑

1. 品种来历 1973年由广东汕头市柑橘研究所从潮州市饶平县新塘村的蕉柑中选出的新品系。

2. 特征特性 树冠圆头形,树势健壮。果实高扁圆形,果面橙红色、光滑，果蒂有明显的放射状沟。单果重平均120克；果肉橙红色，细嫩化渣，风味浓。可溶性固形物约13.0%，酸1.0%。

3. 适应性及适栽区域、主要物候期和栽培注意点　同蕉柑。

(二十五)红八朔

1. 品种来历　红八朔原产日本广岛，系从八朔的芽变中选得。八朔可能是橘与柚的自然杂种。我国引进后在浙江、广西、四川和重庆有试种，表现晚熟。

2. 特征特性　树冠圆头形，树势强，树姿开张，枝条粗壮稀疏，稍直立，无刺，叶片大而厚，长椭圆形。果实扁圆形，较大，单果重400克左右，果面橙红色，较粗糙，果皮较厚，不易剥离；囊壁厚韧，果肉橙红色，味甜酸低，品质较好。

3. 适应性及适栽区域　适宜在冬无严寒的中、南亚热带种植。

4. 主要物候期　春芽萌动期2月底至3月初，春梢生长期3月上旬至4月中下旬，夏梢生长期5月初至7月底，秋梢生长期8月初至10月初。花蕾期3月上中旬，盛花期4月初。第一次生理落果期3月中下旬至4月中旬，第二次生理落果期5月初至6月下旬，果实成熟期翌年2～3月份，果实耐贮藏。

5. 栽培注意点　八朔自交不亲和，单性结实力又低，栽培时应配置授粉树。

(二十六)甜夏橙

1. 品种来历　又名川野夏柑。原产日本，为普通夏柑的早熟芽变，1950年注册推广，我国引进后在浙江、广西、四川和重庆有种植。

2. 特征特性　树势强，树冠较大，开张，枝条直立、粗壮；叶片稍小，椭圆形。果实扁球形、较大，单果重300～400克，果皮浅橙色或橙黄色，较粗糙，果顶有不明显的凹环，果皮厚 0.6～0.7 厘米，不易剥离；囊壁厚，硬而微苦；肉质较粗，脆嫩多汁，甜酸爽口，种子较多，20～30 粒，品质中上等。

3. 适应性及适栽区域 可在气温较低的宽皮柑橘产区作为晚熟品种少量种植。

4. 主要物候期 与红八朔相似，唯果实成熟期较红八朔早，在翌年 1～2 月份成熟。

5. 栽培注意点 可选甜夏柑中的红夏柑类型种植，其果肉浓红，糖高酸低，我国已有引进。

(二十七)黄果柑

1. 品种来历 黄果柑又名黄果、广柑、泡皮黄果。原产四川，主产四川南部，贵州和云南有栽培。

2. 特征特性 树势强健，树冠圆头形，树姿开张，幼树梢直立。春叶片长卵圆形，花中等大，完全花，果实倒卵形、梨形或近圆形，橙黄色至橙红色，果实大小不一：小的，纵径 4.0～4.3 厘米，横径 4.0～4.5 厘米；果顶微凹，果蒂部凹入明显，有放射状沟纹，果皮较易剥离。果实可溶性固形物 10.8%～12.0%，酸 1.0%～1.1%，无核，肉质脆嫩多汁，甜酸适口，品质中上等。

3. 适应性及适栽区域 在年平均温度 15℃、冬季无严寒的地区均可种植。

4. 主要物候期 在四川汉源一带，春芽萌动期 2 月中下旬，春梢生长期 2 月底至 4 月中下旬，夏梢生长期 5 月初至 7 月份，秋梢生长期 8 月初至 10 月上旬。花蕾期 2 月下旬，第一次生理落果期 3 月初至 4 月上旬，第二次生理落果期 4 月中下旬至 6 月中旬，果实成熟期 12 月份至翌年 1 月份，可挂树贮藏到 3～4 月份采收。

5. 栽培注意点 由于长期实生繁殖，变异类型较多，如平蒂、高蒂、粗皮、细皮、大果、小果和无核等，生产上宜选品质较好的细皮和无核系。

(二十八)伊 予 柑

1. 品种来历　伊予柑原产日本，且从中选出了多个类型。1952年从伊予柑中选出宫内伊予柑；1972年从宫内伊予柑中选出大谷伊予柑；1987年日本从宫内伊予柑中选出胜山伊予柑。我国都有引进种植。

2. 特征特性　树势中等，较矮小，枝叶茂密，叶片较大、椭圆形，叶柄短，果实倒卵形或高扁圆形，较大，果面橙黄色，较光滑，鲜艳，果皮较厚，较易剥离，果肉细嫩汁多，甜酸适口，有香气，品质较好至上乘。

伊予柑，单果重250克左右。宫内伊予柑单果重250～300克，果面橙色至橙红色、光滑，可食率65%以上，果汁率45%以上，可溶性固形物12%以上，酸1.0%～1.1%。大谷伊予柑单果重280克以上，果皮橙色、光滑，果肉橙红色，细嫩化渣，无核，品质优。胜山伊予柑果实大，单果重280～300克，果皮光滑。糖、酸含量高，风味浓，品质佳。

3. 适应性及适栽区域　适宜在亚热带，尤适在中、南亚热带种植。

4. 主要物候期　在四川金堂县，春芽萌发期3月下旬至4月上中旬，夏梢生长期5月初至7月中旬，秋梢生长期8月初至9月中下旬。现蕾期3月下旬至4月初，盛花期4月下旬；第一次生理落果期4月下旬至5月上旬，第二次生理落果期5月下旬至6月初，果实成熟期12月底至翌年1月份。

5. 栽培注意点　胜山伊予柑结果后树势易衰，应注意挂果不宜过多和加强栽培管理。

(二十九)1232橘橙

1. 品种来历 该品种由中国农业科学院柑橘研究所杂交育成的品种。亲本为伏令夏橙×(江南柑+朱砂柑),1964年杂交,1974年鉴定入选,1980年繁殖推广。该品种在南方各地有试种。

2. 特征特性 树势强,树姿直立,枝梢密生、质硬,具短刺;叶片尖卵形,先端渐尖;基部广楔形至钝圆形。果实亚球形至椭圆形,单果重94克左右,果顶狭平,顶端浅凹,基部略狭,浑圆,部分果实有短颈;果面深橙色至橙红色,较粗糙或粗糙,多数果面皱褶,油胞细密、凸出,果皮厚0.35厘米,包着紧,中心柱充实。果肉橙红色,柔软多汁,较化渣,味酸甜,较浓,有香气;果实可食率64%,果汁率48%,可溶性固形物11.8%,糖7.25%,酸0.97%,每果有核12粒左右。果实耐贮藏,品质好,可鲜食,更适加工橙汁。

3. 适应性及适栽区域 适应性广,可在中、南亚热带气候区种植。

4. 主要物候期 在中亚热带气候的重庆北碚,春芽萌发期3月上旬,春梢生长期3月中旬至4月上旬,夏梢生长期5月中旬至7月上旬,秋梢生长期8月上旬至9月下旬;现蕾期3月下旬,盛花期4月中下旬,第一次生理落果期4月中旬至5月初,第二次生理落果期5月下旬至6月上旬,果实10月上旬着色,11月下旬至12月份成熟,可留树贮藏至翌年4～5月份品质仍佳。

5. 栽培注意点 丰产性好,应加强肥水管理,不使树体因丰产而早衰,保持丰产稳产。

(三十)爱伦达尔橘

1. 品种来历 原产澳大利亚昆士兰州,可能为实生变异或天然杂种。我国于1993年从澳大利亚引进,重庆、四川、广西等地有试种、少量种植。

2. 特征特性　树冠圆头形，树势强，开展，无刺。果实高扁圆形，中等大，纵径 5.8 厘米，横径 6.9 厘米，单果重 130～150 克，果面深橙色，较平滑；皮薄，包着紧，较易剥离。果实着色迟，12 月底仍为绿色，翌年 1 月中下旬才完全着色。果肉橙红色，柔软多汁，糖酸高，甜酸适口，富香气。果实留树至翌年 1 月份，可溶性固形物 13.5%，酸仍高达 1.7%。风味偏酸，至 3 月初酸降至 1.0%左右，其时风味浓郁，品质优良。因系自交不育，单独栽少核或无核。

3. 适应性及适栽区域　适宜在冬季气温较高的南亚热带气候区种植。

4. 主要物候期　在重庆北碚，除成熟期以外，其他物候期与 1232 橘橙相似。

5. 栽培注意点　爱伦达尔橘丰产性好，应加强肥水管理，以达到优质和连年丰产。

(三十一)粤英甜橘

1. 品种来历　粤英甜橘是广东省农业科学院果树研究所从紫金县百年老橘园中选出的新系，可能是柑与橘的杂种，现广东英德市种植较多。

2. 特征特性　果实高扁圆形，橙红色，果顶平，微凹，果皮易剥离；可溶性固形物约 13.8%，酸约 0.43%，果汁多，有蜜味，每果有核 11～12 粒，品质优。

3. 适应性及适栽区域　与紫金春甜橘相似。

4. 主要物候期　除果实较紫金春甜橘成熟早，可留树至翌年 1 月上旬外，其余与紫金春甜橘同。

5. 栽培注意点　宜用酸橘作砧木，优质丰产。

(三十二)高　橙

1. 品种来历　原产浙江温岭市，是柚与橙或与橘的杂交种。

浙江温岭市及其周边有栽培。

2. 特征特性 树冠圆头形,树势强健,枝梢粗壮,有刺。果实倒卵形,果面橙黄,果实大小:纵径7.5～10厘米,横径9.0～11.0厘米,果面稍粗糙,果实可溶性固形物约11.0%,酸约1.5%,每果有核8～12粒,果实耐贮藏。

3. 适应性及适栽区域 适应性强,抗逆性强,适宜浙江温岭市及其周边栽培。

4. 主要物候期 春芽萌动期2月上旬,春梢生长期3月初至4月中旬,夏梢生长期5月初至7月中旬,秋梢生长期8月初至9月上中旬;现蕾期2月上中旬,盛花期3月上旬至中下旬,第一次生理落果期3月初至4月初,第二次生理落果期4月下旬至6月初,果实成熟期11月下旬,可留树至翌年1～2月份采收。

(三十三)岩溪晚芦

1. 品种来历 1981年福建长泰农业局与该县岩溪青年果场合作,在岩溪青年果场1978年定植的普通椪柑园中发现迟熟变异,晚熟性状稳定。1994年通过福建省农作物品种审定委员会审定,1996年3月,通过国家农作物品种审定委员会审定,是一个有推广价值的晚熟椪柑优良新品种。

2. 特征特性 最大特征是较普通椪柑晚熟50～60天,即在翌年1月下旬至2月中旬成熟。此外,还具有以下特征特性:树势强健,分枝角度小,枝梢较密,树冠圆筒形。果实扁圆形,单果重150～170克,果顶平至微凹,有明显的放射状沟8～11条。果色橙黄,果面较光滑,果皮厚0.26～0.31厘米,果实可食率75%～78.6%,可溶性固形物13.6%～15.1%,糖10.4%～12%,酸0.9%～1.1%,每果有核4～7粒,部分果实少核或在3粒以下。肉质脆嫩化渣,甜酸适口,具微香,品质佳,果实耐贮藏,贮至4月底至5月初可溶性固形物含量仍有12%左右,品质仍佳。

3. 适应性及适栽区域　在山地、平地和水田，南、中、北亚热带地区均可种植，丰产稳产，9 年生树平均株产 130 千克，最高的株产达 161.8 千克。无性后代在加强管理的条件下，表现速生、早结果和丰产。3 年生树平均株产 15 千克，4 年生树平均株产 17 千克。岩溪晚芦裂果少，抗寒性差，可在华南、华中和西南柑橘产区种植。

4. 主要物候期　福建长泰春芽萌芽期 2 月底至 3 月初，春梢生长期 3 月上中旬至 4 月中旬，夏梢生长期 5 月初至 7 月中下旬，秋梢生长期 8 月初至 9 月底。现蕾期 4 月初，初花期 4 月上旬，盛花期 4 月上中旬，谢花期 4 月 20 日前后，果实开始着色 12 月上旬，果实成熟期翌年 1 月下旬至 2 月中旬。

5. 栽培注意点　加强肥水管理，使其丰产、稳产。在极端低温低于－3℃的区域易出现低温落果，种植要慎重或采取如薄膜覆盖的防寒措施。

二、甜橙类晚熟品种

(一)伏令夏橙

夏橙是世界上栽培面积最大、产量最多的甜橙品种，而伏令夏橙又是夏橙中栽培最多的品种，不少夏橙品种都源于伏令夏橙。

1. 品种来历　原产美国，我国 20 世纪 30 年代首次引进，后多次引进种植，各地表现晚熟、优质、丰产。

2. 特征特性　树冠大，自然圆头形，树势强，枝梢粗壮，具小刺。果实圆球形，单果重 140～180 克，果皮中等厚、橙色或橙红色。果肉柔软，较不化渣，甜酸适口，可食率 70%，果汁率 40%～48%，可溶性固形物 11%～13%，糖 9%～10%，酸 1.0%～1.2%，丰产、稳产。

3. 适应性及适栽区域 适应性广，在冬暖的甜橙栽培之地可种植，最适宜年平均温度18℃～22℃、1月份平均温度10℃～13℃、极端低温不低于−3℃的区域种植。

4. 主要物候期 春芽萌发期2月中下旬，春梢生长期3月下旬至4月中旬，夏梢生长期5月上旬至7月中旬，秋梢生长期8月初至9月中下旬。花蕾期2月下旬至3月上旬，盛花期4月上旬至下旬，第一次生理落果期4月中旬至5月初，第二次生理落果期5月下旬至6月初，果实12月底至翌年1月份开始着色，2月底全果着色，果实成熟期翌年4月底至5月初。

5. 栽培注意点 夏橙花量大，且花果并存，应加强肥水管理，冬季防止低温落果，春季气温回升时注意防止果实回(返)青。

(二)奥林达夏橙

1. 品种来历 原产美国。1939年从伏令夏橙的实生苗中选出，1957年开始推广。1979—1980年中国农业科学院柑橘研究所数次从美国加利福尼亚州引进，目前为四川、重庆、广西夏橙产区的主要栽培品种，湖北、福建、江西等甜橙产区也有种植。

2. 特征特性 树冠自然圆头形，树势强，树姿开张，枝条粗壮，多小刺，叶片长卵形，叶色浓绿。果实长圆形或椭圆形，中等大，单果重140克左右，顶部广圆，基部圆平，果面较平滑，橙色或深橙色；果皮中等厚、厚约0.38厘米。肉质较细嫩化渣，汁多，味浓，果实可食率约69%，果汁率约45%，可溶性固形物11%～12%，酸0.9%～1.2%。核少，每果4～6粒。

3. 适应性及适栽区域 与伏令夏橙同。

4. 主要物候期 与伏令夏橙同。

5. 栽培注意点 奥林达夏橙为伏令夏橙的珠心系，树势旺，产量高，幼树时注意控制生长过旺，以利及时投产，丰产、稳产。其他同伏令夏橙。

(三)德塔夏橙

1. 品种来历　又叫德尔塔夏橙。南非品种,可能为伏令夏橙的实生变异。21世纪初引入我国试种,在重庆、四川、湖北、江西、广西有少量种植。

2. 特征特性　树势强壮,较开张,枝条粗壮密生,多小刺,叶片长卵圆形,较大而肥厚。果实椭圆形,中等大,单果重140～160克;果顶浑圆,下肩狭窄;果面橙色,油胞大而凸,有稀疏浅凹点,较平滑或略显粗糙。果肉细嫩多汁,较化渣,风味酸甜适口,富香气,品质优良,少核或无核。果实可食率约70%,果汁率约48%,可溶性固形物11%～12%,酸1.0%～1.2%,品质好,是鲜食、加工橙汁皆宜的品种,也是夏橙中综合性状最好的品种之一。

3. 适应性及适栽区域　与伏令夏橙同。

4. 主要物候期　与伏令夏橙同。

5. 栽培注意点　因树势旺,应在结果前注意控制树势过旺,以利及时结果。

(四)露德红夏橙

1. 品种来历　红夏橙又红夏橙、红肉夏橙、路德红夏橙。系伏令夏橙的芽变。原产美国佛罗里达州,1955年发现,1983年开始推广,2000年我国从美国加利福尼亚引进。现重庆、四川、湖北、江西等产区有试种。

2. 特征特性　树冠自然圆头形、大,树势强,枝梢粗壮,具小刺。果实圆球形或近椭圆形,中等大,或较大,单果重140～150克,果顶部圆平,基部平圆或圆钝,果面较光滑,果肉呈浅红色或深橙色,肉质较脆嫩化渣,近无核,品质优,丰产性好。

3. 适应性及适栽区域　与伏令夏橙同。

4. 主要物候期　成熟期较伏令夏橙早,在翌年4月上、中旬成熟，其余同伏令夏橙。

5. 栽培注意点 与伏令夏橙同。

（五）蜜奈夏橙

1. 品种来历 又名蜜特奈特、子夏橙。该品种起源于南非，为伏令夏橙的早熟变异，1927 年选出，但直到 20 世纪 80 年代才引起美国和阿根廷等国的重视，开始大量推广。我国 21 世纪初从美国加利福尼亚州引入，在四川、重庆、湖北、江西有种植，反映丰产性不一，有报道冬季低温落果较严重。

2. 特征特性 树势旺盛，较开展，枝条粗壮，多刺，叶片较肥大，开花结果较红肉夏橙稍迟，耐寒性较伏令夏橙弱。与伏令夏橙相比蜜奈具有果实较大，果形较长，果肉细嫩化渣，品质较好，成熟应市早等特点，为具发展潜力的品种。

3. 适应性及适栽区域 与伏令夏橙同，但对低温较其他夏橙敏感。

4. 主要物候期 果实较其他夏橙早熟，其余同伏令夏橙。

5. 栽培注意点 防止冬季低温落果，以保丰产。

（六）福罗斯特夏橙

1. 品种来历 又叫摩洛哥夏橙。由美国选育的伏令夏橙珠心系。1965 年中国农业科学院柑橘研究所从摩洛哥引入，四川、重庆、广东、广西、湖南、湖北和福建等地有少量种植。

2. 特征特性 树冠圆头形，树势强，枝梢密生。果实圆球形，较小，单果重 111 克左右；顶部圆平，有不明显的凹环，基部平圆；果面平滑，浅橙色，油胞小而密，微凸；果皮较薄，平均厚 0.31 厘米，不易剥离；中心柱充实，果肉深橙色，细嫩化渣，味酸甜，汁多，微香，果实可食率约 75%，果汁率 49%，可溶性固形物 11%，糖约 8.2%，酸 0.9%，每果平均有核 4～6 粒，品质中上等。

3. 适应性及适栽区域　与伏令夏橙同。

4. 主要物候期　果实5月上中旬成熟，其余与伏令夏橙同。

5. 栽培注意点　与伏令夏橙同。

(七)坎贝尔夏橙

1. 品种来历　又名康贝尔夏橙。美国育成，系伏令夏橙的珠心系。1980年中国农业科学院柑橘研究所首次从墨西哥引进试种，1981年华中农业大学从美国引进，目前重庆、四川、湖北、江西有少量种植。

2. 特征特性　树势强，多刺，但丰产性较好，品质除风味较浓郁外，与伏令夏橙无大的差别。

3. 适应性及适栽区域　抗逆性较强、其余与伏令夏橙同。

4. 主要物候期　与伏令夏橙同。

5. 栽培注意点　与伏令夏橙同。

(八)卡特夏橙

1. 品种来历　卡特夏橙原产于美国，为伏令夏橙的珠心系。1978、1980年我国两次从美国引入，在重庆的长寿区有栽培，在其他甜橙产区有零星种植。

2. 特征特性　树势强旺，树体更高大，枝梢多刺，结果稍迟，但丰产性好，果实性状与伏令夏橙无明显差别。

3. 适应性及适栽区域　与伏令夏橙同。

4. 栽培注意点　与伏令夏橙同。

(九)江安35号夏橙

1. 品种来历　1973年由中国农业科学院柑橘研究所牵头的四川省柑橘选种协作组选自四川江安县园艺场果园。四川江安县、南溪县、宜宾市一带栽培较多。重庆、湖北及四川其他产区有种植。

2. 特征特性 树冠圆头形,树势强。果实短椭圆形,果形整齐美观,果肉细嫩,较化渣,风味较伏令夏橙好,丰产性超过伏令夏橙。

3. 适应性及适栽区域 与伏令夏橙同。

4. 主要物候期 与伏令夏橙同。

5. 栽培注意点 与伏令夏橙同。

(十)阿尔及利亚夏橙

1. 品种来历 又名阿夏。该品种原产阿尔及利亚。1972 年我国从阿尔及利亚引进,表现优质、丰产。

2. 特征特性 树势旺盛,枝梢粗壮,叶色浓绿。果实圆球形至短椭圆形,果皮粗,色泽橙黄色至橙红色。果肉细嫩,较化渣,果汁较多,甜酸适口。可溶性固形物 11%～13%,糖约 10.2%,酸 1.0%～1.1%,少核,每果有核 3～6 粒,品质佳。

3. 适应性及适栽区域 同伏令夏橙。

4. 主要物候期 同伏令夏橙。

5. 栽培注意点 同伏令夏橙。

(十一)粤选 1 号夏橙

1. 品种来历 又名摩 1-2N-6 夏橙、摩(2-6)夏橙。系引进的改良品种,1973 年广东省农业科学院果树研究所与广东省杨村华侨柑橘场合作,从 1965 年引自摩洛哥,定植在风门分场的夏橙新生系植株群体中选出的优良单株-摩 1-2N-6,1978 年定名为粤选 1 号夏橙。

2. 特征特性 树冠圆头形,生长势强。果实圆球形至倒卵圆形,平均单果重 163 克,果面橙色至橙红色,稍粗糙,油胞较粗且凹;果皮较难剥离;果肉深橙色,汁多,较化渣,风味浓郁,有橙香,品质好。可溶性固形物约 11.2%,糖约 9.35%,酸约 1.17%,每果平均有核 6.4 粒。

3. 适应性及适栽区域　适应性较强，粗生快长，秋冬采果前裂果较少，产量较高。定植后 3 年可投产，6～9 年生树平均株产 32 千克。目前，在杨村华侨柑橘场、佛山、广州和兴宁市等地有少量栽培。

4. 主要物候期　果实翌年 3 月中下旬成熟，其余与伏令夏橙同。

5. 栽培注意点　与伏令夏橙同。

(十二)五月红

1. 品种来历　又名江津晚熟甜橙、五月橙，地方良种。四川省园艺试验站于 1951 年从四川江津永丰乡果园的实生甜橙中选出，为四川的晚熟甜橙品种之一，目前在四川蓬安县、南充市和重庆市的江津区、开县有成片栽培。

2. 特征特性　树冠圆头形，树势强，树姿开张，有小刺，叶片卵状椭圆形，叶尖渐尖或急尖，叶基圆形或钝圆形，叶色浓绿色。果实近圆球形，单果重 140～155 克，果顶部和蒂部圆平，果面橙红色、平滑，油胞中等大，果皮较薄，厚 0.4 厘米，中心柱较小，囊壁薄、较脆；果肉橙色，细嫩化渣，酸甜味浓，汁多，香气较浓，果实可食率约 75.3%，果汁率约 55.93%，可溶性固形物约 10.0%，平均每果有核 6.5 粒，品质上等。

3. 适应性及适栽区域　与伏令夏橙大致相同，适宜年平均温度 17℃～22℃、1 月份平均温度 10℃～13℃、极端低温＞－3℃的区域种植。

4. 主要物候期　春芽萌动期 2 月下旬，春梢生长期 3 月上旬至 4 月中旬，夏生长期 5 月中旬至 7 月下旬。秋梢生长期 8 月初至 9 月上中旬。现蕾期 3 月中旬，盛花期 4 月中旬，第一次生理落果期 4 月中旬至 5 月中旬，第二次生理落果期 5 月中旬至 6 月上旬，果实11月下旬着色，12月中旬全果着色，翌年3月下旬至4月上旬成熟。

5. 栽培注意点 与伏令夏橙同。已在四川蓬安县园艺场五月红甜橙园选出167、157和124等优良株系，可供选择。冬季低温来临前，宜采取保果措施，以减少裂果。

(十三)桂夏橙

1. 品种来历 又名夏橙，广西夏橙品种，1959年桂林市穿山乡由广东中山大学中山果园引进的夏橙群体中选出的一个优良株系。因其选出的地点在桂林，故名桂夏橙。

2. 特征特性 树冠圆头形，树势中等，树姿开张，枝条粗壮，具短针刺。叶片长椭圆形或卵圆形，先端渐尖，基部楔形；果实圆球形，或略扁圆形，单果重139～150克，果顶圆钝，常有不明显的环沟，基部平圆；果皮厚约0.35厘米，质脆、包着紧，难剥离，中心柱紧实；肉质橙黄色，脆嫩，果汁多，味酸甜，糖9.1%～10.0%，酸0.78%～0.79%，每果有核3～8粒，品质较好。

3. 适应性及适栽区域 适应性强，平地、山地均可种植，冬季裂果，裂果少。

4. 主要物候期 春芽萌动期2月初。春梢生长期2月上中旬至4月中旬，夏梢生长期5月初至7月中旬，秋梢生长期7月底至9月中下旬；现蕾期2月上中旬，盛花期2月下旬至3月初，第一次生理落果期3月下旬至4月下旬，第二次生理落果期5月初至中下旬，果实翌年3～4月份成熟。

5. 栽培注意点 与伏令夏橙同。

(十四)晚丰橙

1. 品种来历 晚丰橙，1984年由四川省农业科学院果树研究所(现重庆市农业科学院果树研究所)选自五月红选种单株409高接树的变异枝。

2. 特征特性　树冠圆头形，树势较强。叶片椭圆形或卵状椭圆形，果实短椭圆形，平均单果重165克，果面深橙色至橙红色，光滑，果皮厚约0.4厘米；肉质细嫩化渣，汁多，酸甜适中，味浓，有香气，核少，每果3粒，品质上乘。

3. 适应性及适栽区域　与五月红同。

4. 主要物候期　芽萌动期2月中下旬，春梢生长期3月上中旬，夏梢生长期5月初至7月中旬，秋梢生长期8月初至9月下旬；现蕾期3月下旬至4月上旬，花期4月中下旬，果实11月中旬开始着色，翌年4月中下旬成熟。

5. 栽培注意点　以枳作砧木表现早结、丰产，冬季为防止低温落果，宜采取保果措施。

(十五)春　橙

1. 品种来历　又名晚锦橙、晚熟鹅蛋柑。重庆地方良种。四川省园艺试验站于1951年在四川江津庙乡的实生甜橙园中选出。现在重庆的江津区、开县，四川的泸州市等地有少量栽培。

2. 特征特性　树冠圆头形，树势中等，树姿较开张，无刺。叶片长椭圆形或纺锤形，中等厚；叶尖锐尖，叶基钝圆，叶面浓绿色。果实椭圆形，中等大，平均单果重127克，顶部与基部几乎对称；顶部浑圆，基部平圆，油胞较小；果面平滑，橙色，果皮平均厚0.3厘米，坚韧，不易剥离；果肉橙黄色，细嫩化渣，味酸甜，汁多，香气较浓；果实可食率74.4%，果汁率50.2%，可溶性固形物10.0%～12.0%，酸1.01%，每果平均有核10粒，品质上乘。

3. 适应性及适栽区域　适宜在高温多湿，冬无严寒的地域种植。

4. 主要物候期　果实11月中旬着色，翌年2月下旬至3月上中旬成熟，其余与伏令夏橙相似。

5. 栽培注意点 宜以枳作砧木，能早结果，丰产稳产。

（十六）夏金脐橙

1. 品种来历 系澳大利亚选出的中晚熟脐橙品种。我国20世纪末引入，在重庆、湖北、四川等脐橙产区有种植。

2. 特征特性 树冠圆头形，树形较紧凑，树势中等偏强，枝条粗壮，枝梢较密。果实圆球形，单果重180～250克，果面光滑，与晚棱脐橙相似。转色较其他脐橙晚，10月中旬果面尚青，到12月份果色橙黄，成熟时的果实深橙色。可食率72.4%，果汁率47.5%，可溶性固形物13.2%，糖10.68%，酸0.87%，固酸比15.17，糖酸比12.28。2月中旬品质分析：可食率72.8%，果汁率47.5%，可溶性固形物13.5%，糖10.89%，酸0.93%，固酸比14.52，糖酸比11.71，无核，品质上乘。

3. 适应性及适栽区域 我国适栽脐橙的区域均可种植。

4. 主要物候期 在中亚热带气候的重庆产区：春芽萌动期2月下旬，春梢生长期2月底至3月上旬，夏梢生长期6月中下旬，秋梢生长期8月至9月中旬；现蕾期3月下旬，初花期4月上旬，第一次生理落果期4月上旬至5月上旬，第二次生理落果期5月中旬至6月上中旬，果实11月初转色，12月份果实橙黄色，翌年2月中下旬果实成熟。

5. 栽培注意点 适时采收，夏金果实降酸早，若提前在12月中旬采收，则果肉脆嫩，化渣不如其早中熟脐橙；翌年2月中下旬采收则表现肉质紧密，细嫩化渣，汁多味甜，风味浓郁，外观美，果皮硬而光滑。因其果实晚熟，挂树越冬，树体消耗营养大，要加强肥水管理，特别是重施7月中下旬的促秋梢肥，以利于翌年继续丰产。为使冬季不落果，应在10月上中旬喷赤霉素保果，11月中旬再喷1次。树势弱，结果多，结果部位外移的树，宜回缩树冠外围弱枝，以改善树冠的通风透光。

(十七)红肉脐橙

1. 品种来历　红肉脐橙,又名卡拉卡脐橙。系由秘鲁选育出的华盛顿脐橙芽变系。20世纪末,我国从美国引进,现重庆、四川、湖北、浙江等地有栽培,均表现出特异的红肉性状。

2. 特征特性　树冠圆头形、紧凑,树势中等,多数性状与华盛顿脐橙相似。叶片偶有细微斑点现象,小枝梢的形成层常显淡红色。果实圆球形,平均单果重190克,果面光滑、深橙色,果皮薄、厚0.3～0.4厘米。可食率73.3%,可溶性固形物11.9%,糖9.07%,酸1.07%。果实成熟后果皮深橙色,果肉在10月即呈现浅红色,成熟后呈均匀红色,色素类型为类胡萝卜素,存在于汁胞壁中,榨出的汁多为橙色。红肉脐橙肉质致密脆嫩、多汁,风味甜酸爽口,其最大的特点是果实、果肉呈均匀红色。

3. 适应性及适栽区域　红肉脐橙最适种植的区域:≥10℃年活动积温5 500℃～6 500℃,果实成熟前10月底至11月份昼夜温差大的脐橙适栽区,且冬季无霜冻,或有霜冻而出现的时间在12月份以后,或霜冻时间短暂的区域适宜种植。例如,长江中上游的脐橙产区,可适度发展,但在热量不足的地区种植果实出现偏小,果型大小不整齐。

4. 主要物候期　红肉脐橙在中亚热带气候的湖北秭归:春梢萌动期2月下旬,春梢生长期2月底至4月上旬,夏梢生长期5月上旬至6月上旬,秋梢生长期8月上旬至9月上旬。现蕾期3月上旬,盛花期3月中旬至4月中旬,第一次生理落果期5月上旬至6月上旬,第二次生理落果期6月中下旬,脐黄发生在7月上旬至8月上旬,果实成熟期12月下旬,可挂树至翌年1～2月份,品质仍佳。

5. 栽培注意点　一是选热量条件好的脐橙最适栽区种植。二是因红肉脐橙果实膨大期对水分的亏缺敏感,种植地应水源丰富,以便旱时及时灌溉。三是注意疏花疏果,避免挂果过多,以提高大果率和果实商品率。四是花期遇阴雨对红肉脐橙产量影响大,可采取摇树落花,既起到疏花作用,又能将与幼果粘连的花瓣摇落,防止其因霉烂影响坐果或导致果实出现疤痕。五是疏除过密枝,加强通风透光,切忌早采,影响品质。

(十八)奉节晚脐

1. 品种来历 奉节晚脐又叫奉晚脐橙。1995 年从奉节脐橙中选出的晚熟的芽变优系,遗传性稳定,经重庆市农作物品种审定委员会审定并命名。

2. 特征特性 树冠圆头形,树势健壮。果实圆球形或短椭圆形,果形整齐,平均单果重 200 克,脐小,多闭脐,果皮橙黄色至橙红色,较光滑。可食率 73.9%,可溶性固形物 12.9%,酸 0.8%,丰产性好,品质优。

3. 适应性及适栽区域 丰产性好,适宜在高温、中湿的生态条件下种植,可在三峡库区的奉节、巫山、巫溪、云阳等县海拔 400 米以下,以及相似生态条件的地区种植。

4. 主要物候期 在中亚热带气候的重庆奉节:春芽萌动期 3 月上旬至中旬,春梢生长期 3 月中旬至 4 月上旬,夏梢生长期 5 月下旬至 7 月上旬,秋梢生长期 7 月下旬至 8 月下旬。现蕾期 3 月中旬至 4 月上旬,盛花期 4 月中下旬至 5 月初,第一次生理落果期 5 月初至中旬,第二次生理落果期 5 月下旬至 6 月中旬,果实成熟期翌年 2 月份,可留树至 3 月份。

5. 栽培注意点 宜在相对干燥的空气湿度,尤以 65%～70% 的空气相对湿度为宜,空气相对湿度大于 80% 的要采取保果措施。

(十九)晚棱脐橙

1. 品种来历 源自澳大利亚。1950 年发现,系华盛顿脐橙的芽变。1993 年中国农业科学院柑橘研究所从澳大利亚引进，2000 年再次从美国的加利福尼亚州引进无病毒苗木。

2. 特征特性　树势强，树姿开张，枝叶特性与华盛顿脐橙相似。果实短椭圆形或圆球形，中等大，单果重 180～240 克，较硬，脐小、多闭合；果面很平滑，色泽橙色，果皮薄，包着紧，脐黄、裂果发生率明显低于早、中熟脐橙品种，果肉脆嫩，致密，富香气，汁较少；12 月下旬对果实分析：可溶性固形物 12.0%，糖 9.52%，酸 1.31%，此时果实未成熟。由于果实减酸慢，至翌年 3 月份果实才风味浓，品质佳。

3. 适应性及适栽区域　晚熟，需挂树越冬，适应性与夏橙相似，可在我国的三峡库区、赣南、湘、桂中南等脐橙产区种植。

4. 主要物候期　春芽萌动期 3 月上旬，春梢生长期 3 月中旬至 4 月上旬，夏梢生长期 5 月初至 7 月上旬，秋梢生长期 7 月下旬至 9 月初；现蕾期 3 月初至 4 月初，盛花期 4 月下旬前后；第一次生理落果期 4 月中下旬，第二次生理落果期 5 月中旬至 6 月上中旬，果实 12 月底至翌年 1 月份开始着色，2 月底成熟，挂树至3～4 月份品质更佳。

5. 栽培注意点　因果实晚熟，应选暖冬之地种植，又因花期长，果实整齐度稍逊，应加强肥水管理和疏除小果。

(二十)晚 脐 橙

1. 品种来历　又名纳佛来特脐橙。原产西班牙，系华盛顿脐橙的枝变。1957 年开始推广。1980 年华中农业大学从西班牙蒙卡大首次引进，1988 年中国农业科学院柑橘研究所又从西班牙引入。目前，在重庆、湖北、四川和江西等产区有少量栽培。

2. 特征特性　树冠圆头形，树势强，树姿开张，枝条略披垂，结果能力中等或偏低。果实短椭圆形或倒卵状圆球形，中等大或较大，平均单果重 220 克，脐小、多闭合，果面橙色或深橙色，平滑，皮薄;肉质脆嫩,风味甜酸适中,品质优良。果实可食率65.9%,果汁率45%,可溶性固形物10%~11.5%,酸0.6%~0.7%,果实耐贮藏,挂树到翌年4月份风味仍佳。

3. 适应性及适栽区域 适应性较广,凡能种华盛顿脐橙的区域均可栽培。但有产量较低和不稳定的报道。

4. 主要物候期 与晚棱脐橙相似。

5. 栽培注意点 因其生长势较华盛顿脐橙旺,因而产量不高,应控制树势过旺。

(二十一)鲍威尔脐橙

1. 品种来历 21世纪初从澳大利亚引进,在重庆的奉节、云阳等县及其周边有栽培,是重庆发展晚熟脐橙重点推广的品种之一。

2. 特征特性 树冠圆头形,树势中等;果实短椭圆形至椭圆形,果形整齐,单果重200克左右,多闭脐,果面色泽橙黄色至橙色,果皮较光滑。可食率73%,果汁率46%,可溶性固形物12%,酸0.7%,果肉脆嫩,甜酸适口,优质丰产,

3. 适应性及适栽区域 适于中亚热带气候、冬季低温高于−3℃的坡地种植,重庆、湖北三峡库区海拔450米以下均可种植。

4. 主要物候期 与晚棱脐橙同。

5. 栽培注意点 因是晚熟品种,生长和挂果期长,应加强肥水管理,果实在春梢抽生期品质会下降,但延至4月份果汁会增多,品种变好,应选品质最佳期采收应市。

(二十二)斑菲尔脐橙

1. 品种来历 21世纪初从澳大利亚引入,重庆奉节、云阳等地种植,表现晚熟、丰产。

2. 特征特性 树冠圆头形,树势较强。果实椭圆形,果形端

庄整齐，平均单果重 227.7 克，多闭脐，果皮厚 0.45 厘米，果色橙黄，较光滑；可食率 72.1%，可溶性固形物 11.2%，品质较优。

3. 适应性及适栽区域　与鲍威尔脐橙同。

4. 主要物候期　与晚棱脐橙同。

5. 栽培注意点　与晚棱脐橙同。

（二十三）切斯勒特脐橙

1. 品种来历　21 世纪初从澳大利亚引入，在重庆奉节等地有栽培。表现晚熟、丰产。

2. 特征特性　树冠圆头形，树势健壮。果实短椭圆形，果形端庄，单果重 240 克左右，果实多闭脐，色泽橙黄，果皮厚 0.49 厘米左右，较光滑。可食率 72%～73%，可溶性固形物 11.2%，酸 0.8%，果肉细嫩，汁多，甜酸可口，品质较好。

3. 适应性及适栽区域　与鲍威尔脐橙同。

4. 主要物候期　与晚棱脐橙同。

5. 栽培注意点　与鲍威尔脐橙同。

（二十四）塔罗科血橙

1. 品种来历　原产意大利。中国农业科学院柑橘研究所自 1972—1982 年先后从意大利农业部和卡塔尼亚大学引进接穗和种子，多点试验和区试成功后，在国内推广，目前在四川资阳市、宜宾市，重庆的万州市、长寿区，福建的南平市、三明市栽培较多，湖北、湖南、江西、云南等地也有栽培。

2. 特征特性　树冠圆头形，树势强，树体直立高大，萌芽力和成枝力强，刺多而长。果实倒卵形、圆球形或椭圆形，果实横径最宽部分常在近顶部，较大，纵径 6.6 厘米，横径 7.0 厘米，单果重 150～240 克，果顶广圆，基部钝圆、略窄；果面平滑，初熟时橙色，充分成熟时具紫红色斑或不很均匀的紫红色；果皮薄，易剥离。果肉呈丝状、块状紫红色或全面的紫红色，肉质细嫩化渣，汁多味甜，具浓烈的玫瑰香味，果核少，或无，品质上乘。果实可食率74.6%，果汁率54.7%，可溶性固形物11.0%，糖9.13%，酸0.80%，果实耐贮藏。

3. 适应性及适栽区域 适应性强，适栽区域广，平地、山地各类宜柑橘种植的土壤均可栽植，中、南亚热气候，冬无严寒之地都可种植。

4. 主要物候期 春芽萌发期2月上旬至3月初，春梢生长期3月上旬至4月上旬，夏梢生长期4月下旬至5月中旬，秋梢生长期8月初至9月中下旬。现蕾期3月上中旬，盛花期4月上旬，第一次生理落果期4月中下旬，第二次生理落果期5月上旬至6月初，果实成熟期为翌年1月中下旬至2月初。

5. 栽培注意点 常因树势过旺而开花结果较迟，尤其是用卡里佐枳橙砧，栽培上应注意控制树势过旺。

(二十五)塔罗科血橙新系

1. 品种来历 系由国外引入，后由中国农业科学院柑橘研究所选育而成。

2. 特征特性 树冠圆头形，树势中等偏强，果实倒卵圆形或短椭圆形，单果重150～200克，果皮色深，带紫红色，有的几乎全果为紫红色。果肉呈丝状、块状紫红色或全面的紫红色，细嫩化渣、多汁，具浓烈的玫瑰香气，可食率75%～80%，果汁率54.9%左右，可溶性固形物12%～13%，酸0.5%～0.6%，少核、无核，品质优。

3. 适应性及适栽区域 与塔罗科血橙同。

4. 主要物候期 与塔罗科血橙同。

5. 栽培注意点 微酸性土壤用枳砧，微碱的紫色土用资阳香橙砧，盐碱土用枸头橙砧，高接换种以温州蜜柑为中间砧的能优质、丰产。果实可挂树至翌年3月份采收，品质佳。

（二十六）红玉血橙

1. 品种来历　又名路比血橙、红宝橙，原产地中海沿岸国家。我国引入后各地栽培表现优质丰产。

2. 特征特性　树冠圆头形或半圆头形，树姿半开张，枝条细、硬，针刺少。叶片椭圆形，较小。果实圆球形或亚球形，单果重130～150克，顶部平圆，有明显凹环，多数脐痕明显，基部平圆，略下凹，果蒂周围有数条放射状浅沟；果面深橙色，充分成熟时具有紫红色斑块或全果呈紫红色；果皮中厚，厚0.4厘米左右，剥离较难，中心柱较小，半空。果肉呈丝状、块状紫红色或全面的紫红色，肉质细嫩化渣，汁较多，味酸甜较浓，有玫瑰香，可食率71.8%，果汁率54.9%，可溶性固形物11.2%，酸1.0%～1.1%，每果有核10粒左右。

3. 适应性及适栽区域　适应性强，适栽地广，凡冬季无严寒的中、南亚热带气候均可种植。

4. 主要物候期　与塔罗科血橙同。

5. 栽培注意点　冬季气温较低的产区，注意防止冬季低温落果。

（二十七）无核（少核）血橙

1. 品种来历　1983—1986年中国农业科学院柑橘研究所用^{60}Co-r射线、电子束快中子辐照红玉血橙芽条育成。

2. 特征特性　树冠圆头形，枝梢稀疏。果实扁圆形，果色深紫红色，单果重120克左右。可食率73.5%，果汁率59%，可溶性固形物12%，酸1.1%，肉质细嫩，甜酸可口，具玫瑰香，每果有核3粒以下，品质优。

3. 适应性及适栽区域　与红玉血橙同。

4. 主要物候期 与红玉血橙同。

5. 栽培注意点 不与有核品种混栽，以免果实种子增加。

(二十八)马耳他斯血橙

1. 品种来历 又名马尔台斯血橙、马血。原产马耳他，我国引入后在四川、重庆有少量种植。

2. 特征特性 树冠圆头形，树势较强，树姿开张。果实扁圆形或圆球形，平均单果重 139 克，果顶部广圆，基部平圆，果蒂周围有短浅沟纹，有时整个果实紫红色，果皮较薄，厚 0.35 厘米左右，中心柱较小。果肉有紫色斑纹，柔软化渣，多汁，甜酸适度，富芳香，果实可食率 76.4%，果汁率 56.4%，可溶性固形物 10.6%，酸 1.17%，品质较好。

3. 适应性及适栽区域 与红玉血橙同。

4. 主要物候期 果实于 11 月初开始着色，12 月中旬转为橙色，12 月底至翌年 1 月份果面出现紫红色，2 月份果实成熟，其余与红玉血橙同。

5. 栽培注意点 与红玉血橙同。

(二十九)桑吉耐洛血橙

1. 品种来历 意大利血橙品种。中国农业科学院柑橘研究所于 1966 年从阿尔巴尼亚首次引进，1972 年后又数次从阿尔及利亚、意大利、西班牙引进，目前在湖南、四川和重庆有少量种植。

2. 特征特性 树冠圆头形、高大，树势强，较开张，枝梢密生，具短刺。果实椭圆形至圆球形，单果重 120～160 克，果顶浑圆，基部较狭窄，部分有短颈，果蒂周围具短浅的沟纹，果面较平滑，橙色或深橙色，上覆浅紫红色斑纹；果肉深橙色，具浅红色斑纹，肉质脆嫩多汁，富芳香，无核或少核，品质优良。

3. 适应性及适栽区域 与红玉血橙同。

4. 主要物候期　果实12月上中旬转黄,翌年1～2月份成熟,其余与红玉血橙同。

5. 栽培注意点　我国栽培表现早结丰产,品质优良,只是果型较小,果面和果肉不易上色。

(三十)摩洛血橙

1. 品种来历　原产意大利,为桑吉内洛血橙的变异。1982—1984年中国农业科学院柑橘研究所数次从摩洛哥、意大利引进,重庆、广东、湖南有少量栽培。

2. 特征特性　树冠圆头形,树势中等,树姿开张,枝条较粗短,具小刺。果实圆球形或亚球形,单果重110～150克,果顶部浑圆或圆平,基部钝圆,果蒂周围有浅放射状沟纹,果面平滑,橙色或深橙色;果皮中等厚,包着紧,果肉深橙色,具紫红色斑纹或全面紫红色,肉质脆嫩,汁多,香气浓郁,果实可食率75%,果汁率51%,可溶性固形物11.5%。酸1.12%,无核或少核,品质优。果实贮藏性中等。

3. 适应性及适栽区域　与红玉血橙同。

4. 主要物候期　果实11月下旬着色,翌年1～2月份成熟,其余同红玉血橙。

5. 栽培注意点　摩洛血橙优质、丰产,果实久贮易生异味,采后不宜久贮;果实中等大或偏小,结果多后会更小,应加强肥水管理,通过疏果、修剪等栽培措施控制结果量。

(三十一)脐血橙

1. 品种来历　脐血橙又叫血脐橙(广东)、红脐橙(浙江)。原产西班牙,系阿尔及利亚、摩洛哥血橙的主栽品种之一。

2. 特征特性　树冠圆头形,树势中等或稍弱,树姿开张,发枝力强,有丛生性,几乎无刺。叶片椭圆形,大而肥厚,叶面浓绿色,叶尖渐尖，凹口明显，基部楔形，叶缘微波或全缘。果实椭圆形，果形端正，单果重150克左右；果顶圆或钝圆，顶端微有乳突，基部浑圆，果梗粗；果面平滑，橙色或橙黄色，充分成熟时带紫红色斑纹，囊瓣整齐，易分离，囊壁薄，较脆。果肉橙色，脆嫩化渣，甜酸适度，具清香；果实可食率70.7%，果汁率48.8%，果实可溶性固形物11%～12%，糖9.3%，酸0.9%，无核，品质优。

3. 适应性及适栽区域 耐寒性较普通甜橙强，在冬暖、无严寒之地可种。脐血橙较抗溃疡病。

4. 主要物候期 与红玉血橙同。

5. 栽培注意点 宜种植不带裂皮病的脱毒苗，或以红橘作砧木，防止裂皮病。

（三十二）靖县血橙

1. 品种来历 原产湖南靖县，湖南地方良种，系由当地实生甜橙中选出，其外观和风味与红玉血橙极为相似，据性状推断可能是红玉血橙的珠心系，或是普通甜橙突变体。

2. 特征特性 树冠圆头形、半圆形，树姿半开张。果实亚球形或高扁圆形，平均单果重184克，果面橙色，充分成熟时有紫红色血斑，果皮较光滑，中等厚；成熟时果肉为橙色，间有紫色斑纹，或为全面的紫红色。肉质较软，汁液丰富，酸甜适口，囊壁较薄，较化渣，有特殊的香气，可溶性固形物11%～12%，酸0.9%，核较多，一般每果20粒以上，品质中上等。

3. 适应性及适栽区域 年平均温度16℃以上，无明显霜冻的地域均可栽培。目前湖南怀化、邵阳等地有栽培。

4. 主要物候期 果实12月下旬至翌年1月份成熟，其余与红玉血橙同。

5. 栽培注意点 与红玉血橙同。

三、柚类晚熟品种

(一)晚白柚

1. 品种来历　又名白柚、麻豆白柚。原产马来半岛，主产台湾、四川和重庆等地。

2. 特征特性　树冠圆头形，树势较强，枝条开张，下垂、粗壮。果实球形或亚球形，是柚类中果实最大的品种之一。平均单果重1 500克，顶部平，凹环不明显，基部圆整，无放射沟；果面淡黄色，光滑，包着紧；果皮中等厚，平均厚1.66厘米，囊瓣大小不整齐，中心柱充实；果肉色泽淡黄色，质地较嫩，多汁，可溶性固形物10.6%，酸0.95%，甜酸适口，风味佳，每果有核60～100粒。果实耐贮藏。

3. 适应性及适栽区域　适宜在中、南亚热带气候和冬暖之地种植。

4. 主要物候期　春芽萌动期3月初，春梢生长期3月上旬至4月上旬，夏梢生长期4月底至5月中旬，秋梢生长期8月初至9月中旬；现蕾期3月上中旬，盛花期3月下旬至4月初，第一次生理落果期4月上中旬，第二次生理落果期5月初至6月初，果实在台湾采收期11～12月份，在重庆、四川翌年1～2月份成熟。

5. 栽培注意点　果实可留树至3～4月份采收，品质仍佳，适在冬暖之地种植。

(二)矮晚柚

1. 品种来历　系四川省遂宁市名优果树研究所从晚白柚中选出的优系，后经四川省农作物品种审定委员会审定并命名。

2. 特征特性　树冠矮小紧凑，枝梢粗壮，柔软而披散下垂，果实扁圆形、高扁圆形或近圆柱形，单果重 1 500～2 000 克，果皮金黄色，光滑，果肉白色，细嫩化渣，汁多，甜酸适中，具香气，可溶性固形物 11%～13%，酸 0.8%～0.9%，少核或无核，品质佳。

3. 适应性及适栽区域 与晚白柚同。

4. 主要物候期 在四川遂宁春芽萌动 2 月下旬，春梢生长期 3 月初至 4 月中下旬，夏梢生长期 5 月初至 7 月中下旬，秋梢生长期 8 月初至 9 月中下旬。开花期在四川遂宁两次：第一次开花现蕾期 3 月下旬至 4 月中旬，盛花期 4 月底至 5 月初，谢花期 5 月份；第二次开花 6 月中旬至 7 月上旬，第一次开花量大、质好，约占总花量的 85%，第二次开花量少、质差。第一次生理落果期 4 月初至 4 月上中旬，第二次生理落果期 5 月上旬至 6 月初，果实 11 月下旬至 12 月初开始着色，翌年 1～2 月份果实成熟，可挂树至 3～4 月份品质仍佳。

5. 栽培注意点 选酸柚或枳作砧木，幼树矮干整形，果实先保果，稳果后疏果，以达优质和丰产稳产。在冬季注意果实寒前做好防冻。

第三章　晚熟柑橘苗木繁殖

一、概　述

柑橘果树的繁殖，是柑橘果树生产、科研工作中一项十分重要的基础工作。随着科学技术的发展，柑橘繁殖技术也不断提高，同时，由于柑橘业的迅速发展，要求以新的繁殖技术，达到迅速、高效繁殖新品种及无病苗木，以满足柑橘生产的需要。为降低成本，还要求集约化的管理技术，这就要求改变原有的露地苗繁殖方式，逐步采用塑料大棚、容器育苗，使苗木生产工厂化，将繁殖周期由 3 年缩短至 2 年，甚至 18 个月。柑橘茎尖微芽嫁接技术的问世，使生产脱毒苗成为现实，柑橘生产相应地减小了病毒病害的威胁。目前，柑橘无病毒容器壮苗的培育、繁殖已在我国柑橘产区应用、推广。而三峡库区、重庆市的柑橘无病苗的繁殖技术和推广速度又处国内领先的地位。

二、晚熟柑橘砧木品种简介

柑橘苗木的繁殖有实生繁殖、压条繁殖和嫁接繁殖等方法。其中以嫁接繁殖最优。目前，柑橘生产上已很少用实生繁殖和压条繁殖。嫁接繁殖，选用优良的砧木和砧穗组合，对培育优良柑橘壮苗，早结果，丰产稳产，乃至果实的优质关系密切。

现将用于晚熟柑橘的主要砧木品种简介如下。

我国晚熟柑橘不同产区使用较多的砧木有：枳、枳橙、卡里佐枳橙、红橘、三湖红橘、酸橘、红檬檬、枸头橙、资阳香橙和酸柚等。我国可栽培晚熟柑橘省、自治区、直辖市晚熟柑橘的主要砧木列于表 3-1。

表 3-1　我国可栽培晚熟柑橘的省、自治区、直辖市晚熟柑橘的主要砧木

省、自治区、直辖市	主要砧木品种
四　川	枳、红橘、酸柚(用作柚的砧木,下同)、资阳香橙
重　庆	枳、红橘、资阳香橙、枳橙(卡里佐)、酸柚
广　东	酸橘、三湖红橘、红檬檬、枳、酸柚
广　西	酸橘、枳、红檬檬、酸柚
海　南	酸橘、红檬檬、酸柚
湖　南	枳、酸柚
浙　江	枳、本地早、酸柚、枸头橙
福　建	枳、酸柚
江　西	枳、酸柚、红橘
湖　北	枳、红橘、卡里佐枳橙
贵　州	枳、红橘
云　南	枳
台　湾	枳、酸橘、红檬檬、枳

(一)枳

又名枸橘、臭橘。该品种适应性强,是应用十分普遍的砧木,与甜橙品种、宽皮柑橘类品种及金柑品种嫁接亲和力强,嫁接后表现早结、早丰产、半矮化或矮化,耐湿、耐旱、耐寒,枳植株可耐−20℃及其以下低温,抗病力强,对脚腐病、衰退病、木质陷点病、溃疡病、线虫病有抵抗力,但嫁接带裂皮病毒的品种易发生裂皮病。

枳对土壤适应性较强，喜微酸性土壤，不耐盐碱，在盐碱土种植易缺铁黄化，并导致落叶、枯枝甚至死亡。枳是落叶性灌木或小乔木，一般在冬季落叶，叶为三小叶组成的掌状复叶，针刺多，长1～4厘米。物候期为3月上旬萌动发芽，4月上旬开花，果实9～10月份成熟，单果种子平均20粒，有的多达40余粒，果实富胶质，果肉少，味苦辣不堪食用。

枳有不同类型，包括小叶型、大叶型、变异类型。湖北、河南主要为小叶型，江苏多为大叶型，山东大、小叶型均有。枳分布在山东的日照县，安徽的蒙城县，河南的南阳市的唐河县，江苏的泗阳县，湖北的襄阳、孝感、天门、荆门、汉川市和云梦县，福建的闽清县等地。

枳主要在中亚热带和北亚热带作砧木使用，南亚热带部分地区也用枳作砧木，但与柳橙系品种嫁接后产生黄化。

(二)红　橘

又名川橘、福橘。四川、福建栽培普遍，12月成熟，既是鲜食品种，又可作砧木。树较直立，尤其是幼树直立性强，耐涝、耐瘠薄，在粗放管理条件下也可获得较高的产量。耐寒性较强，抗脚腐病、裂皮病，较耐盐碱，苗木生长迅速，可作甜橙、南丰蜜橘的砧木，也是柠檬的合适砧木，但与温州蜜柑嫁接不如枳砧。适于中亚热带、北亚热带柑橘产区。

(三)三湖红橘

三湖红橘，又名三湖朱橘，系朱橘的一个品种，主产江西新干县三湖镇。

朱橘是我国的古老品种，已形成一个品种群。我国南岭以北柑橘产区如浙江、湖北、安徽、江苏、陕西、江西等省栽培较多。江西以新干县为主产区，宜春、萍乡市和南丰、遂川、临川、修水等县也有分布。

江西新干县朱橘的主栽品种为普通九月黄朱橘，还有新选出的早熟九月黄朱橘和少核九月黄朱橘。目前，广东等省到新干县采集砧木种子的主要品种是普通九月黄品种，因其果实种子较多，产果量也较多，较易采集到大量种子。而早熟、少核九月黄朱橘的种子只有 3 粒左右及 0.3 粒。

普通九月黄朱橘，别名三湖红橘，树势强健，树冠圆头形，分枝细而密。果实 10 月下旬至 11 月上旬成熟，种子 10～20 粒。该品种适应性强，抗寒、抗旱，抗病虫能力较强，易栽培，产量高，是广东等省晚熟柑橘采用的主要砧木品种。

(四)枳　橙

我国主产浙江黄岩及四川、安徽、江苏等省，是枳与橙类的自然杂种，为半落叶性小乔木，植株上具 3 小叶、单身复叶，种子多胚。嫁接后树势强，根系发达，耐寒、耐旱，抗脚腐病及衰退病，结果早、丰产，不耐盐碱，可在中、北亚热带柑橘产区作砧木，可嫁接甜橙、椪柑、本地早和温州蜜柑。

20 世纪末起，我国从美国、南非等国引进卡里佐枳橙、特洛亚枳橙，在三峡库区和重庆市用作甜橙的砧木，其中夏橙及其优系、晚熟脐橙、特罗维他甜橙、纽荷尔脐橙等表现长势健壮、丰产。

(五)枳　柚

枳柚是柚或葡萄柚与枳的杂种，天然和人工育成的均有。其中以施文格枳柚为代表，美国等国用作甜橙、柠檬的砧木，优质丰产稳产。我国对其有引进，也已开始将其用作甜橙的砧木。施文格枳柚，是邓肯葡萄柚与枳的杂种。

树势强，树体高大，直立。枝条多刺，叶片为三出复叶，也有少量的二出复叶和单叶。每果有种子 20 粒左右。种子子叶白色，多胚。

枳柚种子发芽率高，实生苗生长快，与多种柑橘嫁接亲和力好，易成活。枝条扦插也较易生根。

枳柚用作甜橙、葡萄柚、柠檬的砧木，通常表现生长快，树势强，果实大，产量高，品质优良，抗逆性强。抗旱，较耐寒，对盐碱也有一定的耐受力。但是，不耐湿，不耐碳酸钙($CaCO_3$)含量高的土壤。枳柚抗病性强，抗脚腐病、根线虫病和衰退病，也较抗裂皮病和枯萎病。

(六)香　橙

又名橙子。原产于我国，在各柑橘产区都有分布，但以长江流域各省、市较为集中。

香橙树势较强，树体高大。枝密生，刺少。叶片长卵圆形或长椭圆形，翼叶较大。每果有种子 20～30 粒，种子大，多胚，间有单胚，子叶白色。果实于 11 月上中旬成熟。香橙有许多类型，如真橙、糖橙、罗汉橙、蟹橙。

用香橙作柑橘砧木，一般树势较强，根系深，寿命长，抗寒，抗旱，较抗脚腐病，较耐碱。故可作温州蜜柑、甜橙和柠檬的砧木。如用资阳香橙(软枝香橙)作脐橙、温州蜜柑的砧木，亲和性好，虽结果较枳砧稍晚，但后期丰产。

(七)资阳香橙

又名软枝香橙，在四川省资阳市伍隍园艺场发现母树。经中国农业科学院柑橘研究所进行盆栽试验，资阳香橙苗在 pH 4.0～8.5 的土壤中生长正常，叶片未黄化。资阳香橙树势较强，枝梢粗短，叶片卵圆形，翼叶较大。果实扁圆形，橙黄色，果皮较粗，油胞下陷，单果重 50～90 克，果肉味酸，每果有种子 20 多粒，种子较大，发芽率较高。资阳香橙用于甜橙、温州蜜柑和柚的砧木，在四川、重庆、贵州和云南等碳酸钙碱性土栽植，苗木长势较枳砧强健，树冠半矮化，枝梢紧凑，叶色浓绿，无黄化现象，又较抗寒、抗旱。资阳香橙砧嫁接苗定植2年即可开花结果，3～4年生即能丰产，具有抗碱性和早结果、丰产稳产的优良性状。目前成为四川、重庆主推的砧木之一，其他生产柑橘的省区也有采用。

（八）酸　柚

主产于重庆、四川和广西等省、自治区、直辖市。我国用于作柚砧木的酸柚，原产于我国。

酸柚为乔木，树体高大，树冠圆头形。平均每果有种子100粒以上。种子单胚，子叶白色。果实11～12月份成熟。

用酸柚作柚的砧木，表现大根多，根深，须根少，嫁接亲和性好，适宜于土层深厚、肥沃，排水良好的土壤栽培，酸柚砧抗寒性较枳砧差。

（九）红檬檬

红檬檬，又名广东柠檬、红柠檬，原产我国，可能是柠檬与宽皮柑橘的自然杂交种。在广东、台湾、贵州、云南、四川和重庆等地有分布。树体矮小，树冠半圆形，枝条细长披垂，嫩梢叶浅紫红色。嫩梢和花蕾紫红色。每果有种子16～17粒，果实成熟期11～12月份。该砧木品种抗衰退病，根系耐盐性、耐湿性和耐肥力也强，但不抗裂皮病，是广东、广西水田种柑橘的主要砧木，也是在干旱瘦瘠低丘陵红壤种植新会橙的早结丰产的优良砧木。

（十）酸　橘

用作砧木的酸橘有红皮酸橘和软枝酸橘两种。

红皮酸橘原产于我国，有海丰红皮柑橘等，广西、广东和湖南等省、自治区均有栽培和分布。其主要特性：树冠圆头形，树势强健，枝条较粗，嫩梢紫红色，每果有种子14～15粒。果实在12月中下旬成熟，是蕉柑、甜橙的优良砧木，嫁接后丰产性好，但结果稍晚。

软枝酸橘原产我国广东潮州市，广东、广西等地有栽培。其主要性状：树冠圆头形，树势中等，枝条细软密生，果实扁圆形，橙黄色，每果种子15～17粒，果实成熟期12月上旬。软枝酸橘是蕉柑、甜橙和椪柑的优良砧木，嫁接后早结果，丰产性好。

三、嫁接苗的培育

嫁接苗由砧木和接穗嫁接组合而成。嫁接苗的培育包括砧木准备和嫁接苗的培育。

嫁接苗在不同场所培育，可分为露地苗、营养袋苗、容器苗和营养槽苗。不用容器，直接在苗地培育的为露地苗；在薄膜袋中培育或培育一段时间的苗，可带土定植的苗称营养袋苗；用塑料梯形柱筒培育的苗，带土定植的苗称容器苗；用砖或水泥板建成宽1米、深0.4米、长任意的槽，其中加营养土培育的苗，可带土或不带土定植的苗称营养槽苗。

露地苗、营养袋苗、容器苗、营养槽苗的优缺点：

露地苗，方便简易，投入小，成本低，但占地面积相对较大，苗木质量相对较逊，特别是根系不如容器苗发达，定植受季节限制，成活率较容器苗低。

营养袋苗，用1次性薄膜袋加营养土所培育的苗，成本、苗木质量较露地苗高，较容器苗、营养槽苗低。苗的根系、定植的成活率也介于两者之间。

容器苗，根系发达，带土定植，一年四季可以种植，苗木质量高，成活率几乎100%，且定植后生长较露地苗、营养袋苗快。节约用地，但容器苗一次性投入大，成本高，且因连容器一起运输，运输费也较高，一般不适长距离的省际调运。

营养槽苗，根系发达超过容器苗，一年四季可定植，成活率100%，定植后生长有时较容器苗还快。可带营养土(用塑网袋捆包，5 株或 10 株 1 袋)或不带土打泥浆包装后运输、定植。节约用地，但一次性投入大，苗木成本相对较高。

以下分别介绍露地苗、营养袋苗、容器苗、营养槽苗的培育。

(一)露地苗的培育

1. 苗地的选择 露地苗的育苗地，必须具备以下条件：一是运苗交通方便。二是土壤宜通透性好、呈微酸性、有机质丰富的砂质壤土。三是地势平坦、宽敞，需在坡地育苗的，坡度应小于 5°，或建成等高水平梯地，坡向宜背风向阳。四是水源充足，能灌能排。平地育苗地地下水位应在 1.5 米以下。五是柑橘园地或柑橘苗圃地必须经过轮作。

2. 砧木苗的培育

(1)砧木种子的采集、处理和贮藏 砧木应选生长健壮，根系发达，适宜当地生态条件，抗逆性强，与接穗品种亲和性好，嫁接后苗木健壮无病，早结丰产，且种子多的砧木品种。

果实成熟即可采果取种，如枳种可在 9 月份采果。枳也可采嫩种播种，通常是花后 110～120 天，采嫩果取种淘净后即播。据试验，出苗率可达 94%以上。成熟果的取种方法是环绕果实横径切开果皮，然后扭开果实，将种子挤到筛内，再用水洗去附着在种子上的果肉、果胶后，摊放于阴凉通风处，并注意翻动，使水分蒸发，待种皮发白时，收集贮藏或装运。

为消灭柑橘疫菌或寄生疫菌，种子播种前可放入 50℃左右的热水中浸泡 10 分钟。也可用杀菌剂，如 1%福美双溶液处理，以预防和减少白化苗。还可用 0.1%高锰酸钾溶液浸泡 10 分钟后用清水洗净。经处理的枳种，尤其是嫩枳种，发芽加快。

砧木种子忌干也忌湿，待种皮表面水分蒸发即可贮藏。种子太湿，易引起霉变腐烂，贮藏期间种子含水量以20%为宜，枳种可稍高，以25%为宜。种子数量多时，一般采用沙藏，即将4倍于种子体积的干净、含水量5%～10%的河沙和种子混匀，放在室内可以排水的地面上堆藏，堆高以35～45厘米为宜，其上盖5厘米厚的河沙，再盖上薄膜保湿。为防鼠害，在贮藏堆周围压紧薄膜。7～10天翻动1次，并检查种子含水量。若发现水分不足，应筛出种子，在河沙上喷水后混匀，再继续贮藏种子。砧木种子远距离运输，须防途中种子发热，一般用通透性好的麻袋包装，如种子湿度较大可用木炭粉与种子混匀后装运，以防途中种子霉烂。到达目的地即取出堆贮或播种。

(2)种子的生活力测定　砧木种子播种前应进行生活力的测定，以确定播种量。最简单的方法是取一定数量的种子，剥去外种皮及内种皮，或切去种子一端的种皮，用0.1%高锰酸钾溶液消毒后，用清水冲洗2～3次，再将种子置于铺有双层湿润滤纸的容器中，在25℃～30℃条件下，几天内即可查出种子发芽的结果。有条件的还可用靛蓝胭脂红染色法，即将种子用清水浸泡24小时，剥去种皮后浸于0.1%～0.2%靛蓝胭脂红溶液中，在室温(常温)条件下，3小时后检查结果：凡是完全着色或胚部着色的种子，为已失去生活力，不会发芽的种子。

(3)种子播种

①播种量：用于柑橘的不同砧木品种，每50千克果实含种量和每667米^{2}的播种量不同，详见表3-2。

表 3-2　主要砧木品种果实含种量、播种量

品　种	50 千克果实含种量(千克)	每千克种子量(粒)	播种量(千克/667 米^2)	
			撒　播	条　播
枳	2.10～2.35	5200～7000	100.0	70.0～90.0
红　橘	0.65～1.40	9000～10000	60.0～70.0	50.0～60.0
酸　橘	1.50～1.65	7000～8000	75.0～90.0	60.0～75.0
枸头橙	1.35～1.50	6000～6400	75.0～90.0	60.0～75.0
红檬檬	0.35～0.60	14720.0	60.0～75.0	30.0～40.0
酸　柚	2.00～2.50	4000～5000	90.0～100.0	30.0～40.0
酸　橙	1.30～1.50	6000～7000	100.0	85.0
枳　橙	1.75	4000～5000	100.0	80.0
香　橙	1.25～1.30	7000～8000	75.0～90.0	60.0～75.0

②播种时间：我国柑橘产区，从砧木果实采收到翌年 3 月份均可播种。秋冬播，在 11 月份至翌年 1 月份，春播，在 2～3 月份。由于秋冬播的砧木种子出苗早而整齐，且生长期长，故秋冬是主要播种时期。因不同的柑橘产区气温有差异，应根据温度灵活掌握。砧木种子在地温 14℃～16℃时开始发芽，20℃～24℃为生长的最适宜温度。

近年，柑橘产区有枳嫩种播种，时间可提前到 7～8 月份，枳的种子在谢花后 110 天左右即具有发芽力，以 7 月底至 8 月初嫩枳发芽率最高。嫩枳播种后，9～10 月份，苗能长到 10 厘米左右，可加快繁殖，提前嫁接。

③播种方法：露地或大棚播种，先要整好苗床，施上腐熟的农家肥，覆薄土。播种可撒播，也可条播，播前最好选种，选大粒饱满的种子用 0.1%高锰酸钾液消毒处理，再用水洗净。播时可用草木灰拌种或直接播于苗床(沟)，覆盖细沙壤土，厚度以 1.5 厘米为

宜。细沙壤土可用过筛的果园表土或细沙土，也可将厩肥晒干打碎后与表土混匀覆盖。播种覆土后，浇透水，为保持土壤湿度和防止大雨冲淋，增加地温，加速种子发芽，再在其上覆盖稻草、麦秸、松针等。气温较低之地露地播种，可采用薄膜覆盖，当地温低于20℃时，宜将薄膜支撑成拱形，以提高播种床温度，促进砧苗提早发芽和生长。薄膜支撑高度以不妨碍砧苗即可，一般以30厘米为宜。

④播后管理：为了保持土壤的湿度和温度，使种子正常发芽，出苗整齐，应以苗床土壤的干燥程度和气温的高低及时浇水。随着砧苗出土，逐渐揭去覆盖物，到2/3的种子出苗时，可揭去全部覆盖物。从苗出齐至移栽前，要进行除草、中耕和施肥，中耕宜浅，以不使土壤板结为度。施肥宜勤施薄施，先稀后稍浓，切忌烧伤叶片。注意苗期病虫害的防治。

⑤移栽及移栽后的管理：为使砧苗正常生长和有良好的根系，当砧苗长出2～3片真叶、苗高8～10厘米时，进行砧苗移栽。如遇干旱，移苗前1～2天宜灌（浇）水。移苗时剪除过长的砧苗主根，以16～18厘米为度。为便于管理，砧苗应分级移栽。

移栽方式可用宽窄行（也称大小行）或开畦横行。宽窄行移栽方式适于腹接为主的地区，开畦横行移栽最适于切接。图3-1中的1图所示为宽窄行，其中窄行距为24厘米，宽行距为76厘米，即是在1米内栽2行砧木，株距10～15厘米。图3-1中的2图为开畦横行移栽，畦宽1米，在1米宽的畦面上移栽4行砧苗，行距25厘米，株距为10～15厘米。详见图3-1。栽砧苗时要求主根直，侧根舒展，栽植深度最好与砧苗在苗床栽植的深度一致。砧苗根与土壤紧密接触，用小锄头将砧苗扶直，锤紧砧苗根颈部的泥土，浇透水。

移栽的砧苗成活发芽后，可开始施肥，2月份、5～6月份、7～8月份，施腐熟人、畜液肥，加入0.3%的尿素。经常剪除离地面

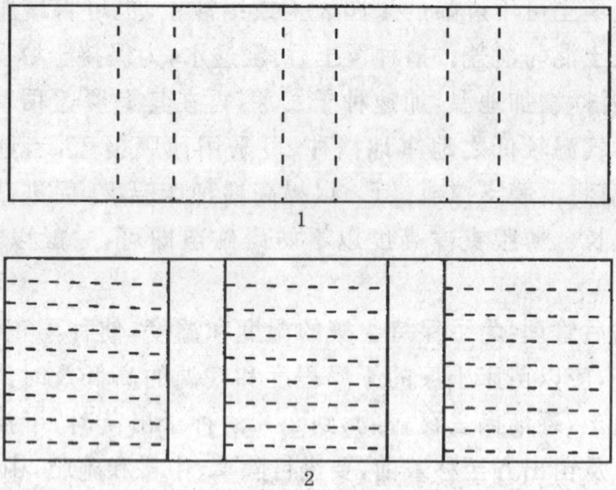

图 3-1 砧木移栽方式

20 厘米内的分枝、针刺，保持嫁接部位的光滑。注意田间病虫害，如红、黄蜘蛛、潜叶蛾、立枯病的防治。

3. 嫁接苗培育

(1)嫁接苗优点

①保持品种的优良性状　嫁接苗，一般能保持亲本的固有性状(突变除外)。其他的无性繁殖法，如扦插、压条虽然也能保持亲本特性，但常因是自根苗而存在多方面的不足。同时，嫁接苗得到大量植株只需用较少量枝条。

②可利用砧木品种的优良特性　砧木品种不同，特性各异，如耐寒砧木嫁接后可使树体免除或减轻冻害；用耐盐碱砧木嫁接，可使树体在盐碱地种植；用抗脚腐病、流胶病、裂皮病、衰退病、溃疡病、木质陷点病的砧木嫁接，可使树体免除或减轻上述病害。砧木可影响树体的树势强弱，如用乔化砧可使树体高大，用矮化砧可使树体矮小。砧穗组合选择适合可增进果实品质，反之可使果实品质变劣。

③用嫁接法高接换种　将不良品种、不丰产单株或实生树等不符合需要的植株，用高接方法换接为需要的品种；也可在一株树上换接不同品种，集中保存种质；也可用高接方法将杂交实生苗嫁接到成年树冠上，提前结果、鉴定，缩短杂交育种年限。

④修复和救治病、伤树体　由于脚腐病、天牛等害虫危害根颈或枝干流胶、机械操作伤等，可用撑接（即靠接）更换砧木；用桥接法修复枝干的损伤部分，使树体恢复健康。

(2)嫁接成活的原理及嫁接愈合过程

①嫁接成活的原理　任何植物的枝干、皮层、韧皮部，与木质部之间有一层分生组织，是新细胞的生长点，它向内分生木质部，向外分生韧皮部，由于它能连续不断分生，使植物的茎不断加粗生长，这层组织称形成层。嫁接成活的原理，即是砧木与接穗的形成层细胞紧密结合后，通过一系列愈合过程，成长为一个新的个体，共同进行同化物质和水分的代谢。

②愈合过程　第一步是砧木和接穗的形成层紧密靠在一起后，在适当的温度和水分条件下开始由砧、穗的形成层细胞产生愈伤组织（薄壁细胞）。第二步是砧、穗的薄壁细胞相互连接。第三步是愈伤组织内一部分薄壁细胞分化为新的形成层细胞，它们与砧、穗原有的形成层细胞连接起来。第四步是新的形成层细胞产生新的维管组织，向内分生木质部，向外分生韧皮部，使砧、穗之间维管系统连接，待这些维管组织已连接很好（即愈合）以后，接穗即可得到水分和矿质营养，开始发芽抽梢。接穗的枝、叶进行光合作用制造的光合产物（碳水化合物），提供根系所需营养物质，从而接穗和砧木成为一个新的有机体，嫁接愈合过程才算结束。

在愈合过程中，适合的温度和水分是主要条件。气温在20℃～30℃时，细胞具有高度的活动能力，形成层细胞活动旺盛，接口愈合迅速，嫁接成活率高，在12℃以下、37℃以上时，细胞活动基本处于停滞状态，嫁接成活率低。在水分不足条件下，愈伤组织的薄壁细胞易变干而死亡，因此嫁接成活的条件必须得到满足时，嫁接才能获得成功。

(3)影响成活的因素

①温度和水分　温度、水分条件的适合与否，是影响嫁接成败的重要因素，满足温度在 20℃～30℃条件下保持接口湿润，嫁接可获成功。

②嫁接技术　嫁接技术直接影响嫁接的成败。例如，接穗的长削面平而光滑，整个削面是形成层细胞，砧木的切口光滑，恰至形成层，嫁接成活率高，反之则成活率低。又如，用薄膜捆扎时，砧、穗形成层未对准或捆扎不紧时，砧、穗形成层之间留有孔隙；薄膜条带捆扎时，每圈之间留有缝隙；砧、穗的形成层只有一点点相连，但未完全愈合，虽已开始抽梢，但解除薄膜过早，致使已抽梢的接穗死亡；腹接法剪砧过早或 1 次全剪砧，也会引起嫁接的失败。

③砧、穗间亲和力的强弱　亲和力是指砧木和接穗在遗传上、生理上的关系，通过嫁接后愈合生长的能力。能进行新陈代谢、生长结果是亲和力强的表现。一般亲缘关系近的亲和力强。不亲和常常表现为嫁接口不愈合或愈合不良；砧木与接穗的接口部分生长不协调；接穗部分未老先衰；叶片黄化；生长缓慢；提早开花或若干年后枯死；产生生理病害及果实发育不正常等。

④接穗和砧木的生长状态　嫁接必须在砧木和接穗适宜的生理状态下进行，即是细胞具有高度活动能力的时期，在枝梢停止生长、已木质化，嫁接成活率高；接穗粗壮，砧木生长健壮，无严重病虫害，嫁接成活率高。

⑤不同砧木品种的影响　砧木品种不同，愈合能力各异，如枸橼、枳、酸橙、甜橙、柚等，韧皮部组织发达的品种，愈合组织细胞容易发生，嫁接易获成功。

⑥生长素对嫁接成活的影响　可用吲哚丁酸(500 毫克/千克)或 β-萘乙酸(10 毫克/千克)、GA(30～100 毫克/千克)、2，4-D

(10 毫克/千克),三十烷醇等,提高嫁接成活率。

(4)砧穗间的相互影响　砧木、接穗是两个不同的有机体,它们的生理功能不同,通过嫁接,使它们成为一个新的有机体,砧木根系吸收土壤水分和养分供接穗发芽生长需要,接穗枝叶进行光合作用同化物质供砧木根系生长需要,砧木与接穗之间相互影响,其中主要是砧木影响接穗,包含下列 5 个方面。

①砧木影响果实品质　前面已叙述过不同的砧木对同一品种接穗的果实产量、品质有一定影响,例如果实的糖酸含量、果实质地、风味、果实的大小、果皮的粗细、色泽及成熟期等。例如,枳砧的温州蜜柑比红橘及酸橙砧的糖含量高,果皮色泽鲜艳、早熟;酸橘砧的蕉柑、椪柑果实皮细光滑,果实糖含量高,酸含量低,丰产;福建用枳砧嫁接蕉柑、椪柑易发生花叶病缺素症状;甜橙砧及酸橙砧嫁接的甜橙、橘和葡萄柚果皮光滑、皮薄、多汁、品质优;柠檬砧的葡萄柚果实皮粗,酸、糖含量均低,品质差等都说明砧木对接穗的果实有一定的影响。

②砧木影响适应性　砧木品种的耐寒、耐盐碱、耐瘠薄、耐湿等特性都能使接穗嫁接后获得砧木的耐寒、耐盐碱、耐瘠薄、耐湿等性状,若砧木对环境条件敏感,也会使接穗不能忍耐不良环境。例如,耐寒的枳砧,它促进秋梢提早进入休眠期,提高了接穗品种的抗寒性;枳砧的晚熟温州蜜柑及甜橙都较耐寒,但却不耐盐碱;枸头橙砧的晚熟温州蜜柑较枳砧耐盐碱;广东的酸橘根系发达,作蕉柑、椪柑砧木耐肥水,抗风力强,耐涝,可作水田柑橘的砧木。

③砧木影响树势　矮化砧可使接穗树体矮化,乔化砧可使树体高大。例如,酸橙、甜橙砧的晚熟温州蜜柑,树冠高大,枳砧的晚熟温州蜜柑树冠相对矮小;红橘砧可使树体生长直立。

④砧木影响结果期及产量　一般生产种植的枳砧晚熟温州蜜柑,定植后 2～3 年开始结果,而红橘砧晚熟温州蜜柑在定植后3～4 年才结果,甜橙砧的温州蜜柑更晚,甚至在定植后 5～6 年才开

始结果。

⑤砧木影响抗性　用抗性强的砧木可提高接穗树体的抗病虫害能力。例如，江西证明枳砧温州蜜柑比潮州酸橘砧的温州蜜柑对溃疡病的抵抗力强，发病株少；枳砧的抗病性（抗溃疡病、脚腐病、流胶病等）因素无疑会影响接穗的抗性。因此，选择抗病虫的砧木是选择砧木的重要条件之一。

(5)嫁接前的准备

①接穗采集　接穗应采自品种纯正、生长健壮、无病虫害、丰产稳产的母树，且采树冠中、上部外围1年生木质化的春梢或秋梢。采后及时剪去叶片，仅留叶柄，就地边采边接。如需从外地引接穗的，应认真做好接穗的贮运工作。

②接穗的贮运　随采随接的成活率高。特殊情况需要贮藏备用的，要保持接穗适宜的温、湿度。接穗保湿常用清洁的河沙（含水量5%～10%，手捏成团，轻放即散为度）和湿润清洁的石花（苔藓）等。接穗最适的贮藏温度是4℃～13℃。

外地引接穗，应做好运输工作。运输方法因接穗数量不同而异。数量少可用湿毛巾或湿石花包裹，装入留有透气孔的薄膜袋中随身携带；数量大，可用垫有薄膜的竹筐等做容器，一层湿石花、一层接穗依次放入容器内，最上层盖石花和薄膜保湿装运。通常在气温不高、2～3天内到达目的地的情况下不会影响接穗质量。接穗运输时间长，或途中气温偏高时，可先用清水洗净接穗，后浸泡于最终有效氯浓度为0.5%左右的次氯酸钠溶液（漂白粉液）中，浸泡5～10分钟，取出用清水冲洗数次，晾干水分，放入薄膜袋中，尽可能排除袋中空气，裹紧，扎紧袋口，再在其外套一薄膜袋捆紧，为防挤压，可将捆好的接穗装入纸箱运输。途中2～3天检查1次，若发现叶柄脱落，应解袋去除叶柄；发现有霉烂的接穗应剔除。这种运输方法，一般经20天不会影响接穗的成活率。

(6)嫁接时期　露地育苗，基本上全年可嫁接，但11月份至翌年1月份气温低的北亚热带和中亚热带柑橘产区及7月份气温过高的地区，此时嫁接会影响成活率。通常以2～4月份，5月底至6月份，8月下旬至9月份，为主要嫁接时期。嫁接时期与嫁接方法有一定的关系，5～6月份及秋季采用腹接法，春季主要采用切接法。

容器育苗在保护地进行，温度、湿度可人为控制，一年四季均可嫁接。

(7)嫁接方法　柑橘常用的嫁接方法有腹接法和切接法。腹接是指嫁接的接口部在砧木离地面的一定高度(10～15厘米)，嫁接时不剪除接口部以上砧木的嫁接方法。切接是指嫁接时剪除接口以上砧木的嫁接方法。

此外，嫁接还有芽接、枝接。凡嫁接用的接穗带有1个或数个未萌动芽的枝条(接穗)均称枝接。芽接是指接穗为1个芽，带有一小块皮层及少量木质，凡用这种接穗嫁接的称芽接。因芽的形状不同，有盾芽、苞片芽、长方形芽片、侧芽等，用作切接或腹接。枝条上带1个芽、2个芽分别称单芽、双芽，用这种接穗作腹接或切接称为单芽腹接、双芽腹接或单芽切接、双芽切接。

(8)嫁接技术要点

①接芽的削取　一是单芽系指长1～1.5厘米的枝段上带有1个芽的接穗，嫁接用的单芽应为通头单芽。削取通头芽的技术见图3-2。

要领是将枝条宽而平的一面紧贴左手食指，在其反面离枝条芽眼下方1～1.2厘米处以45°角削断接穗，此断面称短削面；然后翻转枝条，从芽眼上方下刀，刀刃紧贴接穗，由浅至深往下削，露出黄白色的形成层，此削面称长削面。长削面要求平、直、光滑，深度恰至形成层。最后在芽眼上方0.2厘米左右处，以30°角削断接穗，放入有清洁水的容器中备用，但削芽在水中浸泡的时间最多不超过4小时，否则影响成活率。也有一边削接芽，一边嫁接的。二

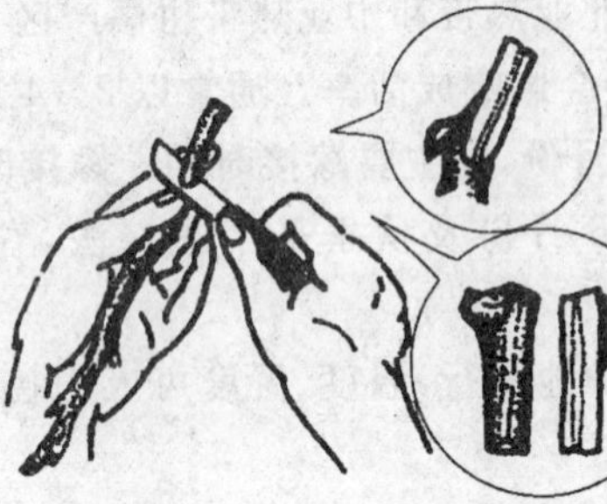

图 3-2　通头单芽削取法

是芽苞片，用粗壮春梢或秋梢作接穗，左手顺持接穗，将嫁接刀片的后 1/3 放于芽眼外侧叶柄与芽眼间或叶柄外侧，以 20°角沿叶痕向叶柄基部斜切一刀，深达木质部，再在芽眼上方 0.2 厘米左右处与枝条平行向下平削，与第一刀的切口交叉时取出芽片，芽片长 0.8～1.2 厘米，宽 0.3 厘米左右，接芽削面带有少量木质，基部呈楔形，见图 3-3。

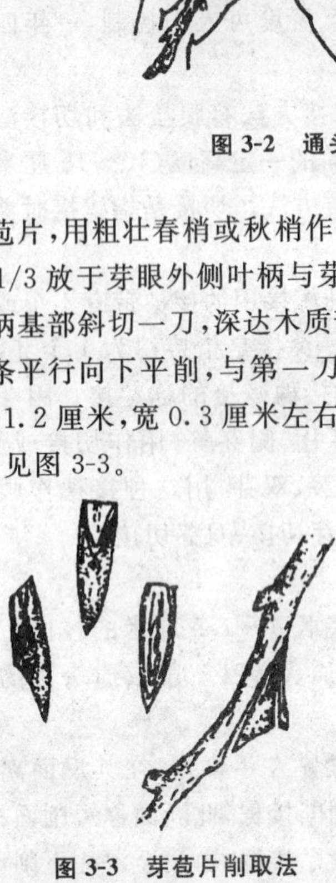

图 3-3　芽苞片削取法

②嫁接方法

腹接法：因其嫁接时间长，1 次未成活可多次补接，故在柑橘嫁接中普遍采用。以选用的不同接芽，可分为单芽腹接、芽片腹接等。砧木切口部位在离地面 10～15 厘米处，切口方位最好选东南方向的光滑部位。砧木切口时，刀紧贴砧木主干向下纵切 1 刀，深至形成层，长约 1.5 厘米，并将切下的切口皮层切去 1/3～1/2。砧木切口要平直、光滑而不伤木质部，然后嵌入削好的接芽，再用塑料薄膜条捆紧即可。秋季腹接应将接穗全包扎在薄膜内；春季及5～6月份腹接，可做露芽缚扎，仅露芽眼。接芽为芽苞片时，砧木切口可开成“T”形，见图3-4。

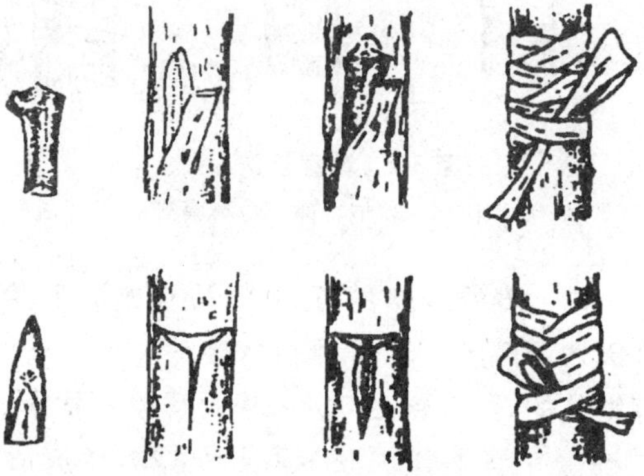

图3-4　腹接法

A. 单芽腹接　B.“T”形露芽腹接

切接法：切接的接穗，可用单芽或芽苞片。用单芽的称单芽切接，用芽苞片的称芽苞切接。切接主要在春季，春季雨水多的地区，嫁接前1～2天在离地面10～15厘米处将砧木剪断，使多余的水分蒸发，避免嫁接后因水分过多而影响成活率。砧木切口的方法同腹接，以切至形成层为宜。在砧木切口的上部将刀口朝一侧斜拉断砧木，使断面成为光滑的斜面。切口在砧桩低的一侧，将接芽嵌入砧木切口，用薄膜带捆扎，砧木顶部用方块薄膜将接芽和砧木包在其中，形成“小室”，接芽萌发后剪破“小室”上端，见图3-5。切接成活后发芽快而整齐，苗木生长健壮，不剪砧，一般在春季进行。

(9)嫁接苗的管理

①检查成活率、补接、解膜　不同的嫁接季节，检查嫁接成活

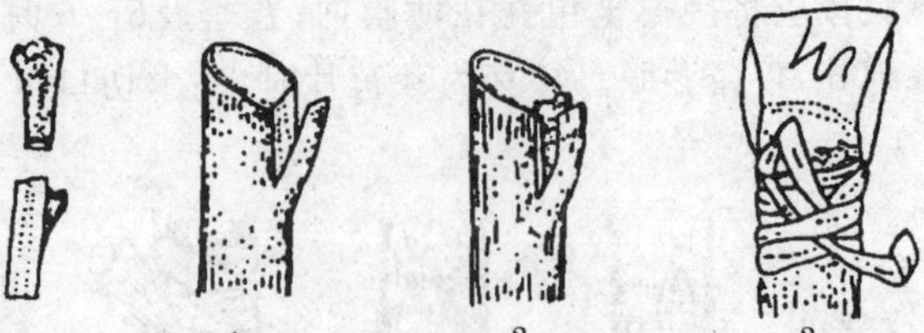

图 3-5 单芽接法

1. 砧木切口 2. 嵌合部 3. 薄膜捆扎

和解膜的时间不同。春季嫁接的可 30 天检查成活率、解膜，有时气温低，需 60 天才可解膜。5～6 月份嫁接。

未做露芽缚扎的，可在接后 15～20 天解膜。秋季(9～10 月份)嫁接的，要在翌年春季(3 月份)检查成活率，未成活的可进行补接。检查接芽是否成活时，凡接芽呈绿色，叶柄一碰即落的为已成活；接芽变褐色，表明未成活。

②剪砧、除萌、扶直 腹接苗应剪砧，一般分 2 次进行。第一次剪砧在接芽成活后，于接口上方 10～15 厘米处剪除上部砧木；待第一次梢停止生长后从接口处以 30°角剪除余下的砧桩，此次剪口应光滑。砧木上抽生的萌蘖，应及时除去，一般 7～10 天除萌 1 次。除萌宜用刀削除，切忌手抹。为使苗木健壮，第一次剪砧后需要扶直，扶直可用薄膜带将新梢捆于砧桩上，第二次剪砧后应立支柱扶直。

③摘心整形 当柑橘苗长至 40～50 厘米时摘心、整形，时间以 7 月上旬为宜。柑橘以 40 厘米高摘心为适。摘心前应施足肥水，促抽分枝。分枝抽生后，除留 3～5 个方向分布均匀的枝外，其余的枝尽早剪除。如用于密植的柑橘苗，摘心高度还可适当降低。

④中耕除草、肥水管理 苗圃应经常中耕除草，疏松土壤。除草时注意不碰伤、碰断苗木。勤施肥，从春季萌芽前到 8 月底，2 个月施肥 3 次，至少每月施肥 1 次。最后 1 次肥应在 8 月底前施

下，以免抽生晚秋梢，甚至抽冬梢，使苗木受冻。肥料以腐熟的人、畜粪水或腐熟的饼肥水为主，辅以尿素等化肥。

(10)及时防治病虫害　苗期应加强对立枯病(猝倒病)、炭疽病和红蜘蛛、潜叶蛾、凤蝶、蚜虫的防治(详见第十章病虫害防治部分)。

(二)营养袋苗的培育

营养袋苗砧木种苗培育、苗木嫁接的方法与露地苗培育大致相同，此略。营养土的配制、营养袋类型以及营养袋移栽管理简介如下：

1. 营养土配制　营养土配制各地有异，配方多样。总的比露地育苗的土壤好，有的也可用于容器育苗，现择要简介。

营养土配方 1：用厩肥、锯末、河沙配制而成，厩肥与锯末按 1∶1 的体积比混合，堆制 4 个月腐熟后，再与河沙按 3∶1 或 4∶1 的体积拌匀即成。

营养土配方 2：用熟土或腐殖质含量高的土壤，每立方米加入人畜粪 100 千克、麦秸 17.5 千克、饼肥 1.3 千克堆沤后，再加入钙镁磷肥 1.5 千克、硫酸钾 0.25 千克、硫酸亚铁 0.125 千克，充分拌匀，每立方米营养土可装营养袋 1 000 个左右。

营养土配方 3：以熟土或腐殖质含量高的壤土(菜园土等)为基础，再在每立方米土中混入人畜粪 150 千克、过筛腐熟垃圾 100 千克、干碎塘泥 150 千克、尿素 2 千克、钙镁磷肥 10 千克、石灰 2 千克(酸性红黄壤土)，适量谷壳或锯末等，充分拌匀，密封堆沤，中途翻堆 1 次。经 30～50 天堆沤即可装袋栽苗(或假植)。

营养土配方 4：配制营养土可因地制宜。

(1)每立方米肥土加入人粪尿 100 千克、磷肥 1.0～1.5 千克、腐熟垃圾(过筛)150 千克、猪牛粪 50～100 千克、谷壳 15 千克或发酵锯末(木屑)15 千克，充分混合拌匀做堆。

(2)每立方米肥土加谷壳15千克或发酵锯木屑15千克、菜籽饼(粕)5千克、三元复合肥(柑橘专用肥)1～3千克、石灰1千克,充分混合拌匀做堆。堆外均用稀泥糊封,堆沤30～45天,即可装袋。

营养袋苗的营养土配制,优于露地育苗的土壤,但不如容器苗的培养土优,且消毒杀灭病菌的措施也不甚严格。

2. 营养袋 营养袋都用塑料薄膜制成,也有用牛皮纸制成大小、高矮不一的,但一般均较容器苗的容器矮,总的体积也小。

营养袋型Ⅰ:营养袋高30厘米,直径15厘米,底部有6个排水孔,厚12微米的白色(或黑色)塑料袋。

营养袋型Ⅱ:用塑料薄膜制成营养袋,规格:16厘米(径)×25厘米(高),于袋侧打孔12个,底部打孔10个,装满营养土后袋重约1.25千克。

营养袋型Ⅲ:用塑料薄膜制成营养袋,袋径18厘米,袋高20厘米,袋底打孔6～8个。

3. 营养袋苗移栽管理 营养袋嫁接苗木有两类:一类是砧木种子播于营养袋中,在露地或搭建拱形塑料棚促长,当砧木粗度达可嫁接(一般径粗＜0.5厘米)时嫁接,嫁接口高度多数在5～10厘米;另一类是将在露地已嫁接成活的苗,或嫁接后已长成半成品的苗移入营养袋中,生长6～8个月出苗栽植。

秋播枳种,翌年春季气温回升时移栽砧木苗,先将营养土拌湿(以手紧捏成团,放开松散为度),每袋装3.7千克,然后将当天出的枳苗栽入袋内,稍压紧,栽后立即浇水,使营养土充分湿润,与根系密接,以后每周浇水2～3次至抽梢后每周浇水1～2次。移栽2个月后,每月施速效氮肥。9月份干粗达到嫁接要求时进行嫁接。

嫁接苗的管理与露地苗大致相同,春季接芽萌动前剪去接芽上方的砧木,解除薄膜,不成活的苗木,集中另处及时进行补接。

营养袋苗因营养、水分充足，砧木及接穗萌发的嫩枝均多，应每周抹除砧木上的萌蘖。接穗萌发的春梢只留最强的一枝作主干，其余抹除，并在约20厘米长时扶正，夏梢留2～3枝，生长至30厘米时扶正，秋梢不做处理，任其生长。抽梢期每周灌水1～2次；施尿素每株3克，施后灌水，新梢自剪期叶面喷施0.4%尿素和0.3%磷酸二氢钾混合液，促苗健壮。及时防治病虫害，重点是炭疽病、立枯病、红蜘蛛、凤蝶、蚜虫、卷叶蛾、潜叶蛾等。

(三)容器苗的培育

容器苗是用容器培育的苗。根据世界柑橘生产发展的趋势，多数用于柑橘无病毒苗的培育。试验和生产实践表明，柑橘无病毒容器苗具产量较常规苗高20%～30%，树的寿命也可延长20～30年。可缩短育苗期，投产还可提前等优势。

无病毒柑橘容器苗木培育技术规程现简介如下：

1. 基本要求

(1)培育方式　具可控植物生长条件下的无病毒设施育苗。

(2)场地选择　交通方便、水源充足、地势平坦、通风和光照良好、无检疫性病虫害、无环境污染地区。

(3)育苗设施　每个育苗点具有温室、网室、营养土拌和场、营养土杀菌场、移苗场、露地容器苗圃等设施。

①温室　温室的光照、温度、湿度、土壤条件可人为调控，最好具备二氧化碳补偿设施，每个育苗点温室面积1 000米^{2}以上，主要用于砧木苗培育，进、出温室的门口设置缓冲间。

②网室　用于无病毒采穗树的保存和繁殖。进、出网室的门口设置缓冲间。

③育苗容器　有播种器、播种苗床和育苗桶3种。播种器和播种苗床用于砧木苗培育；育苗桶用于嫁接苗培育。

播种器由高密度低压聚乙烯注塑而成，长67厘米，宽36厘米，设96个种植穴，穴深17厘米。每个播种器可播96株苗，装营养土8～10千克。耐重压，寿命5～8年。

播种苗床可用钢板、水泥板、塑料或木板等制成深20厘米、宽100～150厘米、下部有排水孔的结构，苗床与地面隔离。

育苗桶由线性聚乙烯吹塑而成，高34～40厘米，桶口正方形，宽9～12厘米，底宽7～8厘米，梯形方柱，底部设2个排水孔，能承受3～5千克压力，使用寿命3～4年。

2. 砧木苗培育

(1)营养土的配制 营养土由粉碎经高温蒸汽消毒或其他消毒法消毒后的草炭（或泥炭、腐殖质土等）、沙（或蛭石、珍珠岩等）、谷壳（或锯木屑等）按体积配制。氮、磷、钾等营养元素按适当比例加入。

(2)营养土消毒 将混匀的营养土用锅炉产生的蒸汽消毒。消毒时间为每次40分钟，升温到100℃10分钟，蒸汽温度保持在100℃30分钟。然后将消毒过的营养土堆在堆料房中，冷却后装入育苗容器。也可用甲醛溶液熏蒸消毒土壤；或将营养土堆成厚度不超过30厘米的条带状，用无色塑料薄膜覆盖，在夏秋高温强日照季节置于阳光下暴晒30天以上。

(3)砧木种子 砧木种子为纯正的枳橙或单系枳，无裂皮病、碎叶病和检疫性病虫害。砧木种子饱满，颗粒均匀，发芽整齐，出苗率高。

(4)种子消毒 播种前将种子用50℃热水浸泡5～10分钟，捞起后立即放入55℃的热水中浸泡50分钟，然后放入用1%漂白粉消毒的清水中冷却，捞起晾干备用。

(5)播种方法 播前把温室、播种器和工具等用1%漂白粉混悬液消毒1次。把种子有胚芽的一端置于播种器和播种苗床的营养土下，播后覆盖1.0～1.5厘米厚营养土，一次性灌足水。播种严格按操作规程执行，以减少弯颈的不合格苗。种子萌芽后每1～

2周施0.1%～0.2%三元复合肥溶液1次，注意对立枯、炭疽和脚腐病的防治，及时剔除病苗、弱苗和变异苗。

(6)砧木苗移栽与管理　当播种的砧木苗长到15～20厘米高时移栽。起苗时淘汰根颈或主根弯曲苗、弱小苗和变异苗等不正常苗。剪掉砧木下部弯曲根，将育苗桶装入1/3营养土后，把砧木苗放入育苗桶中，主根直立，一边装营养土，一边摇匀，压实，灌足定根水。移栽严把主根直的质量关，以减少弯根苗。第二天浇施1次0.15%三元复合肥(N∶P∶K＝15∶15∶15)溶液，随后每隔10～15天浇施1次同样浓度和种类的复合肥。

3. 接　穗

(1)接穗来源

①*病毒鉴定与脱毒*　依托国家柑橘苗木脱毒中心对选定的优良品种(单株)进行病毒鉴定，如有病毒感染，进行脱毒处理和繁殖，获得无病毒母本材料和无病毒母本树。无病毒母本树无检疫性病虫害和重要柑橘病毒类病害(裂皮病、碎叶病、温州蜜柑萎缩病和茎陷点型衰退病)。

②*无病毒柑橘母本园*　由脱毒后的优良品种建立无病毒柑橘母本园，提供母本接穗或采穗母树。定期鉴定母本树的园艺性状和是否再感染病毒病，淘汰劣变株(枝)和病株。母本树保存在网室。

③*无病毒柑橘采穗圃*　由无病毒柑橘母本园提供接穗，建立1级或2级无病毒柑橘采穗圃，采穗树保存在网室中。

(2)接穗繁殖方法　采穗树栽培管理按无病毒程序进行，及时淘汰变异株。每株采穗树的采穗时间不超过3年。

4. 嫁　接

(1)嫁接方法　当砧木离土面15厘米以上部位直径达0.5厘米时，即可嫁接，采用T形嫁接法。嫁接前对所有用具和手用0.5%漂白粉液消毒。

(2)嫁接后管理

①解膜　嫁接后3周左右,用刀在接芽反面解膜,此时嫁接口砧穗结合部已愈合并开始生长。

②弯砧　解膜3～5天后把砧木接芽以上的枝干反面弯曲并固定下来。

③补接　把未成活的苗集中补接。

④剪砧　接芽萌发抽梢自剪并成熟后剪去上部弯曲砧木,剪口最低部位不低于芽的最高部位。剪口与芽的相反方向呈45°角倾斜。

⑤除萌　及时抹除砧木上的萌蘖。

⑥扶苗、摘心　接芽抽梢自剪后,立支柱扶苗。用塑料带把苗和支柱捆成"∞"形,随苗生长高度增加捆扎次数,苗高35厘米以上时短截。

⑦肥水管理　每周用0.3%～0.5%三元复合肥或尿素浇施1次,追肥可视苗木生长需要而定,干旱期及时灌水,土壤含水量保持在70%～80%,土壤pH值保持在5.5～7.0。

⑧病虫防治　幼苗期喷3～4次杀菌剂防治苗期病害,苗期主要病害有立枯病、疫苗病、炭疽病、树脂病、脚腐病和流胶病等。虫害主要有螨类、鳞翅目类,可针对性用药。严格控制人员进出温、网室,对进入人员进行严格消毒措施。

5. 苗木出圃

(1)出圃苗木标准

①出圃苗木为无检疫性病虫害及无柑橘裂皮病、碎叶病的健壮容器苗。

②砧木为纯正枳橙或单系枳。

③嫁接部位离土面≥15厘米,嫁接口愈合正常,已解除绑缚物,砧木残桩不外露,断面在愈合过程中。

④苗木高度≥60厘米。主干直、光洁,高30厘米以上,径粗

≥0.8 厘米，不少于 3 个且长 15 厘米以上、空间分布均匀的分枝，枝叶健全，叶色浓绿，富有光泽，砧穗结合部曲折度不大于 15°。

⑤根系完整，根颈不扭曲，主根不弯曲，主根长 20 厘米以上，侧根、细根发达。

(2)检疫方法

①苗木出圃前，先经省、市、区级农业行政主管部门组织进行苗圃检验，并出具柑橘苗木合格证明书。证明书格式参见中华人民共和国国家标准 GB 9659—88《柑橘嫁接苗分级及检验》附录 A。

②苗木生长期间应执行 GB 5040—85。提苗前按国家"植物检疫条例"办理植物检疫证书，严禁有检疫对象的苗木调入。

③苗木附有一般性病虫时，需经药剂处理，方可出圃。

(3)苗木出圃　起苗前充分灌水、抹去嫩芽、剪除幼苗基部多余分枝，喷药防治病虫害，苗木出圃时要清理并核对品种标签、记载育苗单位、出圃时期、出圃数量、苗木去向、品种、品系，发苗人和收苗人签字，入档保存。

6. 调　运

(1)运输工具　连同完整容器调运，苗木装在有分层设施的运输工具上，分层设施的层间高度以不伤枝叶为准。

(2)标签　每株苗均需在主干上挂标签注明品种、砧木名称。标签宜用长条形塑料片，长 12 厘米以上，宽 1.0～1.5 厘米，厚 0.3 毫米以上。在塑料片上设置拴接口，方便拴套。

(3)注意事项　调运途中严防日晒、雨淋，苗木运达后立即检视，尽快定植。

7. 定植　定植时轻拍育苗桶四周，使苗木带土与育苗桶分离。一只手抓住苗根颈部，另一只手抓住育苗桶，将柑橘苗轻轻拉出，不散落营养土。定植时必须扒去表层和底部 1/4 营养土至有根露出为止，剪掉弯曲部分根，疏理群根，使根系展开，便于栽植时根系末端与土壤接触，利于生长。定植后根颈部应稍高于地面，以防定植穴土壤下沉后根颈下陷至泥土中，引发脚腐病等。定植后在柑橘苗基部做 1 个直径 50 厘米的树盘，便于浇水和施肥等，最后灌足定植水。

8. 术语和定义

(1) 苗木径粗 苗木嫁接口上方 2 厘米处最粗直径。

(2) 分枝数量 苗木主干高度 30 厘米以上抽生的且长度在 15 厘米以上的分枝数量。

(3) 苗木高度 自苗木土面量至苗木顶端的高度。

(4) 嫁接口高度 自苗木土面量至嫁接口的高度。

(5) 干高 自苗木土面量至第一个有效分枝处的高度。

(6) 砧穗结合部曲折度 接穗主干中轴线与砧木垂直延长线之间夹角的度数。

柑橘无病毒良种繁育系统流程图见图 3-6。

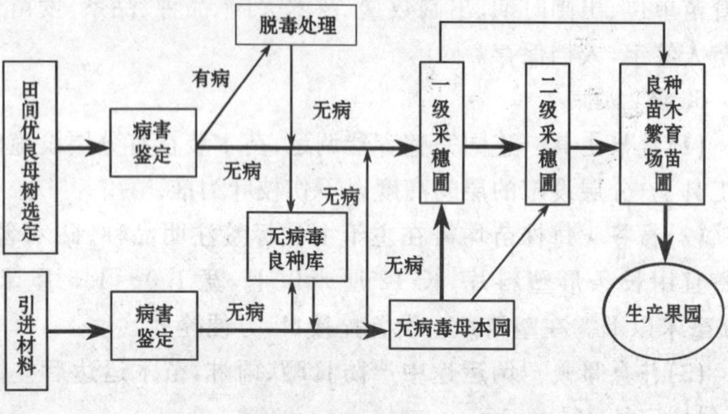

图 3-6 柑橘无病毒良种繁育系统流程图

(四) 营养槽苗的培育

营养槽苗育苗是 20 世纪 80 年代先由中国农业科学院柑橘研

究所开始，现不少柑橘产区在生产上应用。营养槽苗培育，在用砖或水泥板(厚 5 厘米)建成的槽内进行。槽宽 1 米，槽深 23～25 厘米，槽与槽之间的工作道宽 40 厘米，深 23～25 厘米。营养槽长任意长，方向以南北向为佳。

营养槽苗的营养土，与培育容器苗的营养土同。此略。

苗木栽植密度：内径宽 1 米的槽每排 11 株，排与排之间的距离 22～25 厘米(视砧木、品种不同而异)。

营养槽苗的嫁接、管理与容器苗同。

营养槽苗出圃：可带营养土，也可不带营养土。带营养土，可用装肥料的塑料蛇皮袋 5 株 1 包或 10 株 1 包进行包装。5 株的包装方法是整体切下两排，切成 4 株一整块，再在其上叠放 1 株呈梅花形，捆扎包装即成。10 株的包装方法：切成 8 株一整块，每 4 株间叠放 1 株，呈双梅花形，捆扎紧包即成。不带营养土的，需打泥浆后用塑料蛇皮袋或薄膜捆扎包装即可。营养槽的营养土，带土出苗的，及时新增营养土，以备下次育苗，不带土出苗的补充营养土。营养土均应消毒。

四、柑橘无病毒良种苗木繁育体系建设

柑橘生产良种化、无病毒化是提高柑橘产量和质量的重要基础，也是柑橘产品及时更新换代提高市场竞争力的重要措施。在柑橘产业领域内，柑橘良种的作用尚无任何技术或生产措施可以取代。此外，采用无病毒苗木还可使柑橘增产 20%～30%，延长柑橘产出年限。在世界上，发达的柑橘生产国家如美国、西班牙、意大利、澳大利亚等已普遍采用无病毒苗木。

三峡库区是我国柑橘的最适生态区，是国家三大柑橘产业带的重要产业带，为改变以往主要由苗木管理不严出现苗木生产混乱，病苗、劣质苗流入市场，进而使柑橘品种纯度低，良莠不齐，产

量不高,效益不高的落后状况,国务院三峡工程建设委员会办公室非常重视在三峡库区建立柑橘良种苗木繁育体系。在《三峡库区柑橘产业开发规划》中提出了建设规划,至今已完成和超额完成生产接穗用网室,快速繁育砧木苗用温室,指示植物鉴定病毒类病害用温室,苗圃以及相应的配套设施建设和设备配套。这为三峡库区乃至全国柑橘无病毒苗木的培育、推广应用,起到了极大的推动作用。

第四章　晚熟柑橘的环境条件、园地规划建设和换优建园

一、晚熟柑橘对环境条件的要求

环境条件决定晚熟柑橘建园的成败：适宜的气温、日(光)照、雨量(湿度)、土壤等的环境条件，可使晚柑橘早结果，丰产稳产和优质；反之，环境条件不适宜，会低产劣质，甚至失败。

(一)温度(气温)

晚熟柑橘果树的环境条件中，气温是最主要的因子，目前人类最难控制的是气温。气温不仅对某一区域能否种植柑橘果树起决定作用，而且在能够种植的条件下，也对柑橘果树的生长、结果、果实品质的优劣起着限制作用。例如，气温有差异的两地，同一品种的植株的生长量、结果迟早、成熟迟早、产量和果实品质都有关系。

1. 最适、最低和最高温度　柑橘果树性喜温暖、较耐阴，对温度比光照敏感。最适的生长温度以26℃为中心，23℃～34℃范围最适宜。植株停止生长的最低温度12.8℃，植株能耐受(不死亡)的极端低温除枳(主要作砧木)、宜昌橙(主要作砧木)分别能耐－20℃和－15℃的低温外，栽培品种耐低温的程度也不一；同时，熟期不同耐低温的程度也各异，通常早、中熟柑橘较晚熟柑橘耐寒。柑橘停止生长的最高温度是39℃。气温12.8℃以下、39℃以上柑橘植株生长明显受抑制，最适宜的气温为23℃～34℃，但终

年保持最适的温度也无意义。12.8℃时柑橘植株开始生长，但终年生长会影响花芽分化。柑橘果树花芽分化，要求12.8℃以下的温度，以柑橘停止生长、进入相对休眠期为好。所以，晚熟柑橘在周年生长的南亚热带、边缘热带种植，有时在栽培上要采取干旱、环割等措施来促进其花芽分化。

2. 年平均温度、年活动积温和冷月平均温度 用年平均温度来衡量柑橘生长、发育所需要的热量指标，其优点是便于计算和使用，其缺点是不能反映柑橘果树各生育期温度分布和变化的特征。冬季严寒，夏季酷热的地区，年平均温度可能会与冬暖夏凉地区相同，但极端低温差异很大。

年活动积温，又叫年有效积温，或≥10℃年活动积温。年活动积温之所以也作为柑橘果树生长或能否种植的指标，这是以柑橘果树能生长的最低温度12.8℃为依据的。为了计算方便，不用12.8℃，而用每日平均温度≥10℃的有效温度逐日相加，得到≥10℃年有效积温，如某日的平均温度12.5℃，则这一日≥10℃的有效积温为2.5℃，这是一种计算方法。另一种计算方法是将1年中≥10℃的所有天数的温度累加，如日平均温度12.5℃，将12.5℃作为≥10℃的有效积温，而不是只计算2.5℃。除上述两种方法外，还有一种方法是以12.8℃作为起算温度，以3～11月份各月份多年平均月平均温度减12.8℃，乘以各月的日数累加而作为年有效积温。

冷月平均温度，是指1月份(多数)或2月份的平均温度。提出冷月平均温度作为气温指标之一，是因为冷月的平均温度对柑橘晚熟品种影响比年平均温度更为重要。日本学者藤田曾提出不同的冷月平均温度适合栽培不同的品种：4℃可栽温州蜜柑、八朔、金柑，5℃以上可栽脐橙、伏令夏橙和柠檬，7℃以上可种植葡萄柚。

3. 温度对柑橘果树的影响

(1)对生长、发育的影响 气温过低柑橘果树停止生长、发育、受冻，甚至植株被冻死。

地上部枝梢：气候适宜，生长旺盛，如南亚热带热量条件丰富，柑橘不仅四季抽发新梢，而且旺盛；中亚热带和北亚热带，通常 1 年抽春梢、夏梢和秋梢 3 次梢，且生长量不如南亚热带的大，而北亚热带枝梢的生长量又较中亚热带小。

地下部根系：柑橘根系生长与土壤温度（简称地温）有关。且不同种类和品种的柑橘所需的地温不同。甜橙、酸橙、葡萄柚和柠檬等，地温 12℃左右开始生长根系；地温 23℃～31℃时根系生长和对养分、水分吸收最佳；地温 19℃以下时根系生长弱，较粗的根断后伤口不易愈合和发根；9℃～10℃时根系尚能吸收氮素和水分，降至 7.2℃时丧失吸收能力。地温超过 37℃，根系生长微弱或停止；地温 40℃时，根系出现死亡。

(2) 对花蕊和坐果率的影响　人工气候室中以 15℃，20℃和 30℃的温度做处理，结果是：30℃处理后，经过 4 天就现蕾，11 天花盛开，但花发育极差，全部不结实。15℃处理后，25 天现蕾，73 天花盛开，花器发育完全，花后 1 个月的结实率 100％。20℃处理与 15℃处理相比较，20℃处理现蕾和盛花期相对较早，但花器发育仍较差，花后 1 个月结实率只有 20％～30％。可见，温度越高，越明显地促进现蕾及开花，因而也会使花器发育不健全和结实不良。

(3) 对果实品质的影响　温度影响果实外观及品质。温州蜜柑耐寒性强，适应性广，但在广东韶关以南表现品质不良，以年平均温度 15℃以上、20℃以下、极端低温－9℃以上的地域为宜。椪柑适应性广，耐寒、耐热性都较强，南、中、北亚热带区域都能栽培，但其品质从南亚热带到北亚热带，糖含量出现由高到低的趋向；酸含量出现由低到高的趋向。

果皮着色影响果实外观，温度太高着色不良。在一定的温度范围内，通常年平均温度越高，果实的可食率、果汁率越高。但温度过高、过低都会增厚果皮，减少果实的可食率、果汁率。

(4)对病虫害的影响 病虫害受气温影响极大。适宜的温度使病菌、害虫迅速繁衍，对柑橘的危害加重。低温和过高的温度，一般而言，可抑制病菌、害虫的活动。

适宜发病的温度为15℃～24℃。因此，春梢和秋梢的抽发易发病，夏梢抽生期气温高，病菌受抑制，发病较轻。不少虫害发生受气温影响，如红蜘蛛，在南亚热带的柑橘产区，年平均温度20℃以上，1年发生20代左右；在中、北亚热带柑橘产区年平均温度15℃～19℃，则1年发生12～17代。温度过高可抑制红蜘蛛的繁殖速度，减轻对柑橘的危害。

我国柑橘分布的北热带（边缘热带）和南、中、北亚热带，随着气温由南向北降低，柑橘病虫害的种类减少，害虫的发生代数一般也减少。病虫害防治，南亚热带与中、北亚热带相比，南亚热带柑橘产区防治的时间长、次数多，费用也相对增加。

（二）日照（光照）

柑橘是耐阴性较强的果树。因此，日照强度对柑橘果树栽培的限制作用次于温度、水分和土壤等环境条件，但日照仍然是柑橘果树进行光合作用，制造有机物质不可缺少的光热能源。

1. 最适的日(光)照 柑橘系短日照果树，喜漫射光，较耐阴，光照过强或过弱均对其不利。一般认为，以年日照1 200～1 500小时最宜。据测定，最适的光照强度为12 000～20 000勒克斯。光照强度与柑橘的生育、产量和品质关系密切，因为柑橘果树的光合作用强度，在很大程度上受光照强度的影响，随光照强度增高而加快。但光照强度上升到一定程度后，光合作用强度不再增加，即光合作用不再增加，这时的光照强度称光饱和点。柑橘的光饱和点为35 000～40 000勒克斯。

当光照减弱到一定程度时，柑橘光合作用强度（简称光合强度）与呼吸强度相等，光合作用制造的干物质被呼吸作用全部消耗，此时的光照强度称为光补偿点。一般柑橘的光补偿点为1 000～2 000 勒克斯。

我国柑橘产区，日照一般都能满足柑橘果树生长、结果的要求。

2. 光照对柑橘的影响　不同种类、品种的柑橘，耐阴性也有差异。例如，温州蜜柑比甜橙和杂柑类耐阴性稍弱。另外，柑橘果树的不同生育期对光照的要求也不同。例如，在柑橘幼叶、花蕾形成、新梢老熟等生长较弱的阶段，当温度 12℃左右时，光照强度可降至晴天的 50%～60%；但在新梢和果实旺盛生长时期，平均温度 15℃～16℃时，光照强度不能低于晴天的 70%。果实成熟后期，充足的光照有利于果实着色，提高果实的糖分。

光照不足或过强，都会给柑橘果树带来不利影响：光照不足的郁闭柑橘果园，会使柑橘叶片变平、变薄、变大，发芽率、发枝率降低，甚至枝、叶枯死。花期和幼果期光照不足会导致树体内有机质合成减少，出现幼叶转绿迟缓，与幼果争夺营养而加剧生理落果。冬季光照强度晴天低于 4%，且气温波动较大时，会影响光合作用和树体有机质的积累，导致落果减产。光照不足会使坐果率降低，果实变小，着色变差，酸高糖低。

夏季光照过强，加之温度过高，会发生果实的日灼病，尤其是温州蜜柑，其次是脐橙、椪柑等。

3. 日照对柑橘病虫害的影响　日照与气温和湿度等环境条件紧密相关。光照条件好的柑橘果园，不会出现郁闭，园内湿度低，柑橘植株的枝、叶健壮，抗病虫能力强。但日照过强也不利，正如前述，易发生日灼病（果实、枝，甚至树干）。日照差，柑橘园郁闭，导致脚腐病、流胶病、炭疽病和蚧类等虫害发生。柑橘红蜘蛛则相反，早春多在山地丘陵柑橘园的向阳坡先发生，尤其在日照时数多的东南方、树冠中上部的外围枝、叶上虫口多，发生早。

(三)降水量、湿度

1. 柑橘对水分、湿度的要求 柑橘果树,性喜温暖,又喜湿润。适宜的降雨和湿度有利于柑橘果树的生长、发育和产量、品质的提高。一般认为柑橘果树的生长结果以年降水量1 000毫米,空气相对湿度75%左右,土壤的相对湿度60%～80%为宜,国外和我国的多数柑橘产区,基本上都能达到上述要求。但即使年降水量达到1 000毫米或以上,因季节性分布不均,仍需灌溉。有水源之地,降水量不足1 000毫米,甚至只有几百毫米,仍能种植。土壤湿度通过人工灌排加以调节,旱灌涝(湿)排。空气湿度,对柑橘的某些种类、品种影响较大。例如脐橙,尤其是华盛顿脐橙,花期和幼果期的空气相对湿度达到85%,落花落果严重,甚至出现"花开满树喜盈盈,遍地落果一场空"的惨景。空气湿度低,可用果园灌水(最好是喷灌)解决,但要降低空气湿度是不易之事。

有人研究认为,柑橘果树每生产1克干物质需蒸腾292毫升水,每667米^{2}产4 000千克的温州蜜柑,在重庆和三峡库区的条件下,全年蒸腾的水量为365米^3,即每天平均耗水1米^3,冬季平均日蒸腾383升,夏季平均日蒸腾1 691升。

2. 降雨、湿度对柑橘的影响 降雨过多,土壤积水,导致根系吸收功能减弱,甚至烂根,进而引起叶片、花、果实的脱落,严重的会使植株死亡。柑橘花期至第二次生理落果期结束前,如遇阴雨连绵,会影响授粉,降低坐果率。

水分不足,也影响柑橘产量和品质,我国南亚热带柑橘产区,常有秋、冬干旱,影响果实膨大,严重时果实变小、果汁少、糖低酸高,品质下降。冬季干旱,花芽分化量增加,翌年花量中无叶花比例增加。长江流域及三峡库区柑橘产区,常有伏旱,使果实发育受阻,其后在果实停止生长以前又遇降雨,对果实,尤其是甜橙类果实,因果皮生长速度比果肉生长慢而发生裂果,皮薄的宽皮柑橘也会出现裂果。

柑橘种类不同,对水分的要求也有异,一般认为甜橙要求水分比宽皮柑橘严格。

与水分紧密相关的空气湿度过高或过低对柑橘生产都会产生不利影响。通常空气湿度过大,柑橘的病虫害容易滋生,影响柑橘的产量和品质。空气相对湿度小于60%,会影响开花、授粉,降低结果率;在果实膨大期,影响果实膨大和产量增加;但在果实成熟期有利于提高糖含量和糖酸比值。但湿度过低,会使果实的果皮粗糙、囊壁增厚、果汁变少,品质下降。

湿度对夏季干燥气候生长的脐橙产量影响明显。例如,重庆的奉节县1年降水量1 078.9毫米,空气相对湿度平均65%,奉节晚脐橙在空气相对湿度80%以上的产区产量低。

3. 降水量、湿度对病虫害的影响　阴雨连绵、高温高湿是大多数柑橘病虫害发生的有利条件,如柑橘立枯病,4～6月份雨季时发病多,地下水位高、土壤黏重、排水不良的苗圃病情加重。柑橘的疮痂病对春、秋梢的危害比夏梢重,这与春、秋梢抽生期阴雨多雾,相对湿度大;夏梢抽发期气候干燥,相对湿度低有关。在高湿多雨条件下危害重,危害柑橘的主要病虫害有:溃疡病、脚腐病、流胶病、炭疽病、吹绵蚧、潜叶蛾等。橘蚜等害虫,在天气干燥、高温时危害早而严重;相反,雨水多,气温低或过高均不利其发生。柑橘花蕾蛆受湿度影响大,成虫羽化期和幼虫入土期多阴雨,危害重。一般平地柑橘园的土壤比山地柑橘园湿润,所以平地柑橘园花蕾蛆的危害也较重。

(四)土　壤

柑橘对土壤适应范围较广,我国南方的紫色土、红壤、黄壤及海涂、沙滩,pH值5～7.8,岩层易分化,土壤易冲刷,土层薄,但磷丰富,肥力较好,适宜种植柑橘。江南丘陵、华南及云贵高原,基本上是红黄壤区，pH 在 4.5～6.5 之间，土层厚、结构差，有机质低，但经过土壤改良，增加有机质，降低酸度，也适合种植柑橘。海涂种柑橘必须注意采取栽培措施，如种植柑橘果树前，种耐盐植物田菁等，以降低土壤的盐分，并选用耐盐碱的柑橘砧木——枸头橙。沙滩种柑必须先种木麻黄固沙才能成功。

土壤是柑橘果树生长的基础，柑橘种植最适的土壤是有机质丰富，微酸性，pH 值 5.5～6.5，土层深厚达 1 米多，土质疏松，排水良好。即通常说的“四宜四不宜”（宜酸不宜碱、宜松不宜黏、宜深不宜浅、宜肥不宜瘠）。

（五）风、二氧化碳

风和二氧化碳也是柑橘果树生长的环境条件。

1. 风 空气在水平方向上的流动称风。风对柑橘影响有利有弊，但总的来说是弊大于利。

（1）风害 我国浙江、福建、广东、广西和海南沿海柑橘产区的柑橘常遭台风之害，7～9 月份的 3 个月台风是橘农之大敌，1 年柑橘产量如何，与台风关系密切。台风不仅打碎、打落叶片、果实、折断枝梢，使之严重减产，甚至将树连根拔起，死树毁园。冬季的强寒风对柑橘果树造成冻害，轻者落叶，使树势变弱，翌年春发芽不良、产量下降，重者植株被冻死。此外，夏季的干热风也会严重影响柑橘植株的生长和结果。

（2）微风 微风对柑橘有利，主要表现在微风能提高柑橘果树蒸腾、吸收、呼吸和光合作用；微风能防止和减轻冬季霜冻和夏季高温危害，还能加快散发柑橘园内的湿度，减少病虫的危害。晴朗有微风的天气采收的柑橘果实，有利于柑橘的贮藏保鲜。

2. 二氧化碳 二氧化碳是柑橘果树用来进行光合作用，制造有机物质的原料。在适宜的气候条件下，生长旺盛的柑橘果树，每天每公顷吸收二氧化碳 130～150 千克。为了补充如此大的消耗，白天地面放出的二氧化碳和柑橘园上方大气层中的二氧化碳都流向柑橘群体。夜间其呼吸作用排出的二氧化碳则补充到大气层中。

二氧化碳对柑橘果树光合作用必不可少，增加二氧化碳浓度可增强光合作用。当然，对露地栽培的柑橘果树，要增加二氧化碳浓度，技术难度大，但对保护地（大棚等）是可以做到的。对露地栽培的柑橘园改善通风、透光条件，使二氧化碳自由交换，从而提高柑橘果树对二氧化碳的利用率，也就间接地提高了二氧化碳的浓度。

（六）与光、热、水相关的环境因子

海拔、地形、坡度、坡向等与柑橘果树生长需要的光、热、水条件密切相关。

1. 海拔高度　海拔高度直接影响气温，海拔越高，气温越低。一般海拔每上升 100 米，气温下降 0.5℃～0.6℃。年降水量则随海拔上升而递增：一般海拔上升 100 米，年降水量增加 30～50 毫米。海拔越高，光照越强，紫外线相应增加。由于海拔高度直接影响光、热、水条件，故可利用海拔的不同高度种植不同的果树、不同种类的柑橘。

山地种植柑橘，因海拔高度而出现逆温层，应注意利用。所谓逆温层，即大气温度随海拔高度增加而下降，但有时出现随高度增加而增加的现象，所涉及的地段（层次）称逆温层。逆温现象山谷比平原区强。逆温层逆温强度随高度递减。每 10 米增加温度 1℃的强逆温层最高不超过 50 米，每 10 米增温 0.5℃的逆温层分布在海拔 100 米以下。了解了逆温层的规律，可在柑橘果树的种植上加以利用：把易受冻的柑橘品种种植在逆温层最强的 20～50 米层，不易受冻的种植在 50～100 米层。谷底，因冷空气下沉，气温最低，柑橘种植最易受冻。

2. 地形 地形对柑橘果树的影响,有整体的大气候,也有局部的小气候。从整体看,我国地形西北高,东南低,西北高山,东南濒海,中间山丘和平原。例如,四川盆地虽纬度较高,但因四周高山环绕,阻挡冷空气入侵,仍是柑橘最适宜种植区;南岭以南的广东、广西,因冷空气入侵受阻,成了南亚热带气候。

3. 坡度和坡向 山地和丘陵种植柑橘,应考虑坡度的大小,一般要求25°以下,最好在15°以下。随坡度增大,水土保持困难加大,使种植柑橘成本提高,并给管理增加难度。

坡向,在山地、丘陵种植柑橘也应加以注意。一般以东南坡和西南坡最好。北坡,即阴坡,一般不适宜种植柑橘。

4. 大水体 大的江河、湖泊、水库,也影响柑橘生长结果。例如,三峡库区蓄水后,由于大水体的增温效应,可使库区年平均温度提高,冬季增温,夏季降温,使气候变得冬暖夏凉,适宜柑橘,尤其是夏橙种植。

(七)晚熟柑橘适栽的区域

晚熟柑橘因果实挂果越冬,因此,对热量条件的要较早、中熟柑橘高,尤其是冬季的极端低温要求不低于－3℃,最好不低于0℃。根据此要求,我国晚熟柑橘适宜在南亚热带、中亚热带气候区栽培。我国海南、台湾南部地处热量条件较南亚热带丰富的边缘热带气候,因其温度太高,不适栽培;或能栽,但因果实提早成熟而失去栽培晚熟柑橘的意义。现将晚熟柑橘适栽区域简介如下。

1. 南亚热带适栽区域 南亚热带适栽区域,包括:南岭山脉以南和东南沿海的广大平原及浅山丘陵地区,大致与北纬23°线相一致。台湾、福建、广东的大部,广西南宁、玉林市以南广大地区,云南的部分地区列在其中。此区域年平均温度19℃～23℃,≥10℃的年活动积温6 300℃～8 000℃,1月份平均温度10℃～13℃,极端低温平均－1℃以上;降水量1 400～2 000毫米,空气相对湿度78%～82%，日照1800～2000小时，土壤多为丘陵性红壤和黄壤、水稻土、冲积土，适宜晚熟柑橘种植。

适宜栽培的晚熟柑橘品种有马水柑、晚熟砂糖橘、晚熟椪柑、紫金橘、蕉柑、夏橙、晚白柚等晚熟柚类等。果实能安全越冬。主要砧木有枳、酸橘、三湖红橘和红檬檬等。

2. 中亚热带适栽区域　中亚热带适栽区域为北纬23°线以北、北纬30°线以南的广大区域。即处于南岭、珠江一线以北，沿钱塘江、浙赣铁路线向西经江西上饶、宜春，湖南长沙、常德至湖北宜昌，然后向西北，经四川广元至都江堰市一线以南的地区。大体包括浙江、江西、湖南、广西、四川的大部，重庆的全部，贵州的南部和东南部，湖北的西部和西南部，福建的西部和西北部。境内地形复杂多样，多丘陵浅山和河谷盆地。本区属中亚热带湿润气候。中亚热带适栽区分中亚热带南部甜橙适栽区和中亚热带北部宽皮柑橘适栽区，以南部甜橙适栽区适宜晚熟柑橘栽培。简述如下。

位于中亚热带区域的南半部，地处南岭山脉的北侧，湘桂走廊及长江上游沿岸地区，包括闽北、闽西北、浙南、赣南、湘西和湘南、川南和川中、重庆、桂中北、贵州的南部和东南部以及湖北宜昌南津关以西的区域。年平均温度18℃～19.5℃，≥10℃年活动积温5000℃～6500℃，1月份平均温度7℃～9℃，一般极端低温平均值为-1℃以上。年降水量1000～1400毫米，日照1200～2000小时。土壤以黄壤、红壤、紫色土、水稻土和冲积土为主，酸性至微碱性。

适宜栽植的晚熟柑橘有夏橙的伏令夏橙及其优系，晚熟脐橙的奉节晚脐、晚棱脐橙、鲍威尔脐橙，血橙的塔罗科血橙，晚熟的杂柑如不知火、清见、默科特等橘类的岩溪晚芦以及柚类的晚白柚、矮晚柚等(详见第二章)。

二、晚熟柑橘园(基地)的规划

柑橘果树要求“良种、适地、适种”,因此园地规划时要重视园地的选址。本着充分发挥资源优势和生态优势,统筹兼顾,适度规模进行科学规划。

(一)园(基地)选择

晚熟柑橘果园园地应当在当地最适宜的生态区域中选择,国家明确的优势带中应重点发展。园地选择要考虑温度、光照、水分、土壤,而且还要重视空气湿度。因为空气湿度,特别是无核品种脐橙花期和幼果期的空气湿度,影响坐果率和丰产、稳产。园地的水源、交通、周边环境是否有污染源、离市场远近等也是柑橘园地选择的必要条件。

1. 适宜的土壤 柑橘最适宜种植在疏松深厚、通透性好、保肥保水力强、pH 值 5.5～6.5、具有良好团粒结构的土壤上。规划区以紫色土为主,宜在紫色土中的棕紫泥、红棕紫泥、灰棕紫泥、暗紫泥等 4 个土属中,选最适种植的灰棕紫泥,其次是暗紫泥,棕紫泥和红棕紫泥则不适宜种植柑橘。

2. 适宜的气候 要求年平均温度≥17℃,极端低温不低于—3℃,年降水量 1 000 毫米以上,空气相对湿度 75％左右,土壤相对湿度 60％～80％,海拔 500 米以下(甜橙)。

3. 有利的地形 鉴于项目区多山地、丘陵,新建果园坡度应在 15°以下,最大不得超过 20°。因为坡度小,有利于规模、高标准建园,既可节省成本,又便于生产管理和现代化技术的应用。

4. 适度规模 集中成片有利管理和产生规模效应,要求新建园(基地)不小于 133.34 公顷,改造园不小于 13.34 公顷。

5. 水源供应有保障 距水源的高程低于 100 米,年供水量大于 100 米^3/667 米^2。

6. 发展环境良好　规划园区应无工业“三废”排放，土壤中铅、汞、砷等重金属含量和六六六、滴滴涕等有毒农药残留不超标；无柑橘溃疡病、黄龙病和大实蝇等检疫性病虫害；工厂和商品化处理线应建在无污染、水源充足、排污条件较好的地域。

7. 品种合理搭配　加工基地早、中、晚熟品种比例为 2∶4∶4，即早熟品种供应 1.4 个月，中熟品种 2.8 个月，晚熟品种 2.8 个月，以保证加工厂全年有 7 个月的加工期。鲜销基地早、中、晚熟品种比例以 1∶5∶4 为宜。

8. 交通运输条件方便　各柑橘基地离公路主干道的距离不超过 1 000 米为宜。

（二）园（基地）规划

柑橘的早结果、丰产稳产需要适宜的热、光、水、气、肥等生长条件。果园（基地）规划设计是综合利用自然资源和社会资源，创造有利于柑橘生长发育，优质丰产的环境条件，并尽可能提供良好的交通、电力、通讯等社会经济条件，降低生产成本，提高生产效率。

柑橘园地规划是在尽量选择有利于果园建设的地形地貌、海拔高度、地域气候、土壤、水源和交通电力通讯等条件的基础上，对可以人为改变的不利条件进行改造，使之成为优质丰产的高效果园。规划的内容包括道路、水系、土壤改良、种植分区、防护（风）林和附属设施建设等，其中道路、水系和土壤改良是规划的重点。

1. 道路系统　道路系统由主干道、支路（机耕道）、便道（人行道）等组成。以主干道、支路为框架，通过其与便道的连接，组成完整的交通运输网络，方便肥料、农药和果实的运输以及农业机械的出入。主干道按双车道设计。不靠近公路，果园面积超过 66.7 公顷的，修建主干道与公路连接。支路按单车道设计，在视线良好的路段适当设置会车道。果园内支路的密度：原则上果园内任何一点到最近的支路、主干道或公路之间的直线距离不超过150米，特殊地段控制在200米左右。支路尽量采用闭合线路，并尽可能与村庄相连。主干道、支路的路线走向尽量避开要修建桥梁、大型涵洞和大型堡坎的地段。

便道（人行道）之间的距离，或便道与支路、便道与主干道或公路之间的距离根据地形而定，一般控制在果园内任何一点到最近的道路之间的直线距离在75米以下，特殊地段控制在100米左右。行间便道直接设在两行树之间，在株间通过的便道减栽1株树。便道通常采取水平走向或上下直线走向，在坡度较大的路段修建台阶。

相邻便道之间，或相邻便道与支路之间的距离尽量与种植柑橘行距或株距成倍数。

具体设计要求：

(1)主干道 贯通或环绕全果园，与外界公路相接，可通汽车，路基宽5米，路宽4米，路肩宽0.5米，设置在适中位置，车道终点设会车场。纵坡不超过5°，最小转弯半径不小于10米；路基要坚固，通常是见硬底后石块垫底，碎石铺路面、碾实，路边设排水沟。

(2)支路 路基宽4米，路面宽3米，路肩0.5米，最小转弯半径5米，特殊路段3米，纵坡不超过12°，要求碎石铺路，路面泥石结构，碾实。支路与主干道（或公路）相接，路边设排水沟。

支路为单车道，原则上每200米增设错车道，错车道位置设在有利地点，满足驾驶员对来车视线的要求。宽度6米，有效长度大于、等于10米，错车道也是果实的装车场。

(3)人行道 路宽1～1.5米，土路路面，也可用石料或砼板铺筑。人行道坡度小于10°，直上直下；10°～15°，斜着走，15°以上的按“Z”形设置。人行道应有排水沟。

(4)梯面便道 在每台梯地背沟旁修筑，宽0.3米，是同台梯面的管理工作道，与人行道相连。较长的梯地可在适当地段，上下两台地间修筑石梯(石阶)或梯壁间工作道，以连通上下两道梯地，方便上下管理。

(5)水路运输设施 沿江河、湖泊、水库建立的柑橘基地，应充分利用水道运输。在确定运输线后，还应规划建码头的数量、规模大小。

2. 水利系统

我国柑橘产区多数年降水量在1 000毫米以上，但因降雨时间的分布不均匀，不少柑橘产区有春旱、伏旱和秋旱，尤其是7～8月份的周期性伏旱，对柑橘生产影响很大。故规划中必须考虑旱季的用水。

(1)灌溉系统 柑橘果园灌溉可以采用节水灌溉(滴灌、微喷灌)和蓄水灌溉等。

①滴灌 滴灌是现代的节水灌溉技术，适合在水量不丰裕的柑橘产区使用。水溶性的肥料可结合灌溉使用。但滴灌设施要有统一的管理、维护，规范的操作，不适合千家万户的分散种植和管理。此外，地形复杂、坡度大、地块零星的柑橘果园安装滴灌难度大、投资大，使用管理不便。

滴灌的主要技术参数：

灌水周期：1天，毛管：1根/行，滴头：4个/株，流量：3～4升/小时，土壤湿润比：≥30%，工程适用率：>90%，灌溉水利用系数：95%，灌溉均匀系数：95%，最大灌水量：4毫米/天。

②蓄水灌溉 尽量保留(维修)园区内已有的引水设施和蓄水设施，蓄水不足，又不能自流引水灌溉的园区(基地)要增设提水设施。需新修蓄水池的密度标准：原则上果园的任何一点到最近的取水点之间的直线距离不超过75米，特殊地段可适当增大。

蓄水设施：根据柑橘园需水量，可在果园上方修建大型水库或蓄水池若干个，引水、蓄水，利用落差自流灌溉。各种植区(小区)

宜建中、小型水池。根据不同柑橘产区的年降水量及时间分布，以每 667 米^2 50～100 米^3 的容积为宜。蓄水池的有效容积一般以 100 米^3 为宜，坡度较大的地方，蓄水池的有效容积可减小。蓄水池的位置一般建在排水沟附近。在上下排水沟旁的蓄水池，设计时尽量利用蓄水池消能。

无论是实施滴灌灌溉或是蓄、引水灌溉，在园区内均应修建 3～5 米^3 容积的蓄水池数个，用于零星补充灌水和喷施农药用水之需。

③灌溉管道（渠）　引水灌溉的应有引水管道或引水水渠（沟），主管道应纵横贯穿柑橘园区，连通种植区（小区）水池，安装闸门，以便引水灌溉或接插胶管作人工手持灌溉。

④沤肥池　为使柑橘优质、丰产，提倡柑橘果树多施有机肥（绿肥、人畜粪肥等），宜在柑橘园修建沤肥池，一般 5～10×667 米^2 建 1 个，有效容积 10～20 米^3 为宜。

柑橘园（基地）灌溉用水，应以蓄引为主，辅以提水，排灌结合，尽量利用降雨、山水和地下水等无污染水。水源不足需配电力设施和柴油机抽水，通过库、池、沟、渠进行灌溉。

(2)排水系统　平地（水田）柑橘园或是山地柑橘园，都必须有良好的排水系统，以利植株正常生长结果。

平地柑橘园：排洪沟、主排水沟、排水沟、厢沟，应沟沟相通，形成网络。

山地（丘陵）园：应有排洪沟、排水沟和背沟，并形成网络。

①拦洪沟　应在柑橘果园的上方林带和园地交界处设置，拦洪沟的大小视柑橘园上方集（积）水面积而定。一般沟面宽 1～1.5 米，比降 3‰～5‰，以利将水排入自然排水沟或排洪沟，或引入蓄水池（库）。拦洪沟每隔 5～7 米处筑 1 土埂，土埂低于沟面 20～30 厘米，以利蓄水抗旱。

②排水沟　在果园的主干道、支路、人行道上侧方，都应修宽、

深各50厘米的沟渠，以汇集梯地背沟的排水，排出园外，或引入蓄水池。落差大的排水沟应铺设跌水石板，以减少水的冲击力。

③背沟　梯地柑橘园，每台梯地都应在梯地内沿挖宽、深各20～30厘米的背沟，每隔3～5米留1隔埂，埂面低于台面，或挖宽30厘米、深40厘米、长1米的坑，起沉积水土的作用。背沟上端与灌溉渠相通，下端与排水沟相连，连接出口处填一石块，与背沟底部等高。背沟在雨季可排水，在旱季可用背沟抗旱。

④沉沙坑(凼)　除背沟中设置沉沙坑(凼)外，排水沟也应在宽缓处挖筑沉沙坑(凼)，在蓄水池的入口处也应有沉沙坑(凼)，以沉积排水带来的泥土，在冬季挖出培于树下。

3. 土壤改良　完全适合柑橘果树生长发育的土壤不多，一般都要进行土壤改良，使土层变厚，土质变疏松，透气性和团粒结构变好，土壤理化性质得到改善，吸水量增加，变土面径流为潜流而起到保水、保土、保肥的作用。

不同立地条件的园地有不同改良土壤的重点。平地、水田的柑橘园，栽植柑橘成功的关键是降低地下水位，排除积水。在改土前深开排水沟，放干田中积水。耕作层深度超过0.5米的可挖沟畦栽培，耕作层深度不到0.5米的，应采用壕沟改土。山地柑橘园栽植成功的关键是加深土层、保持水土，增加肥力。

(1)水田改土　可采用深沟筑畦和壕沟改土。

①深沟筑畦　或叫筑畦栽培，适用耕作层深度0.5米以上的田块(平地)。按行向每隔9～9.3米挖1条上宽0.7～1.0米、底宽0.2～0.3米、深度0.8～1.0的排水沟，形成宽9米左右的种植畦，在畦面上直接种植柑橘2行，株距2～3米。排水不良的田块，按行向每隔4～4.3米挖1条上宽0.7～1.0米、底宽0.2～0.3米、深度0.8～1.0米的排水沟，形成宽4米左右的种植畦，在畦面中间直接种植柑橘1行，株距2～3米。

②壕沟改土　适用于耕作层深度不足0.5米的田块(平地)，

壕沟改土每种植行挖宽1米、深0.8米的定植沟，沟底面再向下挖0.2米（不起土，只起松土作用），每立方米用杂草、作物秸秆、树枝、农家肥、绿肥等土壤改良材料30～60千克（按干重计），分3～5层填入沟内，如有条件，应尽可能采用土、料混填。粗的改土材料放在底层，细料放中层，每层填土0.15～0.20米。回填时，将原来0.6～0.8米的土壤与粗料混填到0.6～0.8米深度；原来0.2～0.4米的土回填到0.4～0.6米深度；原来0～0.2米的表土回填到0.2～0.4米深度；原来0.4～0.6米的土回填到0.2～0.4米深度。最后，直到将定植沟填满并高出原地面0.15～0.20米。

(2)旱地改土 旱坡地土壤易遭冲刷，保水、保土力差，采用挖定植穴（坑）改良土壤。挖穴深度0.8～1.0米，直径1.2～1.5米，要求定植穴不积水。积水的定植穴要通过爆破，穴与穴通缝，或开穴底小排水沟等方法排水。挖定植穴时，将耕作层的土壤放一边，生土放另一边。

定植穴回填每立方米用的有机肥用量和回填方法与壕沟改土同。

(3)其他方法改土 其他改土方法有爆破法、堆置法和鱼鳞式土台。

①爆破改土 土层浅，土层下成土母质坚硬不易挖掘，而成土母质容易风化时，可采用爆破作业。爆破后，将不易风化的大块岩石取出砌梯壁，易风化的岩石置地表暴晒，经风化后可形成耕作土壤。

②堆置法改土 适用于园区土层下多为坚硬难风化的砂岩，土层较浅时（0.4～0.5米），可采用堆置法改土。将土层集中到一起，埋入改土材料，筑成土畦。畦两边用石块垒壁，畦宽2.5～3.0米，土层厚0.8～1.0米。但是，当土层厚度不足0.4米时，建议将地块放弃，改种其他经济作物。

③鱼鳞式土台 少量经过调整后仍位于坎上的特殊树位，或

梯地底层是坚硬倾斜石板时，可在树体的外方，距树体中心点2～3米处用石块修成半圆形，填入土壤和改土材料，使土层厚度达到0.8米以上。

4. 种植区(小区)　见柑橘栽植。

5. 防护林　防护林应包括防风林和蓄水林等，有风害、冻害的柑橘产区在柑橘园的上部或四周应营造防护林。

防风林有调节柑橘果园温度、增加湿度、减轻冻害、降低风速、减少风害、保持水土、防止风蚀和冲击的作用。

防风林带通常交织栽植成方块网状，方块的长边与当地盛行的有害风向垂直(称主林带)，短边与盛行的风向平行。林带结构分为密林带、稀林带和疏透林带3种。密林带由高大的乔木和中等灌木组成，防风效果好，但防风范围小，透风能力差，冷空气下沉易形成辐射霜冻。稀林带和疏透林带由1层高大乔木或1层高大乔木搭配1层灌木组成，这两种林带防风范围大，通气性好，冷空气下沉速度缓慢，辐射霜冻也轻，但局部防护效果较差。实践表明，疏透林带透风率30%时，防风效应最好。

防风林的树种，多以乔木为主要树种，搭配以灌木，效果较好。乔木树种选树体高大、生长快、寿命长、枝叶繁茂、抗风、抗盐碱性强，没有与柑橘相同病虫害的树种。冬季无冻害的地区可选木麻黄；冬季寒冷的柑橘产区可选冬青、女贞、洋槐、乌桕、苦楝、榆树、喜树、重阳木、柏树等乔木。灌木主要有紫穗槐、芦竹、慈竹、柽柳和杞柳等。

6. 附属建筑物　大型柑橘园(基地)的办公室、保管室、工具房、包装场、果品贮藏库、抽水房、护果房和养畜(禽)场，均属果园(基地)的附属设施。应根据果园的规模、地形和附属建筑的要求，做出相应的规划。如办公室位置要适中，便于对作业区实行管理；养畜(禽)场宜在果园的上方水源、交通和饲料用地方便处。包装场宜在柑橘园的中心，并有公路与外界相连。果品贮藏库宜在背风阴凉、交通方便的地方。护果房宜在路边制高点处，抽水房宜在近水源又不会被水淹没的位置建造。

三、晚熟柑橘园(基地)建设

平地柑橘园比山地柑橘建园要简单，可根据园地的规划设计图上标示的道路、灌溉道(管、渠)、蓄水池、排水沟和改良土壤的要求等进行建设。根据园地的实况还可有所调整，以利实用、方便。

山地柑橘园，也可根据道路、水系的设计实施，按土壤改良的要求进行改良。现简介山地和平地柑橘园的建设。

(一)山地柑橘园建设

1. 测出等高线 测量山地柑橘果园可用水准仪、罗盘等，也可用目测法确定等高线。先在柑橘园的地域选择具有代表性的坡面，在坡面较整齐的地段大致垂直于水平线的方向自上而下沿山坡定一条基线，并测出此坡面的坡度。遇坡面不平整时，可分段测出坡度，取其平均值作为设计坡度。然后根据规划设计的坡度和坡地实测的坡度计算出坡线距离，按算出的距离分别在基线上定点打桩。定点所打的木桩处即是测设的各条等高线的起点。从最高到最低处的等高线用水准仪或罗盘仪等测量相同标高的点，并向左右开展，直到标定整个坡面的等高点，再将各等高点连成一线即为等高线。

对于地形复杂的地段，测出的等高线要做必要的调整。调整原则：当实际坡度大于设计坡度时，等高线密集，即相邻两梯地中线的水平距离变小，应适当调减线；相反，若实际坡度小于设计坡度时，也可视具体情况适当加线。凸出的地形，填土方小于挖土方，等高线可适当下移。凹入的地形，挖土方小于填土方，等高线可适当上移。地形特别复杂的地段，等高线呈短折状，应根据“大弯就势，小弯取直”的原则加以调整。

在调整后的等高线上打上木桩或划出石灰线，此即为修筑基地的基线。

2. 梯地的修筑方法　修筑水平梯地，应从下而上逐台修筑，填挖土方时内挖外填，边挖边填。梯壁质量是建设梯地的关键，常因梯壁倒塌而使梯地毁坏。根据柑橘园土质、坡度、雨量情况，梯壁可用泥土、草皮和石块等修筑。石梯壁投资大，但牢固耐用。筑梯壁时，先在基线上挖 1 条 0.5 米宽、0.3 米深的内沟，将沟底挖松，取出原坡面上的表土，以便填入的土能与梯壁紧密结合，增强梯壁的牢固度。挖沟筑梯时，应先将沟内表土搁置于上方，再从定植沟取底土筑梯壁（或用石块砌），梯壁内层应层层踩实夯紧。沟挖成后，自内侧挖表土填沟，结合施用有机肥，待后定点栽植。梯地壁的倾斜度应根据坡度、梯面宽度和土质等综合考虑确定。土质黏重的角度可大一些；相反，则应小一些；通常保持在 60°～70°。梯壁高度以 1 米左右为宜，不然虽能增宽梯面，但费工多，牢固度下降。筑好梯壁即可修整梯面，筑梯埂、挖背沟。梯面应向内倾，即外高内低。对肥力差的梯地，要种植绿肥，施有机肥，进行土壤改良，加深土层，培肥地力。

在库区山地建园，如何增宽梯面，降低梯壁高度，增加根际有效土壤体积，防止水土流失，是山地建园工程中需要解决的问题。

（二）平地柑橘园建设

包括平地、水田、沙滩和河滩、海涂柑园等类型，地势平缓，土层深厚，利于灌溉、机耕和管理，树体生长良好，产量也较高。建园时应特别注意水利灌溉工程、土地加工和及早营造防风林等。

1. 平地和水田柑橘园　包括旱地柑橘园和水田改种的柑橘园，这类型果园首先要降低果园地下水位和建好排灌沟渠。

(1)开设排、灌沟渠　旱作平地建园可采用宽畦栽植，畦宽4～

4.5 米，畦间有排水沟，地下水位高的，排水沟应加深。畦面可栽 1 行永久树，两边和株间可栽加密株。

水田柑橘园的建园经验是建筑浅沟灌、深沟排的排灌分家，筑墩定植，也是针对平地或水田改种地地下水位高所采取的措施。

建园时即规划修建畦沟、园围沟和排灌沟 3 级沟渠，由里往外逐级加宽加深，畦沟宽 50 厘米，园围沟宽 65 厘米、深 50 厘米以上，排灌沟宽、深各 1 米左右，3 级沟相互通连，形成排灌系统。

洪涝低洼地四周还应修防洪堤，防止洪水入侵，暴雨后抽水出堤，减少涝渍。

(2) 筑墩定植 结合开沟，将沟土或客土培畦，或堆筑定植墩，栽柑橘后第一年，行间和畦沟内还可间作，收获后，挖沟泥垒壁，逐步将栽植柑橘的园畦地加宽加高，修筑成龟背形。也可采用深、浅沟相间的形式，2～3 畦 1 条深沟，中间两畦为浅沟，浅沟灌水、排水，深沟蓄水和排水。栽树时，增加客土，适当提高定植位置，扩大株行距。

(3) 道路及防风林建设 道路应按照果园面积大小规划主干道、支路、便道，以便于管理和操作。

常年风力较大的地区，应设置防风林带，与主导风向垂直设置。主林带乔木以 1～1.5 米株行距栽植 6～8 行，株间插栽 1 株矮化灌木树，主林带厚宜 8～15 米，两条主林带间距以树高 25 倍的距离为好。副林带与主林带呈垂直方向，宽 6～10 米。防风林宜在建园同时培育，促使尽早发挥防风作用。

2. 沙滩、河滩柑橘园 江河和湖滨，有些沙滩、河滩平地，多年未曾被淹没过，也可发展柑橘。这些果园受周围大水体调节气温，可减少冻害。但沙滩、河滩园也存在很多不利因素，如沙土导热快、园地地下水位高、地势高低不平，高处易旱，低处易涝、水肥易流失、容易遭受风害等。因此，沙滩、河滩建园的首要任务是加强土壤改良、营造防风林和加强排、灌水利设施的建设。沙滩园地选择时，应选沙粒粗度在0.1毫米以下的粉沙土壤；地势较高，地下水位较低，有灌溉水源保证的地方建园。定植前，以适宜的地下水位为准，取高填低，平整园地，如能逐年客土，将较黏重的土壤粉碎后，撒布畦面更好。应尽早营造防风林带（同水田柑橘园），防止河风危害，并将园内空地种植豆科绿肥，覆盖沙面，降低地温，减少风沙飞扬。

四、晚熟柑橘的栽植密度、方式

柑橘果树的栽植质量，不仅影响植株的成活率，而且对柑橘的早结果、丰产稳产，甚至寿命都关系密切。因此，栽植一定要把好质量关。

（一）栽植密度

柑橘的栽植密度，即柑橘栽植的株距和行距。柑橘的栽植密度与柑橘的品种、品系，砧木、土壤条件、栽植方式和管理的技术水平相关。

柑橘的品种不同，栽植的密度也有异：通常树冠大的宜稀植，树冠小的宜密植。晚熟柑橘各品种树冠大小依次为：柚、晚熟甜橙、柠檬、柑类、橘类。同一品种也因气候冷暖密度有异，气候温暖、适宜柑橘生长之地宜适当稀植。砧木不同，密度也不同。乔化砧树树冠大，宜稀，矮化砧树树冠小，宜密。例如，卡里佐枳橙砧晚熟脐橙栽植密度应较枳砧纽荷尔稀。前者密度宜3米×5米，即每667米^{2}栽45株，后者密度为3米×4米，即每667米^{2}栽培56株。土壤条件、栽植方式和管理的技术水平，对栽植密度也有不同要求：土壤瘠薄的山地栽植较土壤深厚肥沃的平地密度大；地下水位高的园地较地下水位低的园地密度大；控冠技术水平高的较控冠技术差的密度大；非机械化管理的较机械化管理的密度大。

三峡库区不同晚熟柑橘品种每 667 米^2 的种植密度，见表 4-1。

表 4-1 不同晚熟柑橘品种每 667 米^2 的种植株数

品　种	砧　木	平地果园		山地果园	
		株行距（米）	每 667 米^2 株数（株）	株行距（米）	每 667 米^2 株数（株）
脐　橙	枳	3×4	56	2.5×4	67
	枳　橙	3×5	45	3×4	56
	红　橘	3×4.5	50	3×4	56
春　橙	枳	3×4	56	2.5×4	67
	枳　橙	3×5	45	3×4	56
	红　橘	3×4.5	50	3×4	56
夏　橙	枳	3×4.5	50	3×4	56
	枳　橙	3×5	45	3×4	56
	红　橘	3×4.5	50	3×4	56
其他晚熟甜橙	枳	3×4.5	50	3×4	56
	枳　橙	3×5	45	3×4	56
	红　橘	3×4.5	50	3×4	56
血　橙	枳	3×4	56	3×4	56
	枳　橙	3×5	45	3×4	56
	红　橘	3×4.5	50	3×4	56
晚熟温州蜜柑	枳	3×3	74	2.5×3	89
蕉　柑	枳	3×3.5	64	3×3	74
晚熟杂柑	枳	3×3.5	64	3×3	74
晚熟椪柑	枳	3×3.5	64	3×3	74

续表 4-1

品　种	砧　木	平地果园		山地果园	
		株行距（米）	每 667 米^2 株数（株）	株行距（米）	每 667 米^2 株数（株）
晚熟橘类	酸　橘	2.5×4.0	67	2.5×3.0	89
	三湖红橘	2.5×4.0	67	2.5×3.0	89
	红　橘	3×5	45	3×5	50
柚	枳	3×5.5	38	3×5	45
	酸　柚	4×5	33	3.5×5	38

（二）栽植方式

柑橘栽植方式应根据地形及栽植后的管理方法确定。例如，山地柑橘园，坡度大，应采取等高梯地带状栽植；平地柑橘园则可采取长方形栽植、正方形栽植和三角形栽植。

1. 等高栽植　此种种植方式株距相等，行距即为梯地台面的平均宽度。将柑橘按等高栽植或呈带状排列，每 667 米^2 栽植株数的计算公式为：

每 667 米^2 栽植株数＝667（米^2）/株距（米）×梯面平均宽度（米）

得数是大约数，应加减插行或断行的株数。

2. 长方形栽植　行距大于株距，又称宽窄行栽植。这种栽植方式通风透光好，树冠长大后便于管理和机械作业，是目前柑橘生产上用得最普遍的一种栽植方式。每 667 米^2 栽植株数的计算公式为：

每 667 米^2 栽植株数＝667（米^2）/株距（米）×行距（米）。

如株距 3 米，行距 4 米，代入公式后为：667/3×4＝667/12＝

55.6 株，即每 667 米^2 栽植 56 株。

3. 正方形栽植　即株距和行距相等的栽植方式。此种栽植方式在树冠未封行前通风透光较好，但不能用于密植。因为密植条件下通风透光不良，管理不便，同时也不利于间作绿肥。每 667 米^2 种植株数的计算公式为：

每 667 米^2 栽植株数＝667(米^2)/株距(或行距)(米^2)

4. 三角形栽植　三角形栽植方式，株距大于行距，各行互相错开而呈三角形排列。优点是可充分利用树冠间的空隙，增加叶面积受光量，同时较正方形栽植可多栽 10%～15%的植株。缺点是果园不便管理和机械化作业。山地柑橘园梯面较宽，栽 1 行有余，2 行不足时，常采用三角形栽植方式。每 667 米^2 栽植株数的计算公式为：

每 667 米^2 栽植株数＝667(米^2)/株距^2×0.866

如株距为 3 米，则每 667 米^2 的栽植株数为：667/3^2×0.866＝667/9×0.866＝667/7.794＝85.5，即每 667 米^2 栽 86 株。

(三)栽植时期

柑橘苗木有裸根苗和容器苗。裸根苗的栽植适期通常是春季、秋季，且以秋季为主；容器苗全年可栽植，但高温干旱的盛夏、伏天，冬季气温低，最好不栽植，不然会影响成活。

1. 秋季栽植　在 9～11 月份秋梢老熟后，雨季尚未结束前进行较好，因这时的气温较高，土壤水分适宜，根系伤口易愈合，并能长一次新根，翌年春梢又能正常抽生，对提高苗木成活率，扩大树冠，早结丰产都有利。但秋植的柑橘要注意防干旱，冬季有霜冻的地区要注意防冻。秋冬干旱又无灌溉设施的地域和有冻害之地最好春季栽植。秋季栽植也不宜太迟，太迟气温下降，雨水稀少，苗木根系生长量少，恢复时间短，缓苗期长，甚至出现叶片变黄脱落。

2. 春季栽植　冬季有冻害、秋冬干旱严重又无灌溉条件的地区宜春季栽植。一般在春芽萌动前的2～3月份栽植。此时，除我国西南的柑橘产区外，其他柑橘产区均雨水较多，气温又逐渐回升，苗木栽后易成活。春季栽植虽不像秋植需要勤灌水，但春梢抽生较差，恢复较慢。

此外，夏季多雨凉爽之地，柑橘也可在春梢停止生长后的4月底至5月底栽植。此时，雨水多，气温适宜，栽后发根快，只要管理到位，成活率也较高。

(四)栽植技术

1. 定点挖穴(沟)　根据采取的栽植方式，确定定植点，并挖穴(沟)。定植穴要求直径1～1.2米，深0.8米。

定植穴(沟)的开挖，秋植的应在植前1个月挖好；春植的最好在头年秋冬挖好，以利土壤熟化。梯地定植穴(沟)位置应在梯面外沿1/3～2/5处(中心线外沿)，因内沿土壤熟化程度和光线均不如外沿，且生产管理的便道都在内沿。

2. 施基肥与回填　定植穴(沟)应施足基肥(见前述土壤改良)。回填穴(沟)的土壤要高出地面至少15～20厘米。筑成直径60厘米左右的土墩，在墩上定植苗木，以防土层下沉而将苗木的嫁接口埋入土中。

3. 栽植方法　裸根苗与容器苗的栽植方法有所不同，现简介如下。

(1)裸根苗　先将苗木稍修整，剪去受伤的根系和过长的主根，将苗放入穴中。山地梯地栽植，苗的第一大主枝向着壁外沿方向，栽时前后左右对准或呈整齐的圆弧形(梯地)，然后用手将须根提起，放1层须根，四周铺平后用细土压入，再放1层根铺平压实，根系不弯曲且要分布均匀，与土壤密接，然后轻踩苗木四周的土壤，最后覆土成墩，再在土墩面挖一圈浅沟，浇足定根水，有条件的可覆盖一些干杂草等(主干近处留出不盖)。栽植的深度、嫁接口高出地面10～15厘米，但也不能过浅，以免受旱和被风吹倒。

已假植1～2年的柑橘大苗种植，必须带土团栽植，春植最好在栽植前1年的9月份，先按需带土团大小，在边缘用铲切断侧根，并施稀薄肥，以促发新根，固定土球和取苗时土球不松散。种植后浇透定植水，并覆盖杂草等保湿。

(2)容器苗 栽植前轻拍育苗器四周，使苗木带土与育苗容器分离。一只手抓住苗木主干的基部，另一只手抓住育苗容器，将柑橘苗轻轻拉出，不拉破、散落营养土。栽植时必须扒去四周和底部1/4营养土至有根系露出为主，剪掉弯曲部分的根，疏理根部，使根系展开，便于栽植时根系末端与土壤接触，利于生长。栽后根颈部应稍高出地面，以防土壤下沉后根颈下陷至泥土中，生长不良和引发脚腐病等。栽后的柑橘苗做一个直径50～60厘米的土墩(树盘)，充分浇足定根水。柑橘容器苗的栽植见图4-1。

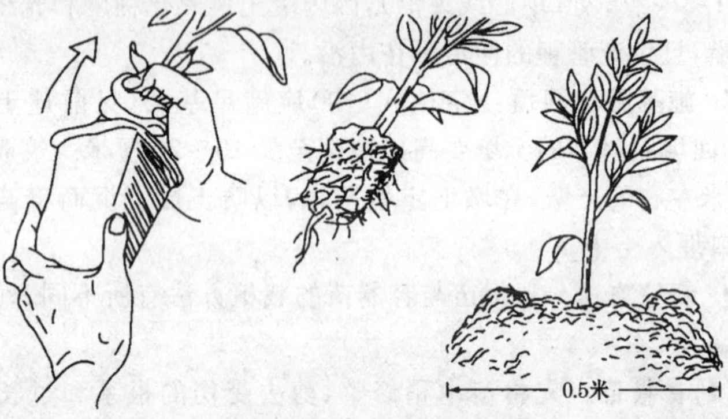

图4-1 柑橘容器苗栽植

另一种栽植方法是：施格兰公司曾采用的泥浆法栽植技术。先确定定植穴，后用专用的取土器钻1个直径20厘米、深40～50厘米的穴，灌满水。再从容器中取出苗，剪除主根末端弯曲部分，掏去根系上原有的一半营养土，将苗放入穴中，一边回填土一边加水，使根系周围的土壤松散，用手插入土中往根系方向挤压，使土壤与根系紧密接触，最后扶正主干，使其与地面垂直，并使根颈部高出地面15厘米左右。此法栽植后苗木根系与土壤接触紧密，即使在盛夏也可3～4天不浇水，成活率也高。但在雨天或温度较低时栽植，浇水宜少些，夏季定植时待栽苗木不能卧放，也不能在阳光下暴晒，以免伤根。

栽后一旦发现苗木栽植过深可采取以下方法矫正：通过刨土能亮出根颈部的，用刨土或刨土后留一排水小沟的方法解决；通过刨土无法亮出根颈部的，通过抬高植株矫正。具体做法：两人相对操作，用铁锹在树冠滴水线处插入，将苗轻轻抬起，细心填入细土，塞实，并每株浇水10～20升。

由于栽植的是柑橘无病毒苗，要求清除园内原有的柑橘类植株（通常都带有病毒），以免在修剪、除萌等人为操作中将病毒传至新植的无病毒苗。栽植柑橘无病毒苗成活率、产量均较露地苗高，经济寿命长，效益好，越来越受到广大种植者的青睐。

4. 栽后管理　柑橘苗木定植后15天左右（裸根苗）才能成活。此时，若土壤干燥，每1～2天应浇水1次（苗木成活前不能追肥），成活后勤施稀薄液肥，以促使根系和新梢生长。

有风害的地区，柑橘苗栽植后应在其旁边插杆，用塑料薄膜带打“∞”形活结，缚住苗木，或用杆在主干处支撑。苗木进入正常生长时可摘心，促苗分枝形成树冠，也可不摘心，让其自然生长。砧木上抽发的萌蘖要及时抹除。

五、晚熟柑橘换优建园

柑橘的高接换种，是对已建的柑橘果园，因品种相形见绌，但树体仍较好生长的进行品种高换，建立新品种的果园。当前，我国柑橘品种依然以年内11～12月份成熟的中熟品种占多数，加剧了柑橘的卖难。早熟和翌年成熟晚熟品种偏少，尤以晚熟品种更少，将市场滞销的中熟柑橘品种高换成市场需求的晚熟品种，做好了也是一种快速建园、投产，行之有效的方法。

换优即将晚熟柑橘的优良品种，通过高接换种更换相形见绌的品种而形成优新、市场需求柑橘品种园。高接换种是指在柑橘植株的主干、主枝、分枝上进行高部位的嫁接。

近 10 年来，由于一些柑橘的品种滞销跌价，而晚熟柑橘因新品种的不断推出和市场行情看好，使不少柑橘产区在品种结构调整时不仅新植，而且将不同柑橘品种的成年树高接换种成晚熟柑橘。被换品种作为晚熟柑橘的中间砧是否亲和，高接换种时的气候条件，高接换种的时期，高接换种的技术等，都直接关系到高接换种的成败。以下依次做一简述：高接换种与晚熟柑橘亲和的中间砧和高接换种技术。

（一）适宜高接换种晚熟柑橘的中间砧（被高换的品种）

1. 枳（基砧）温州蜜柑（中间砧） 如尾张温州蜜柑高接换种成晚熟脐橙的奉晚脐橙、晚棱脐橙、鲍威尔脐橙、斑菲尔脐橙和晚熟椪柑、伊予柑、清见、不知火、默科特等杂柑均表现亲和性良好。如枳砧尾张温州蜜柑高接换种成奉节晚脐，接后第二年结果，第三年产量恢复至高换前的 60%以上。

2. 枳（基砧）温州蜜柑（中间砧） 如尾张温州蜜高接成伏令夏橙、奥林达、德塔、路德红等夏橙，砧穗的亲和性好。

3. 枳（基砧）红橘（中间砧） 如尾张温州蜜柑等高接换种成红肉脐橙、夏金脐橙、奉节晚脐、晚棱脐橙、鲍威尔橙、斑菲尔脐橙和切斯勒特脐橙等，砧穗亲和性优良。

4. 枳（基砧）椪柑（中间砧） 高接换种成上述晚熟脐橙、晚熟椪柑，如岩溪晚芦，砧穗的亲和性好。

5. 枳（基砧）中熟杂柑（中间砧） 如天草、诺瓦等橘橙高接换种晚熟的杂柑如默科特、少核默科特、清见、不知火等，砧穗组合亲和性好。

6. 枳(基砧)三湖红橘(中间砧)　高接换种成晚熟砂糖橘、马水橘、紫金春甜橘、明柳甜本橘、柳叶橘和年橘等，砧穗的亲和性好。

7. 枳(基砧)甜橙(中间砧)　如锦橙、哈姆林甜橙等高换成晚熟脐橙、血橙的塔罗科、塔罗种新系、伏令夏橙及其优系，晚熟杂柑的清见、不知火、默科特及少核默科特，砧穗的亲和性好。

8. 枳(基砧)文旦(中间砧)　高接换种晚熟脐橙等，砧穗的亲和性好。

9. 枳(基砧)柚(中间砧)　高接换种晚白柚、矮晚柚，砧穗的亲和性好。

10. 枳橙(基砧)甜橙(中间砧)　如卡里佐枳橙、甜橙(中间砧)，如447锦橙、渝津橙、哈姆林甜橙等，高接换种成晚熟脐橙，如晚棱脐橙、鲍威尔脐橙、奉节晚脐等，砧穗的亲和性好。

11. 红橘(基砧)甜橙(中间砧)　如锦橙、先锋橙、渝津橙等高接换种成伏令夏橙及其优系、晚熟脐橙、血橙、晚熟杂柑等，砧穗亲和性好。

12. 酸柚(基砧)柚(中间砧)　高接换种成晚白柚、矮晚柚等，砧穗的亲和性好。

13. 枸头橙(基砧)早橘(中间砧)　高接换种成晚熟脐橙、晚熟的宫内伊予柑、大谷伊予柑、胜山伊予柑和晚熟的杂柑清见、清峰和不知火等，砧穗的亲和性好。

(二)高接换种的影响因子

温度：低于10℃时不宜高接换种，13℃以上的气温有利砧穗接合部细胞分裂活动，超过34℃，高接成活率也很低。湿度：高接时保持接合部80%的湿度为宜，以利产生薄壁细胞。湿度过大，易引起嫁接部的霉烂。高温干燥或遇大风,水分蒸发加剧,使湿度过低,也不利高接成活。此外,柑橘有冻害地区高接口不宜朝东北、西北方向,否则冬末春初易受冻害。高接技术熟练与否直接影响高接成活率。树势强盛,高接成活率高;生长势弱,即使高接成活,也会树势早衰,故树龄以青壮年适宜高接换种。

(三)高接换种时期

2月份萌芽前至10月份均可进行高接换种,且以春季和初夏(5～6月份)、秋季高接换种效果好。热量条件丰富的南亚热带,冬春不冷,夏无酷暑,终年可进行高接换种。

(四)高接换种方法

可用单芽或芽苞片进行切接,但切接只能在春季进行。也可用单芽或芽苞片腹接,任何季节均可进行。在春季气温稳定上升、雨水充足的地区,以春季切接为主。切接生长迅速,尤其适用于良种繁殖,春季切接,秋季即可提供接穗。春季气温不稳定地区,切接成活率较低,故以秋季腹接为主。秋季高接成活后,翌年春季锯砧,未成活的用切接法补接,秋季也可提供接穗。

(五)高接切口部位的选择

选择主枝、直立分枝,在分叉上方15～20厘米处做切口。切口应选择在分枝内侧或左右两侧,勿选外侧,以免结果后因载果量大,接口受压过大而开裂。若砧桩较粗,1个砧桩可开2～3个切口,或1个切口内放2个接穗。操作要注意砧、穗削面的形成层相互对准,包扎方法同苗木嫁接。切接时要注意将砧桩切口用利刀修成中间高的凸形。一般1个分枝或1个砧桩嫁接2～3个接穗,每株树有3～5个分枝嫁接,成活后即可形成树冠。除用于高接的主枝或分枝外,应留几枝辅养枝制造养分,其余过多的枝梢全部剪除。

(六)高接换种后的管理

高接换种后7天检查成活率,凡接穗变黄的要立即补接。切接未成活的,可在切口处留1～2枝萌蘖,待枝木质化后即行补接。薄膜解除应在接芽抽发枝木质化后进行。切接成活发枝后,将罩在接口上的薄膜剪去顶部,以利新梢生长。腹接全包扎的,则在芽萌动时露芽,待新梢木质化后解薄膜。砧干上的萌蘖7～10天剪除1次(有报道用1∶4食盐水涂剪口,可抑制萌蘖抽生)。用腹接法高接的应进行两次剪砧,方法同苗木。第一次剪砧后将接穗新梢用"∞"形活结捆于桩上,第二次剪砧后用竹竿立支柱,以防风害折断新梢。砧木切口的裸露部分应涂接蜡保护,夏季主干用石灰水刷白防日灼。新梢长至15厘米时,应摘心整形,留3个分枝,其他分枝剪除,待其抽第二次梢时,再进行摘心整形。摘心次数多,形成树冠快,投产也早。管理水平高的,高换后翌年开始结果,第三年恢复树冠。

高接换种能否成功与施肥技术关系密切。柑橘因高接换种后叶面积大量减少,根系中的养分几乎均转移到地上部。换接后第一年几乎所有细根都因饥饿而枯死,需要2～3年才能恢复。生产上也常看到高接后的当年大量施入栏肥、尿素等肥料的柑橘,不但枝梢生长不良,甚至出现植株死亡的现象。可见对高接换种的柑橘树要采取特殊的施肥技术。

一是高接换种的前1年,对准备高接换种的树要加强肥水管理,增加施肥量,尤其是堆肥、饼肥、厩肥等有机肥,要在前1年的6月份至7月上旬施入,中耕后,使树在7～8月份多发根,以利植株生长。

二是接后第一年(当)年,首先采用叶面施,从发芽开始,用柑橘叶面肥或0.3%尿素+0.2%磷酸二氢钾液,每隔10～15天喷1次,一直喷至第一次新梢老熟为止,使叶面迅速扩大。其次是地面施肥，采取勤施薄施，肥料宜选有机复合肥和人粪尿、堆肥、厩肥、饼肥和鱼粉等有机肥。第一次梢停止生长时，每667米^{2}株施纯氮约1.5千克的有机肥，在雨前地面撒施或对水成0.5%浓度液肥浇施，或选用上述有机肥。7～8月份第二次发芽结束后，以纯氮每667米^{2}1～1.5千克的施肥量，隔10～15天喷施1次，连续2～3次。如遇干旱，必须进行灌水。肥料最好用有机肥，也可用10%的人粪尿稀释浇施2～3次。在9月下旬正值秋雨时期，可施速效性化肥，如磷酸铵类肥料，每667米^{2}施1.5～2.0千克氮(N)，以促进10月份发根。有冻害的柑橘区要及时抹除晚秋梢。

三是接后第二年，因上一年仅在表土层发根，且发根量少，根柔弱，故春肥用量要少，以每667米^{2}施氮(N)1.5～2.0千克，在3月份、4月份各施1次。由于春季气温较低，宜用化肥。若能在5月份看到发新根，表明树体恢复较好。5～6月份每667米^{2}用含氮(N)2千克的有机肥或无机复合肥施2次。7～8月份正处高温季节，肥料分解和消化作用快，可用有机复合肥[每667米^{2}施氮(N)4～5千克]，每月施1次。如用化肥则将每667米^{2}施氮(N)4～5千克的用量分两次施用，以免伤根。在柑橘无冻害产区，9～10月份可施用化肥，用量约为每667米^{2}施氮(N)2千克。还可在柑橘嫩梢期做叶面施肥。此外，第二年必须疏除全部花和果实，以促进发根和树势恢复。

四是接后第三年，由于树冠已经恢复，着叶数已相当多，且发根量也相当多，所以从春肥起即可采用常规施肥。但为继续恢复树势，避免伤根，一次的肥料宜少不宜多，尤其是化肥，一次的量宜分为2次施。

五是地面管理。由于发根的趋氧性，表土首先发出大量新根，且中、下层细根几乎已全部死亡。因此，高接后第一、第二年，每次施肥后，绝对不能中耕，更不能深翻，同时在高温干旱季节和冬季做好地面(树盘)覆盖，以利保温保湿，这对根的促发和保护尤显重要。

第五章　晚熟柑橘果园的土壤管理技术

晚熟柑橘生产要达到优质、丰产、高效、低耗，土壤管理必须做到科学、合理，以充分发挥土壤温、湿、肥、气对晚熟柑橘生长、发育和结果的作用。

一、晚熟柑橘适种的土壤类型

我国晚熟柑橘的产区主要分布在南方及西南方的红壤、黄壤及紫色土丘陵山地，在冲积土、水稻土上也有种植，现将红壤、紫色土、黄壤、冲积土、水稻土等简介于后。

(一)红　壤

红壤是在长期高温和干湿季交替的条件下形成的，主要成土母质是花岗岩、变质岩、砂页岩和第四纪老冲积物。红壤具有深厚的红色土层，心土和底土为棕红色，坚实黏重，与铁铝胶体黏结呈棱块状结构，具有黏、瘦、酸和缺磷的特点。为使晚熟柑橘种植成功，应针对红壤的特点进行土壤熟化改良。其主要的措施是挖沟翻压有机肥，施石灰调节土壤过强的酸度。红壤晚熟柑橘园常出现缺锌症，其次是缺硼、缺镁、缺钙症，且随树龄增大和结果量增加，个别晚熟柑橘园会出现锰中毒症状，生产上应注意矫治缺素症和锰中毒症。

(二)紫色土

紫色土主要由紫色页岩和紫色砂岩风化而成。紫色土从色泽直至理化性状均受母岩性状的强烈影响,是一种幼年土。紫色土上植被遭破坏后水土侵蚀严重,甚至母岩出现裸露。紫色土由页岩形成时,土壤较黏重,含碳酸钙高,呈中性或微碱性或微酸性反应;当由砂岩形成时,土壤质地疏松,碳酸钙被淋溶,土壤呈中性或微酸性反应。紫色页岩和砂岩形成的土壤,其共同特点是物理风化作用强烈,当母岩裸露后,只需经短暂的时间日晒雨淋、冷热膨缩,便能崩解成可种植晚柑橘的土壤。

我国紫色土丘陵山地种植晚熟柑橘不少,为使种植取得好的效益,土层应爆破改土,增加有机肥,改良土壤。紫色土的晚熟柑橘园常出现缺素症:枳砧晚熟柑橘缺铁;红橘砧晚熟柑橘零星发生缺锰。对植株叶片营养分析证明,也可能出现含镁量偏低。

(三)黄　壤

黄壤是亚热带温暖潮湿地区常绿阔叶林条件下形成的土壤。成土母质多为石灰岩、砂页岩、变质岩和第四纪砾石及黏土。在温暖湿润的条件下,由于淋溶作用强,土壤呈酸性至微酸性反应,有机质含量占2%～3%,但因植被被破坏,耕作不当会使有机质下降至1%以下。黄壤黏、酸、瘦、缺磷。黄壤地区的晚熟柑橘不多,栽培时要注意水土保持和防止缺钾。

(四)冲积土

土壤在江河流域受流水侵蚀,在江河两岸沉积为阶地或洲地的即为冲积土。冲积土的特点是由母质组成决定,不同母质形成的土壤其肥力各异。例如,长江及其支流的一级阶地上,质地疏松,土层深厚,土壤的导水、保水能力较好。柑橘树势生长好,但果实风味淡，且有积水之虞。

由于有多种沉积物，冲积层次变化较大，沉积层深厚，以沙壤、壤土为主，通透性和耕作性能良好，养分含量较高。冲积土适宜晚熟柑橘果树根系的生长，易形成良好的根系，但保水保肥力差。施肥宜勤施薄施。但地下水位过高的冲积土需挖深沟降低地下水位方可种植。

(五)水稻土

水稻土系指发育于各种自然土壤之上，经过人为水耕熟化，淹水种稻而形成的耕作土壤。水稻土广泛分布于我国水稻产区。因长期处于淹水缺氧状态，水稻土中的氧化铁被还原成溶于水的氧化亚铁，并随水在土壤中移动。当土壤排水后氧化亚铁又被氧化成氧化铁沉淀，导致土壤下层较为黏重，加之长期耕作踏压，使耕作层下方形成不容易透水的犁底层。

水稻土的有机质含量较高，但水稻土往往缺磷、钾，南方红壤地区水稻土中的镁和钙的含量不高。水稻土的 pH 除受原母土影响外，也与淹水状况有关。酸性水稻土或碱性水稻土在水淹后，其 pH 均向中性变化。因为酸性土壤灌水后，形成 Fe^{2+} 和 Mn^{2+}，在水中形或 $Fe(OH)_2$ 和 $Mn(OH)_2$，使水稻土 pH 升高；碱性水稻土由于灌溉，使土壤中的碳酸钙等碱性物质被淋失，从而促使 pH 降低，水稻土的耕作层土壤较肥沃，较宜种植晚熟柑橘，但犁底层及其以下土壤往往质地黏重，宜破碎犁底层以利柑橘根系生长。

(六)海涂土

海涂土壤是指海滩围垦成的陆地土壤。其特点是土地平坦，土层深厚。海涂土壤的质地差异大，这与海岸类型、冲淤积状况和泥沙来源等有关。一般基岩海岸多为沙砾质土或粉沙土；避风港湾内多为黏质土；平原海岸多为壤质土，土壤颗粒较均匀，细砂含量较高。

海涂土壤形成的年龄短，土壤中的养分主要来源于母质，并与土壤质地有关，一般是黏质土养分含量高于沙质土。随着土壤黏粒的增加，有机质和其他养分也相应增加。一般沙质土有机质含量低于0.5%，全氮含量低于0.03%；壤质土有机质为1%左右，全氮高于0.05%；黏质土有机质含量约1.5%，全氮含量低于0.1%。海涂土壤中的钾、钙、镁等营养元素含量高，有效钾在200毫克/千克以上，高的可超过1 000毫克/千克，但有效磷含量低，通常只有5毫克/千克。海涂土壤主要问题是含有大量的盐分，含盐量一般在1%以上，并且呈强碱性，土壤pH8.0以上，柑橘易中毒；其次是地下水位高，不利于根系向下生长。其三是海滩易受台风影响。海涂种植晚熟柑橘关键是冬暖果实不会受冻，降低海涂土壤盐分、地下水位，适择耐盐碱的砧木，如枸头橙。

二、晚熟柑橘园土壤养分类型

土壤中含有柑橘生长所需的各种养分，按养分的溶解难易及对柑橘的有效性，可分5种类型，现简介于后。

1. 水溶性养分　系指土壤溶液中对柑橘果树高度有效，很容易被吸收利用的养分。

2. 交换性养分　即土壤复合胶体上吸附的养分。交换性养分是水溶性养分的直接补给来源物。

3. 缓释性养分　系指土壤某些矿物质中，易分解释放出来的养分。缓放性养分是养分的贮备。

4. 难溶性养分　系指土壤原生矿物组成中所含的养分，通常很难溶解，不易为柑橘果树吸收利用。难溶性养分在柑橘养分总量中所占的比重很大，是柑橘养分的基本贮备和主要来源。

5. 土壤有机质和微生物中的养分　有机质中的大部分养分

需经微生物分解以后，才能为柑橘果树吸收利用。微生物生命活动过程中，吸收一些土壤有效养分，一旦微生物中有效的，主要是土壤有机质和微生物体中的养分较难溶性矿物中的养分易释放和易为柑橘所利用。

利用外界条件，加速土壤养分转化，使难溶性养分逐渐转化为缓放性养分，进而转化为速效性养分，为柑橘吸收。土壤养分的转化因子有：土壤温度、土壤水分、土壤通气状况、土壤酸碱度等。通过柑橘的各种栽培措施，改善土壤温度、水分、通气性和酸碱度的状况，可加速土壤中难溶性养分向速效、易溶转化，以利晚熟柑橘生产的节肥增产。

三、晚熟柑橘优质丰产的土壤条件

（一）土层深度

因晚熟柑橘根分布深广，深入土层 1 米以上，所以其有效土层应在 60～80 厘米；并要求 0～20 厘米层与 20～40 厘米层的土壤理化性质基本一致，土壤熟化层的厚度在 40 厘米以上。

土层深度与柑橘产量之间具有较高的相关性。土层深厚的优点如下：

1. 能充分供给水分、养分　土壤是植物水分和养分的源泉。土壤深厚，柑橘树能从土壤中吸收更多的水分、养分，形成强大根系和树冠，充分利用地力。根系强大，能提高肥料利用率，减少肥料损失。

2. 降低根系旱害和低温、高温的危害　根系深，可利用土壤深层水分。深层土壤水分干湿度变幅较少，可增强柑橘树抗旱能力。同时，土层深厚，土壤温度变幅较小，可以减轻或避免低温或高温对根系的危害。夏季，沙质土壤的柑橘园，地表温度高达

50℃～60℃，可致柑橘树浅层根系死亡，影响其生长发育，可见土层深厚是果树健壮、丰产的前提和基础。

3. 增强抗病虫的能力 土层深厚，树势健壮，可增强抗病虫的能力。据有关调查，根系分布越浅，发病率越高。根系浅、树势衰弱，是发病的诱因。根系浅，土壤水分变幅大，常影响矿质营养的可给态，导致柑橘果树发生某些生理病害。

4. 影响土壤有效深度主要因素

(1)岩盘 土层浅，由于未风化的岩盘（岩石）或硬土层的存在，机械阻碍根系向土壤深层生长，使树势衰弱，产量低，树龄短。

(2)地下水位 根系的生命活动，需进行呼吸作用。土层虽然深厚，但地下水位高，根系长期浸入水中，而缺乏呼吸作用必需的氧气，根系就会窒息，而不能深入下层土壤。所以，地下水位的高低，可左右根系的生长。此外，地下水位如果是停滞的，则根系完全不能生长；如为流动的，则对根系生长稍为有利。

(3)黏土层 柑橘园土壤地下水位虽低，如下层存在坚硬的黏土层（即不透水层），则通气不良，氧气缺乏，根系生长受阻，植株生长衰弱。

(4)沙砾层 土壤下层存在沙砾层，保水力差，水分不足，根系不能深入下层，影响柑橘果树生长和结果。必须采用深翻，取出沙砾，填入土壤，施有机肥，提高土壤保水性能。

(5)其他 有些通气性和保水性虽不太差的柑橘园，如下层活性铝含量高时，根系分布也浅，发病率较高。为防止氧化铝的危害，提高生产力，施有机质、石灰、磷肥等是有效的。

(二)土　质

以含黏粒（直径小于 0.001 毫米）25％～40％、沙粒（直径 0.010～2.0 毫米）60％～75％的土壤，其土壤理化性能、保土保肥性、透水透气性及耕作性最佳，为理想栽植晚熟柑橘的土壤。黏土

（含黏粒50%以上），保水、保肥力强，养分含量比较丰富，但其通气性及排水性较差，且耕作较困难，故种植时应注意开沟排水，高畦或垄作栽培，对特别黏重的土壤应多施有机肥，改良土壤的结构。沙土（含沙粒85%以上），通气性和透水性良好，易于耕作，养分含量少，保水力差，抗旱力弱，且土壤温度变化快。所以，栽培晚熟柑橘应选择耐旱品种和砧木，选有水源之地种植，及时灌溉，多施有机肥，肥料勤施薄施，地面覆盖等栽培措施。

（三）土壤容重和孔隙度

土壤容重为0.9～1.1克/厘米^3，总孔隙度为50%～60%，大于0.25毫米的水稳定性团粒体占50%～80%。

（四）土壤酸碱度

柑橘是喜微酸性果树，最适宜的pH值5.5～6.5，而我国栽培柑橘的主要土壤：红壤、黄壤pH值为4.0～5.5，紫色土pH值为6.0～8.5，海涂盐碱土pH值为8.0～9.0，因此，新建晚熟柑橘园多数要进行土壤改良来调节酸碱度。

（五）土壤团粒结构

包括团粒和微团粒。团粒是近似球形，较疏松的小土团，直径0.25～1毫米。直径0.25毫米以下的称微团粒。团粒和微团粒是土壤中最好的结构类型。团粒结构多的土壤，水分、空气、养分供应充分，抗逆性和缓冲性能强。栽培柑橘有利于正常生长发育，并获得高产。通常促进团粒结构的方法，合理中耕及深翻，施有机肥或石灰（酸性土），种植豆科绿肥，施土壤结构改良剂等。

（六）土壤有机质

土壤有机质是指植物残体和人为施入土壤中的各种有机肥料

等物质，经过土壤微生物的活动与分解所形成的一种叫腐殖质的物质，其含量高达2.5%～3.0%以上最适晚熟柑橘优质、丰产稳产。而我国柑橘园土壤有机质含量一般在1%～1.5%。有机质含量高的柑橘果园，土壤团粒结构状况好，容重低，孔隙度大，通气性好，土壤缓冲能力强，土壤各种矿质养分含量和有效性高，为晚熟柑橘优质丰产奠定了物质基础。土壤有机质对土壤熟化有极大的好处：一是对土壤理化特性有很大的影响。土壤团粒结构、透水性、持水性、吸水力和缓冲性等都决定于有机质。二是有机质含有大量的微生物活体，同时有机质也是微生物养料和能量的来源。三是有机质的分解可逐步释放各种元素，使植株获得完全养分，不易缺素。四是腐殖质酸对根系的生长有刺激作用。五是有机质向土壤溶液和大气提供二氧化碳的来源。六是有机酸在较大程度上影响土壤母质的化学风化过程。所以，通过深翻改土、种植绿肥、生草栽培、增加有机肥等土壤管理，使土壤有机质含量不断增加。

（七）土壤三相组成

土壤三相即固相、液相、气相三者的容积比例组成，对柑橘果树生长十分重要。由于柑橘果树长期生长在同一地点，在根系扩展范围内，根系多少与土壤结构有密切关系，据高井康雄(1976)报道，固相为40%～50%，液相为20%～40%，气相为15%～37%，温州蜜柑根系生长良好，树体健壮，产量高而稳定。

（八）土壤温度

根系生长，与土壤温度有关，一般来说，土壤温度越低，根系吸收水分的作用越弱，同时，地温还影响根系的伸长。柑橘类要求较高地温，地温在26℃最适宜根系生长，37℃则停止生长，最低活动地温12℃以上。地温过高过低都会导致根系死亡。

(九)土壤对养分的吸收能力

土壤具有吸收和保持营养成分的能力,并随时供给植物吸收。土壤可谓养分的贮藏库。土壤的吸肥保肥能力,与柑橘树丰产栽培有密切关系。

盐基置换容量(即土壤吸收盐基的最大数量)越大的土壤,保肥力越强,对柑橘生长越有利。沙土盐基置换容量为1～5毫克当量/100克土,黏土为25～30毫克当量/100克土,腐殖质为150～700毫克当量/100克土。有机胶体的盐基置换容量比无机胶体高5～50倍。因此,施有机肥可提高土壤盐基置换容量和保肥能力。

盐基饱和度(即盐基离子占土壤胶体吸收阳离子的百分数)与柑橘果树生产力直接相关。据测定,置换性钙含量或盐基饱和度越高,柑橘园生产力越高。

所以,通过深翻改土、种植绿肥、生草栽培、增加有机肥等土壤管理,使土壤有机质含量不断增加。

四、晚熟柑橘园的土壤管理

晚熟柑橘具强大根系,在土壤中分布深广密集,因此要求土壤深厚肥沃。我国柑橘大都栽培在丘陵山地,多数土层浅薄,或土壤不熟化,肥力低,远不能满足柑橘正常生长发育对水分和养分的要求。柑橘园土壤管理,就是不断改良土壤,熟化土壤,提高土壤肥力,创造有利柑橘生长的水、肥、气、热条件。培肥土壤最有效的方法是多施有机肥。埋压各种有机肥,种植绿肥,深翻、中耕、培土,对酸性土施石灰,都有助于提高土壤肥力。

(一)根　系

根群在树冠外围滴水线附近及垂直向下的地方分布较为稠

密。许多砧木侧根、须根较为发达，横向分布较树冠大 1～3 倍。距地表 10～60 厘米土壤中的根量，占总根量的 90%左右。根系分布的深度，取决于土壤透性、地下水位高低和砧木种类。例如，甜橙、柚等，主根粗长，深达 1～3 米，侧根多。枳和橘类主根较短，深 1 米左右，侧根也多。土壤透气差或地下水位高的园地，主、侧根生长受到限制。

为使根系迅速形成根群，必须满足根系所需的营养、地温、湿度和氧气等条件。大多数品种的气温为 25℃～28℃，地温为 24℃～30℃，土壤含氧 2%以上，根系生长最活跃，在此时期增施有机肥，增加土壤团粒结构，适时灌水，保持土壤一定湿度(相对含水量 18%～20%)，根系迅速形成根群，有利树冠和果实的生长发育。同时根系生长和地上部分生长常交替进行，地上部分旺长期，根系生长缓慢；而根系旺长期，地上部生长缓慢，见图 5-1。

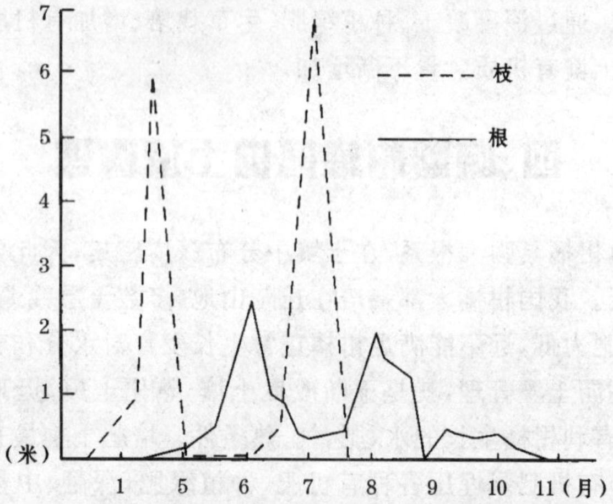

图 5-1　根的生长线和枝的生长线比较(高桥)

(二)中耕及半免耕

我国柑橘产区主要分布在温暖、湿润、雨水多的地区,晚熟柑橘果园易生杂草,消耗土壤水分养分,同时杂草又是病虫潜伏的场所。因此,适时中耕可以克服上述弊端。全年中耕 4～6 次。一般雨后适时中耕,使土壤疏松,有助于形成土壤团粒结构,减少水分蒸发,降雨时有利于水分渗入土内,减少地表水分流失。中耕改善了土壤通气条件,有利于土壤微生物的活动,加速有机质的分解,为柑橘提供更多的有效养分。大雨暴雨前不宜中耕,否则易造成表土流失。为了防止水土流失,采用种植绿肥与中耕相结合的办法较为合理。

半免耕,即柑橘园株间中耕,行间生草或间作绿肥不中耕。幼龄柑橘园如为计划密植,株距窄而行距宽,株间浅耕,保持土壤疏松,而行间生草或间作绿肥不中耕,其作用在于保持水土,改善土壤结构,节省劳力。

(三)间　作

晚熟柑橘园间作主要间作不同品种的绿肥。我国绿肥主要按季节分为夏季绿肥和冬季绿肥,而且以豆科作物为主。夏季绿肥有印度豇豆、绿豆、猪屎豆、竹豆、狗爪豆等;冬季绿肥有箭筈豌豆、紫云英、蚕豆、肥田萝卜。在柑橘园背壁或附近空地,常种多年生绿肥,如紫穗槐、商陆等。现简介如下:

1. 箭筈豌豆　又名野豌豆,为豆科冬季绿肥作物。其主要特征:茎柔软有条棱,半匍匐型,根系发达,能吸收土壤深层养分,耐旱耐瘠,但不耐湿。每 667 米^2 的用种量 2.5～4 千克,留种用的播种量为 667 米^{2}1.5～2 千克。种植箭筈豌豆,每 667 米^2 产鲜绿肥 1 500 千克以上。

2. 豌豆　豆科冬季绿肥作物。其主要特征:茎叶上似有白霜，根系发达。在较瘠薄的红壤上生长较旺，不耐水渍，忌连作，比紫花豌豆更耐瘠。每 667 米^2 用种量为 2.5～3 千克，每 667 米^2 产绿肥 1 500 千克。

3. 紫花豌豆 1 年生豆科冬季绿肥作物。对气候、土壤要求不严，抗寒力比蚕豆（大豆）强，耐旱不耐湿。植株高大。

紫花豌豆含氮（N）0.364%、含磷（P_2O_5）0.151%、含钾（K_2O）0.251%。每 667 米^2 用种量为 3.5～4.0 千克，每 667 米^2 产鲜绿肥 1 250～1 500 千克。

4. 蚕豆 1 年生豆科冬季绿肥作物，对气候和土壤条件要求不严，以温暖湿润气候和较肥的黏壤土最适宜。根较浅，抗寒性较差。其鲜绿肥含氮（N）0.55%、含磷（P_2O_5）0.12%、含钾（K_2O）0.45%。用种量每 667 米^2 7～8 千克。每 667 米^2 产鲜绿肥 750～1 000 千克。

5. 印度豇豆 豆科夏季绿肥作物。茎蔓生缠绕，根深达 1 米以上，耐旱性强，耐瘠，适于新垦红壤柑橘园种植。生育期较长，植株再生能力强，可分期刈割作绿肥。鲜绿肥含氮（N）0.606%，用种量每 667 米^2 1.5～2.5 千克。每 667 米^2 产鲜绿肥 1 000～2 000 千克。

6. 绿豆 1 年生豆科夏季绿肥作物。耐旱、耐瘠，不耐涝。一般的土壤均可种植。播种期长。通常播后 50 天左右可压作绿肥。鲜绿肥含氮（N）0.52%、含磷（P_2O_5）0.12%、含钾（K_2O）0.93%。用种量每 667 米^2 1.5～2 千克。每 667 米^2 产鲜绿肥 750～1 000 千克。

7. 竹豆 土名钥匙豆，夏季豆科绿肥作物。匍匐蔓生，侧根细长，耐瘠耐阴。适于有灌溉的柑橘园中种植。用种量每 667 米^2 1～1.5 千克。每 667 米^2 产鲜绿肥可高达 4 000 千克以上。

8. 狗爪豆 又名富贵豆，系豆科夏季绿肥作物。蔓生，长达 3 米左右，适应性强，耐旱耐瘠，生长期长，7 月上中旬可覆盖全园。

分两次刈割作绿肥：第一次离地面留 4 节处刈割，第二次再提高 3 节处刈割。每 667 米^2 用种量 4～5 千克，每 667 米^2 产鲜绿肥量 2 000～3 000 千克。

9. 紫云英　又叫红花草，为豆科冬季绿肥作物。株丛不高，分枝近地面着生，须根发达，根瘤多，喜温暖湿润，耐瘠性较差，鲜绿肥含氮(N)0.40%、含磷(P_2O_5)0.036%、含钾(K_2O)0.72%。用种量 667 米^2 2～2.5 千克。每 667 米^{2}产鲜绿肥 4 000～5 000 千克。

10. 紫花苜蓿　1 年生豆科冬季绿肥作物。对土壤要求不严，性喜钙，耐瘠耐湿，也较耐旱、耐盐碱。鲜绿肥含氮(N)0.56%，含磷(P_2O_5)0.18%、含钾(K_2O)0.316%。用种量每 667 米^2 1～1.5 千克。每 667 米^{2}产鲜绿肥 1 500 千克。

11. 紫穗槐　多年生豆科落叶灌木。适应性强，在沙土、黏土和 pH 值为 5.0～9.0 的土壤中，都能生长。耐湿、耐旱，耐瘠中等。其鲜绿肥含氮(N)1.32%、磷(P_2O_5)0.36%、含钾(K_2O)0.79%。繁殖可用扦插或播种的方式。每 667 米^2 产鲜绿肥 2 500～3 000 千克。

12. 柽麻　1 年生豆科绿肥作物。对土壤要求不严，耐瘠、耐湿，也较耐干旱和盐碱。鲜绿肥含氮(N)0.78%，磷(P_2O_5) 0.15%、含钾(K_2O)0.30%。每 667 米^2 用种量为 1.5～2 千克，产鲜绿肥 3 000～4 000 千克。

13. 肥田萝卜　又叫满园花。为十字花科冬季绿肥作物。茎粗大，株型高，主根发达，侧根少，耐瘠，较耐酸，对土壤难溶性养分利用力强，适于在初开垦的红壤柑橘园中种植。每 667 米^2 用种量 0.5 千克，产鲜绿肥 3 000 千克左右。

14. 黑麦　禾本科冬季绿肥作物。根系发达，分蘖力强。耐瘠、耐酸、耐寒，抗旱力强，栽培容易。适于初垦红壤柑橘园种植。每 667 米^2 播种量为 3～4 千克。最好与豆科冬季绿肥混种。4 月上旬盛花。为减缓与柑橘争肥的矛盾，应在 3 月中旬前后对黑麦增施速效氮肥。黑麦刈割后可不翻压，在其行间播种夏季绿肥。每 667 米^2 产鲜绿肥 1 200～1 500 千克。

15. 黑麦草 禾本科冬季绿肥作物。分蘖力强，生长迅速而繁茂，须根发达，密布耕作层和地表，在地面上如一层白霉，对改善柑橘园的土壤结构有很大作用。耐瘠、耐旱，栽培容易。每 667 米^2 播种量为 1 千克左右，最适与豆科冬季作物混播，并于 3 月中下旬增施速效氮肥，以减缓与柑橘争肥的矛盾。每 667 米^2 产鲜绿肥 2 000～3 000 千克。

16. 红、白三叶草 多年生豆科草本。适应性强，耐阴、耐湿。秋播(9 月上旬)或春播(3 月上旬)，每 667 米^2 产鲜绿肥 3 000 千克。红、白三叶草混播更好。

17. 藿香蓟 菊科 1 年生草本作物，3 月份育苗移栽，以后落籽自然繁殖，每 667 米^2 产鲜绿肥 2 000～3 000 千克，还可抑制红蜘蛛、吸果夜蛾。

18. 百喜草 多年生禾本科草本。再生能力强，耐旱、耐涝、耐瘠和耐践踏，春播，每 667 米^2 产鲜绿肥 4 000 千克左右。

19. 日本菁 多年生豆科绿肥，直立速生，每 667 米^2 产鲜绿肥 5 000 千克以上。

20. 商陆 多年生宿根草本(中药材)，耐寒、耐旱、耐瘠。宜作梯壁绿肥。每 667 米^2 产鲜绿肥 4 000 千克，3 月份育苗移栽，长久利用。

绿肥对柑橘园土壤水稳定性团粒、土壤化学性质均有良好影响。柑橘园间作绿肥和作物，可减少水土流失，覆盖作物区与清耕区水土流失比较，见表 5-1。

表 5-1　覆盖作物区与清耕区水土流失比较

项　目	处　理				
	花　生	印度豇豆	爬地兰	甘　薯	清　耕
水土流失量(毫升/米²)	63.0	82.0	76.5	94.0	1655.5
泥沙含量(克/100 毫升)	0.16	0.05	0.20	0.29	0.27

绿肥高温季节可调节土壤温度，可降温 9℃～15℃。新鲜绿肥含有机质丰富，一般为 10%～15%。豆科绿肥含氮、磷、钾等多种营养元素，使柑橘不易发生缺素症。柑橘园间作蚕豆，如每 667 米² 产 1 500～2 000 千克，相当于 37.5～52.5 千克硫酸铵，9～12 千克过磷酸钙，14～18.8 千克硫酸钾。因此，绿肥有“有机化肥”之称。绿肥在盛花期或青荚期刈割、深翻入土中，因此时产量高，品质好(含蛋白质高，可溶盐多，粗纤维少)。绿肥对柑橘园土壤水分的影响见表 5-2。

表 5-2　绿肥对柑橘园土壤水分的影响　(干土，%)

处　理	含水量	容水量	凋萎点	有效水分
全绿肥	25.3	51.6	10.5	8.2
半绿肥	25.5	47.4	7.4	5.6
无绿肥	19.5	46.2	7.4	4.2

注：7～15 厘米土层。

此外，树冠下不间作绿肥，幼树留出 1～1.5 米的树盘不种绿肥，柑橘园不间作高干及缠绕性作物，如玉米、豇豆等。

(四)生草栽培

晚熟柑橘园生草栽培，即在行间生草或种植牧草，覆盖柑橘园地表，其实质是一种土壤管理方法。生草栽培能有效改善晚熟柑橘园的生态环境，减少水土流失，缓冲果园的温度和湿度的变化，增加土壤的有机质含量。据报道，在三峡库区的柑橘园人工种植禾本科百喜草和豆科植物三叶草(对照为清耕)，3～4月份全园植草(树盘清耕)，7月份进入高温干旱时割草覆盖树盘。结果表明，生草栽培7～11月份干旱时期可提高果园土壤含水率，生草栽培初期降低果园土壤有效氮、磷、钙、镁、锰、铜和锌等的矿质养分含量，但生草栽培2年后土壤有效氮、钾、铁和锌等矿质养分含量高于清耕对照。生草栽培可提高果实产量和果实的可溶性固形物含量，降低酸含量，且种植百喜草比三叶草效果更明显。在重庆忠县坡度为19°以上的紫色土伏令夏橙园，采用中耕、覆盖、生草和清耕4种处理，4种处理的地表径流量：清耕＞生草＞覆盖＞中耕，相互处理间差异极显著，清耕区的年地表径流量分别比生草、覆盖和中耕高8.88%、10.79%和22.51%；各处理间的地表径流中的泥沙含量差异显著，生草栽培分别比覆盖、清耕和中耕低11.43%、38%和60%；不间处理方式间的泥沙流失量差异极显著，生草分别比覆盖、清耕和中耕低10.48%、46.40%和58.99%。

1. 人工种草 人工种草是在晚熟柑橘果园中播种适合当地土壤、气候的草种，使之既能抑制杂草的生长，又不至于与晚熟柑橘的生长有强烈的争水争肥矛盾。理想的草种是适应性强，根系浅，矮生，能自繁衍，最好在高温干旱季节能自然枯萎，如按柑橘根系生长的特点，6～9月份是旺长时期，理想的草种应是10月份发芽，5月份停止生长，6月下旬草枯而作为覆草。目前最适宜的草种，为意大利多花黑麦草。其特点是1年生牧草，不择地，喜酸性，耐湿，残草多，春天生长快而茂，很快覆盖全园，7月中旬枯萎，9月份种子自行散落，下一代自然生长。此外，还有黑麦草、三叶草、紫花苜蓿、百喜草、薄荷和留兰香等。

生草栽培的晚熟柑橘园，在草旺盛生长的季节进行一至多次的割草，控制草的高度。在高温来临前不能自枯的草种，要割草用于覆盖树盘。果实成熟期应控制草的生长或割除，以利果实成熟和品质提高。

2. 自然生草　又叫季节性自然生草。应先铲除柑橘园内的深根、高秆和其他恶性杂草，选留自然生长的浅根、矮生、与晚熟柑橘无共生性病虫害的良性草，不另行人工播种栽草。季节性自然生草栽培需要对草进行适当的管护，除去离树冠滴水线外 30 厘米以内的各种生草，减少草与晚熟柑橘争水、争肥；在雨季让草生长，在伏旱季节或果实成熟期喷除草剂，将草杀死覆盖地面，以减少土壤水分蒸发，改善树冠中、下部的光照条件。

季节性自然生草的具体方法：4～6 月份（雨季）通过浅锄树盘，对树盘喷除草剂杀草，对园中其余部分的杂草任其生长（仅铲除深根、高秆和藤蔓性类恶性杂草，非恶性杂草高度超过 50 厘米的草进行刈割控制高度），必要时对杂草薄撒 1～2 次化肥，促进杂草生长；在 7 月上中旬伏旱来临之前喷 1 次除草剂，将草杀死（保留梯壁杂草供护壁和天敌繁衍），覆盖于地面。雨季生草可有效减少水土流失，7 月中旬伏旱来临之前杀死的杂草可有效吸收降雨，降低土壤温度和减少土壤水分蒸发，丘陵山地的晚熟柑橘园在中等伏旱的情况下无须再行灌溉，树体生长结果正常。

生草栽培对土壤具有保护作用，可防止水土流失，增加土壤有机质，促进土壤团粒结构的形成，增强土壤通透性，节省耕作劳力。

（五）深翻结合施有机肥

深翻可改善土壤结构，使之透气性良好，有利于柑橘根系呼吸和生长发育，并把根系引向深处，充分利用土壤水分和养分。深翻通气良好，有利于有机质的分解，可使难于吸收的养分转化为可吸收的养分。由于通气的氧化作用，可消除土壤中的有毒有害物质，如硫化氢、沼气、一氧化碳等。深翻增强土壤保水保肥能力，减少病虫害的发生。深翻必须结合施有机肥，才有改良土壤、提高土壤肥力的效果，否则只能暂时改善一下土壤的物理特性。

1. 方式 深翻方式可分为全园深翻和局部深翻。全园深翻即对树冠外的土全部深翻，而对树冠下只进行中耕。局部深翻，即今年深翻株间土壤，翌年深翻行间土壤，逐年扩大深翻范围。树冠扩大后，深翻行间，中耕株间。

丘陵山地未改土定植的柑橘园，采果后，对根系无法生长的岩层、硬土可实行爆破改土，加深耕作层。即轮流在株行间“放闷炮”，炮眼与地面呈 70°角，距定植点 40 厘米左右，爆破深度 1～1.2 米，装硝铵炸药 200～300 克，爆破后将底层硬土与石块翻出表面，以利风化。如土壤含水量低，先行灌水，然后分层压有机肥。

2. 时间 一般采果后至春季柑橘发芽前深翻。由于此时根系处于相对休眠，不易损根伤树，有的在 7～9 月份深翻，此时气温高，雨水充足，有利促生新根，恢复快，但应特别注意不伤大根，否则易引起柑橘卷叶落叶，甚至死树。

3. 深度 柑橘根系分布在土层 60～100 厘米，多数在20～40 厘米，因此深翻 30 厘米左右即可。

4. 深翻结合施有机肥或石灰 深翻必须结合施有机肥，才能达到改良土壤、提高土壤肥力的目的。绿肥可用山青草、树叶、栽培绿肥、作物秸秆、绿肥有机残体、饼肥、堆肥、河塘泥、处理过的垃圾等。每立方米土壤加 50～150 千克有机肥，与土壤分 3～4 层压入土中，再施畜粪杂肥，效果更好。对酸性土每 50 千克有机肥加入 0.5～1 千克石灰或钙镁磷肥，可调节土壤 pH。

(六)覆盖和培土

1. 覆盖 土壤覆盖分全园覆盖和局部覆盖(即树盘覆盖)，或全年覆盖和夏季覆盖。由于夏季伏旱严重，着重介绍夏季(7～10 月份)树盘覆盖。覆盖材料绿肥、山青草、树叶、稻草等均可。覆盖厚度 10～20 厘米即可，依材料多少而定，距树干 10 厘米的范围不覆盖。覆盖结束，将半腐烂物翻入土中。

覆盖有很多好处，增加土壤有机质，使土壤疏松，透气性良好，减少水分蒸发和病虫的滋生，有利于土壤微生物的活动，1克表土可含微生物3亿～6亿个。可稳定地温，在高温伏旱期，降低地温6℃～15℃，冬季升高地温1℃～3℃，可缩小季节和昼夜上、下土层间的温差，以利于柑橘根系吸收土壤中的水分和养分。同时，还有利于柑橘的生长发育，增加产量，改善品质。

2. 培土 培土可增厚土层，培肥地力。尤其土层浅薄的丘陵山地柑橘园，水土流失严重，根系裸露，应注意培土。培土应按土质而定，黏土客沙土，沙土客黏土。柑橘园附近选择肥沃的土壤培土，既可增加耕作层的厚度，也能起到施肥的作用，对柑橘生长有良好的效果。

培土时间，宜在冬季。培土前先中耕松土，然后客入山土、沙泥、塘泥等，一般培土厚度10～15厘米，每隔1～2年培土1次。大面积客土困难，可分期分批培土。

五、晚熟柑橘园的土壤熟化

新开辟的丘陵山地柑橘园，应改良土壤，大量施用有机肥，每667米^{2}施5 000千克，对酸性土还应施适当的石灰，调节土壤pH值，坚持不改土，不定植柑橘苗。

已种植柑橘土壤不熟化的低产园，应针对不同低产原因合理改良土壤。一般柑橘园土壤的耕作层浅薄，有的丘陵山地柑橘园土壤，处于幼年土发育阶段，土层浅薄，深30厘米左右即为母岩(岩石)，实难满足晚熟柑橘生长的要求。应采用深沟扩穴，爆破改土，加深土层，大量施有机肥，熟化耕作层。坚持不断改土，使熟化的土壤耕作层在60厘米以上，以利柑橘的正常生长发育。

(一)土壤熟化指标

目前,国内外都以丰产柑橘园,研究土壤的熟化指标。熟化指标又着重研究土壤的理化指标,用这些指标衡量柑橘园土壤是否熟化。即使达到熟化指标,也要不断的培肥土壤,稳定土壤熟化指标,防止土壤肥力下降。国内尚无完整的土壤熟化指标,但初步提出了丘陵山地柑橘园的熟化指标。

1. 熟化厚度 柑橘园土壤上层(0～20 厘米)与下层(21～40 厘米)土壤理化性状,接近或差异不大,熟化厚度 60 厘米以上。

2. 物理性状 土壤容重 0.9～1.1 克/厘米^3,总孔隙度 50%～60%,其中非毛管孔隙占 20%以上,大于 0.25 毫米的水稳性团粒体占 50%～80%。

3. 化学性状 要求 pH 值 5.5～6.5,有机质 1.5%～2.5%,全氮 0.1%～0.15%,盐基饱和度 45%～60%,碱解氮 15 毫克/100 克土以上,速效磷 10～15 毫克/千克土,速效钾 50～100 毫克/千克土。日本重视柑橘园的土壤改良,日本静冈柑橘园土壤熟化指标见表 5-3。

表 5-3 柑橘园土壤改良标准

项目		土壤	
		腐殖质土壤	红壤或质地细黏的冲积地
化学性质	pH(H_2O)	6.0～6.5	6.0～6.5
	pH(KCl)	5.5～6.0	5.5～6.0
	有机质(%)	5%以上	3%以上
	代换量	20me 以上	15me 以上
	代换性 CaO	280mg 以上	200mg 以上
	代换性 MgO	25mg 以上	25mg 以上
	代换性 K_2O	15mg 以上	15mg 以上

续表 5-3

项目		土壤	
		腐殖质土壤	红壤或质地细黏的冲积地
化学性质	CaO 饱和度	50%以上	50%以上
	CaO/MgO 当量比	6 以下	6 以下
	有效磷(P_2O_5)	2mg 以上	10mg 以上
	(Truog 法)	2mg 以上	10mg 以上
	电量值(EC)	1.0mΩ 以下	1.0mΩ 以下
物理性质	三相中气相比率(PF1.5)	25%～30%	25%～30%
	有效含水量	20%以上	20%以上
	紧密度	20mm 以下	20mm 以下
	根系有效土层深度	60cm 以上	60cm 以上

(二)红壤园土壤改良

由于红壤瘦、黏、酸和水土流失严重，远不能满足柑橘生长发育的要求，造成柑橘生长缓慢，结果晚，产量低，品质差，甚至无收。红壤土培肥改良措施：一是修筑等高梯田、壕沟或大穴定植；二是柑橘园种植绿肥，以园养园，培肥土壤；三是深翻改土，逐年扩穴，增施有机肥，施适量石灰，降低土壤酸性；四是建立水利设施，做到能排能灌；五是及时中耕，疏松土壤，夏季进行树盘覆盖。

(三)紫色土园土壤改良

紫色土物理风化快，但土层浅薄。丘陵山地柑橘园，30 厘米左右即为母岩(岩石)，含钙高，多数偏碱，常缺铁，水土流失严重，实难满足柑橘正常生长的要求。其主要改良土壤措施：一是爆破改土，加深土层；二是柑橘园间作绿肥，熟化土壤；三是增施有机肥，施酸性化肥，降低土壤 pH 值；四是柑橘园上方修建拦水沟，夏季覆盖减少雨水冲刷，降低水土流失。

（四）酸性土园土壤改良

柑橘是喜酸性植物，适宜 pH 值 5.5～6.5。对 pH 值过低，酸性过强的土壤，如 pH 值 4.5 以下，不仅不适宜柑橘生长，而且铝离子的活性强，对柑橘根系有毒害作用，因此，必须施石灰改良，降低过量酸及铝离子对柑橘的危害。其化学反应如下：

$$[\text{土壤}]\begin{matrix}H\\H\end{matrix}+Ca(OH)_2\rightarrow[\text{土壤}]Ca+2H_2O$$

$$[\text{土壤}]\begin{matrix}H\\H\end{matrix}+CaO\rightarrow[\text{土壤}]Ca+2H_2O$$

$$[\text{土壤}]\begin{matrix}Al\\Al\end{matrix}+3Ca(OH)_2\rightarrow[\text{土壤}]\begin{matrix}Ca\\Ca\\Ca\end{matrix}+2Al(OH)_3$$

经多年施用石灰，使强酸性土改良为适应柑橘生长的微酸性土。石灰使铝离子（Al^{3+}）沉淀，克服铝离子对根系的毒害。一般每 667 米^2 施石灰 25～50 千克。

（五）黏重土园土壤改良

黏重土壤由于含黏粒高，孔隙度小，透水、透气性差，但保水保肥力较强。重黏土（含黏粒 90％以上），收缩大，干旱易龟裂，使根断裂，并暴露于空气中。湿时不易排水，易引起根腐。因此，不利柑橘生长发育。此类土壤应掺沙改土，深沟排水，深埋有机物，多施有机肥，经常中耕松土，改善土壤结构，增强土壤透水、透气能力。

（六）土壤老化及防止措施

晚熟柑橘园土壤老化的因子，主要是柑橘园坡度倾斜大，耕作不当，水土流失严重，使耕作层浅化；长期大量施用生理酸性肥料，如硫酸铵等，引起土壤酸化；长期栽培柑橘，土壤中积聚了某些有害离子和侵害柑橘的病虫害，因而使土壤肥力及生态环境严重衰退恶化，不适宜柑橘生长。

防止柑橘园土壤老化措施：一是做好水土保持，在柑橘园上方，修筑拦水沟，拦截柑橘园外天然水源。柑橘园内修建背沟、沉沙池、蓄水池等排灌系统。保护梯壁，梯壁可自然生草，也可人工栽培绿肥，梯壁的生草和绿肥宜割不宜铲。柑橘园间作绿肥和树盘覆盖等，都有利于减少土壤水土流失。二是多施有机肥，合理使用化肥，特别是要针对不同土壤，合理施用酸性肥料，以免造成土壤酸化。三是深翻，加强土壤通气，可消除部分有毒有害离子，还可消除某些病虫害对柑橘的侵害。

第六章　晚熟柑橘的施肥技术

科学施肥对柑橘果树正常生长发育，开花结果，优质丰产，增加经济效益，减少环境污染，保护生态环境都十分重要。

一、晚熟柑橘施肥的主要问题

晚熟柑橘施肥存在的问题与柑橘雷同，主要表现在：一是忽视有机肥的施用和土壤改良培肥。有机肥营养全面，既能改良土壤结构和理化性质，又能培肥地力，当今与 20 世纪 90 年代以前相比，柑橘果园施用有机肥大量减少，幼龄果园利用行间空隙种植绿肥也越来越少，导致柑橘土壤有机质严重缺乏。二是土壤酸化日趋严重。南方的酸性红壤土上，由于种植柑橘前土壤未经改良培肥，种后改土培肥又没有跟上，加之肥料施用不当，在酸性土壤施用酸性肥料或生理酸性肥料，又有酸雨等因素，使土壤酸化，不利柑橘种植。三是园地选择时重视土壤及其肥力不够，瘠薄，种前又未开沟（穴），压埋有机肥改土，柑橘种植在土地瘦、土层薄的土壤，不适柑橘正常生长。四是肥料施用不当。有的产区重化肥，轻有机肥；施化肥又重视氮肥，不重视磷、钾肥，更不重微肥，使不少柑橘产区发生微量元素缺乏症。五是施肥方法、时期不当。该深施的浅施，不该地面撒的肥料撒施，或不该撒施的时间撒施；有的用肥过多或过于集中，造成肥料浪费和利用率低。六是柑橘果园水土流失严重。特别是坡度大的幼龄果园和坡度大、土壤出现根外露的衰退老果园，土壤流失严重。幼龄果园迟迟不结果，幼树成小老树，广种薄收的柑橘园面积占一定比例。七是少数产区的一些柑橘种植户，种后管理差，尤其在种后未开花结果的幼龄期的管理不到位、不施肥，出现种植柑橘失败的也屡见不鲜。

二、晚熟柑橘施肥原则

应根据不同晚熟柑橘品种、砧木、土壤类型、气候、环境条件、肥料种类和密植程度等合理经济施肥。

1. 看树施肥　晚熟柑橘种类繁多，应按不同品种、砧木、不同树龄、生育期以及不同营养元素的缺乏症状等采取施肥措施。

2. 看天施肥　由于雨量、温度等气候因素，不仅直接影响柑橘根系吸收养分的能力，而且对土壤有机质的分解和养分形态的转化以及土壤微生物的活动都有大的影响。因此，必须结合气候因子合理施肥。

3. 看土施肥　栽培柑橘的土壤类型、质地和结构、水分条件、土壤有机质和养分含量、土壤酸碱度、土壤熟化程度等各不相同，故应根据不同的土壤情况，确定合理的施肥。

4. 经济施肥　即以最低的施肥成本，获得最高的经济效益。从目前的科学水平来看，以叶片分析为主，配合土壤分析的田间施肥试验，进行测土配方的平衡施肥，可达此目的。

5. 施肥与其他栽培措施结合　晚熟柑橘丰产是应用综合栽培措施的结果，因此施肥应与培肥土壤、耕作、灌水和防治病虫害等措施结合起来，才能充分发挥肥效，获得理想的产量和经济效益。

农业部测土配方施肥技术专家组，针对目前我国柑橘施肥方面存在的主要问题，提出了以下施肥原则。一是重视有机肥料的施用，大力发展果园绿肥，实施果园覆盖。二是酸化严重的果园，适量施用石灰。三是根据柑橘品种、果园土壤肥力状况，优化氮磷钾肥用量、施肥时期和分配比例，适量补充钙、镁、硫、硼、锌等中、微量元素。四是施肥方式改全园撒施为集中穴施或沟施。五是施肥与水分管理和高产优质栽培技术结合，干旱季节尤其是春旱期间应遇雨或结合灌溉施肥。

三、晚熟柑橘施肥量及比例

施肥量的多少，受品种、树龄、结果量、树势强弱、根系吸肥力、土壤供肥状况、肥料特性及气候条件的综合影响。一般瘠土多施，肥土少施；大树多施，小树少施；丰产树、衰弱树多施，低产树、强壮树少施；甜橙耐肥多施，橘类较耐瘠略少施。目前，确定柑橘施肥量主要有以下几种方法。

（一）理论推算法

理论推算施肥量是柑橘树体每年从土壤中需要吸收的各种元素量，扣除土壤中各元素的天然供给量，最后再除以肥料的利用率，即为施肥量。

施肥量＝（吸收量－土壤自然供肥量）÷肥料利用率（%）

肥料利用率，按照试验推算大致为：

氮（N）50%、磷（P_2O_5）30%、钾（K_2O）40%。另根据三要素试验，土壤中氮、磷、钾三要素的天然供给量大体是：氮（N）的天然供给量约为氮的吸收量的1/3，磷、钾各为吸收量的1/2。

按日本高桥（1958）调查，每667米^{2}产2 500千克的成年温州蜜柑园，每年需要从土壤中吸收氮（N）25.8千克、磷（P_2O_5）3千克、钾（K_2O）16.7千克。为此，可根据上式推算出该园的施肥量，见表6-1。

表 6-1　温州蜜柑成年树施肥量推算　（产量 2 500 千克/667 米^2）

三要素	氮(N)	磷(P_2O_5)	钾(K_2O)
需要吸收的总量(千克)	25.8	3.0	16.7
天然供给量(千克)	8.6	1.5	8.35
土壤供给量(千克)	17.2	1.5	8.35
肥料利用率(%)	50	30%	40%
施肥量(千克)	34.4	5.0	20.9

$$施氮量=\frac{25.8-(25.8\times\frac{1}{3})}{50\%}=34.4\ 千克$$

$$施磷量=\frac{3.0-(3.0\times\frac{1}{2})}{30\%}=5.0\ 千克$$

$$施钾量=\frac{16.7-(16.7\times\frac{1}{2})}{40\%}=20.9\ 千克$$

(二)统计折量法

统计折量法是根据柑橘产区所属范围内的丰产园施肥量的统计、分析，获得一个比较切合实际的施肥量标准。例如中国农业科学院柑橘研究所曾对 7 个柑橘生产园 667 米^2 产 3 500～4 500 千克的施肥量进行统计，表明全年施肥量折合纯氮 40～72.5 千克、磷(P_2O_5)15、35 千克，钾(K_2O)15、35 千克较为适宜，并根据这些柑橘园的施肥量，拟出柑橘施肥量参考表，见表 6-2。

表 6-2　柑橘施肥量参考表　（千克/株）

树　龄	施肥时期	猪粪尿或绿肥	尿　素	过磷酸钙
未结果幼树	冬　肥	25.0		
	萌芽肥	12.5	0.10	
	夏梢肥	12.5	0.10	
	秋梢肥(7 月份)	12.5	0.10	
	秋梢肥(9 月份)		0.10	
	小　计	62.5	0.40	
成年结果树	采果期	50.0	0.05	0.25
	萌芽期	10.0	0.15	
	稳果期	10.0	0.10	0.25
	壮果期(7 月份)	10.0	0.15	
	壮果期(9 月份)	20.0	0.05	
	小　计	100	0.50	0.50

注：1. 结果大树施肥量比 10 年以下结果树加 50%～100%，肥量分配同，但无论结果树或幼树还需依其树龄大小、生长强弱、结果多少等调整用量；

2. 猪粪尿指原粪，若对成半干稠时则加倍。绿肥指鲜重。有机肥若为其他的肥时(如饼肥、牛粪、垃圾、稻草等)可以折合换算；

3. 需肥较多的品种如脐橙、伏令夏橙需适量增加，需肥少的橘类可酌减；

4. 土壤高度熟化的柑橘园可减少施肥量；

5. 酸性土壤需加石灰。

* 表中数据不包括落花、落果、疏果及修剪枝叶的养分损失量。

(三)诊断施肥量

诊断施肥量的确定是通过树体(包括叶片和果实)和土壤营养元素的测定，以产量和品质为依据，是目前科学合理的施肥量。其方法：一是进行事实分析。通过果实营养元素含量的测定，计算出生产每吨果实所带走的各种营养元素量。二是土壤分析。通过土壤各种有效养分的测定，计算出土壤养分的供给量。三是叶片分析。通过优质高产园（树）的叶片分析，了解各种营养元素在树体中的最适量。四是根据田间肥料试验计算出肥料利用率。五是计算出不同土壤类型和品种，获得优质丰产的年施肥量。

柑橘的施肥量因受多种因素的影响，实际施肥量往往与理论推算存在差异。例如，丰产园实际的施肥量比理论推算的施肥量大1～1.5倍。因此，在生产实践中，可将理论推算施肥量与当地丰产园的施肥量进行统计、比较，并结合树体、土壤等营养诊断，参照树势、产量等情况进行分析。尤其是新叶展开后的转绿速度，可以反映树体氮素的过量与不足，并与果实的质量有相关性。例如，新叶转绿快，说明树体氮素过多，通常果实着色迟、果皮增厚，浮皮果（宽皮柑橘）增多，含酸量增加，果实品质下降。通过对比分析就可以得到一个适合当地土壤类型和栽培品种的施肥标准。

（四）施肥量实例

现将美国施格兰公司（中国·重庆·忠县）推荐的现代技术甜橙（含晚熟）施肥量、脐橙丰产栽培技术的施肥量和夏橙丰产栽培的参考施肥量列于表6-3、表6-4和表6-5。

表6-3　美国施格兰公司（中国·重庆·忠县）推荐的现代技术甜橙施肥量

树　龄	氮(N) 施用量(克/株)	三元复合肥 施用量(千克/株)	年施用次数(次)
1	150	1.00	7
2	238	1.59	7
3	318	2.12	7
4	480	3.20	6
5	720	4.80	6

* 三元复合肥 N、P_2O_5、K_2O 含量分别为15%；

* 以38株/667米^{2}计。

表 6-4 脐橙丰产栽培的施肥量 （千克/ 667 米²）

时间(月·旬)	氮(N)	磷(P_2O_5)	钾(K_2O) N∶P_2O_5∶K_2O	产量结构指标
1月中旬至2月上旬	15	10	5 1∶0.66∶0.33	1. 成年结果树每667米²产1500千克，年变幅范围±20% 2. 每667米²栽56株 3. 全园长势整齐，树势健旺，无缺株 4. 土壤有机质含量2%以上，pH值6.5～7.5，气温为生态最适宜区、适宜区
4月中下旬	10	5	5 1∶0.5∶0.5	
8月上中旬	15	5	5 1∶0.33∶0.33	
11月上中旬	20	15	10 1∶0.75∶0.66	

表 6-5 夏橙丰产栽培的参考施肥量 （千克/ 667 米²）

时间(月·旬)	氮(N)	磷(P_2O_5)	钾(K_2O) N∶P_2O_5∶K_2O	产量结构指标
2月中下旬	15	10	5 1∶0.66∶0.33	1. 成年树每667米²产2000千克，变幅范围±25% 2. 每667米²栽56株 3. 全园无缺株，树势整齐，树势健壮 4. 土壤有机质含量1.5%～2.0%，pH值6.0～7.5，气温为生态最适宜区、适宜区
6月下旬至7月下旬	20	5	10 1∶0.25∶0.5	
10月上中旬	15	10	5 1∶0.66∶0.33	

国家农业部测土配方施肥技术专家组，针对目前我国柑橘园的肥料状况和柑橘的施肥量，提出了施肥量及其比例的指导，现列于后。

施肥量：每 667 米^2 产 1 500 千克以下的柑橘园，每 667 米^2 施有机肥 2～3 米^3，氮（N）15～25 千克，磷（P_2O_5）6～8 千克，钾（K_2O）10～20 千克。每 667 米^2 产 1 500～3 000 千克的柑橘园，每 667 米^2 施有机肥 2～4 米^3，氮（N）20～30 千克，磷（P_2O_5）8～10 千克，钾（K_2O）15～25 千克。每 667 米^2 产 3 000 千克以上的柑橘园，每 667 米^2 施有机肥 2～4 米^3，氮（N）25～35 千克，磷（P_2O_5）8～12 千克，钾（K_2O）20～30 千克。

另外，缺硼、锌的柑橘园，每 667 米^2，施用硼砂 0.5～0.75 千克、硫酸锌 1～1.5 千克，与有机肥混匀后，于秋季使用。pH＜5.5 的柑橘园，每 667 米^2 施用石灰或白云石粉 60～80 千克，50％夏季施用，50％秋季施用。

四、晚熟柑橘的施肥方法

施肥方法对提高土壤肥效和肥料利用率起着重要的作用，施肥方法不当，不仅浪费肥料，还会伤害树体，造成减产，甚至死树。

施肥方法，从大的方面说，可分为两大类：即土壤施肥（根际施肥）和根外追肥（叶面施肥），以土壤施肥为主，根外追肥配合。

（一）土壤施肥

柑橘果树从土壤中吸取肥料主要靠强大的细根和须根群，以离子交换的形式进行的。因此，土壤施肥要与根系的分布特点相适应。柑橘的根系分布一般比树冠广，但分布较稠密的区域是在树冠投影的内外一带，即大体上和树冠相对称，与向下生长的根系形成广圆锥形根系。柑橘根系的生长与分布深浅与柑橘砧木的种类和土壤条件关系密切。红橘和甜橙的根系分布较深，而枳、香橙等的根系则较浅；土层深厚、质地疏松、地下水位低的，根系分布较深；相反，根系分布较浅。所以，施肥的深度应根据根系密集层分布的深度而定。根系通常分布在 60～100 厘米深处，施肥的位置，应在树冠滴水线内外的土壤内，因吸收根多分布在树冠外缘的土层中。施肥时还应注意东西南北对称轮换位置施肥。施肥深度一般为 20～40 厘米较好，随着树冠的扩大，施肥穴还应逐渐外移。

由于柑橘根系具有趋肥的特性，因此施肥的深度和广度能诱导根系的生长方向。通常柑橘施肥位置应比根系集中的位置略深或略广一些，以使根系向深广生长，扩大根系在土壤中的营养吸收范围，增强树体的抗逆性。

柑橘施肥的深度除与根系密集分布的部位有关外，还与施肥的时期、肥料的种类和性质等相关。一般基肥应深施，春、夏追肥，为减少根的损伤应浅施；迟效性有机肥应深施，速效性的化肥可浅施。但易被土壤固定的磷肥则应深施在细根分布最多的部位，最好与有机肥结合使用。一般在生长期内使用速效氮肥的深度为 10～20 厘米，采果肥（基肥）深度要求 40 厘米以上。

平地水稻土柑橘园，因地下水位一般较高，基肥深施往往因浸水造成土壤通气不良，易产生有害的还原性物质，引起根系中毒腐烂。因此，应注意深施与浅施相结合。一年中上半年雨季宜浅施，下半年旱季可深施。要克服盘状浅施的不良习惯，同时开沟排水，以改善土壤的通气状况。耕作层深厚的黏性土柑橘园，施肥时应强调重施，沙性土则需勤施薄施。

以下简介土壤施肥的主要方法。

1. 根际施肥 柑橘果树系深根系作物，根系主要分布在 60～100 厘米深处。施肥的位置应在树冠外围滴水线下的土壤内，见图 6-1,1。

2. 环状施肥 又称轮状施肥，见图 6-1,2。系在树冠外围稍

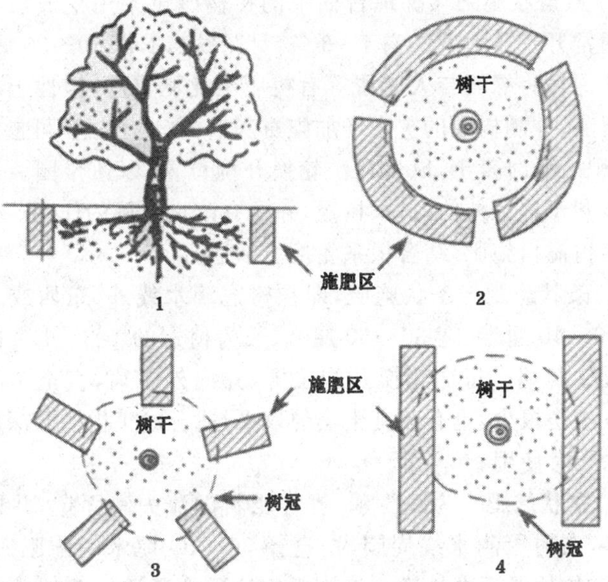

图 6-1 施肥位置示意图

1. 施于滴水线下的土内 2. 环状沟施 3. 放射状施 4. 条状沟施

远处挖一环状沟,沟宽 30～40 厘米,深 20～40 厘米,将肥料施入沟中,与土壤混合后覆盖。此法具有操作简便、经济用肥等优点,适于幼树施肥。但挖沟时易切断水平根,且施肥范围较窄,易使根系上浮而分布于表土层。

3. 扩穴施肥 常用于土壤未经全面改良的幼树种植前后 3 年的施肥。方法是在幼树原定植穴的外缘,挖深 80～100 厘米、宽 50～100 厘米的环状沟,结合压埋绿肥或厩肥、堆肥、垃圾等有机肥进行施肥。有机肥要分层施,即一层肥、一层土,以利有机肥的腐熟分解,改良土壤结构,提高土壤肥力,为柑橘根系生长创造良好的环境。扩穴施肥一般用 3 年时间可将全园深翻 1 次。

4. 放射状施肥　梯地台面窄的柑橘园可采用挖放射状沟施肥。通常开挖放射状的沟 4～6 条，见图 6-1，3，深 10～30 厘米（沟内浅外深），将绿肥与人粪尿等有机肥和化肥混施，酸性土柑橘可掺施石灰，并随树冠的扩大增加施石灰量，碱性土柑橘可掺施硫磺粉，施肥后及时覆土，以后逐次轮换开沟位置，以达全园。放射状施肥有利于根系外伸，扩大树冠，并具有改良土壤的作用。此法适合成年柑橘树施肥，结合根系轮换更新适宜。

5. 条状施肥　条状施肥，即在树冠滴水线外，东西或北两方开深 20～40 厘米、宽 30～50 厘米、长为树冠的 1/3～1/2 的平行沟，见图 6-1，4。每次轮换开沟位置，并向外扩移，直至全园。该施肥方法伤根少，也有改良土壤的效果，适合成年柑橘园深施有机肥和绿肥时使用。

6. 穴状施肥　为减少磷、钾等肥料的流失和固定，并避免伤根过多，在树冠滴水线周围，挖直径 30～50 厘米的施肥穴 4～6 个，挖穴的位置逐次轮换。该施肥方法适合通透性差的黏土和粉砂土柑橘园施用速效肥和磷、钾肥时使用。

7. 地面撒施　地面撒施，即利用下小雨前后，将尿素、复合肥等化肥均匀撒施。其方法是在树冠下（主干为中心 10～30 厘米范围外），并超出树冠滴水线 30～40 厘米均匀撒肥料，其优点是：施肥效率高，省人工，易操作，柑橘根系绝大部分都能吸收到养分，对根系损伤少。缺点是：磷、钾利用率低，挥发性氮肥有损耗。

8. 滴喷灌施肥　滴喷灌施肥是通过滴、喷灌系统进行施肥，需要有肥料容器及排射器作辅助设备。滴头和喷头也要专用的。优点是：用施量减少，有增产效果，但设备条件要求较高，一次性投入较大。

滴灌施肥可结合抗旱时进行，其施肥要领：一是只用可溶性肥料，硫酸根肥料（如硫酸钾、硫酸铵）慎用，磷肥基本不用。二是每次滴肥，需要有 3 个过程：先滴水，再滴肥，最后又滴水，俗称肥前、肥中、肥后。施肥前时间与控制滴灌阀门的多少成正比，滴灌流量正常后才可滴肥(流量正常是指电子计算机显示的流量与每一轮灌溉所控制的滴头总出水量相符；流量长时间过大，则需要到田间检查是否漏水；压力不变时的施肥罐的流量为恒定)。滴肥后至少要有0.5～1小时用来冲洗管道，保证肥料全部滴到树盘上；土壤湿度过大时不宜滴施，以免积水造成柑橘果树烂根。

9. 其他施肥　除上述施肥方法外，还有全园施肥、淋浇施肥和施肥枪施肥。全园施肥，即在柑橘园树冠已交接，根系已布满全园时，将肥料撒于地面，再翻入土中，深20厘米左右。此种施肥会因施肥浅而诱发根系上浮，降低根系的抗逆性，如与别的施肥方法交替使用，可互补不足。淋浇施肥是将肥料(主要是化肥)溶于水中，利用高差水池的势能(或其他动力)，通过皮(胶)管淋浇柑橘树。该法在密植园柑橘和苗木生产上有使用。施肥枪施肥是用施肥枪，将液肥通过插入土中的枪头施入柑橘根际中，每树按植株大小，打穴灌液。该法四川资阳市雁江区已在柑橘栽培上应用，优点是省工增效。

(二)根外追肥

晚熟柑橘根外追肥又称柑橘叶面施肥。是利用叶片的气孔、角质层、新梢表皮的毛孔和幼果能直接吸收养分的特点，所采用的一种液体施肥的方法。根外追肥具有见效快、针对性强、节省肥料，在某种情况下能解决土壤施肥所不能解决的问题等优点，使叶片迅速吸收各种养分，保果壮果，调节树势，改善果实品质，矫治缺素症，提高树体抗性等作用。

根外追肥的营养元素主要通过叶片上的气孔和角质层进入叶片，再运送到果树体内各器官。一般喷施后15分钟至2小时即可被叶片吸收。但吸收的强度和速度与叶龄、养分成分、溶液浓度等有关。幼叶生理功能旺盛，气孔所占面积较老叶大，因此吸收较快，吸收率也较高。叶背较叶面气孔多，且叶背表皮下层具有较松散的海绵组织，细胞间隙大而多，有利于养分的渗透和吸收。因此，叶背较叶面吸收快，吸收率也较高，在喷施叶面时一定要将叶背喷布均匀，以利叶片多吸收。

不同营养元素的吸收效果不同，如氮素与镁比较，氮易被叶片吸收利用；同一元素不同的化合物，其吸收速度也有差异，如硝态氮喷后 15 分钟即可进入叶内，而铵态氮则需 2 小时；硝酸钾要 1 小时才能进入叶内，而氯化钾则只需 30 分钟。此外，溶液浓度浓缩的快慢、气温、湿度、风速和树体内含水状况等均与喷施的效果有关。所以，在进行根外追肥时需要了解影响柑橘叶片吸收养分的各种情况和不同目的要求，合理施用。为提高所喷元素的吸收率，可在喷施液中加入黏着剂，如中性洗衣粉等。喷后遇雨会降低效果。据测定，喷后 8 小时遇雨，可将留在叶面上的尿素冲洗去 80%～90%，叶背冲掉 40%～60%。

用于叶面喷布的氮肥主要是尿素、硫酸铵、硝酸铵等，其中以尿素最好。尿素分子体积小，中性，易为柑橘所吸收。据研究，尿素喷后 1～2 小时内就有 50%被吸收，喷后 24 小时有 80%被吸收。但尿素作根外追肥时，应注意防止缩二脲浓度太高而产生药害。叶面喷布磷肥主要有磷酸铵、过磷酸钙、磷酸钾、磷酸氢钾、磷酸二氢钾等，其中以磷酸铵效果最好，能显著地促进营养生长，喷布浓度以 0.5%～1.0%较好。过磷酸钙作根外追肥，用前必须用水浸泡 1 昼夜，然后用浸出液，根据需要配制后喷施。叶面喷布钾肥主要有磷酸钾、氯化钾、硝酸钾、磷酸二氢钾等，且以磷酸二氢钾效果最好。1%过磷酸钙浸出液与 2%～3%草木灰浸出液混合喷布也可。为满足柑橘对各种营养元素的需要，节省人力、物力和时间，提高工效，采用氮、磷、钾三要素混合喷施效果佳。生产中也常将根外追肥与喷施植物生长调节剂相结合，以保果、壮果、促进花芽分化。各种营养元素与植物生长调节剂叶面喷布浓度见表 6-6。

表 6-6 营养元素和植物生长调节剂使用的浓度

名 称	使用浓度	名 称	使用浓度
尿 素	0.3%～0.5%	氧化锌	0.2%
尿 水	20%～30%	硫酸锰	0.2%
硝酸铵	0.2%～0.3%	氧化锰	0.15%
硫酸铵	0.3%	硫酸铜	0.01%～0.02%
过磷酸钙	1%～3%	硼 砂	0.1%～0.2%
磷酸二氢钾	0.3%～0.5%	硼 酸	0.1%～0.2%
硫酸钾	0.5%～1.0%	钼酸铵	0.05%～0.1%
硝酸钾	0.5%～1.0%	钼酸钠	0.0075%～0.015%
氯化钾	0.3%～0.5%	柠檬酸铁	0.05%～0.1%
草木灰	1.0%～3.0%(浸滤液)	高效复合肥	0.2%～0.3%
硫酸镁	0.2%	2,4-D	10～20 毫克/千克
硝酸镁	0.5%～1.0%	萘乙酸	50～100 克/千克
硫酸亚铁	0.2%	2,4,5-T	20 毫克/千克
硫酸锌	0.2%	赤霉素	50～100 毫克/千克

五、晚熟柑橘施肥时期

晚熟柑橘的幼树与柑橘的结果树，树体大小、根系生长和栽培管理目的不同，施肥时期也大不一样。

(一)幼树施肥时期

柑橘幼树在栽植后 3 年，栽培目的是为了使枝叶尽快生长，形成结果的树冠。又因树小根系弱，施肥应是勤施薄施，即施肥次数要多，量要少。根据柑橘 1 年生长 3～4 次梢的特点，分别在春梢、早夏梢、夏梢和秋梢抽生前施追肥，深秋初冬施基肥，1 年施 5～6 次。各次梢的肥料，以速效氮肥为主，基肥以有机肥为主，还可结合改土压埋绿肥。

为快速促进枝梢生长，尽早形成树冠，除上述土壤施肥时期外，还可在各次梢叶片展开、转色前，叶面喷施尿素、磷酸二氢钾等液肥。

(二)结果树施肥时期

柑橘进入结果期后，其栽培目的主要是继续扩大树冠，同时获得丰产和优质。这时施肥也就是调节营养生长和生殖生长的平衡，即既有健壮的树势，又能优质丰产。为达此目的必须按照柑橘生育特点和吸肥规律，采用合理的施肥技术，科学施肥。

晚熟柑橘在年生长周期中，抽梢、开花、结果、果实成熟、花芽分化和根系生长等都有一定的规律，确定施肥时期应予以考虑。同时，还应考虑土壤、气候、品种、砧木、树势、产量和肥源等因素。成年结果树，通常施花前肥、稳果肥、壮果促梢肥和采果肥。

1. 花前肥　花前肥又叫春芽肥、春梢肥，或以季节分又叫春肥。主要为春梢抽生和开花结果提供养分。通常在春芽萌发前 1～2 周施用。具体施肥时间，因不同柑橘产区气候条件不同而有所差异。例如，浙江、江西、湖南和湖北的柑橘产区一般在 3 月初至 3 月中旬施；四川、重庆柑橘产区通常在 2 月下旬至 3 月初施；广东、广西和福建的柑橘产区常在 1 月底前、后施。

晚熟柑橘品种不同，施肥的时间也有异。例如地处长江三峡库区不同的柑橘品种施肥时间不同：伏令夏橙等夏橙在 1 月底至 2 月初施；脐橙、血橙等在 2 月中旬前、后施；温州蜜柑等宽皮柑橘则在 3 月初或 3 月上旬施。这时既要开花，又要抽生春梢，花质好坏影响当年花的质量、产量，同时春梢质量好坏还影响翌年的花量和产量。所以，应重视初花前施肥。为确保花质和春梢质量良好，必须以施速效肥为主，并配合适量的磷肥、钾肥。花前肥的施肥量一般占全年施肥量的10%～15%。

2. 稳果肥　晚熟柑橘有两次生理落果：第一次生理落果果实，带果梗脱落，第二次生理落果果实从蜜盘处脱落。第一次生理落果后，不久即开始第二次生理落果。生理落果与品种、气候条件以及树体的营养水平有关。施稳果肥的目的是防止出现异常落果，以保柑橘丰产。施稳果肥的时期，对柑橘能否丰产十分重要。不同柑橘产区时间有所不同：一般在夏梢抽生前10～15天施，施得太晚会促使夏梢抽生，出现夏梢与幼果争肥而加剧落果。施肥时间：热量条件好的南亚热带柑橘产区较早，中亚热带柑橘产区居中，北亚热带柑橘产区和北缘柑橘产区较晚。

不同的柑橘种类施肥时间也有异：通常甜橙较宽皮柑橘早，甜橙在4月底至5月初施，晚熟温州蜜柑则在5月上中旬施。稳果肥宜用速效肥，以氮为主，配合适量磷、钾肥，且以叶面喷施为主，同时还可与保果措施，如喷保果剂结合。通常，保果，多采用叶面喷施肥料，可喷0.3%尿素加0.3%磷酸二氢钾加植物生长调节剂(植物生长调节剂浓度因种类而异)，每15天左右1次，喷施2～3次便能取得良好效果，稳果肥施肥量占全年施肥量的5%～10%。

3. 壮果肥　壮果肥也称壮果促梢肥或夏秋肥或秋梢肥。一般在柑橘第二次生理落果停止后，秋梢萌发前10～15天施，通常在7月上中旬施。此时，正是果实迅速壮大，秋梢将要抽发，施肥有壮大果实促发、健壮秋梢的作用。柑橘品种不同，施肥时间也有不同，如对早熟、特早熟温州蜜柑及结果多的树可适当提早在6月下旬至7月初施；而对晚熟温州蜜柑、晚熟椪柑等宽皮柑橘品种，或坐果少、树势旺的树可推迟到大暑后施。多数品种：南亚热带柑橘产区在6月中下旬施，中亚热带柑橘产区在7月上旬的小暑前、后施。施壮果肥时间还与全年施肥的次数有关，施肥次数少，结合柑橘的产区、柑橘的品种，在9月下旬开始花芽分化的可延后至7

月底或8月上旬施。壮果肥是柑橘一年中最重要的一次施肥，既对形成当年产量，同时还对抽生秋梢，翌年花量和产量影响很大。应在施肥时期、施用肥料和施肥量等方面充分重视。壮果肥以施速效化肥为主，配合施有机肥，施肥量约占全年施肥量的50%。

4. 采果肥 采果肥，又叫冬肥、越冬肥，可在果实采收前施，也可在果实采收后施。其主要作用是恢复树势，提高柑橘植株的抗寒能力，减少柑橘落叶，继续促进花芽分化，为翌年春梢抽发和开花结果储藏养分。通常采果肥在采果前后7～10天内施下。晚熟的柑橘品种，尤其是夏橙、血橙、晚熟的脐橙，晚熟的杂柑，如清见、不知火和默科特等，一般在果实采前的冬末春初施。施采果肥与气候也有关，冬季遇干旱时，施肥前应浇水或灌水，无法灌溉的可延后。对结果过多的树或衰弱树，采后还应立即喷施0.3%尿素加0.5%过磷酸钙混合液，或喷施稀土微肥等叶面肥1～2次，以促进树势恢复。留树保鲜的柑橘采果肥可在采收前施，但要控制氮肥的用量，氮肥施用量过多，会影响果实的品质和果实的耐贮性，出现果实贮藏1～2个月腐烂率高达15%～20%。采果肥以有机肥为主，氮、磷、钾肥配合；以土壤施肥为主，必要时配合叶面施肥。采果肥的施肥量占全年施肥量的30%左右。

由于各地气候、土壤、栽培方式不同，施肥期和次数也有差异。施肥次数，一般为3～6次，推行3～4次。

施肥期和次数要因时因地制宜，如有些柑橘产区，柑橘密植，墩小、根浅、气温高、蒸发量大，多采用勤施薄施。花多、果多、梢弱、叶黄和遭受灾害的植株，可随时补施肥料；结果很少而新梢生长很好的植株，可以少施1～2次，以抑制营养生长过旺，防止翌年花量过多或花而不实；晚熟品种适当延迟施肥，以适合柑橘生长发育对营养的需求。夏、秋干旱时，配合抗旱施肥。

进入21世纪以来，人工费用快速上涨已不可逆转，有的柑橘园为降低生产成本，节省用工，采用了省力化施肥，即从常年结果树施肥4～6次减少为1年施2次,甚至1次。其主要特点是施肥次数少,施肥量足,时间准,以达到省工节本高效的目的。1年施2次,第一次,施壮果肥,6月下旬至7月上中旬,促进果实迅速膨大,增加产量。第二次,施采果肥,在10月下旬至11月上旬柑橘花芽分化开始前后施,作用是促进花芽分化,提高花质。1年施1次的可施壮果肥(6月中下旬)或采果肥(10月下旬),但必须施用有机肥或有机质占60%～70%的有机复合肥,并根据柑橘植株的生长势,进行3～4次根外追肥。

六、肥料的配合使用

晚熟柑橘施肥应按土壤类型和肥料特性配合施用。即大量元素和微量元素配合,有机和无机肥料配合。为了充分发挥肥效和不损失肥料,应按肥料特性合理配合施用。

(一)大量元素和微量元素配合

由于大量元素和微量元素的生理功能相互不可代替,因此彼此不可缺少。若缺少某一种元素,就会产生营养失调,出现缺素症,影响树势、产量、品质。因此,大量元素和微量元素必须配合使用。

(二)有机肥和无机肥配合

有机肥最好和化肥配合施用,长短结合,充分发挥肥效。同时,有机肥分解产生的腐殖酸,有吸收铵、钾、镁、钙和铁等离子的能力,可减少化肥的损失。晚熟柑橘果园大量施用有机肥,可改良土壤物理特性,提高土壤肥力,改善土壤深层结构,有利根系生长,不易出现缺素症。特别是磷肥应和有机肥混合深施,使根系易于吸收,防止土壤固定或流失。植株生长旺盛季节,对营养要求高,应以施化肥为主，配合施有机肥料，及时供给植株需要的养分，保证柑橘正常生长发育。

(三)可以混合的肥料

肥料可以单施，也可混合施用。为使肥料发挥最大效果，生产上常将几种肥料混合施用，既可同时供给植株所需的几种养分，又可使几种肥料互相取长补短，或经过转化更有利于利用和提高肥效，还可减少操作次数，提高劳动效率，节省经费开支。

可以混合的肥料，是指两种或两种以上的肥料混合后，不但养分没有损失，而且还能改善物理性质，加速养分转化，防止养分损失或减少对植株的副作用，从而提高肥效。例如，硫酸铵与过磷酸钙混合，其化学反应生成的磷酸二氢铵，施入土中后，遇水解生成 NH_4^+ 和 $H_2PO_4^-$ 植物能同时吸收，对土壤不会产生不良影响。硫酸铵是生理酸性，过磷酸钙是化学酸性，单独施用会增加土壤酸性，对植物生长不利，二者混合施用就比分别施用好。硝酸铵和氯化钾混合施用，可改善化肥的物理性状，因混合生成的氯化铵比硝酸铵的物理性状好，减少吸湿性，施用方便。

(四)可以暂时混合的肥料

可以暂时混合的肥料，是指有些肥料混合后，立即施用尚无不良影响，若长期放置，会引起养分减少或使物理性状恶化，增加施用困难。

过磷酸钙和硝态氮混合，不但会引起肥料的潮解，使物理性状恶化，而且使硝态氮渐次分解，造成氮素损失。如事先用 10%～20%的磷矿粉或 5%的草木灰中和过磷酸钙的游离酸，然后混合就不会引起以上的化学变化，所以这两种肥料可以暂时混合，但不能久放。

尿素与氯化钾混合后，营养成分虽没减少，但增加了吸湿性，易于结块。如尿素和氯化钾分别保存，5 天吸湿率为 8%，而混合在同一条件下高达 36%。又如，石灰氮与氯化钾，尿素与过磷酸钙混合，也会增加吸湿性。因此，这种肥料混合的不宜长期放存。

为了减少硝态氮肥与其他肥料混合后的结块现象，一般可加少量的有机物，每 1 000 千克混合肥料中加入 100 千克的有机物即可。这种混合肥料应随配随用。

(五)不可以混合的肥料

不可混合的肥料，主要指有些肥料混合后，会引起肥料的损失，降低肥效，或使肥料的物理性质变坏，不便施用。

铵态氮不能与碱性肥料混合：如硫酸铵、硝酸铵、碳酸氢铵、腐熟的粪尿不能和草木灰、石灰、钙镁磷肥、窑灰钾肥等碱性物质混合，以免引起氮素的损失。其化学反应式如下：

$$(NH_4)_2SO_4 + CaO \rightarrow CaSO_4 + 2NH_4\uparrow + H_2O$$

过磷酸钙和碱性肥料不能混合。过磷酸钙和草木灰、石灰质肥料、石灰氮、窑灰钾肥等碱性物质混合，会引起磷肥的退化，降低可溶性磷酸的含量。其化学反应式为：

$$\underset{\text{水溶性磷}}{CaH_4(PO_4)_2} + CaO \rightarrow \underset{\text{微酸溶性磷}}{Ca_2H_2(PO_4)_2} + H_2O$$

$$\underset{\text{微酸溶性磷}}{Ca_2H_2(PO_4)_2} + CaO \rightarrow \underset{\text{难溶磷}}{Ca_3(PO_4)_2} + H_2O$$

据有关资料介绍，水溶性磷肥与等量的钢渣磷肥(含钙碱性磷肥)混合，经 3 小时后，50%水溶性磷退化；若与等量的氢氧化钙混合，3 小时后，94%的水溶性磷肥退化，经 24 小时，几乎无水溶性磷酸存在；若与碳酸钙混合，磷的退化作用较缓，经 24 小时后，也有 80%的水溶性磷变成弱酸溶性磷酸。可以混合的肥料、可以暂时混合的肥料、不可以混合的肥料，见图 6-2。

序号	肥料	1 硫酸铵	2 硝酸铵	3 氨水	4 碳酸氢铵	5 尿素	6 石灰氮	7 氯化铵	8 过磷酸钙	9 钙镁磷肥	10 钢渣磷肥	11 沉淀磷肥	12 脱氟磷肥	13 重过磷酸钙	14 磷矿粉	15 硫酸钾	16 氯化钾	17 窑灰钾肥	18 磷酸铵	19 硝酸磷肥	20 钾氮混肥	21 氨化过磷酸钙	22 草木灰、石灰	23 粪、尿	24 新鲜厩肥、堆肥
1	硫酸铵																								
2	硝酸铵	●																							
3	氨水	×	×																						
4	碳酸氢铵	×	●	×																					
5	尿素	○	●	×	×																				
6	石灰氮	×	×	×	×	×																			
7	氯化铵	○	●	×	×	○	×																		
8	过磷酸钙	○	●	○	×	○	×	○																	
9	钙镁磷肥		●	×	×	○	×	×	×																
10	钢渣磷肥	×	×	×	×	×	×	×	×	○															
11	沉淀磷肥	○	●	×	×	○	×	○	×	○	○														
12	脱氟磷肥	●	●	×	×	○	×	×	×	○	○	○													
13	重过磷酸钙	○	●	○	×	○	×	○	○	×	×	×	×												
14	磷矿粉	○	●	×	×	○	×	○	●	○	○	○	○	●											
15	硫酸钾	○	●	×	×	○	×	○	○	○	○	○	○	○	○										
16	氯化钾	○	●	×	×	●	×	○	○	○	○	○	○	○	○	○									
17	窑灰钾肥	×	×	×	×	×	×	×	×	○	○	○	○	×	○	○	○								
18	磷酸铵	○	●	×	×	○	×	○	○	×	×	×	×	○	×	○	○	×							
19	硝酸磷肥	●	●	×	×	●	×	●	●	×	×	×	×	●	●	●	●	×	●						
20	钾氮混肥	○	●	×	×	○	×	○	○	×	×	×	×	○	●	○	○	×	○	●					
21	氨化过磷酸钙	○	●	×	×	○	×	○	○	×	×	×	×	○	●	○	○	×	○	●	○				
22	草木灰、石灰	×	×	×	×	×	×	×	×	○	○	○	○	×	○	○	○	○	×	×	×	×			
23	粪、尿	○	○	×	×	○	×	○	○	×	×	×	×	○	○	○	○	×	○	○	○	○	×		
24	新鲜厩肥、堆肥	○	×	○	○	○	○	○	○	○	○	○	○	○	○	○	○	○	○	×	○	○	○	○	

○ 可以混合

● 混合后不宜久放

× 不可混合

图 6-2 各种肥料混合情况

七、晚熟柑橘施肥技术

(一)不同树龄树的施肥技术

1. 幼树施肥 未进入结果的幼树，施肥应以氮肥为主，配合施磷、钾肥。氮肥的施用着重攻(促)春、夏、秋三次梢，特别是促夏梢。夏梢生长快而健壮，对扩大树冠起很大作用。因此，幼树的施肥要点如下。

(1)增加氮肥施用量　因为幼树阶段主要是进行营养生长，要迅速扩大树冠，故需施大量氮肥。根据各地经验，一般1～3年生幼树全年施肥量，平均每株施纯氮0.18～0.3千克，折合尿素0.35～0.6千克。且施肥量随树龄增大由少到多，逐年提高。氮、磷、钾的比例为1∶0.3∶0.5。幼树随树龄增加，树冠不断扩大，对养分的需求不断增加。因此，幼树施肥应坚持从少到多，逐年提高的原则。

(2)施肥时期　着重在抽生各次新梢的时期施肥，特别是5～6月份促生夏梢，应作为重点施肥时期。7～8月份促进秋梢生长，也是重要的时期。

(3)施肥次数　幼树根系吸收力弱，分布范围小而浅，应采取勤施薄施。每年施肥4～6次，或更多次。

(4)间作绿肥，培肥土壤　幼龄柑橘园株间行间空地较多，为了改良土壤，增加土壤有机质，提高土壤肥力，防止杂草生长，应在冬季和夏季种植豆科绿肥，深翻入土，不断改良土，熟化土壤。

2. 幼树(1～3年生，三峡库区)施肥方案　地处长江三峡库区的重庆、湖北柑橘产区，21世纪初大力建设现代化柑橘基地，种植后1～3年生的幼树施肥技术方案简介如下：

幼树生长主要靠春梢、早夏梢、夏梢和秋梢的生长，施肥要保证4次梢生长的营养，每次梢萌芽前和抽生后都要施1次速效肥，且以氮为主，其次是钾肥。

种植后的第一年，幼树采取以下施肥方法，生长又快又壮，第三年开花结果，第五、第六年即能进入盛果期，每667米^{2}产量：用于鲜食(销)果，如脐橙等产2 000千克，用于加工橙汁的伏令夏橙等产2 500～3 000千克。全年土壤施肥8次，另外配合必要的根外追肥。

第一次施肥：3月上旬，每株施50克尿素，溶解在5～6千克腐熟稀粪尿或清水中，浇施在树冠滴水线下，树冠滴水线是指树的枝叶最外边垂直向下的地面位置。柑橘幼树的树冠滴水线位置和滴水线上的环状沟,见图 6-3。

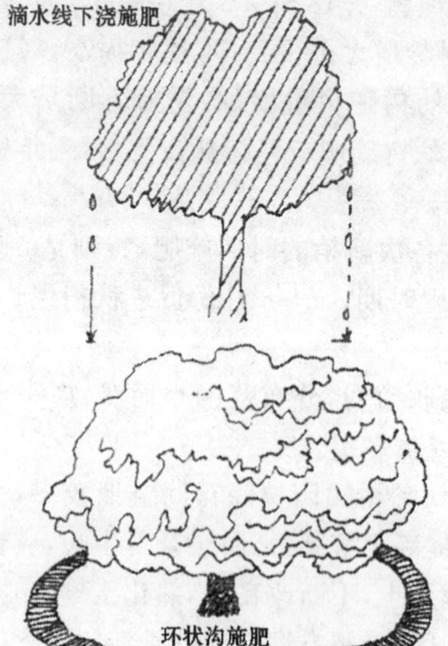

图 6-3　柑橘幼树的树冠滴水线位置和滴水线上的环状沟

第二次施肥:3 月下旬,每株 50 克尿素加 50 克硫酸钾溶解在 5～6 千克腐熟的粪尿或清水中,浇在树冠滴水线下。

第三次施肥:5 月中旬,每株 50 克尿素加 100 克硫酸钾溶解在 7～8 千克腐熟的稀粪尿或清水中(多雨的天气土壤潮湿时少加粪、水,土壤干燥时多加粪水,下同),浇施在树冠滴水线下。

第四次施肥:5 月下旬,每株 50 克尿素加 100 克硫酸钾溶解在 7～8 千克腐熟的稀粪尿或清水中,浇在树冠滴水线下。

第五次施肥:6 月中旬,每株施 50 克尿素加 70 克硫酸钾溶解在 7～8 千克腐熟的粪尿或清水中浇在树冠滴水线下。

第六次施肥:6 月下旬,在每株树冠滴水线下挖 25～30 厘米深的环状浅沟,将 1 千克过磷酸钙均匀撒在浅沟中(过磷酸钙最好与 1～2 千克腐熟的菜籽饼肥或 7～15 千克腐熟的猪牛粪或厩肥混合后施用),再将 50 克尿素加 70 克硫酸钾溶解在 7～8 千克腐熟的稀粪尿或清水中,浇在浅沟里,回填土壤。

第七次施肥:7 月中下旬,每株施尿素 50 克加硫酸钾 50 克溶解在7～8千克腐熟的稀尿粪或清水中，浇在滴水线下。

第八次施肥：7月下旬至8月上旬，每株50克硫酸钾溶解在7～8千克腐熟的稀粪尿或清水中，浇施在树冠滴水线下。

此外，根据柑橘植株长势，在喷药防治病虫害时，可加入药剂不会发生不良反应的肥料，如在药液中加入0.3%～0.5%的磷酸二氢钾、硝酸钾或尿素等作叶面肥，如出现微量元素缺乏症状，还可加浓度为0.1%～0.2%的微肥，如硫酸锌、硼砂、硫酸亚铁等。

栽后第二年幼树的施肥时间和次数与栽后第一年相同，但施肥量较第一年增加60%～80%。第三年又较第二年增加80%～100%。且磷、钾肥也适量增加，尤其是投产的前一年。

3. 幼树(1～4年生，重庆忠县美国施格兰公司)施肥方案　20世纪末开始，在重庆市忠县美国施格兰公司对1～4年生晚熟柑橘幼树施肥技术做了示范，现简介于后。

(1)施肥量

①1年生树　全年每株施纯氮157.2克、五氧化二磷90克、氧化钾90克，氮、磷、钾的比例为1.7∶1∶1。在3、4、5、6、7、8、9、10月份施。3月份，每株施三元复合肥150克，折合纯氮22.5克、五氧化二磷22.5克、氧化钾22.5克，撒施。4月份，每株施尿素25克，折合纯氮11.5克，撒施。5月份，每株施硫酸铵40克+尿素40克，折合纯氮19.9克，硫酸铵淋施，尿素撒施。6月份，每株施硫酸铵40克，折合纯氮8.4克，撒施。7月份，每株施三元复合肥150克+尿素30克，折合纯氮36.3克、五氧化二磷22.5克、氧化钾22.5克，三元复合肥撒施，尿素用滴灌。8月份施三元复合肥150克，折合纯氮22.5克、五氧化二磷22.5克、氧化钾22.5克，撒施。9月份，每株施硝酸铵40克，折合纯氮13.6克，滴灌。10月份，每株施三元复合肥150克，折合纯氮22.5克、五氧化二磷22.5克、氧化钾22.5克，撒施。

②2年生树　全年每株施纯氮237.1克、五氧化二磷237.1

克、氧化钾356.1克,氮、磷、钾的比例为1∶1∶1.5。在3、4、5、6、7、8、9月份施。3月份,每株施三元复合肥250克,折合纯氮37.5克、五氧化二磷37.5克、氧化钾37.5克,撒施。4月份,每株施硝酸铵100克+硫酸钾133克,折合纯氮33.5克、氧化钾59.9克,硝酸铵滴灌,硫酸钾撒施。5月份,每株施三元复合肥200克,折合纯氮30克、五氧化二磷30克、氧化钾30克,撒施。6月份,每株施三元复合肥307克、硫酸钾102克,折合纯氮46克、五氧化二磷46克、氧化钾91.9克,撒施。7月份,每株施三元复合肥200克,折合纯氮30克、五氧化二磷30克、氧化钾30克,撒施。8月份,每株施三元复合肥200克+硫酸钾104克,折合纯氮30克、五氧化二磷30克、氧化钾76.8克,撒施。9月份,每株施三元复合肥200克+过磷酸钙240克,折合纯氮30克、五氧化二磷63.6克,氧化钾30克,撒施。

③3年生树　全年每株施纯氮300.2克、五氧化二磷300.2克、氧化钾450.2克。氮、磷、钾的比例为1∶1∶1.5。在3、4、5、6、7、8、9月份施。3月份,每株施三元复合肥300克,折合纯氮48克、五氧化二磷48克、氧化钾48克,撒施。4月份,每株施硝酸铵50克+硫酸钾267克,折合纯氮16.5克、氧化钾120.2克,硝酸铵用滴灌施,硫酸钾撒施。5月份,每株施三元复合肥300克,折合纯氮48克、五氧化二磷48克、氧化钾48克,撒施。6月份,每株施三元复合肥300克,折合纯氮48克、五氧化二磷48克、氧化钾48克,撒施。7月份,每株施三元复合肥300克+过磷酸钙500克,折合纯氮48克、五氧化二磷108克、氧化钾48克,撒施。8月份,每株施三元复合肥300克+尿素50克,折合纯氮71克、五氧化二磷48克、氧化钾48克,采用滴灌或撒施。9月份,每株施硫酸钾200克+过磷酸钙45克,折合五氧化二磷12克、氧化钾90克,撒施。

④4年生树　全年每株施纯氮550克、五氧化二磷480克、氧

化钾 624 克，氮、磷、钾的比例为 1∶1∶1.3。在 3、4、5、6、7、8、9 月份施。3 月份，每株施三元复合肥 550 克，折合纯氮 88 克、五氧化二磷 88 克、氧化钾 88 克，撒施。4 月份施尿素 25 克＋硫酸钾 383 克，折合纯氮 11.5 克、氧化钾 184 克，尿素用滴灌，硫酸钾撒施。5 月份，每株施三元复合肥 550 克，折合纯氮 88 克、五氧化二磷 88 克、氧化钾 88 克，撒施。6 月份，每株施三元复合肥 550 克＋过磷酸钙 333 克，折合纯氮 88 克、五氧化二磷 128 克、氧化钾 88 克，撒施。7 月份，每株施三元复合肥 550 克＋尿素 25 克，折合纯氮 99.5 克、五氧化二磷 88 克、氧化钾 88 克，复合肥撒施，尿素滴灌。8 月份，每株施尿素 37 克，折合纯氮 17 克，滴灌。9 月份，每株施三元复合肥 550 克，折合纯氮 88 克、五氧化二磷 88 克、氧化钾 88 克，撒施。

采取以上施肥技术，第五、第六年每 667 米^2 产量达 2 500～3 000 千克。

(2)施肥时期　原则上只在柑橘生长季节施用。在重庆库区则为 2 月底或 3 月初至 10 月上中旬。施肥太早地温太低，柑橘根系未活动，施肥效果不好；施肥太迟，易促发晚秋梢，甚至冬梢，易受低温危害，对翌年春梢萌发和开花结果都有不利影响，一般地温低于 12℃时不施肥。微肥尽量在早春施用。

(3)施肥方法　传统施肥方法是开挖穴、沟，缺点是易伤柑橘根系，用工多。采用撒施施肥的方法具不伤柑橘根系、省工和施肥效率高等优点。缺点是磷、钾肥利用率低，挥发性氮肥有损耗。但只要把握施肥时机，如雨前、雨后土壤较湿润时施，就能减少肥料损耗，发挥最大肥效。撒施的具体方法，即在树冠下(主干为中心 10～30 厘米范围除外)并超出树冠滴水线以外 30～40 厘米均匀撒施肥料。滴灌施肥应选用可溶性肥料，如尿素、硝酸铵等，通常结合柑橘抗旱灌溉时进行。

4. 初结果树的施肥　柑橘初结果树通常指 3～5 年生的树。

在经 2～3 年的树冠培育后进入初结果期。栽培管理上应继续培养扩大树冠，尽快促其进入盛果期。初结果树生长较旺盛，花量不多，对肥料的需求，既要满足扩大树冠对营养的需求，又要满足结果需要。施肥以冬季、春前、夏末重施，夏前不施或少施的原则，以促进数量多、质量好的早秋梢和春梢的抽生。在施肥促梢生长的过程中，又着重促早秋梢的生长，促进初结果树形成上半年一树果、下半年一树叶，逐年增加产量，并利用强枝扩大树冠(强树强枝形成花芽少)，使弱枝成为结果母枝。夏梢的生长势强，促发或放任夏梢生长均会加剧生理落果。我国华南柑橘产区都有“促壮春梢，抹除夏梢，培养秋梢，抑制冬梢”的做法。

初结果树 1 年施肥 3～4 次，春季施促春梢肥，肥料以速效肥为主。夏末重施壮果促梢肥，促翌年成为结果母枝的早秋梢抽发健壮，12 月底前后重施采果肥。肥料以养分全面的有机肥为主。一般初结果树每株年施尿素 0.2～0.4 千克、人粪尿 20 千克、绿肥 15～20 千克、厩肥 20 千克、过磷酸钙 0.15～0.3 千克。因产区气候条件、种植品种和肥力水平不同，各地可因地制宜采用。除氮、磷、钾三要素外，生产上还应增施有机肥，以及针对当地土壤肥力和初结果树特点，重视微量元素的丰缺协调。

提高初结果树产量，还可用春肥叶施、秋肥土壤施的方法增加产量，如四川长宁县用春肥叶施、秋肥土施作为脐橙初结果树产量的重要手段。

秋肥一般于 7 月上中旬施，每 667 米^2 施尿素 75～100 千克、磷酸铵 100～150 千克，同时通过抹芽放梢，促放 7 月下旬至 8 月上中旬抽发的秋梢，以培养大量优质的结果母枝。翌年春季少施或不施肥料，以脐橙现蕾开始结合喷杀虫、杀菌剂和植物生长调节剂喷叶面肥，每隔 10～15 天喷 1 次，连续 3～5 次，喷施肥料为：0.3%尿素＋0.3%磷酸二氢钾或绿旺钾 1 000 倍液，花期加用 0.1%硼酸，以使春梢提早 3～5 天转绿老熟，缓和枝梢与果实的矛盾，提高坐果率。

生产实践证明：采用上述施肥方法，6～8年生脐橙平均每667米^{2}产量3000千克以上；而秋肥少施，春肥施用量多的脐橙园每667米^{2}产量仅500～1200千克。

5. 成年结果树的施肥 晚熟柑橘植株经过初结果期，进入盛果期，即全面结果的时期。此时期，柑橘营养生长与生殖生长达到相对平衡，这种平衡维持时间越久，则盛果（丰产）期越长。进入盛果期产量最高，需肥量也达到最大。此时期施肥是为了确保其营养生长和生殖生长对营养的需求，以达到柑橘生产优质、丰产、高效的目的，并尽量延长盛果期。为达到以上目的，必须按照柑橘生育特点和吸肥规律，采用合理、科学的施肥技术。

盛果期晚熟柑橘一年通常施花期肥、稳果肥、壮果促梢肥和采果肥4次。

(1)花期肥 花期是柑橘生长发育的重要时期。这一时期既要开花，又要抽生春梢，花质优劣影响当年产量，春梢质量好坏既影响当年产量，也影响翌年产量。因此，花前施肥是柑橘施肥的一个重要时期。为了确保花质和春梢质量，应以施速效肥为主，也可配合施适量有机肥。一般2月下旬至3月上旬施肥。施肥量占全年的20%左右。

(2)稳果肥 稳果肥，正值柑橘生理落果和夏梢抽发期。这时施肥的主要目的在于提高坐果率，为控制夏梢抽发，应避免在5～6月份大量施氮肥，不然会引起夏梢大量抽生，造成严重的生理落果，影响当年产量。因此，一般不采用土壤大量施肥的方法。为了促进稳果，多采用叶面喷施肥料。通常喷0.3%尿素+0.3%磷酸二氢钾+植物生长调节剂（浓度因种类而异），每15天左右1次，喷2～3次可取得良好效果。施肥量占全年施肥量的5%。

(3)壮果促梢肥 这一时期柑橘生长发育的特点是果实不断膨大，形成当年产量；秋梢抽生，而秋梢又是良好的结果母枝，其多少和质量影响翌年的花量和产量。花芽分化，一般在9月下旬前后开始，直到翌年花器形成，因各地气候、品种不同，时间略有差异。花芽分化的质量直接影响翌年的花量和质量。由此可见壮果促梢肥也是柑橘施肥的重要时期。为使果实正常膨大，秋梢的质量好，花芽分化良好，必须以速效化肥为主，配合施有机肥。施肥时期7月份至8月上旬，施肥量占全年施肥量的50%左右。

(4)采果肥 晚熟柑橘果实在树上挂果时间长，从早熟品种的6个月到晚熟品种的长达13个月。因此，消耗水分、养分多，采果后容易出现树势衰弱。为了恢复树势，继续促进花芽分化，充实结果母枝，提高抗逆(寒、旱等)性，为翌年结果打下基础，必须在采前或采后及时施肥。晚熟品种适当延后。施肥量应占全年施肥量的25%左右。

晚熟柑橘成年结果树施肥，因各地的气候、土壤、栽培方式不同，施肥期、施肥次数也异。施肥次数一般3～6次，推行3～4次。

总之，各柑橘产区施肥应因地制宜，如有的产区柑橘密植，墩小、根浅，气温高，水分蒸发量大，多采用肥料勤施、薄施。花多、果多、枝梢弱、叶色黄的植株可随时补充肥料。结果少而枝梢生长旺盛的植株，可少施1次肥，甚至2次肥，以抑制其营养生长过旺，防止翌年花量过多或花而不实。当夏秋干旱时可结合抗旱施肥。

6. 衰老(更新)树的施肥 无论哪一类型的衰老(更新)树，也无论采取何种方法进行复壮更新，均以施肥为基础，才能起到更新复壮的效果。施肥通常采用勤施、薄施腐熟的有机肥(液)效果佳。也可加适量的化学氮肥和复合肥，或单独施入。对衰老树的更新，应根据成因，针对性的采取措施。山地柑橘园某些因土壤障碍引起的衰老树，首先应消除土壤缺陷，进行土壤深翻、断根，并掺入有机肥或绿肥，以改良土壤，更新根系。对水田柑橘园土壤板结、老化的，应更换表土或客土，待根系更新后，再进行地上部更新。

对进入衰老期后产量明显下降的，树冠向心生长，树冠中、下部枝、内膛枝郁闭，枯枝增多，根系生长减弱，吸肥力下降，叶少花多，坐果率降低的衰老树，应地下部和地上部同时或先后采取措施：地上部修剪，地下部断根、施肥，使之更新复壮。施肥可结合2月下旬、7月上中旬和9月上中旬断根增施有机肥，促进根系生长。同时，也可在柑橘萌芽、抽梢时施氮肥，促进春、夏、秋梢抽发整齐，使重剪后的复壮树迅速恢复树势。

（二）不同类型树的施肥技术

1. 营养生长弱树的施肥　由于种植后管理不善或其他原因，出现植株长势弱，迟迟不结果。因其根系弱，吸收力下降，用常规的深翻改土，扩穴重肥，有时难以见效。有报道采用浅、勤、补、铺的施肥技术而达到恢复树势、增加产量、提高品质的目的。现将这3种施肥方法介绍如下。一是浅施有机肥：春季萌芽、促梢肥推迟到4月上旬，一般6年生树每株施人粪尿液35千克，冬季基肥提前到9月底或10月上旬，施100千克人粪尿＋0.7千克尿素，树盘中耕后对水浇施。二是勤施薄施速效肥：5～7月份的每月上旬施尿素0.3千克或三元复合肥0.7千克。三是补施多种元素肥：为使树体得到全面的营养和营养平衡供应，于盛花期、生理落果期和壮果期多次喷施0.1％硼砂＋0.2％磷酸二氢钾＋0.3％～0.5％尿素。新梢自剪时或干旱期喷施0.2％尿素，这对护根、壮果、促梢有好的效果。

2. 营养生长旺树的施肥　营养生长旺盛的柑橘树，往往由于土壤过肥或因管理和品种接穗原因，种后迟迟不进入生殖生长而造成营养生长过旺。营养生长过旺树的矫治，通常采取地下部和地上部相结合的技术措施：地下部停止施肥，尤其是氮肥，断根，控制树体枝叶生长。地上部及时去除徒长枝，并实施轻剪，改善树冠通风透光。同时适时环割，促进花芽分化，促进开花、结果，以生殖生长抑制营养生长过旺。

3. 结果大年树的施肥 柑橘因管理不到位，会出现结果的大小年，甚至隔年结果（即一年大量结果，一年不结果）。结果大年树是指当年结果多的树。要求施足肥料，结合地上部修剪、疏花疏果等技术措施控制结果量，同时防止树体因结果过多而引起早衰。柑橘结果大年树的施肥参考方案，见表 6-7。

表 6-7 柑橘结果大年树的施肥参考方案 （千克/667 米^2）

肥料种类	方案一	方案二	方案三
氮(N)	—	22.5～27.5	—
磷(P_2O_5)	—	12.5～17.5	—
钾(K_2O)	—	22.5～27.5	—
猪牛粪尿、绿肥	4000～5000	7500～9000	2000～2500
菜籽饼	275～375	475～600	112.5～187.5
棉籽饼	365～500	—	182.5～250
尿　素	25～35	—	40～50
过磷酸钙或骨粉	25～35	—	40～50
氯化钾	37.5～45	—	40～50
草木灰	375－450	—	400－500

根据上述一、二、三方案：凡有机肥充足的柑橘园，可参照方案二；凡有机肥缺乏的可参照方案三。施用的有机肥若是猪牛粪尿，方案一的钾肥用量可减半，方案二中的钾肥可不施。红壤柑橘园每年施氯化钾与钙镁磷肥，并施用右灰调节 pH 至 6.5。平地柑橘园，有条件的可用河泥、塘泥等客土，适量减少有机肥用量。

4. 结果小年树的施肥 施肥要求适当少施，在春季施肥的基础上，施好稳果肥。第二次生理落果与树体营养水平密切相关，夏梢抽生前是第一次发根高峰，根系对营养吸收量大，此时施速效氮肥和速效钾肥，可明显地提高坐果率，促进果实膨大。叶面喷施微量元素肥既能防止缺素症，又有利于坐果率的提高和果实膨大，可每隔 7～10 天喷 1 次，连续喷 2～3 次。

除此之外，对易抽生夏梢和晚秋梢的品种和结果少的树要适当控制施肥量，春季、秋季施肥量：可较结果大年树减少 1/3～1/2。但为促进花芽分化，确保翌年产量，冬季采果肥中的氮、钾肥要保持适量，可根据春梢发生数量而定，多则多施，少则少施。

改变施肥方法，柑橘低产变高产，产量 3 年翻两番。据报道，黄岩焦坑乡百果园 1.67 公顷，30 多年产量一直很低。近年改变施肥方法，产量 3 年翻了两番，每 667 米^2 从 610 千克增加到 1 360 千克（第二年）和 2 414 千克（第三年），其采取的施肥方法：一是不施春肥。以往施春肥较重，并施下大量速效氮，结果使本地早春梢、夏梢生长过旺，虽开花而难以坐果。以后改为不施春肥，结果坐果率很高，夏梢发生很少，既增加了产量，又节约了成本，达到了节本增产的目的。二是重施壮果促梢肥。在 7 月中旬至 8 月上旬，进行表土浅施肥料，每株施腐熟栏肥 25 千克、垃圾肥 25 千克、鸭粪浸出液 12 千克（含鸭粪 4 千克）、人粪尿 25 千克、过磷酸钙 0.4 千克、尿素 0.25 千克。壮果促梢肥占全年施肥量的 60%。三是采果肥与改良土壤结合。采果前 10～15 天，株施腐熟的栏肥 25 千克、垃圾肥 25 千克、鸭粪浸出液 10 千克，其中一半肥料在离主干根际 1 米处挖放射状沟深施，深达 40～50 厘米，其余肥料用于表土覆盖。通过增施有机肥，柑橘的“麻布根”（须根）增加，低产树变为丰产、稳产树。

5. “小老树”的施肥　“小老树”即未大先衰的树，原因是苗木质量差，园地土壤条件差，管理不善，或其他因子所致。苗木不注重质量，特别是露地苗，有的甚至栽等外级苗，栽后又不管理，造成多年种植仍生长缓慢或不结果。园地土壤未经改良熟化，有机质含量低、结构差，土层瘠薄，保肥保水性差，加上在种植时不注意种植质量，定植穴小，根系难以伸展生长，或栽植过深，根颈部埋入土中，影响生长；或间作不当，也造成“小老树”，本来间作是以短养长，却变成了“以短吃长”。此外，也有柑橘病虫害危害造成的。

“小老树”在弄清成因的基础上，采取针对性的措施，其中深翻改土、合理施肥是重要的措施：深翻改土，改善柑橘根系生长环境。具体采取逐年扩穴，压埋绿肥、厩肥、堆渣肥等，以改善土壤的营养状况，扩大根系吸收的营养面积。对柑橘树盘的底部、侧旁的隔泥层、石骨子和岩层，可用爆破后取出石块，回填肥土，以促进根系生长。合理施肥，促进树势恢复：“小老树”的根系生长较弱，故肥料要勤施薄施，氮、磷、钾配合。还可用叶面喷施尿素、磷酸二氢钾等促进枝叶生长，使其尽快恢复树势，结果投产。

6. 郁闭树的施肥 郁闭树是对树冠密接郁闭、通风透光差的树。主要有密植园树冠管理不善使之郁闭和大龄树不进行修剪而造成郁闭。此两类郁闭树的通风透光条件改善，应采取地上部和地下部结合的措施：地上部进行重剪，用树冠更新或疏枝，顶部剪去大枝，即“开天窗”解决树冠郁闭不通风透光；侧边去除大枝，解决株行间密闭的问题。与此同时，地下部的肥料要跟上。采用开沟压埋绿肥、厩肥，施人畜粪尿等有机肥，促进根系生长、扩展；且在根系生长促发新的枝叶时，叶面喷施尿素和磷酸二氢钾等肥料。

据报道，温州蜜柑郁闭低产园改造的技术措施主要是深翻施肥，更新根系。即在树冠露骨更新的当年4～8月份，每月施1次人畜粪尿或尿素、三元复合肥（液肥），当年9月进行深翻改土，在离树主干60厘米处挖深70厘米、宽80厘米的沟，切断此范围内的所有根系，然后每株分3层填入谷草或其他作物秸秆15千克、饼肥1.5～2.0千克、钙镁磷肥0.75千克、石灰0.75千克和塘泥100千克，连续3年每年每树施尿素0.6千克和三元复合肥0.5千克，4月下旬、7月中旬、11月上旬分3次施入（60%的肥在7月中旬施入），并结合喷药，每次加0.3%尿素+0.3%磷酸二氢钾进行根外追肥。使低产树及时恢复树势、结果。

7. 受灾树的施肥 柑橘遇到不良的气候条件常会出现冻害、旱害、涝害、冰雹害和风害等。开展灾前预防、灾后救护可减轻灾害程度。通过施肥防灾、减灾也是一项重要的技术措施。

(1)冻(寒)害树的施肥 柑橘受冻后树冠损失严重,地上部落叶、枯枝后与地下部失去平衡,从而影响根系的吸收功能。所以柑橘受冻后施肥要勤施薄施,以促发多而壮的枝梢,迅速恢复树势。一般以用氮、磷、钾速效肥为主,在春梢、夏梢、秋梢抽发前土壤施肥,抽发后叶面施肥。有条件的当年秋季土壤进行一次深翻,则更利于树势的尽快恢复。此外,有的受害树会出现缺锰、缺锌的症状,可进行叶面喷锰、锌等微肥。

据浙江兰溪市对柑橘受冻害后救护措施的调查:适当提早增施速效氮肥,在惊蛰前施第一次,清明前施第二次。在第二次施时配施过磷酸钙或钙镁磷肥(酸性土)。磷肥施用量为氮肥的 1/3,有利解冻后恢复树势。

(2)旱害树的施肥 柑橘受旱害后,枝叶减少,根系吸收能力变弱,施肥要勤施薄施,氮、磷、钾配合,以速效氮为主。对旱害后抽生的各次梢叶,进行叶面喷施氮、磷、钾速效肥,以促枝梢健壮生长。从长远考虑,为防止旱害再次发生,应改善柑橘园的土壤条件,多施有机肥,提高土壤的保肥保水性,从而提高柑橘果树的抗旱、抗灾能力。

(3)涝害树的施肥 柑橘受洪涝灾害后,因地表受水浸泡,使土壤结构被破坏,导致土壤板结。应在做好果园排水工作的基础上,做好疏松表层土壤,改善根系环境条件,尤其是提高柑橘园土壤空气中氧的含量。又因涝害使柑橘园处于积水状态,柑橘根系的活力和吸收能力受到损伤,在土壤通透性改善的基础上,补充必要的营养。根据涝害后柑橘根系吸肥能力减弱的特点,一般采用叶面施肥的方法,常用 0.3%～0.5%尿素＋0.2%磷酸二氢钾溶液喷施,次数较常规管理增加 1 倍。若用土壤施肥,也应勤施薄施，施肥量较常规减少1/2～2/3，次数增加1～2倍。

(4)冰雹害树的施肥 我国柑橘产区，冰雹害偶有发生。如1995年4月16日浙江丽水柑橘产区遭受特大的冰雹害。冰雹大的如乒乓球，小的如玻璃弹珠，仅15～20分钟，地面冰雹堆积厚10～20厘米。冰雹过后柑橘叶片被砸落30%～95%，春梢被砸断40%～100%。

冰雹灾后应采取及时追肥：按柑橘树龄大小、土壤肥力水平高低及时追施适量的氮、磷、钾混合肥，以促进伤口愈合，尽快恢复树势。土壤施肥用碳酸氢铵4份、过磷酸钙2份、氯化钾1份组成的混合（氮、磷、钾比例为1∶0.4∶0.9)液，施肥量，每株施0.25～0.5千克。调查表明：及时施肥的受灾树抽发新梢的时间比不施肥的早7～20天，新梢数量增加50%～200%（且抽发整齐、健壮)，结果树的坐果率和产量也比未及时施肥的高。受冰雹害的树还应结合病虫害防治进行尿素等速效肥的叶面喷施，通常选用0.3%尿素+0.2%～0.3%磷酸二氢钾混合液。

(5)风害树的施肥 我国沿海柑橘产区，柑橘常受台风危害。台风带来暴雨，使柑橘植株淹没。受台风危害柑橘树，尤其是淹水时间长的柑橘树，根系受损严重，吸收肥料能力减弱，难以满足柑橘地上部枝叶生长对肥料的需求。应用叶面喷施肥补充其水分和营养的不足。叶面肥可选用绿芬威2号、绿旺2号等（按肥料使用说明的低浓度喷施)；或喷施0.3%～0.5%硫酸钾，或0.2%～0.3%尿素，或0.2～0.4%磷酸二氢钾溶液，每隔7～10天喷施1次，连喷2～3次。喷施切忌在1天高温时段的上午11时至下午4时间进行。

柑橘除受上述自然灾害外，还会受病虫害的危害而落叶、枯枝、根系受损，限于篇幅，不做详述。

对于遭冻害、旱害、涝害、冰雹害和风害的柑橘，灾害过后，应及时补充肥料（肥料充足的柑橘园除外)，且以速效肥和腐熟的有机肥为主，化肥应尽量少量多次。一般成年树每次浇施尿素 0.25 千克左右，幼树根据树冠大小酌情减量。叶面喷施两种肥料的总浓度以不超过 1%为宜。地表疏松的，可在雨前或雨后直接撒施。及时叶面追肥，加速树体恢复，肥料用 0.2%～0.3%尿素，0.2%～0.4%磷酸二氢钾，0.3%～0.5%可溶性三元复合肥液，7～10 天 1 次，连续 2～3 次。

8. 移栽大树的施肥　密植柑橘园，结果数年或十几年后，常进行大树移栽，使 667 米^2 柑橘园变成 1 333 米^2 或更多。移栽前和移栽后的肥水管理是成功的关键，现简介于后。

一是移栽前的断根施肥。于上年 9 月下旬至 10 月上旬，沿树冠滴水线挖深 30～40 厘米、宽 20 厘米左右的环形沟(其半径大于主干周长)，切断根系，剪平切口，晾根 1～2 天。填施拌磷肥的土杂肥和肥土后浇水肥，促发新根。

二是根际施肥。栽后以施氮肥为主，勤施薄施，促发新梢抽生。当年夏季压埋绿肥改土，以利根系迅速扩大。秋季施促秋梢肥，每株施三元复合肥 0.2～0.3 千克或碳酸氢铵拌过磷酸钙各 0.25 千克，10 月底施冬肥，每株施 1 千克饼肥加适量的人粪尿。

三是根外追肥。栽后半个月内，遇天晴每 1～2 天喷 1 次 0.3%尿素+0.3%磷酸二氢钾溶液，以后每隔 5～7 天喷 1 次，可使新叶转绿早，树势恢复快。

(三)省力化栽培施肥技术

随着柑橘产业发展和工业化、城镇化进程的加快，农村劳力日趋紧张。为了适应形势，推行柑橘省力化施肥，不少柑橘产区做了试行。如中国农业科学院柑橘研究所吴厚玖等介绍了美国在重庆忠县的施格兰公司柑橘的省力化施肥技术。

1. 美国施格兰公司施肥技术　以配方施肥依据、施肥时间、肥料种类和施肥方法分别阐述于下。

(1)配方施肥依据 柑橘树体对各种营养元素及其数量的需求为依据。年施肥量的计算由土壤和叶片营养分析结果、树龄和上年产量等三大因素决定。

经土壤分析了解土壤中可提供的各种有效营养元素及其含量;通过叶片营养分析可掌握树体营养状况。树龄是指不同树龄的树对氮、磷、钾三要素的绝对需求量,一般以氮为计算基础。果实产量折算成营养成分的损失,在计算施肥量时给以相应补充,每100千克果实一般补偿0.367千克纯氮和相应比例的磷、钾。

(2)施肥时间 在根系活动时间施肥,可使肥料很快为根系吸收。通常柑橘产区10月份至翌年2月份,根系处于休眠状态,不宜施肥。所以,3～9月份为施肥时期。5、6、7、9月份四个月为根系最活跃期,成年树1年施3～4次肥。与1年施6～7次肥相比,可降低生产成本。

(3)肥料种类 以复合肥为主,其他单元肥料主要是钾肥。若出现微量元素缺乏症,及时补施矫治。

(4)施肥方法 以表土施肥为主,兼以根外追肥。由于柑橘的吸收根主要分布在土壤表层0～30厘米,土面撒肥既保护根系不因开沟施肥造成损伤,而且大大节省开沟的人工成本;同时,撒施的肥料分布面大而均匀,浓度低,根系易吸收。

2. 浙江黄岩施肥技术 浙江黄岩椒江区蒋斌芳针对黄岩橘区劳力既缺又贵的实况,研究推广改1年施4～5次肥为1年施壮果肥、采果肥2次的省力化施肥技术。

省力化施肥的主要特点是施肥次数少、肥量足、时间准,达到省工、省本和高效的目的。主要效果:一是年施肥每667米^{2}仅需3个工,比常规施肥10个工减少7个工。二是柑橘提早着色3～4天,且果面光泽好,可溶性固形物比常规施肥提高0.4个百分点,果品质量提高。三是坐果率提高,增产10%左右。

省力施肥应掌握的技术:包括施肥时期、肥料种类、施肥量、施肥方法和技术要求等5个方面。

(1)施肥时期　第一次施壮果肥,在6月下旬至7月上旬幼果迅速膨大前,作用是促进幼果迅速膨大,增加产量。第二次采果肥,在10月下旬至11月上旬花芽分化前,作用是促进花芽分化,提高花质。采果肥要求果实采后即施,以促进柑橘树及时恢复树势。遇天气干旱,施肥后要及时灌水。

(2)肥料种类　肥料要做到有机肥与无机肥相结合,速效肥与迟效肥相结合,氮、磷、钾配合施肥。有机肥以腐熟的厩肥最理想,垃圾以及种植藿香蓟绿肥是开辟有机肥的重要来源。迟效肥用氮磷钾复合肥,速效肥用尿素。此外,盐碱地柑橘园可用硫酸铵,酸性土壤柑橘园可选用碳酸氢铵化肥。

(3)施肥量　一般株产40千克的柑橘,第一次壮果肥,施尿素和三元复合肥各0.6千克;第二次采果肥施尿素和三元复合肥各0.4千克,腐熟栏肥25千克或腐熟垃圾肥50千克。一般掌握每667米^{2}产量2 500千克的柑橘园,全年施氮(N)46～48千克,五氧化二磷14～16千克,氧化钾18～20千克,氮、磷、钾比例为3∶1∶1.3左右。柑橘园如种植藿香蓟,一年分别在7月中旬和9月下旬两次割后施入土壤。

(4)施肥方法　采用环状沟或条状沟施肥法,即在树冠滴水线外挖宽30～40厘米、深5～10厘米的施肥沟。施肥沟深度一般随根系分布深浅而定,尽量少伤根。将尿素、复合肥等化肥和有机肥均匀施入沟中,然后覆土。有机肥可适当深施,以利改良土壤。碳酸氢铵以(1～1.5)∶100对水或干施后及时浇水,避免烧根。

(5)技术要求　采用省力化施肥,要求柑橘园土壤具有保水、保肥、疏松通气等优良物理性状,有机质含量到2%以上时为宜。如土壤有机质含量低,应增施有机肥,待培肥土壤后再进行省力化施肥。省力化施肥要求有机肥数量不少于施肥总量(以氮磷钾计)的1/2,一般应掌握每667米^{2}产2 000千克的柑橘园,施腐熟厩肥

1 500 千克左右或绿肥、腐熟垃圾肥 3 000 千克左右。在氮、磷、钾比例上，针对柑橘果树树龄、土壤肥力进行适当调整。幼龄结果树降低氮肥比例，成年结果树增加钾肥比例，老龄结果树增加氮肥比例。

八、晚熟柑橘缺素的矫治

因多种因素晚熟柑橘会出现营养元素缺乏症，现介绍氮、磷、钾、钙、镁、硫、铁、锰、锌、铜、硼和钼的缺乏症状和矫治方法如下。

（一）氮

1. 缺氮症状 缺氮会使叶片变黄，缺氮程度与叶片变黄程度基本一致。当氮素供应不足时，首先出现叶片均匀失绿，变黄，无光泽。这一症状可与其他缺素症相区别。但因缺氮所出现的时期和程度不同，也会有多种不同的表现。如在叶片转绿后缺氮，其表现症状是先引起叶脉黄化，此种症状在秋、冬季发生最多。严重缺氮时，黄化增加，顶部形成黄色叶簇，基部叶片过早脱落，出现枯枝，造成树势衰退，甚至数年难以恢复。

2. 缺氮矫治 矫治措施除土施尿素等外，还可进行根外追肥，如柑橘新叶出现黄化，可叶面喷施 0.3%～0.5%尿素溶液，5～7 天 1 次，连续喷施 2～3 次即可，也可用 0.3%硫酸铵或硝酸铵溶液喷施。

（二）磷

1. 缺磷症状 通常发生在柑橘花芽分化和果实形成期。缺磷植株根系生长不良，叶片稀少，叶片氮、钾含量高，呈青铜绿色，老叶呈古铜色，无光泽，春季开花期和开花后，老叶大量脱落，花少；新抽的春梢纤弱，小枝有枯梢现象。当下部老叶趋向紫色时，树体缺磷严重。严重缺磷的植株，树势极度衰弱，新梢停止生长，小叶密生，并出现继发性轻度缺锰症状；果面粗糙，果皮增厚，果心大，果汁少，果渣多，酸高糖少，常发生严重的采前落果。

2. 缺磷矫治　磷在土壤中易被固定，有效性低，因此矫治应采取土壤施肥和根外追肥相结合。土壤施肥应与有机肥配合施用；钙质土使用硫酸铵等可提高磷肥施用的有效性；酸性土施磷肥应与施石灰和有机肥结合；难溶性磷如磷矿粉用前宜与有机肥一起堆制，待其腐熟后再施用；根外追肥可用0.5%～1%过磷酸钙（浸泡24小时，过滤喷施）或用1%磷酸铵叶面喷施，7～10天1次，连喷2～3次即可。柑橘土施磷肥，通常株施0.5～1千克的过磷酸钙或钙镁磷肥。

（三）钾

1. 缺钾症状　柑橘缺钾，在果实上表现果实小，果皮薄而光滑，着色快，裂果多，汁多酸少，果实贮藏性变差。钾含量低的植株上皱缩果较多，新梢生长短小细弱，花量减少，花期落果严重；不少叶片色泽变黄，并随缺钾程度的增加，黄化由叶尖、叶缘向下部扩展，叶片变小，并逐渐卷曲、皱缩呈畸形，中脉和侧脉可能变黄，叶片出现枯斑或褐斑，抗逆性降低。

2. 缺钾矫治　可采用叶面喷施的办法进行矫治，常用0.5%～1%硫酸钾或硝酸钾进行叶面喷施，5～7天1次，连续喷2～3次即可。此外，柑橘园旱季灌溉和雨季排涝是提高钾的有效性、防止柑橘缺钾的又一措施。通常每年春、夏两季施用钾肥效果好，成年柑橘树一般株施钾肥0.5～1千克或灰肥10千克。

（四）钙

1. 缺钙症状　柑橘缺钙，出现植株矮小，树冠圆钝，新梢短，长势弱，严重时树根易发生腐烂，并造成叶脉褪绿，叶片狭小而薄，变黄;病叶提前脱落,使树冠上部常出现落叶枯枝。缺钙常导致生理落果严重,坐果率低,果实变小,产量锐减。

2. 缺钙矫治 柑橘缺钙时,可用0.3%～0.5%硝酸钙或0.3%磷酸二氢钙液进行叶面喷施;也可喷施2%熟石灰液。我国柑橘缺钙多发生在酸性土壤,可采用土壤施石灰的方法矫治。通常每667米^{2}土壤施石灰60～120千克,石灰最好与有机肥配合施用。这样,既可以调节土壤酸度,改良土壤,又可防止柑橘缺钙。土壤施石灰石或过磷酸钙,或二者混合施用,石灰石与石膏混合施用效果也好。

(五)镁

1. 缺镁症状 缺镁在结果多的枝条上表现更重,病叶通常在叶脉间或沿主脉两侧显现黄色斑块或黄点,从叶缘向内褪色,严重的在叶基残留界限明显的倒“V”形绿色区,在老叶侧脉或主脉往往出现类似缺硼症状的肿大和木栓化,果实变小,隔年结果严重。

2. 缺镁矫治 缺镁通常采用土壤施氧化镁、白云石粉或钙镁磷肥等,以补充土壤中镁的不足和降低土壤的酸性,可每667米^{2}施50～60千克;叶面可喷施1%硝酸镁,每月1次,连喷3次;也可用0.2%硫酸镁和0.2%硝酸镁混合液喷施,10天1次,连续2次即可;喷施加铁、锰、锌等微量元素或尿素,可增加喷施镁的效果。缺镁柑橘园,钾含量较高,可停施钾肥;同样,含钾丰富的柑橘园,使用镁肥有好的效果;另外,施氮可部分矫治缺镁症。

(六)硫

1. 缺硫症状 新叶黄化(与缺铁相似),尤其是小叶的叶脉较黄,并在叶肉和叶脉间出现部分干枯,而老叶仍保持绿色。症状严重时,新生叶更加变黄、变小,且易早落,新梢短弱丛生,易干枯和着生丛芽。小果皮厚,并出现畸形。

2. 缺硫矫治 可喷施0.05%～0.1%硫酸钾溶液，或在土壤中施硫。

(七)铁

铁参与酶活动，与细胞内的氧化还原过程、呼吸作用和光合作用有关，对叶绿素的形成起促进作用。

1. 缺铁症状 柑橘缺铁典型的症状是失绿。失绿，首先发生在新梢上，在淡绿色的叶片上呈绿色的网状叶脉。失绿严重的叶片，除主脉呈绿色外全部发黄。缺铁植株常出现新梢黄化严重，老叶叶色正常；不同枝梢的叶片表现黄化的程度不一：春梢黄化较轻，秋梢和晚秋梢表现较为严重。受害叶片提早脱落，枯枝也时有发生。缺铁植株的果实变得小而光滑，果实色泽较健果更显柠檬黄。

2. 缺铁矫治 由于铁在树体内不易移动，在土壤中又易被固定。因此，矫治缺铁较难。目前，较为理想的办法：一是选择适宜的砧木品种进行靠接，如枳砧柑橘出现黄化，可用枸头橙砧或香橙砧或红橘砧靠接。二是叶面喷施0.2%柠檬酸铁或硫酸亚铁可取得局部效果。三是土壤施螯合铁(Fe-EDTA)矫治柑橘缺铁效果较好，酸性土壤施螯合铁20克/株，中性土或石灰性土壤施螯合铁15～20克/株，效果良好，但成本高，难以在生产上大面积推广。四是用15%尿素铁埋瓶或用0.8%尿素铁加0.05%黏着剂叶面喷施，也有一定效果。五是用柠檬酸铁或硫酸亚铁注射的办法，或在主干挖孔，将药剂(栓)放入孔中对矫治黄化也有效果。六是土壤施酸性肥料，如硫酸铵等加硫磺粉和有机肥，既可改良土壤，又可提高土壤铁的有效性。七是施用专用铁肥，在4月中、下旬和7月下旬分别施1次叶绿灵或其他专用铁肥，先将铁肥溶解在水中，然后把水浇在树冠的滴水线下。1年生树每次施叶绿灵1～2克，2年生树每次施2～3克，3年生树每次施3～5克，大树浇药量随之增加。用叶绿灵矫治缺铁效果较好。

（八）锰

1. 缺锰症状 柑橘缺锰时，幼叶和老叶均出现花叶，典型的缺锰叶片症状是在浅绿色的基底上显现绿色的网状叶脉，但花纹不像缺铁、缺锌那样清楚，且叶色较深，随着叶片的成熟，叶花纹自动消失；严重缺锰时，叶片中脉区常出现浅黄色和白色的小斑点，症状在叶背阴面更明显，缺锰还会使部分小枝枯死。缺锰常发生在春季低温、干旱而又值新梢转绿时期。

2. 缺锰矫治 酸性土壤柑橘缺锰，可采用土壤施硫酸锰和叶面喷施0.3％硫酸锰加少量石灰水矫治，10天喷施1次，连续2～3次即可。此外，酸性土壤施用磷肥和腐熟的有机肥，可提高土壤锰的有效性。碱性或中性土壤柑橘缺锰溶液，叶面喷施0.3％硫酸锰，效果比土施更好，但必须每年春季喷施数次。

（九）锌

1. 缺锌症状 缺锌会破坏生长点和顶芽，使枝叶萎缩或生长停止，形成典型的斑驳小叶，叶片的症状：主脉和侧脉呈绿色，其余组织为浅绿色至黄白色，有光泽，严重缺锌时仅主脉或粗大脉为绿色，故有称缺锌症状为“绿肋黄化病”。

2. 缺锌矫治 常采用叶面喷施0.2％～0.5％硫酸锌液，或加0.1％～0.25％熟石灰水，10天1次，连续喷施2～3次即可。酸性土壤施硫酸锌，一般株施100克左右。

（十）铜

1. 缺铜症状 缺铜初期，叶片大，叶色暗绿，新梢长软，略带弯曲，呈“S”形，严重时，嫩叶先端形成茶褐色坏死，后沿叶缘向下发展成整叶枯死，在其下发生短弱丛枝，并易干枯，早落叶和爆皮流胶,到枝条老熟时,伤口呈现红褐色。缺铜症在果实上的表现是出现以果梗为中心的红褐色锈斑,有时布满全果,果实变小,果心及种子附近有胶,果汁少。

2. 缺铜矫治 缺铜症较少见,出现缺铜症时可用0.01%～0.02%硫酸铜液喷施叶片,10天1次,连续喷施1～2次即可。注意在高温季节喷施浓度和用量不要过大,以防灼伤叶片。用等量式或倍量式波尔多液喷施效果也很好。注意夏季使用浓度不能过高而伤及叶片。

(十一)硼

1. 缺硼症状 缺硼会影响分生组织活动,其主要症状是幼梢枯萎。轻微缺硼时,会使叶片变厚、变脆,叶脉肿大、木栓化或破裂,使叶片发生扭曲。严重缺硼时,顶芽和附近嫩叶(尤其是叶片基部)变黑坏死,花多而弱,果实小,畸形,皮厚而硬,果心、果肉及白皮层均有褐色的树脂沉积。此外,老叶变厚,失去光泽,发生向内反卷症状。酸性土、碱性土和低硼的土壤,特别是有机质含量低的土壤最易发生缺硼。干旱和施石灰过量,也会引起缺硼,缺硼还会引起缺钙。

2. 缺硼矫治 缺硼可用0.1%～0.2%硼砂液进行叶面喷施和根部浇施。叶面喷施7～10天1次,连续喷施2～3次即可。喷施硼加等适量的石灰,可提高附着力,防止药害,提高喷施的效果。也可与波尔多液混合使用。根际浇施硼肥可用0.1%～0.2%硼砂液,也可与人粪尿等混合浇施,效果更好。土施硼肥,一般每667米^{2}施硼酸0.25～0.5千克。根际施硼过量会造成毒害,且施用的量不易掌握,加之缺硼严重的柑橘植株的根系已开始腐烂,吸肥力弱,效果不明显,故很少用。花期喷施硼是矫治缺硼的关键,可根据缺硼程度适当调节喷施硼的次数。

（十二）钼

钼参与硝酸还原酸的构成，能促进硝酸还原，有利于硝态氮的吸收利用。

1. 缺钼症状 缺钼易产生黄斑病。叶片最初在早春出现水浸状，随后在夏季发展成较大的脉间黄斑，叶片背面流胶，并很快变黑。缺钼严重时，叶片变薄，叶缘焦枯，病树叶片脱落。缺钼初期，脉间先受害，且阳面叶片症状较明显。缺钼新叶呈现一片淡黄，且多纵卷向内抱合（常呈新叶黄化抱合症状），结果少，部分越冬老叶中脉间隐约可见油渍状小斑点。

2. 缺钼矫治 矫治缺钼最有效的方法是喷施0.01%～0.05%钼酸铵溶液，为防止新梢受药害，可在幼果期喷施。对缺钼严重的柑橘植株，可加大喷药浓度和次数，可在5、7、10月份各喷施1次0.1%～0.2%钼酸铵溶液，叶色可望恢复正常。对酸性土壤的柑橘园，可采用施石灰矫治缺钼。若用土施矫治缺钼，通常每667米^{2}施用钼酸铵25～40克，且最好与磷肥混合施用。

九、肥害发生的原因及防治方法

柑橘生产中肥害常有发生，轻者叶片黄化、脱落，重者枝梢枯死，甚至死树。柑橘肥害（化肥害）症状一般出现在施肥后10～60天内，先从枝基部老叶尖开始失水变白或黄化枯焦，随后即落叶，枝顶的新叶后落或枯焦在枝上不落。检查肥害严重的枯枝，可发现与施肥部位相对应的地上部的主枝、侧枝，发生严重烂皮。刮皮观察，树皮失绿呈褐色，枝枯失水。挖根观察，施肥部位及附近表土层内的“麻布根”发生腐烂，细根和粗大的横根的根皮腐烂脱皮，并向根颈、主干、主枝延伸。肥害较轻而幸存的柑橘树，通常只就近的一次新梢不会抽发。如肥害发生在花前，就不能现蕾、开花。

以下介绍肥害产生的原因、防止及救护措施。

(一)用肥量过大

有报道称，湖南邵东县魏家桥乡冷水村柑橘场有温州蜜柑成年结果树 1 300 株，1994 年采果后施复混肥 3 000 千克，施后全园植株普遍发生黄化枯枝，树冠像火烧一般，有 400 多株树死亡，600 多株树仅保留主干、主枝，其余 300 多株仅存少量绿叶。据现场查看、分析造成肥害的主要原因：一是一次性施肥量过大，平均每株施三元复合肥达 2.3 千克。二是图简单省力，每株树只挖 1～3 个小而浅的施肥穴，肥料分布过于集中，引起“烧根”。三是肥料干施，施肥前后正是秋末冬初的干旱季节，土壤十分干燥，造成根系被烧伤，加之土壤溶液浓度过高，形成反渗透，引起树体内严重生理失水。

(二)含氯肥料施用不当

由于柑橘对氯较为敏感，生产中也出现使用含氯肥料不当而导致氯害发生。柑橘受氯离子危害会出现急性中毒或慢性中毒。急性中毒持续时间短，表现为老叶落尽，果实随之脱落，甚至出现绝收。福建永春山外墘溪柑橘场 1988 年春季连续 2 次用杀螨含氯农药和氯化钾、尿素混合液叶面喷布，喷后 3 天即发生严重落叶，原以为尿素用量过多发生缩二脲中毒(后未见症状)，10 天后柑橘植株只剩一些春梢，老叶、幼果皆脱落，当年绝收。慢性中毒时间长，表现叶色灰白，叶脉浓绿，冬季易落叶。停止施用含氯肥、药，即可矫正。浙江丽水椪柑也曾发生含氯肥料施用不当而发生危害，出现落叶枯梢。通过分析受害椪柑植株叶片含氯量高过 1%左右，为正常植株叶片含量 0.058%的 20 倍，超过柑橘受害临界值 0.6%～0.8%。

此外，排水不良和干旱柑橘园，若长期施用含氯的肥料，因离子不能随水淋失，聚集土中而使土壤板结，不利根系生长。所以，高温干旱、缺水产区最好不用含氯肥料。

所有有机肥，如绿肥、杂草、新鲜猪牛粪等，直接施入土中，因这些未经腐熟的有机肥入土会在腐熟过程中产生大量热量而损伤柑橘根系。尤其是施用量大，施肥方法不当，直接与根系接触的，危害更严重。有机肥一定要腐熟后施用，绿肥、杂草压埋要离根系远些，且用一层绿肥、一层土的方法，以防肥害发生。

（三）越冬肥过多且干施

冬季干旱的柑橘产区，若重施尿素、碳酸氢铵、钾肥和复合肥等，土壤及树液浓度大，干施化肥后使树体反渗透而生理失水，造成死树。同时，遇到施肥后久晴不雨，一旦下雨会使肥害迅速出现和更重。

（四）施肥方法不当

通常土壤施肥都要挖施肥穴、沟，施腐熟的厩肥、堆肥等有机肥。如施用化肥应均匀施入穴、沟中，最好与土混合或与有机肥混合施，以免发生"烧根"。化肥可对水施，还可拌施或撒施。对磷肥等难溶性化肥，可在改土或冬季施用时与有机肥、泥土等拌和后施；对复混颗粒肥等半溶性肥，可进行地面撒施后再翻耕；对水溶性化肥应在雨前或下雨初撒施，干时对水稀释后施。叶面肥液的浓度要降低，且避开一天中上午 11 时后至下午 4～5 时的时段，以免肥害发生。

（五）肥害的防止及救护

对肥害要采取措施，积极防止。首先要提倡科学施肥，提倡施腐熟的有机肥为主，特别是冬季基肥更应以有机肥为主。化肥作追肥时不能干施，以防"烧根"。施化肥一次不能过多，一般株产 50 千克的一次施氮(N)不超过 0.25 千克。进行根外追肥，浓度适度，不可过浓。一旦肥害出现，应做应急处理：一是迅速处理施肥部位土壤，主干出现烂皮的应刮除，涂以杀菌剂，以防蔓延。二是剪除枯枝。

十、控制肥料污染的措施

（一）坚持施用肥料的基本要求

以有机肥为主，化肥为辅，充分满足柑橘树对各种营养元素的需求，保持或增加土壤肥力及土壤微生物活性，所施的肥料不应对柑橘园环境和柑橘果品质量产生不良影响，施用符合国家行业标准的农家肥、化肥、微生物肥料及叶面肥等。禁止施用未经无害化处理的污泥、城市垃圾；禁止施用含有重金属、橡胶等有害物质的生活废物；禁止施用医院的粪便、垃圾和工业垃圾；禁止施用未腐熟的人畜粪便；禁止施用未获国家有关部门批准登记生产的肥料。因施用某种肥料造成土壤或水源污染或影响柑橘生长、结果，甚至品质达不到安全标准时，应立即停止施用这些肥料。

（二）有机肥和化肥配合施用

有机肥养分全面，它不仅含有柑橘果树需要量大的氮、磷、钾元素，而且还含有柑橘果树生长发育所必需的钙、镁、硫及微量元素锌、铁、铜、锰、硼和钼等。有机肥中的胡敏酸、维生素、抗生素及微生物等能活化土壤养分，刺激柑橘果树的根系发育，增强其吸收水分和养分的能力。许多有机物对改良土壤理化性质，提高土壤蓄水、保肥和供水、供肥能力，协调土壤水、肥、气、热等综合肥力具有很大的作用，这些优势是化学肥料所不具备和无法取代的。但是有机肥料中的养分大多呈有机态，需逐步分解转化，才能被吸收利用，有机肥氮、磷、钾含量比一般化肥的氮、磷、钾含量低，而化肥养分大多能较快地被柑橘果树吸收利用。为此，必须在施用有机肥为主的基础上，配合施用适量的化肥，以利取长补短，互为配合，提高对肥料的利用率。

(三)合理搭配各种营养元素

晚熟柑橘果树为多年生果树，几十年生长在一块土地上，虽然土壤是养分丰富、全面的资源库，但随着年复一年的长期开发利用，大量柑橘果实吸收土壤中的各种养分生长、发育、长大、成熟，最后被大量移出柑橘果园，会使柑橘果树吸收的养分不断减少。以氮、磷、钾三要素为例，20 世纪 60 年代末起因大量施用氮肥而增产，但到 20 世纪 80 年代土壤表现出缺磷，影响了果品产量和品质的提高。大量试验证实，过量偏施氮肥，不仅影响柑橘果树花芽分化形成，也易导致果实着色差，风味淡，贮藏性降低。配施磷肥缓解了此矛盾，但几年后土壤钾元素供应不足的问题又日渐显现，影响柑橘果树的产量和品质提高。可见，配施氮、磷、钾肥对柑橘增产提质的重要性。

为使柑橘生产优质、丰产，必须根据柑橘果树需肥的特点和土壤的供肥状况，合理确定各营养元素的配合比例。

(四)增产与培肥改土相结合

晚熟柑橘果园是既有物质、能量输出，又需要物质、能量的投入。从事安全、优质的柑橘生产，既要提高产量和质量，又要保护改善果园生态环境。因此，对柑橘果树施肥，既要提高当前柑橘的产量和质量，又要为改良土壤，提高肥力，将来获得更高产、更优质做准备。这就要有一个科学的施用肥料计划，在保证柑橘园营养投入、产出相平衡的前提下，使某些柑橘需要的养分合理贮存，结合科学耕作，改良土壤，逐步提高地力，实现近期经济效益与长期生态效应的协调发展，科学投入与高效产出的良性循环。

第七章　晚熟柑橘的水分管理

一、晚熟柑橘生长发育中水分的重要作用

水分是晚熟柑橘果树的重要组成部分，木质部含水量 50%，果实含水量 80%～90%；生命活动旺盛的叶、根尖，形成层等部位含水量 80%～95%。水是溶剂和载体，它能运输和传递根从土壤中吸收的营养物质。水是光合作用的原料，并直接参与呼吸作用。水可以维持细胞的膨胀，以维持花、叶、果的功能，保持一定的形态，且影响气孔的开闭。

水分是进行蒸腾作用的基本原料，通过水分蒸发，可调节柑橘树体的温度，使之与环境温度达到平衡，同时排出呼吸作用产生的热量。水分是柑橘果树生长发育的重要条件，由于水分的存在，使气候、土壤适宜于柑橘果树的生长发育。

（一）水分代谢

树体内所含的水分不是处于静止状态，根系经常不断地从土壤环境中吸收水分，同时又不断地通过树体将水分散失到环境中去。1 株成年温州蜜柑在 1 年中要散失掉 9 000 升水分。

晚熟柑橘主要通过叶面的气孔或皮孔，将细胞内的水分以气体状态不断地蒸发到空气中去，即通过蒸腾作用不断地消耗水分，然后由根系不断地吸收水分来补偿，从而维持水分平衡，这个过程称为水分代谢。它包括 3 个程序——吸收、运输和散失。

(二)水分对抽梢的影响

晚熟柑橘 1 年要抽 3～4 次梢,要抽出强壮的枝梢,特别是要抽出健壮的结果梢、春梢和秋梢,必须供给充足的水分。水分缺乏,抽梢大大推迟,甚至不抽梢。即使抽生枝梢也纤弱而短小,削弱树势,且光合作用不良。

(三)水分对开花结果的影响

晚熟柑橘在花期缺水,花枝质量差,开花不整齐,花期延长,甚至造成大量落蕾落花,影响产量。伏旱时间过长,往往导致大量发生秋花,消耗养分,影响下一个生长季节的花芽分化。果实与水分的关系更为密切,当水分严重不足时,还会使果实内的水分倒流向叶片,阻碍果实的生长,使小果显著增多,品质变劣。大旱后遇过多的秋雨,则会产生裂果,温州蜜柑、椪柑等会产生浮皮果。

(四)水分对根系生长的影响

在生长季节发生严重干旱,则根系停止生长,不发须根。当地下水位过高,土壤水分过多,土壤通气不良时,根系腐烂,甚至整树死亡。

二、晚熟柑橘需水量的影响因子

(一)日照与柑橘果树需水量

由于日照影响蒸腾作用,也影响光合作用,因此在多数情况下,光照影响柑橘树的需水量。光线微弱时,光合产物的形成减少,相对需水量增加。遮光可使叶温降低,相对加剧水分消耗。果树栽培上要合理密植,整形修剪,使枝条疏密适度,通风透光,减少水分消耗，提高光合产物，有利高产和改进果实品质。

（二）气温与柑橘果树需水量

气温上升减少树体内扩散阻力，促进蒸腾作用。柑橘果树都有其生长的最适温度，气温偏高或偏低，则叶片光合产物减少，影响干物质的积累，对果树生长发育不利。异常高温，显著降低叶片净同化量，这是由于呼吸作用增高所致。

（三）大气湿度与柑橘果树需水量

大气湿度对有机物的积累能力影响不大，但对蒸腾作用影响很大，大气干燥促进蒸腾作用而需水量加大。柑橘果树在干旱年份需水比多雨年份需水量为大，也是由于蒸腾量加大的作用所致。

（四）土壤水分与柑橘果树需水量

土壤水分对早结果、丰产、稳产、优质有密切关系。土壤水分比较容易控制，合理灌水对树体生长具有重要意义。据研究报道，土壤含水量越少，柑橘果树需水量越大。因土壤含水量越少时，光合作用比蒸腾作用衰退早。当接近萎蔫时，需水量急剧增加，土壤含水量大于最适水分时，需水量也增加。这时因为氧气不足，对根系伸长有抑制作用。光合作用减退，需水量增加。据多数研究证明，土壤水分适宜，蒸腾和同化作用正常，呼吸作用最低。因此，柑橘果树生长发育良好。一般以田间最大持水量的60％～80％，适于柑橘果树生长发育。

（五）施肥条件与柑橘果树需水量

土壤肥沃度越高，柑橘果树需要水量越低。施肥后由于水分利用率好转，而需水量下降。三要素缺乏与需水量试验结果表明，不同矿质元素缺乏，对需水量影响不同。例如，氮、磷缺乏，需水量增加很多，钙缺乏对需水量影响最小。由此可见，应根据施入土中矿质元素的种类和数量，确定适宜的灌水量，才能达到经济用水的目的。

三、晚熟柑橘需水规律

(一)蒸腾耗水规律

晚熟柑橘在1年中不同的生长发育阶段，对水分的需求不同，而且有一定的变化规律。据研究，植株蒸腾耗水量是以12月份至翌年2月份最低，3月份以后逐渐上升，6～8月份为高峰期。气温与蒸腾量呈正相关(r＝0.9165)。蒸腾量的日变化，以下午1～2时最大，5～6时及晚上9～10时最小。物候期日耗水量，花期(120.3克)＞花蕾期(105.2克)＞萌芽抽梢期(79.5克)。6～8月份是植株月蒸腾量高峰期，月蒸腾量为95.8～118.9毫米。如此时缺水，果实水分倒流叶面而被蒸腾作用带走，导致果实增长率降低或为负值。

(二)不同生育期耗水量

12年生枳砧晚锦橙不同生育期的耗水量：2～4月份为抽梢开花期，历时80天，单株蒸腾耗水量为300升，占总蒸腾量的16.18%；5～6月份为幼果期，历时60天，单株蒸腾耗水量523升，占总蒸腾量的28.05%；7～10月份为果实生长膨大期，历时约3个半月，每株蒸腾耗水量为925升，占总蒸腾量的49.73%；11～12月份为果实着色成熟期，历时50天，每株蒸腾耗水量85.6升，占总蒸腾量的4.6%，单株年总蒸腾耗水量为1 833.0升。

(三)叶片从果实中夺取水分

植株每天通过叶片蒸腾大量水分。当树体内水分亏缺时,叶片会从果实中夺取水分,满足蒸腾的需要,从而影响果实水分的亏缺。果实在缺水情况下停止生长,甚至萎蔫,而叶片在相当长时间内保持正常状况。这就是在缺水情况下,果实的水分流向叶片所致。

四、晚熟柑橘灌溉

(一)灌溉与柑橘落果

果实在生长时期,若过于干旱往往引起落果。日本学者岩崎调查温州蜜柑,在自然落果(生理落果)停止后,在8月中旬以后干旱,对落果影响小,即使干旱落叶,不会引起大量落果。干旱严重,果实即将脱落,这时灌溉对防止落果无效。果实开始出现萎蔫,灌溉将逐渐恢复,不会落果。

(二)灌溉与柑橘日灼(烧)果

日灼(烧)果的发生,是系土壤干旱,树体内水分缺乏,叶片蒸腾作用不能正常进行所致。由于太阳的照射,树体温度急剧上升,果实水分流向叶片,果实水分亏缺,不仅抑制果实生长,而且发生果实日灼(烧)生理病害。因此,在盛暑的炎热天,保持土壤适度水分,根系经常不断地补充叶片蒸腾所需水分,可减少或避免日灼(烧)果的发生。灌溉可显著减少日灼果的发生。据灌溉试验证明,灌溉区日灼(烧)果为5%,不灌溉区日灼果为14%。

(三)灌溉与柑橘果实品质

盛夏灌溉效果良好，收获前灌溉有不良影响。日本人向井(1968)综合温州蜜柑灌溉试验结果表明：在生长周期内分期进行断水试验，以梅雨过后的盛夏，对土壤进行干燥处理，结果是明显妨碍果实膨大，果实中可溶性固形物的含量减少，而酸含量增加。温州蜜柑 9～10 月份不灌溉，减少土壤水分，可提高果汁糖度，减少酸度，提高糖酸比。

(四)灌溉与柑橘果实成熟及耐贮性

灌溉可促进果实成熟，有关方面的研究早已有很多报道。在同一时期调查，灌溉区成熟果占 30%，而非灌溉区成熟果占 20%。从耐贮性来看，干旱区较湿润区果实耐贮性强。这是因干旱区果实硬度大，果皮厚，采收时不易遭受机械损伤。温州蜜柑灌溉区比非灌溉区提前 10 天着色。

(五)灌溉与柑橘果实含水量

成熟果实含水量，研究报道尚不一致。有研究报道，灌溉区与非灌溉区果实内水分含量差异不大，分别为 87.5%、85.62%。而且还认为，灌溉区果实内的纤维素细胞含量较少，口评时，果肉嫩脆，水分较多，湿润区果实内水分多，有随土壤湿度增大而增多的趋势，湿润区果实含水量高达 86%，极干燥区为 82.1%。

(六)干旱气候与耐旱因子

我国柑橘栽培产区，常年降水量虽多，但分布不均，1 年中时有干旱发生，造成晚熟柑橘旱害。四川、重庆、三峡库区常有春旱、伏旱；广东、广西、福建、湖南、浙江常有秋旱；雷州半岛甚至有半年干旱；云南冬春干旱。

柑橘耐旱性受许多因素的影响。如树龄，1～3 年生的幼树，由于根系特别浅，遇上干旱天气，首先受害。树势衰弱和隔年结果的树，无论土壤如何深耕，根群不能充分生长，易受旱害。病虫危害、涝害和寒害落叶的树易受旱害而枯死。早熟品种，根系浅，连年结果，树势衰弱，耐旱力较弱。缺硼敏感的夏橙，常因干旱缺硼，易受间接旱害。香橙砧比枳砧耐旱是因香橙砧细胞渗透压高，细胞吸水率和水分保持率高；香橙根系能在更宽更广的土中吸收水分，故香橙耐旱性较枳砧强。

(七)保水防旱

由于天气干燥不下雨，土壤水分大量减少，而不能满足柑橘植株对水分的需要，柑橘就发生干旱，所以防旱抗旱是柑橘生产必不可少的技术措施。保水防旱有以下措施。

1. 深翻　可以增加土壤孔隙，使土壤透水性、蓄水性增强。深翻切断土壤毛细管，减少土壤水分蒸发。深翻结合施绿肥和覆盖，防旱保水效果更显著。深翻宜于小暑前进行。

2. 中耕　雨后初晴，干旱到来之前进行中耕松土，可减少水分蒸发；同时清除杂草，减少杂草对水分的争夺。

3. 培土　用河塘泥、水稻土覆盖柑橘根部，进行培土，加厚土层，增加保水蓄水能力，减少蒸发。

4. 树干刷白　对衰老树、残缺树和更新树，在干旱季节进行树干刷白，减轻辐射热，降低柑橘树体温度，减少水分蒸发。

5. 覆盖　利用绿肥作物、青草、稻草、麦秸、枝叶、薄膜等，对树盘或全园进行覆盖，降低土温，减少水分蒸发，可以保水防旱。

(八)灌溉防旱

柑橘需水量很高，每制造 1 克干物质需水 292 毫升。因此，在干旱季节，为了满足晚熟柑橘对水分的需要，常利用江河湖塘蓄水，或机电提水对柑橘进行灌溉，使柑橘不受干旱，并正常生长发育。为了经济用水，并获得最高的经济效益，必须对缺水进行诊断。

1. 缺水诊断 如何确定是否需要灌溉，不能凭叶片外部萎蔫卷曲来判断，因为这时柑橘已受旱害，灌溉已经迟了；而且这种干旱的严重影响，对柑橘植株是不可逆的，将影响柑橘正常生长发育，因此，必须采用科学的方法测定。目前，诊断柑橘缺水的方法主要有以下两种。

(1)测定蒸腾量 因叶片蒸腾量和根系吸水量大体一致。在干旱季节，用薄膜袋套住一定量的叶片，收集蒸腾水量，再与正常情况比较，如蒸腾量为1.0毫升，干旱季节用薄膜套同一小枝10片叶，12小时后取下，称得水的蒸腾量为0.5毫升，恰好比正常情况下降一半，即应灌溉。

(2)测定土壤水分 柑橘对土壤水分有个最适宜范围。土壤最大含水量称上限，最低含水量称下限，上、下限之间的含水量，称土壤有效持水量。灌溉适宜期就是土壤有效水分消耗一半的时候，有效持水量的一半正好是田间最大持水量60%的含水量，所以土壤含水量下降到田间最大持水量的60%时，就是灌溉的适宜期。

柑橘植株是否需要灌溉，还可用简单的方法目测，即凭眼睛看。在阴天叶片出现卷曲，表明土壤已较干燥，需要灌溉。高温干旱天气，卷曲的叶片在傍晚不能恢复正常，说明土壤已较干燥，应立即灌溉。

2. 测定灌溉水定额 柑橘园的1次灌溉定额，可按下式计算：

灌水量(毫米)＝1/100(田间持水量－灌水前土壤含水量)×土壤容量(克/厘米^3)×根系深度(毫米)

上面提到灌水前土壤含水量是田间最大持水量60%时为灌

水适宜期，所以上式可简化成：

灌水量(毫米)＝1/100×0.4×田间最大持水量×土壤容重(克/厘米^3)×根系深度(毫米)

式中，灌水量(毫米)×2/3 可以换算成每 667 米^2 灌水立方米数。

从上式看出，不同土壤类型和不同根系分布深度，就有不同的灌水定额。对某一块柑橘园，灌水前必须测定土壤的田间持水量、土壤容量和柑橘根系密集层的深度，在一定时间内测 1 次即可。灌水定额的计算举例如下。

例：测得重黏土土壤容重为 1.4 克/厘米^3，田间持水量为 35%，根系深度为 200 毫米，问每 667 米^2 柑橘园需灌多少水？若以单株计，则每株柑橘需灌多少水？

解：灌水量＝0.4×35×1.4×200/100＝39.2(毫米)

即每 667 米^2 灌水量＝39.2×2/3＝26.13(米^3)

1 米^3 水重 1 000 千克，26.13 米^3 水重即 26 130 千克，按每 667 米^2 有柑橘 56 株计，则每株需灌水 26 130÷56＝466.6 千克。

答：每 667 米^2 柑橘园需灌水 26.13 米^3，即 26 130 千克，或每株柑橘灌水 466.6 千克。

另据金初豁等研究指出，紫色壤土适宜柑橘生长的含水率为 20%～25%，即田间持水量 78%以上。田间含水量低于 20%，即应灌水。

不同土壤质地容重和田间持水量，见表 7-1。

表 7-1　土壤容重和田间持水量

土壤类别	土壤容重(克/厘米^3)	田间持水量(重量%)
沙　土	1.45～1.60	16～22
沙壤土	1.36～1.54	22～30
轻壤土	1.40～1.52	22～28
中壤土	1.40～1.55	22～28
重壤土	1.38～1.54	22～28
轻黏土	1.35～1.44	28～32
中黏土	1.30～1.45	25～35
重黏土	1.32～1.40	30～35

确定第二次灌水时间，可用灌水定额÷日耗水量，求出灌水间隔天数。据测，柑橘 7～9 月份日耗水量 3～5 毫米；11 月份至翌年 2 月份，日耗水量 1～2 毫米。这样，就可以确定何时需要抗旱灌水、灌水数量和灌水间隔日期。

据生产实践，成年(15～20 年生)温州蜜柑在 7～8 月份每日每株耗水量大约在 50 升以上，每株灌水 200～300 升，伏旱时叶片不萎蔫。幼树灌水宜少量多次。土壤湿度以田间最大持水量的 60%～80%为宜。也可按表 7-2 确定灌水时间。

表 7-2　土壤需排灌的含水量标准　(%)

土壤质地	需灌水	需排水
沙质土	<5	>40
壤质土	<15	>42
黏质土	<25	>45

(九)灌溉方法

灌溉方法很多，应结合当地水源特点及经济能力自行确定哪一种,一般有以下几种灌溉方法。

1. 浇灌　在水源不足或幼龄柑橘园,以及零星栽植的果园,可以挑水浇灌。方法简便易行,但费时费工。为了提高抗旱效果,每担(50 升)水加 4～5 勺人、畜粪尿;为了防止蒸发,盖土后加草覆盖。浇水宜在早、晚时进行。

2. 沟灌　利用自然水源或机电提水,开沟引水灌溉。这种方法适宜于平原及丘陵台地柑橘园。沿树冠滴水线开环状沟,在果树行间开一大沟,水从大沟流入环沟,逐株浸灌。台地可用背沟输水,灌后应适时覆土或松土,以减少地面蒸发。

3. 喷灌　利用专门设施,将水送到柑橘园,喷到空中散成小雨滴,然后均匀地落下来,达到供水的目的。喷灌的优点是省工省水,不破坏土壤团粒结构,增产幅度大,不受地形限制。

喷灌的形式有 3 种:即固定式、半固定式和移动式,都可用作柑橘园喷灌。喷灌抗旱时,强度不宜过大,不能超过柑橘园土壤的水分渗吸速度,否则会造成水的径流损失和土壤流失。在背靠高山,上有水源可以利用的柑橘园,采用自压喷灌,可以大大节省投资及机械运行费。

4. 滴灌　滴灌又称滴水灌溉。利用低压管道系统,使灌溉水成滴地、缓慢地、经常不断地湿润根系的一种供水技术。

滴灌的优点是省水,可有效防止表面蒸发和深层渗漏,不破坏土壤结构,节约能源,省工,增产效果好。尤以保水差的沙土效果更好。滴灌不受地形地物限制,更适合水源小、地势有起伏的丘陵山地。

使用滴灌时,应在管道的首部安装过滤装置,或建立沉淀池,以免杂质堵塞管道。在山坡地为达到均匀滴水的目的,毛细管一定要沿等高线铺设。现将现代节水灌溉系统的组成、主要技术参数和使用注意事项简介于后。

现代节水灌溉系统由水泵、过滤系统、网管系统、施肥设备、网管安全保护设备、计算机系统、电磁阀和控制线、滴头与微喷头以及附属设施等组成。

水泵数量和分级扬程：根据水源分布、柑橘果园的面积相对高差与地形、地貌来确定和设置。一般单个系统控制面积为33.3公顷以下。

过滤系统：通常分设3级，第一级为30目自动冲洗阀网式过滤器，第二级为自动反冲洗沙石过滤器，第三级为200目自动冲洗网式过滤器。经过3级过滤，可充分滤除水中的杂质。

网管系统：由干管、支管和毛细管组成。干管为输水主管道；支管连接干管将水送到各片区和小区；毛细管系统是树下铺设的小管道；滴头和微喷头安插在毛细管上，将水送到根系区。

施肥设备：需具备流量控制和可编程序功能。

网管安全保护设备：首部需要设置能自动泄压、进气和排气的三功能阀。干管和支管在适度处设置自动进气、排气阀，并在适宜的位置安装大型调压阀，以消除地形落差引起的过高压力。在电磁阀和某些支管或适当位置，安装小型调压阀。

计算机系统：每套控制面积为133.34公顷以上。它应自带灌溉程序、可编程序，具有中文界面，并且有温度传感器、湿度传感器和自动气象站的配套设备。

电磁阀：最大流量为40米^3/小时，能承受的压力在1.3兆帕以上，控制方式为线控。

滴头和微喷头：全为压力补偿滴头或压力补偿微喷头，能使各滴头和微喷头在一定压力范围内的出水量大致相同。

自动节水灌溉系统的附属设施：包括逆止阀、防波涌阀、水控蝶阀、水表和机房等。

自动节水灌溉系统的主要技术参数如下：

滴灌：灌水周期1天；最大允许灌水时间20小时/天；毛细管数每行树1根；滴头间距0.75米，随树龄增大滴头可每树由1个增加至4个；滴头流量≥3升/小时，土壤湿润比≥30%，工程适用率90%以上；灌溉水利用系数90%以上，灌溉均匀系数90%以上；最大灌溉量：4毫米/天。

微喷：灌溉周期1天；毛细管数每行树1根，每株树1个微喷头，最好为可调式喷头；喷头流量≥3升/分，土壤湿润比≥50%；工程适用率90%以上；灌溉水利用系数95%以上，灌溉均匀系数95%以上；最大灌水量5毫米/天。

为使滴灌正常运转使用，必须注意以下几点：一是安装滴灌的山地柑橘园，坡度＜25°，地形不宜复杂。不然会加大成本，且使用也困难。二是认真培训技术力量，掌握使用滴灌技术和简单的维修技术。三是园区的滴灌设施要统一管理，专人使用。四是果农（移民）要自觉维护滴灌设施，使之需要时能用。

（十）旱害及其防止

柑橘果园，尤其是土层薄的山地柑橘园更易发生旱害。

1. 造成干旱的因子　缺水是主要因子。柑橘果树过度缺水的现象称之干旱，干旱对柑橘果树造成的危害称旱害。导致柑橘果树干旱的因子还有：

(1)土层深浅　土层越薄，抗旱性越差。

(2)土质　沙质土上，旱象出现迟而发展快；黏质土上，旱象出现早而发展慢。

(3)品种　同为枳砧，椪柑较温州蜜柑受害轻，温州蜜柑比脐橙受害轻。高接在温州蜜柑上的脐橙因干旱落叶，而温州蜜柑未落叶。

(4)挂果量　相同栽培条件下，挂果越多的树出现的旱象越严重。

(5)栽培管理　旱前修剪的，由于减少了叶面蒸腾，可减轻旱害；增施有机肥的可提高土壤保水力；旱前进行中耕的柑橘园，因切断了水分蒸发的毛细管，旱害比未中耕的轻。

2. 旱害的防止

(1)抽槽或大穴改土后种植 土层浅薄的山地，最好挖通槽，深1米、宽0.8～1.0米，或深1米、宽1米的大穴。增施有机肥，使保水性好的活土层在1米以上。

(2)深翻深施，诱根深入 深翻可增加土壤孔隙和破坏土壤的毛细管，这样既增加了土壤的蓄水量，又减少了土壤的水分蒸发。深翻如能结合压埋绿肥，增加土壤肥力，增进土壤团粒结构，则更能提高抗旱性。

(3)套种绿肥或生草栽培 山地幼龄柑橘园土质较瘠薄，宜套种绿肥。绿肥品种可选大绿豆或日本菁等。日本菁耐瘠、耐旱，4月份播种，1年可割1～2次，1次收割的以9月中旬为宜，分两次收割的第一次在9月上旬，第二次在11月上旬，可在扩穴改土时压埋绿肥。

不种绿肥的可推行生草栽培。具体做法上半年仅做地盘除草，行间不除草，等雨季即将结束，干旱将临的7月上旬铲除园内杂草(梯壁的应用刀割)。

(4)树盘覆盖、培土 干旱未开始的7月上旬，用杂草、枝叶等覆盖树盘，厚10厘米，上压泥土，干旱结束时结合扩穴深埋覆盖物，改良土层。

培土，既增加山地柑橘园的土层，又增加土壤的肥力。如三峡库区，抢运将被淹没的肥土，增厚柑橘园土层，对保水抗旱有良好作用。

(5)直接灌水抗旱 最有效的方法是直接灌水。浇灌、沟灌、喷灌、滴灌均可，柑橘园使用滴灌可有效防止柑橘旱害。其他如浇灌，干旱水源缺乏，可用节水的穴灌方法，效果也好。

五、晚熟柑橘排水防涝

(一)涝 害

土壤过湿,即含水过多,对柑橘生长不利,柑橘对土壤的三相比有一定的要求,土壤固、液、气三相容积比分别以 40%~57%、20%~45%、10%~37%为宜。土壤过多地积聚水分,空气被排出,会导致通气不良,影响根系的生命活动。如土壤氧气不足,土壤氧化还原势就下降,二氧化碳增加,有毒物质如硫化氢、亚铁离子大量积累,不仅毒害柑橘根系,造成烂根,而且影响地上部生长,使叶片发黄、果实脱落等。

江南柑橘产区,在梅雨季节,往往阴雨绵绵,日照不足,有时持续 2 个多月之久。在低平的柑橘园,积水往往不能及时排出。江河水倒灌,地下水位高,均加重柑橘涝害。山地丘陵柑橘园,地势高,有一定坡度,不存在涝害。红壤和黄壤土由于比较黏重,往往穴内土松,穴外坚实。多雨时,定植植株下陷,穴内积水,也造成涝害。

(二)排水防涝

1. 平地柑橘园 河谷、水田、江边等地区,地势低平,建园时必须建立完整的排水系统,开筑大小沟渠。园内隔行开深沟,小沟通大沟,大沟通河流。深沟有利于降低水位和加速雨天排水,隔行深沟深度为 60~80 厘米,围沟深 1 米,每年需要进行维修,以防倒塌或淤塞。

2. 山地柑橘园 一般不存在涝害,只有山洪暴发,才有短暂的土壤积水过多,甚至冲毁果园台地。因此,应在柑橘园上方坡地开筑深、宽各 1 米的拦水沟,使洪水流入山沟峡谷。

(三)涝害后的救护措施

柑橘受涝后,往往发生霉根、黄化、枯枝、落花、落果,对这些受涝树应及时采取保护措施。

1. 及时冲洗 应及时冲洗去叶片上的淤泥,使叶片能正常进行光合作用。

2. 及时排水 清除积水,及时松土。

3. 扒土晾根 扒开树盘下的土壤,加速水分蒸发,使根系通气,1～2 天后再覆土护根,以防烂根。

4. 追肥促根 施用经过腐熟的骨粉、厩肥和磷肥,以促生新根,恢复树势。但施肥应采取勤施薄施的方法,不能过浓,以免继续伤根。

5. 根外追肥 受涝的晚熟柑橘根系吸收能力差,可用 0.3%～0.5%尿素或 20%腐熟人尿水喷施 2～3 次,以补足营养,恢复生长。

6. 喷施药剂 防治炭疽病等病害的发生。

7. 其他 在受涝严重的柑橘园,发现枯枝落叶、生长衰弱的树,即可进行修剪,剪除弱枝、枯枝,并增施肥料。因定植过低积水受涝者,若树龄树冠不大,可抬树移栽,或抬高定植部位,从根本上改变根系排水条件。

六、晚熟柑橘对灌溉水质的要求

水源不同,水的质量也不一样。如地面径流水,常含有有机质和植物可利用的矿质元素;雨水含有较多的二氧化碳、氨和硝酸;雪水中也含有较多的硝酸。据报道,在 1 升溶解的雪水中,硝酸的含量可达到 2～7 毫克,因此这一类灌溉水对果树是十分有利的。河水,特别是山区河流,常携带大量悬浮物和泥沙,仍不失为一种好的灌溉水。来自高山的冰雪水和地下泉水，水温一般较低，需增温后使用。但灌溉水中，不应含有较多的有害盐类。一般认为，在灌溉水中所含有害可溶性盐类，不应超过1～1.5克/千克。因晚熟柑橘果树抗盐力较弱，据Chapman报道，灌溉水所含可溶性盐总量达500～700毫克/千克时，柑橘叶片就有受盐害的危险。许多研究者推荐，把水中氯化物含量作为其含盐度指数。

灌溉水中各项污染物的浓度限值，见表7-3。

表7-3　灌溉水中各项污染物的浓度限值

项　目	指　标
pH值	5.5～8.5
总汞，mg/L	≤0.001
总镉，mg/L	≤0.005
总砷，mg/L	≤0.1
总铅，mg/L	≤0.1
铬（六价），mg/L	≤0.1
氟化物，mg/L	≤3
氰化物，mg/L	≤0.5
石油类，mg/L	≤10
氯化物，mg/L	≤250

第八章　晚熟柑橘的整形修剪

一、晚熟柑橘整形修剪的基础

晚熟柑橘果树是多年生的常绿果树，其树体由根、芽、枝、叶、花和果等构成。果树一生中，有生命周期和年发育周期两种规律性的变化。生命周期是指柑橘果树一生中所经历的生长、结果、衰老、更新和死亡的变化；年发育周期是指柑橘果树随四季的气候变化，有节奏地进行萌发，抽枝长叶，开花结果，进入相对休眠（半休眠），如此年复一年的变化。了解柑橘果树树体各构成部分及其动能，了解生命周期，掌握其生长发育规律，是采取整形修剪和有效的栽培措施，使柑橘果树达到早结果、丰产稳产和优质的重要前提。

（一）各器官的生长发育

1. 根　晚熟柑橘果树根系的分布因种类、品种、砧木、繁殖方法、树龄、环境条件和栽培技术等不同而异。柚、酸橙和甜橙等的根系较深；宽皮柑橘的根系较浅。枝梢直立性的晚熟椪柑根系较深，枝梢开张披垂的晚熟温州蜜柑较浅。红橘砧的根系较深，枳砧的根系较浅。成年树根系较深，幼树根系较浅。土壤疏松深厚、地下水位低的根系较深，土壤瘠薄、地下水位高的根系较浅。晚熟柑橘果树的种植，一般要求深厚的土壤。土壤浅薄、黏重导致根系浅，相应的对水分、养分吸收面窄，对土壤干湿、地温高低等变化敏感，且易遭风害，栽培管理如不精细及时，难以获得高产、稳产。土壤深厚，使柑橘果树根系深扎，须根多，对水分、养分的吸收面广，植株大，枝叶茂盛，抗逆性强，易获丰产、稳产。

按根系生长的方位，有垂直根系和水平根系之分。垂直根系或水平根系的发育状况，对柑橘树体的生长发育影响很大，垂直根系先长、旺长，往往使植株地上部徒长，导致迟迟不开花结果。相反，水平根先长，发育良好，分生须根多，树冠枝梢多，能及时甚至提早结果。晚熟柑橘在栽植时和栽植后尽量采取有利于水平根系生长发育的技术措施和熟化深厚土层，是柑橘早结果和丰产稳产的重要条件。

晚熟柑橘果树是内生菌根植物，在土壤环境条件下一般不生根毛，而靠与其共生的真菌进行水分和养分的吸收。晚熟柑橘果树的各类根，其功能有别。菌根对柑橘主要起营养吸收的促进作用，因而有效地增进了柑橘植株的增长。柑橘的主根和大侧根，统称骨干根，其功能主要是固定植株和储藏养分。所有的根都具有运输水分和养分的作用。根系有衰亡和再生能力，表现在根系受伤后能很快恢复。

根的生长和吸收水分、养分，需有适当的土壤温度，且不同的柑橘种类所需的地温有差异，甜橙和柠檬等，在地温12℃左右时根系开始生长，23℃～31℃根系生长发育和吸收水分、养分处于最适状态，当地温降到19℃时，根系生长衰弱、稍粗的根断根后伤口不易愈合和发根。9℃～10℃时根系仍能吸收氮素和水分。但降到7.2℃，根系即失去吸收能力。地温达37℃以上时，根系生长极微弱，40℃～50℃时，根系出现死亡。

1年中，根系生长有几次高峰，且不同的柑橘产区有一定的差异。冬春温暖，土壤温度、湿度较高的我国华南柑橘产区，先长根，后发春梢，春梢大量生长时，根系生长微弱；在大量春梢转绿后，根系生长开始活跃，至夏梢发生前达到生长高峰；以后秋梢大量发生前和转绿后又出现根的生长高峰。但如早春土壤过干，柑橘则先发春梢后长根。柑橘的根系生长均与枝梢的生长互成消长关系，轮流交替进行。

晚熟柑橘根系与地上部的枝叶有互相依存、互相制约的关系。根系吸收水分和养分，供叶片进行光合作用，而叶片制造的养分，又供根系生长之需。所以，根的生长与地上部的抽梢，不能同时进行，而是交替进行。根系与地上部有互相平衡的关系，如大枝回缩或折断，常会促生大量新梢，大根伤断也会重发新根，借以保持树冠和根系间的平衡。根系部分霉烂，树势出现衰弱，根系全部死亡，全树必然死亡。

2. 芽 柑橘植株的生长发育过程，广义而言，可视为芽的生长发育的演变和伸展。地上部的树干、大枝、侧枝、梢、叶和花等均由芽发育而来，随着芽的增加和积累形成树冠。芽的生长，是柑橘结果、更新的基础。

(1)芽的性质 柑橘的芽由几片不发达的先长出的肉质叶片所遮盖，每片先长出的叶片的叶腋各有 1 个芽，构成复芽。故我们常能在 1 个节上看到萌发数条新梢。柑橘复芽这一特性，在人工抹去先发的嫩梢时，可促进萌发更多的新梢。芽内同时有花芽和叶芽的称混合芽，只着生花的称花芽，只着生叶的称叶芽。柑橘新梢伸长停止后几天，即枝梢转绿前，嫩梢先端自行脱落，这称顶芽“自剪”或“自枯”，由此削弱了顶芽优势，常使枝梢上部几个芽一起萌发伸长，使枝梢形成丛生。柑橘的芽有异质性，即顶端的芽先抽生，形成顶端优势，顶芽以下的芽，生长势依次减弱，因上部芽的存在抑制了下部芽的萌发。故生产上用枝条短截或将直立性枝条弯曲，来促使下部侧芽发梢。柑橘的芽在主干和主枝上还具有潜伏性，成为隐芽，隐芽受刺激后能萌发成枝。根部受伤或受刺激，其暴露在土外的部分也能萌发不定芽而抽生出新梢。

(2)芽的利用 柑橘的芽是叶、花、梢、枝的发育基础。芽有异质性、丛生性、隐蔽性和早熟性等，可利用这些特性为生产所用。

如利用芽的异质性，用短截促发中下部的芽，增加抽枝数量，尽快扩大树冠；利用修剪和扭曲枝条等措施刺激隐芽萌发，以利树冠更新和树冠补缺填空。利用芽的早熟性和1年多次抽梢的特点，在幼树阶段，对枝梢做短截，使一次梢缩短生长时间，多抽一次梢，增加末级梢的数量，尽早投产和扩大树冠。

3. 枝　晚熟柑橘植株的枝、干，由芽抽生、伸长发育而成。枝又称梢，是增加叶面积、开花结果的基础。枝干主要功能是支撑树冠，输导和储藏营养物质，枝梢幼嫩时表面有叶绿素和气孔，能进行光合作用，直至表皮和内部的叶绿素消失，外层木栓化才停止。柑橘枝梢由于顶芽"自枯"，使苗木主干易分枝形成矮生状态。在生产上，当枝梢已停止生长，顶芽尚未"自枯"时，立即追速效肥，可延迟"自枯"，若肥分充足，还可促其再生长。"自枯"后追肥，又可促进枝梢充实。

晚熟柑橘枝干忌阳光直射，所以柑橘的整形修剪上应注意荫蔽，尽量使枝干避免强烈的直射光照射。

枝梢的生长和结果，受分枝角度和分枝级数的影响极大，分枝角度大，枝的生长势较弱，枝梢披垂；分枝角度小，枝的生长势较强，枝梢直立旺长。无论是未结果的幼树、生长结果树、盛果树或是衰老树，都要求在树冠中有生长势不同的枝梢。有时人为地进行调节，如初投产树，应在秋梢未老熟前撑枝、吊枝，以扩大枝的分枝角度，促进花芽分化。弱树要提高枝的生长势，强树要抑制枝的生长势，才能使柑橘正常结果，丰产、稳产。

柑橘的结果与分枝级数有关，级数划分以主干为0级、主枝为1级，副主枝为2级，侧枝为3级……以此类推。正常情况下达到4级分枝时开始开花结果；7、8级分枝时就不再发生二次梢的趋势，分枝级数越高，发梢次数越少，最后到无二次梢生长。到达10级至12级分枝时，春梢也易衰退枯死，并会在下部发生自然更新枝。适当调节分枝级数，可提早结果和延长盛果期，如利用抹芽加速枝条的分级和多发枝梢，达到早结丰产，而当分枝级数过高时，及早缩剪更新，能使生长力提高，盛果期延长。

(1)枝的种类 柑橘的枝梢，1 年可发生 3～4 次，以发生的时间依次分春梢、夏梢、秋梢和冬梢，由于季节、温度和养分吸收的多少不同。

上 1 次梢抽生的时间和数量、质量，对下 1 次梢抽生影响很大，通常抽梢后要经 50～60 天才能抽发下次梢。柑橘枝梢依其 1 年中是否继续生长，分为一次梢、二次梢和三次梢等。一次梢是 1 年只生长 1 次的梢，如 1 次的春梢、夏梢和秋梢。二次梢是指在春梢上当年再抽夏梢或秋梢，也有在夏梢上再抽秋梢的。三次梢是在春梢上再抽夏梢、秋梢。以生长状态和结果与否，又可分为徒长枝、营养枝、结果枝和结果母枝等。

(2)春、夏、秋梢

春梢，一般于 2～4 月份，立春后至立夏前抽发。春梢节间短，叶片较小，先端尖，但抽生较整齐。春梢上能抽生夏梢、秋梢，也可能成为翌年的结果母枝。

夏梢，一般在 5～7 月份，立夏至立秋前抽生。夏梢在春梢上或较大的枝上抽发，数量随树体的营养水平而异。幼树夏梢的数量较大，未到盛果期的树也易抽发，衰老树一般不抽发夏梢，只有加强肥水管理和修剪刺激才会促发。夏梢长而粗壮，叶片较大，由于生长快，枝呈三棱形，不充实，叶色淡。夏梢是幼树的主要枝梢，常利用其尽快扩大幼树树冠，结果树夏梢过多，会严重引起幼果脱落，故除用于补空补缺树冠外，应严格控制其抽生。

秋梢，一般在 8～10 月份，立秋至立冬前抽生。秋梢生长势比春梢强，但比夏梢弱，枝条断面也呈三棱形，叶片大小间于春夏梢之间，早秋梢为优良的结果母枝。

热量条件丰富的产区还可抽生冬梢，一般在立冬前后抽生，冬梢的抽生会影响夏、秋梢养分的积累。

枝梢抽发次数及时间，因柑橘种的种类、品种、树龄、树势、当年结果量、气候和土壤等条件不同而异。同一地区，柠檬和甜橙较早抽梢，柑类、橘类和金柑等抽梢较迟。华南的柑橘幼树可抽生春、夏、秋、冬 4 次梢，四川、重庆和华中、华东幼树发春、夏、秋 3 次梢。

(3)生长枝和结果枝　柑橘的生长枝，又称营养枝，凡是不着生花果的枝和无花芽的枝都称营养枝，良好的营养枝可以转化为翌年的结果母枝。

徒长枝是营养特别强旺的营养枝，多数在树冠内膛的大枝，甚至主干上，节间长，有刺，枝条横断面棱形，叶大而薄，枝长达 1～1.5 米，影响主干的生长和扰乱树冠，而且绝大多数种类、品种的徒长枝花芽都不能分化。所以，除对着生位置适宜的徒长枝及早短截，用于树冠补空补缺外，都应尽早除去，以减少树体养分的损耗。

结果母枝是指头年形成的梢，翌年抽生结果枝的枝。春梢、夏梢、秋梢一次梢，春夏梢、春秋梢和夏秋梢等二次梢，强壮的春、夏、秋三次梢，都可成为结果母枝。多年生枝有时也能抽生结果枝，但数量较少。在同一树冠上，各种结果母枝的比例因柑橘的种类、品种、树龄、生长势、结果量、气候条件和栽培管理不同而变化。柑橘果树每年需要一定的结果枝，才能使营养生长和生殖生长平衡，达到丰产稳产，而发育健壮的结果母枝才能抽生好的结果枝。

结果枝是指结果母枝上抽生带花的春梢，有花的称花枝，落花的称落花枝，结果枝一般由结果母枝顶端 1 芽或附近数芽萌发而成，晚熟椪柑、年橘等在 1 条枝梢上能连续发生 2～3 次梢的情况下，春、夏、秋各段梢也可连续在各叶腋萌发结果枝。结果枝分两类，花和叶俱全的称为有叶结果枝，有花无叶的称无叶结果枝。有叶结果枝的花和叶片比例也有差别，有多叶 1 花，有花叶数相等，也有少叶多花的。一般而言，有叶结果枝坐果率比无叶结果枝高。

4. 叶片 柑橘果树的叶除枳为三出复叶外，均为单身复叶，由叶身（真叶）、翼叶和节间组成，保留复叶的痕迹，只有香橼几乎已变成单叶。

叶片具有光合作用、储藏作用、蒸腾作用和吸收作用等功能。

(1)光合作用 叶片中含叶绿素，是光合作用不可缺少的物质，叶肉利用光能把水和二氧化碳合成糖，糖转化为各种有机物质，使之成为柑橘的有机养分。叶片色泽不同，光合作用的强弱也不同，未转绿的嫩叶光合作用不强，转绿后的叶片光合效能逐渐达到高峰。老叶的光合作用不如新叶。柑橘是光合效能低的植物，在最适的条件下，光合效能仅为苹果的1/3～1/2，甘蔗的1/10；甜橙、柠檬和温州蜜柑等的最高饱和光量为30 000～40 000米烛光。最适的叶温为15℃～30℃，温度过高过低，光合效能均会降低。柑橘叶片每制造1克干物质需消耗300～500倍水分，最适光合作用的叶温为15℃～20℃，在大气湿润条件下，最适光合作用的叶温为25℃～30℃；叶温达到35℃时，光合效能降低。当土壤干旱又遇高温干燥时，土壤灌水或叶面喷水都能提高光合效能。

(2)储藏作用 叶片是储藏养分的重要器官，叶片储藏树体40%以上的氮素和大量的碳水化合物。叶片的大小、厚薄、色泽深浅为树体是否健康的重要标志之一，叶片变小，色泽变黄，出现落叶即是树体不健康的表现。正常脱落的叶片，叶片中的氮素约有56%可回到树体再被利用。

(3)蒸腾作用 叶片有蒸腾树体水分，使树体水分达到平衡的功能。叶片蒸腾作用的拉力是根系吸收水分和养分的动力之一。

(4)吸收作用 由于叶片表面有许多气孔，尤其是叶背，气孔数为叶面的2～3倍。叶片上的气孔能吸收空气中的二氧化碳和水分，吸收多种肥料，如速效性氮、磷、钾、锌、硼等。所以，对柑橘果树可做根外追肥，且喷施叶背的效果比叶面好。

柑橘叶片的寿命一般为17～24个月，少量的叶片寿命可长达

36 个月。叶片寿命之长短与树体养分和栽培条件有密切关系。正常落叶主要在春季春梢转绿前后，多为树冠下部老叶自叶柄基部脱落；若是外伤、药害和干旱造成的落叶，都是叶身先落，后落叶柄。叶片早落对果树生长、结果和越冬不利。在柑橘栽培中，迅速扩大树冠和叶面积，提高叶片质量，提高叶片功能和光合效能，延长叶片寿命，保护好叶片是早结果、丰产、稳产的重要措施。

5. 花、果实和种子　晚熟柑橘果树的花为完全花。但因发育中受外界条件的影响，又有完全花和畸形花（不完全花）之分。花的各个器官生长发育正常的称正常花；凡是受影响的花器，发育不完全的称畸形花。正常花的坐果率高，畸形花的坐果率低。

正常花要进行授粉、受精。当花器发育完全，即能授粉受精，形成果实。花药中的花粉发芽，花粉管伸长，通过花柱，进入子房。花粉放出 2 个精子，一个精子的精核与子房中的卵子结合成合子，合子发育成种子；另一个精子的精核刺激子房膨大，形成果实。花粉进入子房的过程叫授粉，精子与卵子结合叫受精。

柑橘的开花受气候影响很大，特别是温度，遇低温花期推迟，遇高温花器萎蔫或死亡，影响授粉受精。遇阴雨、大风，也影响授粉。

柑橘的果实为柑果。果实自谢花后子房成长至成熟，时间较长，随果实的增大，果实内部也发生组织结构和生理变化，最先是果皮的增厚，接着果肉（汁胞）增大为主，最后果皮、果肉显现品种的固有色泽、风味而成熟。根据果实发育过程中的细胞变化，可分为细胞分裂期、细胞增大前期、细胞增大后期和成熟期。

种子是由精子和卵子结合形成合子，合子经生长发育形成种子。有些柑橘品种如脐橙、温州蜜柑等合子或种子未真正形成，产生败育而成无核（无种子）。柑橘的多种种类和品种的种子，常含有 2 个以上的胚，通常只有 1 个为有性胚，其余为无性胚。无性胚由珠心细胞发育而成，故又称珠心胚。通常有性胚不如无性胚健壮。

(二)各器官间的相互关系

晚熟柑橘果树的各个器官是相互依存、相互制约的一个完整有机体,既有统一性,也有相对独立性。例如,柑橘树冠的某一部分受到损伤,由于营养减少,会使根系的相对部分生长不良。反之,根系的某一部分受损伤,也会影响地上部相对应的枝梢的生长削弱。柑橘果树的地上部与地下部,即树冠和根系之间,保持了相对的平衡状态,当这种平衡遭到破坏,树体会再建立起新的平衡,如对衰老树进行回缩修剪,使地上部树冠与地下部根系失去了平衡,但树体能在回缩的剪口处抽发出许多旺盛的新梢,以达到树冠和根系间新的平衡。

同样,柑橘树冠的主枝、大侧枝和侧枝等均有相对的独立性,如生长势和结果量等可以各不相同,甚至同一树冠上的主枝、侧枝,乃至枝组间,还可交替结果,这便是树冠结果的独立性。

营养器官和生殖器官之间也互相关联。枝叶和根系的生长正常,才能积累大量的养分供开花结果之所需。营养生长过旺,会抑制生殖生长,生殖生长过旺,即开花结果过多,也会影响营养生长。生产上处理好营养生长和生殖生长的相对平衡,十分重要。对营养生长过旺的幼树、强树,要抑制其顶端优势,抑制强枝,保留弱枝,控制夏梢,增施磷、钾肥,叶面喷施尿素等,使幼树结果,使树体的营养生长和生殖生长趋向平衡。对生殖生长过旺,也就是结果过多的树,要疏花疏果,增施肥水,增施氮肥,促进营养生长,增强树势,使生殖生长和营养生长平衡。第二次生理落果前,大量抽发夏梢会加剧生理落果而减产,这也是营养生长和生殖生长矛盾所致。

为使营养生长和生殖生长保持相对的平衡,生产上常采取抑强促弱的技术措施。例如,顶芽具顶端优势,抑制枝梢下部侧芽的萌发,去除顶芽,促发下部芽,可使树冠丰满,梢多的旺树,要“以果压梢”，果多梢少的枝，要“以果换梢”；主枝过旺，会抑制侧根的生长，可采用垫根、伤根、圈根，施肥时采用勤施薄施，施肥穴逐步向外扩大，借以诱发水平抑制相对应的地上部，疏除迟发的春梢20%～30%，严格控制夏梢等措施。

了解各器官间的相互关系，对正确掌握整形修剪、抹芽放梢、枝组轮换结果和根系、树冠的更新复壮十分重要。

（三）隔年结果

隔年结果是柑橘生产上至今没有彻底解决的世界性难题。众所周知，柑橘花芽的孕育与果实发育是同时进行的，在丰产年，即大年，由于结果过多，多数营养为果实发育所需，供花芽分化的营养不足，使花芽形成少，翌年花量少，甚至花质差，结果少而成为小年。低产年即小年，由于果实营养消耗少，促进形成大量花芽，又使下一年大量结果成为大年，这种现象年复一年，即为柑橘果树的大小年结果。

一般情况下，大小年结果交替进行，即大年后小年，小年后大年，但有时并不尽然，出现连续大年或连续小年。大年结果后，枝梢、叶片和根中的碳水化合物及氮素含量都明显下降。这样，不仅使根系生长受阻，而且翌年成为结果母枝的营养枝的抽生也受到严重抑制。在一定范围内，花量的减少，结果量可由着果率的提高而得到弥补。但结果量超过一定的限度会使翌年减产，甚至无产量，形成大年结果后小年无果的隔年结果。

晚熟柑橘隔年结果（大小年结果）的程度，因品种而异，通常甜橙、葡萄柚和柠檬中的无核品种隔年结果较轻，宽皮柑橘类及其杂种大小年结果较为普遍，如晚熟温州蜜柑、柳叶橘。此外，种子多的橘类，大小年较严重，原因是有种子的幼果，不易脱落，树体自然疏果能力差，易出现大年。

克服隔年结果采取如下措施，可减轻柑橘的大小年：一是为柑橘果树的生长创造良好的土壤环境,使其有良好的根系。二是有好的、较厚的叶幕层和较多的叶色浓绿、同化能力强的叶片,以保证同化物质的大量积累。三是结果量适度,大年疏花疏果,小年保花保果。四是加强肥水、合理修剪,防治好病虫害。

(四)物 候 期

柑橘是多年生的果树,从春季的萌芽抽梢到晚秋、冬季的花芽分化和停止生长,进入相对休眠,年复一年的生命活动,称为年生长周期或叫年周期。柑橘年周期中进行的一系列生育活动和生理活动与1年中的季节变化相吻合的现象称为柑橘的物候期。柑橘物候期有顺序性、重演性和重叠性。

柑橘物候期的早晚,除品种不同而异外,同一品种还受气候条件、植株营养状况和栽培技术措施等方面的影响。如冬、春气温高低会影响春梢发芽的早晚,温度高,春芽萌动早。开花期天气的晴雨会影响花期的长短,晴天多则花期短。夏、秋干旱,可推迟秋梢抽发。营养状况佳的树体春梢发芽早,反之则迟。修剪、灌溉等农业措施也可以影响柑橘的物候期。例如,夏季修剪能促使早发芽,秋旱灌溉,能促进秋梢萌动等。

晚熟柑橘物候期大致可分为发芽期、枝梢生长期、花期、果实生长发育期、果实成熟期、根系生长期和花芽分化期。

1. 发芽期 芽体膨大伸出苞片时,称为发芽期。柑橘发芽期的有效温度为12.8℃。但发芽期也因柑橘的种类、品种差异而别,甜橙类比宽皮柑橘早,温州蜜柑比本地早早。

2. 枝梢生长期 晚熟柑橘1年中一般能抽3～4次梢,按生长次数可分为一次梢、二次梢和三次梢等;按发生的季节可分为春梢、夏梢、秋梢和冬梢。有关枝梢的生长发育,已在前面提及,在此不再赘述。

3. 花期 晚熟柑橘花期较长,可分现蕾期、开花期。

现蕾期：从柑橘发芽能辨认出花芽起，花蕾由淡绿色转为白色至花初开前称现蕾期。三峡库区甜橙类多在2月下旬至3月中旬现蕾，红橘在3月中下旬现蕾，柠檬四季开花，周年可见现蕾。

开花期：花瓣开放，能见雌、雄蕊时称为开花期。开花期又按开花的量分为初花期、盛花期和谢花期。一般全树有5%的花量开放时称初花期，25%～75%开放时称盛花期，95%以上花瓣脱落称谢花期。

晚熟柑橘多数品种集中在3月初至4月中下旬开花。少数在3月份前或4月份后开花。开花的时间同样受品种、气候、树体营养和栽培措施的影响。

4. 果实生长发育期　从谢花后10天左右果实子房开始膨大到果实成熟前的时间称为果实生长发育期。果实生长发育前期有两次果实的生理落果，带果梗落果为第一次生理落果，以后不带果梗从蜜盘处落果的称第二次生理落果。第二次生理落果结束一般都在6月底至7月上旬。生理落果过多，会造成减产。因此，针对当时出现的不良气候和树体营养，采取栽培措施防其异常生理落果。

果实生长发育期所需的时间也因柑橘种类、品种不同而差异很大，如中熟的甜橙品种锦橙、先锋橙等4月下旬谢花到10月下旬，甚至11月初果实都处在生长发育阶段，历时6个月左右；晚熟的伏令夏橙则要1年以上；温州蜜柑的早熟品系兴津、宫川等需5个月左右，晚熟温州蜜柑需10个月左右。

果实生长、发育是否正常，直接影响到果实的大小和品质，秋旱往往使果实变小，应灌溉防旱。

5. 果实成熟期　果实成熟从果皮转色直到最后达到该品种固有色泽、风味的时期称为果实成熟期。因柑橘的种类、品种不同，果实的色泽也不同。但必须指出，有些柑橘产区的某些柑橘种类和品种，即使果实已充分成熟，但果皮仍是青绿不转色。这是因为果实果皮转色需要一定的条件，既要果实充分长大，又要保持一定时间的20℃以下的气温条件不具备所致。从内质来看，果汁增多、糖分增加(果汁以柠檬酸为主的品种除外)、柠檬酸减少、糖酸比、固酸比提高也是重要因素。当然，绝大多数的情况下，果实的品质风味随品种固有色泽的出现而出现。

6. 根系生长期 从春季开始生长新根，到秋、冬新根停止生长称为根系生长期。根系生长1年有3～4次高峰。亚热带地区一般有3次生长，热带冬季温暖多湿地区1年生长多于3次。鉴于柑橘树体受营养分配上的生理平衡影响，根系生长多开始于各次枝梢自剪后，与枝梢的生长交替进行。根系的生长发育，前面已做介绍，此略。

7. 花芽分化期 从叶芽转变为花芽，通过解剖识别起，直到花的器官分化完为止，称花芽分化期。柑橘花芽分化时期一般从10～11月份开始到翌年2～3月份结束，历时4～5个月。

花芽分化是柑橘年周期中的重要生命活动之一，由于花芽分化直接影响柑橘丰产稳产，所以应了解其形态变化、生理变化以及外界环境条件的影响。

晚熟柑橘开始花芽分化要具备一定的营养生长基础，如实生柑橘的结果，即开始花芽分化，要6～7年；嫁接的柑橘也要3年左右。但营养生长和开花结果的生殖生长，既相互依赖，又相互制约，柑橘枝梢上的花芽分化，要待枝梢停止生长后才能开始。

花芽分化主要分生理分化和形态分化。花芽的形态分化分6个阶段，即分化前期、形成初期、萼片形成期、花瓣形成期、雄蕊形成期和雌蕊形成期。

花芽分化的时期因晚熟柑橘的种类、品种和种植地区的气候条件而异。一般而言，种植在亚热带地区的多数柑橘种类、品种，花芽分化在冬季果实成熟前后至翌年春季芽萌动前进行。在同一产区的同一品种，花芽分化的时间也因年份、树龄、营养状况、结果量而不同。

柑橘具四季生长的特征，柠檬在热带和亚热带能四季开花，宽皮柑橘、甜橙和柚等在亚热带地区每年春季开1次花，偶有夏季开2次花。不少试验研究证明：柑橘不仅在冬春可以花芽分化，其他季节也均可进行花芽分化，只要具备花芽分化的条件，如停止生长的时间较长，积累的养分能引起再次花芽分化等。此外，低温和干旱是诱导柑橘形成花芽的主要条件。

（五）生物学年龄时期

晚熟柑橘果树从受精形成种子、生长发育、开花结果，盛果丰产，最后直至衰老死亡的整个生命活动中，由于树龄的变化，使柑橘果树的一生分为若干个阶段。根据柑橘生长发育特性，通常将柑橘果树分成4个生物学年龄时期，即营养生长期、生长结果期、盛果期和衰老更新期。了解柑橘各生物学年龄时期的特点及其差异，有利于采取正确的栽培管理措施，达到提早结果，延长盛果期，推后衰老期，进而获得高的产量和经济效益。现将各个时期的特性及其应采取的栽培措施简介如下：

1. 营养生长期　从种子萌发或接穗发芽到树冠骨架开始形成，首次开花结果前的时期称为营养生长期。这一时期的主要特征是树体离心生长，根系和树冠迅速扩大，开始形成骨架，枝梢生长直立，萌芽早，停止生长晚，生长势强，且树体向高的生长比向横的生长快，新梢生长量大，枝长节稀。柑橘果树的枝梢1年有多次生长的习性，且"顶芽自剪"，易分生侧枝，分枝多、分级快，主干也因易分枝而形成矮生，加上柑橘又具复芽，因而能形成多枝紧密的树冠，这为栽培上的早结果、早丰产打下基础。

营养生长期，栽培上的主要任务是加强土壤深耕熟化和肥水管理，促进营养生长，合理修剪，培养健壮的树冠骨干和扎实良好的根系，配备好辅养枝。

营养生长期的长短，与柑橘的种类、品种、繁殖方式、嫁接苗的砧木以及栽培管理关系极大。通常，甜橙和宽皮柑橘较柚类结果早，嫁接苗较实生苗能提前3～4年结果，以枳为砧木的柑橘比以红橘为砧木的柑橘可提早2～3年结果。

2. 生长结果期 从开始结果到大量结果以前的这一时期称为生长结果期。这一时期的特点是从营养生长占优势逐步转向营养生长和生殖生长趋于平衡的过渡阶段，表现在发梢次数多、生长旺，管理不善易发生徒长枝。骨干枝继续形成，树体离心生长由强变弱，即旺盛生长逐渐转向缓慢生长，后期骨干枝停止生长。结果枝逐渐增多，结果量由少到多，结果部位最初由中下部开始，逐步进入全面结果。树冠和根系都迅速扩大，树冠内部大量增加侧枝，骨干根大量增加侧根，以后根系和骨干根离心生长缓慢，枝条开张角度增大，枝梢长度变短，充实健壮。初结果的果实较大，果皮较厚，汁多味淡，较酸，随着结果量的增加，果实品质逐渐提高，表现出品种的固有特性。

生长结果期，栽培上的主要任务是在保证树体健壮生长的基础上，大量增加侧枝，扩大叶绿层，迅速提高产量，夺取早期丰产。

生长结果期的长短，受生态条件和栽培措施的影响而异，在地下水位高的水田柑橘园植株寿命短，生长结果期仅3～5年；而在地下水位低的柑橘园则长达5～10年。

生长结果期，如若栽培管理不善，容易发生地上部和地下部相互关系的失调：易出现营养生长过旺，导致落花落果，或影响花芽形成。

3. 盛果期 盛果期是柑橘果树大量结果时期。这一时期以结果为主，树冠和根系的离心生长趋向停止，树冠扩大到最大，骨干枝生长缓慢，小侧枝大量抽生，大量开花结果，产量达到最高峰。盛果期抽生的小侧枝不断交替发生，早先抽生的出现枯死，树冠叶幕逐渐向外推移，且在树冠上下、内外或各枝序之间常出现交替结果的现象。

盛果期是营养生长和生殖生长相对平衡的时期，这一相对平衡的时期越长，盛产期也越长，这是柑橘种植者所需求的，但由于这一时期的结果量大，树体营养物质的积累和消耗的矛盾大，若不注意调节营养生长和生殖生长之平衡，使平衡遭受破坏，出现产量严重下降，甚至隔年结果。所以，加强树体地上部和地下部的管理，平衡营养生长和生殖生长的关系，延长盛果期，获得高产稳产，是这一时期的主要任务。栽培技术上，宜适时施重肥，保证有足够的营养，促使连年结果。根据不同立地条件的柑橘园，采取局部深翻改土或客土护根(主要是水田和土层浅的柑橘园)。为了提高同化器官的效能，注意病虫害和自然灾害的防治，保护好叶片；适当疏剪和及时更新侧枝，防止树冠郁闭和早衰，对过密的柑橘园要采取间伐(移)，使被间伐(移)后的柑橘园，有足够的空间，继续丰产稳产。

4. 衰老更新期　盛果期后，当产量明显下降，骨干枝先端开始干枯，即已进入衰老更新期。衰老更新期间，经几次更新，树即趋死亡。这一时期的特点是产量下降，果实变小，骨干枝先端干枯，小侧枝大量死亡，枝梢次数发生少，仅 1 次春梢，极易大量落花落果，出现隔年结果。随着营养生长的衰弱和树冠中下部、内部枝条的枯萎，叶幕层变薄，有效结果体积减小，分枝级数越来越高，生长力越来越弱，使春梢也易衰枯，故常在下部发生徒长枝而获得自然更新，经数年形成新的侧枝群而结果。柑橘的老龄树，有较强的更新能力，对衰老树加强管理、更新复壮，会有一定的产量。鉴于当前新品种、新技术不断推出，如新栽会比更新老树取得更好的效益，则宜新栽。

衰老更新期宜采取如下栽培措施：及时修剪更新，尽可能保留自然更新枝。加强肥水，特别是施氮。加强根系的更新管理，创造有利于根系生长的土壤和营养条件。适当间伐(移)过密植株。

二、晚熟柑橘整形修剪的目的、原则和依据

(一)整形修剪的目的

1. 培养合理的树体结构 通过整形修剪,使树体骨架牢固,树冠紧凑,结构合理,层次分明,通风透光良好,绿叶层丰厚,形成立体结果的丰产树形。

2. 早结果,早丰产 对幼树整形修剪,重点处理主枝延长枝,有利于树冠的迅速扩大。对幼树摘心,可增加分枝数,提高分枝级数,有利于缓和树体生长势,促进花芽分化,提早结果和早丰产。

3. 克服大小年 由于树体营养生长和生殖生长的不平衡,常使柑橘果树出现大小年,甚至隔年结果。整形修剪为翌年继续结果打下基础,由此缩小产量差异,减少大小年,达到稳产效果。

4. 提高果实品质 通过修剪,可改善光照和通风条件,减少病虫害,使之挂果适度,从而使果实营养充足,发育良好,外观和内质均能提高。

5. 延长树体经济寿命 通过对不同枝梢的短截、回缩修剪,可更新和恢复树体长势,保持和延长植株的结果性能,从而延长树体的经济寿命(指柑橘树能产生经济效益的寿命)。

6. 降低成本,提高工效 经合理整形修剪的植株,树冠矮化紧凑,便于修剪、保果疏果、病虫害防治和采收等农事操作,从而提高工效,降低成本。

7. 增强树体抗性 未经整形修剪的柑橘植株,有的枝梢乱而过密,树冠郁闭,抗性减弱,易发生病虫害。通过整形修剪,使植株的枝、叶分布均匀,通风透光条件改善,抗性增强。

(二)整形修剪的原则

1. 因地制宜　晚熟柑橘在我国的亚热带,甚至边缘热带等不同的生态条件下均可种植,因此要考虑生态条件对植株的影响,因地制宜地进行修剪。例如,南亚热带植株1年可抽生4次梢,中亚热带能抽生3次梢,气候带不同,对修剪也有区别。又如,土层深厚肥沃之地的晚熟柑橘植株树形比瘠薄之地的长得高大,修剪也不同。山地种植的柑橘比平地种植的柑橘光照条件要好,故修剪可更轻。

2. 因树修剪　晚熟柑橘不同品种(品系)、不同砧木、不同树龄、不同结果量、不同生长势的植株,其修剪方法也各不相同。例如,晚熟温州蜜柑晚蜜1、2、3号比早熟、特早熟温州蜜柑兴津、大浦树势强,晚蜜更宜轻剪。枳砧晚熟柑橘较枳橙砧、红橘砧的晚熟柑橘矮化,树形可比枳橙砧、红橘砧的晚熟柑橘矮小。树龄不同,修剪也不同:幼树以整形为主,要轻剪;初结果树以疏剪、短截修剪为宜;盛果树修剪要适度,以尽可能保持其营养生长和生殖生长的平衡;对衰老树,则需要回缩大枝、侧枝甚至回缩主枝,以促其更新复壮。树势强的宜轻剪,少短截;树势弱的,则相反。对翌年花量大、结果多的宜适当重剪,花量少的宜轻剪。

3. 轻重得当　晚熟柑橘的整形修剪,宜轻重得当,也即抑促得当,长短兼顾。对植株采取的每一项修剪技术,均会表现出对某些器官的促进或抑制,且具有不同程度的近期或远期反应。例如,对幼树多短截,可促进生长,增加分枝,加速树冠形成,虽然也会抑制成花,但因生长加速,可较快地形成树冠,不仅仍有利于早期丰产,而且良好的树体骨架还会产生长久的丰产、稳产潜力。成年树短截部分夏、秋梢,可刺激营养生长,虽然减少了第二年花量,但可为第三年提供充足的预备枝,从长远看也有利于丰产稳产。可见对晚熟柑橘的修剪要轻重、抑促得当,眼前利益与长远利益兼顾。

4. 保叶透光 叶片是合成有机养分的器官，又是储藏养分的仓库。修剪重，虽然有利于通风透光，但叶片损失过多，常引起徒长和产量下降。树冠各部受光量与抽生新叶量关系密切，光照不足，开花量和坐果率低，故修剪时应尽可能保持有效叶片，剪除无用枝，做到抽密留稀，上稀下密，外稀内密，使整个树冠光照充足，叶量适宜。

5. 立体结果 晚熟柑橘通过整形修剪，最终可达到立体结果的目的。使树冠呈波浪形，其下凹部分类似“天窗”而将光线引入内膛，使内膛枝叶能正常生长和开花结果，从而形成整个树冠内外、上下都有果的立体结果状态。就整个果园，特别是计划密植的柑橘园，既要使单株立体结果，又要使植株间相互不发生交叉，从而使全园从外到内、从上到下，阳光充足，挂果累累，也呈现立体结果状态。

（三）整形修剪的依据

晚熟柑橘整形修剪的依据，有以下几个方面。

1. 复芽特征 晚熟柑橘的芽是复芽。在通常情况下，复芽中的1个芽萌发成枝，其他芽的萌动就会受到抑制，除非所萌发的芽受到损伤，如人工抹除或折断，才会刺激其他芽的萌发。柑橘先抽生的芽称主芽，后抽生的芽称副芽。生产上利用柑橘复芽这一特性，可在萌芽期抹除先萌发的芽（梢），以利于抽生更多的新梢或整齐抽梢（抹芽放梢）。

2. 芽的潜伏性 晚熟柑橘芽的萌发能力很强，但不是全部芽都能抽梢。凡未萌发的芽转为隐芽（又称潜伏芽）。隐芽的寿命很长，可在树皮下潜伏数十年不萌发，只要芽位未受损伤，隐芽就始终保持发芽能力，且一直保持其形成时的年龄和生长势。当隐芽上部枝段被剪除或上部皮层受伤后，即可刺激隐芽萌发，抽发具有较强生长势的新梢。在生产上，可利用柑橘芽的潜伏性，对衰老树或枝组做更新复壮修剪。

3. 芽的早熟性　晚熟柑橘的芽在新梢“自剪”(自枯)、叶片转绿后的较短时间内,可发育成熟。即只要水分、养分充足,温度适宜,新芽就能萌发抽梢。芽的早熟性使柑橘1年抽生2～4次梢。生产上利用柑橘芽的早熟性,进行摘心,可使芽提早成熟,提早萌发。

4. 顶芽“自剪”　晚熟柑橘新梢停止生长后,其先端部分会自行枯死脱落,这种现象称顶芽“自剪”(自枯)。芽自枯后,梢端的第一个侧芽处于顶芽位置,具备了顶芽的一些特征,如易萌发、长势强、分枝角小等。此芽萌生使枝梢继续延伸。利用柑橘顶芽自枯的这一特性,可降低植株的分枝高度,培育矮化、丰满的树冠。

5. 顶端优势　晚熟柑橘在萌发抽生新梢时,越在枝梢先端的芽,萌发生长越旺盛,生长量越大,分枝角(新梢与着生母枝延长线的夹角)越小,呈直立状。其后的芽,依次生长变弱,生长量变小,分枝角增大,枝条开张,枝条基部的芽成为隐芽。这种顶端枝条直立而长、壮,中部枝条斜生而转弱,基部枝条极少抽生,而裸秃生长的特性,称为顶端优势。顶端优势的特性,一方面使顶部的强壮枝梢向外延伸生长,扩大树冠,枝叶茂盛,开花结果;另一方面,使中部的衰弱枝梢逐渐郁闭,衰退死亡而使枝条光秃,造成内膛空虚,使无效体积增加。利用柑橘顶端优势的特性,在整形时将长枝摘心或短截,其剪口处的芽成为新的顶芽,仍具有顶端优势,虽不及原来的顶端优势旺盛,但中下部,甚至基部芽的抽生,缩短了枝条光秃部位,使树体变得比原来紧凑,无效体积减小,可逐步实现立体结果和增产。

6. 分枝角度　晚熟柑橘的分枝角度是指枝梢与地面垂直线之间的夹角。分枝角越小,枝梢越直立,生长势越强,顶端优势越明显;分枝角越大,生长势越弱。分枝角度的大小,还可影响枝条的特征。培育树冠骨架,培育主枝时,可采用拉枝技术,将直立性主枝拉成斜生姿态，加大主枝与中心主枝的夹角，即可削弱主枝长势，使主枝牢固，负重力增加；相反，主枝斜生、下倾，树体长势过弱，也可将中心主枝延长枝扶直，以加强其生长势。

7. 分枝级数 晚熟柑橘幼树较成年树生长旺盛，表现枝梢长、叶片大、枝节间长，甚至出现徒长。老树则树势衰弱、枝短、节间密、叶片小。柑橘从开始生长到衰老的过程，也即从幼苗到衰老树的过程，是通过枝条的不断分枝而演变的。常将主干（或中心主枝）作为0级，主枝为1级，其后每增加1次分枝，分枝级数就提高1级。分枝级数越高，阶段性越高，生长越衰弱。利用晚熟柑橘的这一特性，可通过短截或回缩来降低树体的分枝级数，以增加生长势，复壮衰老树。

幼、旺树的分枝少，可采用摘心、拉枝等促发分枝，缓和生长势，达到早开花、早结果。

8. 植株地上部与地下部 晚熟柑橘地下部的根系与地上部的枝叶关系十分密切。根系发达，枝叶生长旺盛。地下部与地上部的关系，也即根与冠的关系，常用根冠比（根/冠）来表示，一般指根系与地上部的鲜重之比。柑橘幼树，其树冠生长小于根系生长，即根冠比值大时，根系供应地上部的水分、养分和内源激素均充足，地上部枝梢生长旺盛，不开花或开花很少，树冠处于离心生长期。当根系基本形成后，树体生长发育逐渐缓和，进而根系生长与地上部生长达到动态平衡，地上部进入开花结果阶段。当根系生长受阻，地上部生长超过根系生长时，便会出现地上部得不到充足的水分、养分和内源激素的现象，从而使枝梢生长变弱，开花过量，导致树势变弱。此时的植株已进入向心生长期。整形修剪中，可采取摘心、疏剪、回缩或短截骨干枝等措施，调节根冠比，使之达到相对平衡。以延长盛产期和树体的经济寿命。

9. 植株整体性和相对独立性 晚熟柑橘整个树体，既具树冠结果的整体性，又具枝组的相对独立性。假如某些枝组、侧枝甚至主枝上挂果减少，而树冠其他部位的坐果率会相应提高，这就是树体结果的整体性。另一方面，柑橘植株的主枝、副主枝和侧枝间轮换结果，这即为枝组结果的相对独立性。利用柑橘这种特性，可在适度范围内，于冬季或早春疏剪、短截1年生枝、枝组、侧枝甚至副主枝。这样做，虽疏除了部分花和结果部位，但保留的枝梢却因坐果率的提高，弥补了去除部分果实所造成的产量损失。

10. 成花母枝与结果母枝　晚熟柑橘能抽生花枝的基枝，称成花母枝。成花母枝上的花能正常坐果的枝，称结果母枝。

春季先抽枝梢，再在其上开花结果的称结果枝。着生结果枝的是结果母枝。柑橘的结果母枝，多数是上1年的春梢、秋梢。

11. 成花部位向顶梢转移　母枝上春梢抽生后，不再萌发夏、秋梢，则此春梢能分化花芽，抽出花枝结果。当春梢上抽生了夏梢或秋梢，成为春夏梢或春秋梢2次梢后，则成花部位转向顶部的夏梢和秋梢段上，第一年春季，春梢段不再开花，也很少抽生新梢。当夏梢段上又抽生秋梢而形成三次梢后，则此春梢段在翌年春季不再萌发新梢，夏梢段也不进行花芽分化，但可抽生少量营养枝。成花部位转移到顶部秋梢段。

三、晚熟柑橘整形修剪的主要方法

（一）短截（短切、短剪）

将枝条剪去一部分，保留基部1段，称短截。短截能促进分枝，刺激剪口以下2～3个芽萌发壮枝，有利于树体营养生长。整形修剪中主要用来控制主干、大枝的长度，并通过选择剪口顶芽调节枝梢的抽生方位和强弱。短截枝条2/3以上为重度短截，抽发的新梢少，长势较强，成枝率也高；短截枝条1/2的为中度短截，萌发新梢量稍多，长势和成枝率中等；短截1/3的为轻度短截，抽生的新梢较多，但长势较弱。

（二）疏剪（疏删）

将枝条从基部全部剪除，称为疏剪。通常用于剪除多余的密弱枝、丛生枝、徒长枝等。疏剪可改善留树枝梢的光照和营养分配，使其生长健壮，有利于开花结果。

图 8-1 摘心示意图

（三）摘 心

新梢抽生至停止生长前，摘除其先端部分，保留需要长度的称摘心。作用相似于短截。摘心能限制新梢伸长生长，促进增粗生长，使枝梢组织发育充实。摘心后的新梢，先端芽也具顶端优势，可以抽生健壮分枝，并降低分枝高度。摘心示意图，见图 8-1。

（四）回 缩

回缩即剪去多年生枝组先端部分。常用于更新树冠大枝或压缩树冠，防止交叉、郁闭。回缩反应常与剪口处留下的剪口枝的强弱有关。

回缩越重，剪口枝萌发力和生长量越强，更新复壮效果越好。

新梢萌发至 1～3 厘米长时，将嫩芽抹除，称抹芽，作用与疏剪相似。由于柑橘是复芽，零星抽生的主芽抹除后，可刺激副芽和附近其他芽萌发，抽出较多的新梢。反复抹除几次，到一定的时间不再抹除，让众多的萌芽同时抽生，称放梢。抹除结果树的夏芽可减少梢果矛盾，达到保果的目的，放出秋梢可培育成优良的结果母枝。

(五)疏　梢

新梢抽生后，疏去位置不当的、过多的、密弱的或生长过强的嫩梢，称疏梢。疏梢能调节树冠生长和结果的矛盾，提高坐果率。

(六)拉枝、撑枝和吊枝

幼树整形期，可采用绳索牵引拉枝、竹竿撑枝和石块等重物吊枝等方法，将植株主枝、侧枝改变生长方向，调节骨干枝的分布和长势，培养树冠骨架，见图 8-2。拉枝也能削弱大枝长势，促进花芽分化和结果。

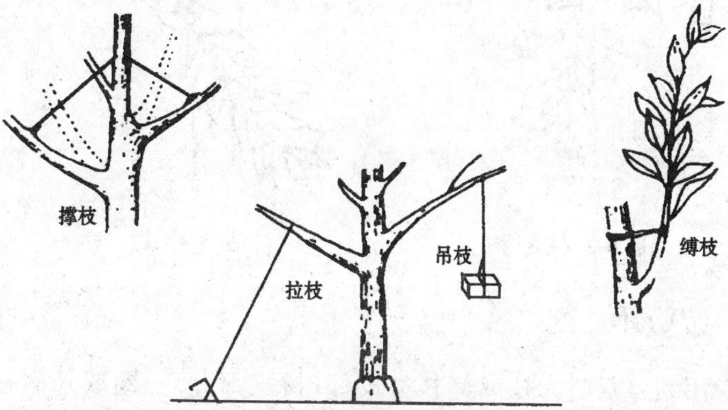

图 8-2　撑枝、拉枝、吊枝和缚枝示意图

(七)扭梢和揉梢

新抽生的直立枝、竞争枝或向内生长的临时性枝条，在半木质化时，于基部 3～5 厘米处，用手指捏紧，旋转 180°，伤及木质部及皮层的称扭梢。用手将新梢从基部至顶部进行揉搓，只伤形成层，

不伤木质部的称揉梢。扭梢、揉梢都是损伤枝梢，其作用是阻碍养分运输，缓和生长，促进花芽分化，提高坐果率。扭梢、揉梢，全年可进行，以生长季最宜，寒冬盛夏不宜进行。扭梢、揉梢用于柑橘不同品种，以温州蜜柑的效果最明显。此外，扭梢、揉梢之时间不同，效果也不同：春季可保花保果；夏季可促发早秋梢，缓和营养生长，促进开花结果；秋季可削弱植株的营养生长，积累养分，促进花芽分化，有利翌年丰产。扭梢、揉梢方法分别见图 8-3，图 8-4。

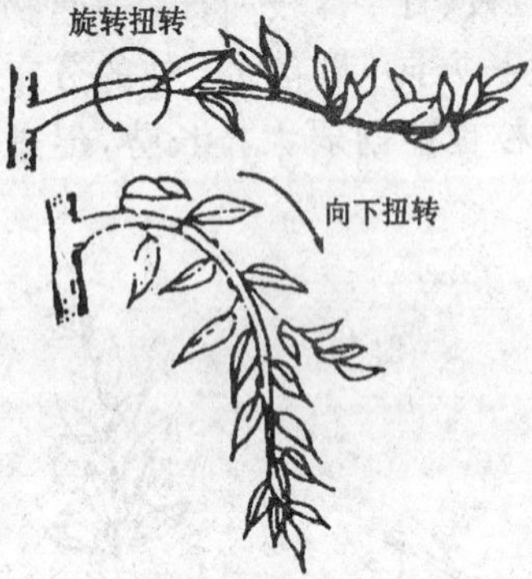

图 8-3　扭　梢

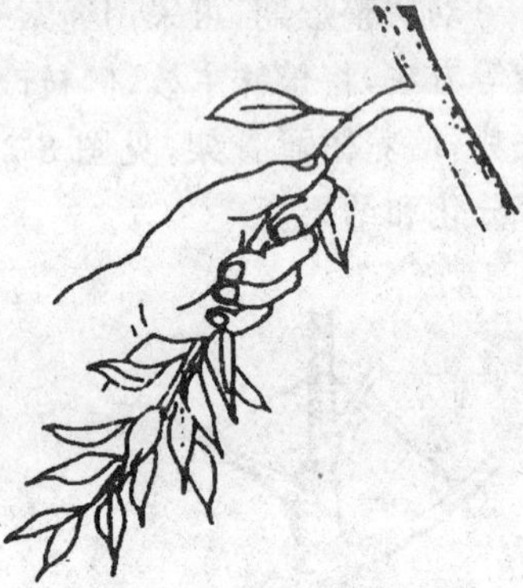

图 8-4　揉　梢

(八)环　割

用利刀割断大枝或侧枝韧皮部（树皮部分）一圈或几圈称环割。环割只割断韧皮部，不伤木质部，起暂时阻止养分下流，使碳水化合物在枝、叶中高浓度积累，以改变上部枝叶养分和内源激素平衡，促使花芽分化或保证幼果的发育，提高坐果率。

环割促花主要用于幼树或适龄不开花的壮树，也可用于徒长性枝条。用于促进花芽分化：中亚热带在 9 月中旬至 10 月下旬，南亚热带在 12 月下旬前后，在较强的大枝、侧枝基部环割 1～2 圈。用于保果则在谢花后，在结果较多的小枝群上进行环割。

（九）断　根

秋季断根前，将生长旺盛的强树，挖开树冠滴水线处土层，切断1～2厘米粗的大根或侧根，削平伤口，施肥覆土称断根。断根能暂时减少根系吸收能力，从而限制地上部生长势，有利于促进开花结果。断根也可用于根系衰退的树再更新根系。有的柑橘产区利用秋冬干旱，在11～12月份将树冠下表层根系挖出“晾根”，待叶片微卷后施肥覆土，造成植株暂时生理干旱以促花芽分化的做法，此与断根作用相似。

（十）刻　伤

幼树整形，树冠空缺处缺少主枝时，可在春季芽萌动前于空缺处选择1个隐芽，在芽的上方横刻1刀，深达木质部，有促进隐芽萌发的效果。在小老树（树未长大即衰老的树），或衰弱树主干或大枝上纵刻1～3刀，深达木质部，可促弱树长势增强。

春、夏季对过多的花蕾和幼果，分期摘除，以节省树体养分，壮果促梢和提高果实质量。

四、晚熟柑橘整形修剪的时期

晚熟柑橘整形通常从苗圃开始，逐年造型，并在以后不断维持和调整树冠骨架形态。

修剪在1年中均可进行，但不同时期的生态条件和树体营养代谢以及器官生理状态不同，修剪的反应（效果）也有异。通常修剪分冬季修剪和生长期修剪（春季、夏季和秋季修剪）。

（一）冬季修剪

采果后到春季萌芽前进行。这时柑橘果树相对休眠，生长量少，生理活动减弱，修剪养分损失较少。冬季无冻害的柑橘产区，修剪越早，效果越好。有冻害的产区，可在春季气温回升转暖后至春梢抽生前进行。更新复壮的老树、弱树和重剪促梢的树，也可在春梢萌动抽发时回缩修剪，新梢抽生多而壮以达到好的复壮效果。

(二)生长期修剪

指春梢抽生后至采果前整个生长期的各项修剪处理。这时树体生长旺盛，修剪反应快，生长量大，对促进结果母枝生长，提高坐果率，促进花芽分化，延长丰产年限，复壮更新树势等，效果均明显。

生长期不同季节的修剪又可分为：

1. 春季修剪 即在春梢抽生显蕾后进行复剪、疏梢、疏蕾等，以调节春梢和花蕾、幼果的数量比例，防止春梢过旺生长而增加落花落果。此外，疏去部分强旺春梢，也可减少高温异常落果。

2. 夏季修剪 指初夏第二次生理落果期前后的修剪。包括幼树抹芽放梢培育骨干枝；结果树抹夏梢保果，长梢摘心，老树更新以及拉枝、扭梢、揉梢等促花和疏果措施，达到保果、复壮和维持长势等。

3. 秋季修剪 指定果后的修剪，主要是适时放梢、夏梢秋季短截等培育成花母枝以及环割、断根等促花芽分化和继续疏除多余果实，调整大小年产量，提高果实品质。

五、晚熟柑橘整形技术

(一)树体结构

晚熟柑橘树体结构分别由地上部的主干、中心枝干、主枝和地下部主根(垂直根)、侧根(水平根)和须根等组成，见图 8-5。

主干和中心主干、主枝等骨干枝是永久性的树体骨架。骨干

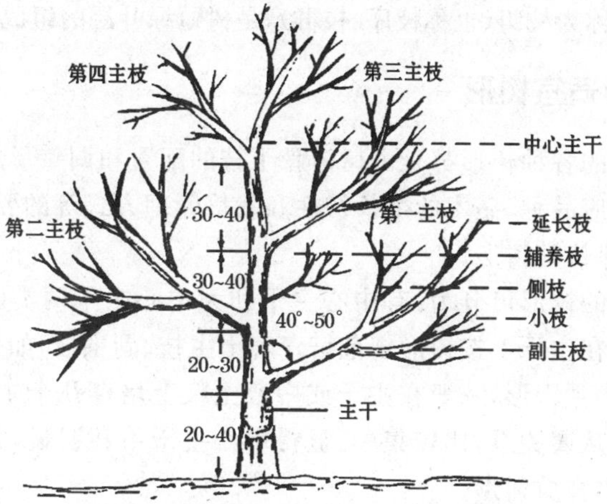

图 8-5　柑橘树体结构　（单位:厘米）

枝上的枝组、小枝等要不断更新，为非永久性枝梢。

1. 主干　自根颈到第一主枝分枝点的部分叫主干。是树冠骨架枝干的主轴，上连树冠，下通根系，是树体上下交流的枢纽。主干的高度称干高。

2. 骨干枝　构成树冠的永久性大枝称骨干枝。可分为：一是中心主干——主干以上逐年延伸向上生长的中心大枝。二是主枝——由中心主干上抽生培育出的大枝，从下向上依次排列称第一主枝、第二主枝……是树冠的主要骨架枝。主枝不宜太多，以免树冠内部、下部光照不良。三是副主枝——在主枝上选育配置的大枝，每个主枝可配 2～4 个副主枝。四是侧枝，即着生在副主枝上的大枝或大枝上暂时留用的大枝。起着支撑枝组和叶片、花果的作用。

主枝、副主枝和侧枝先端培育为延伸生长的枝条，均称为延长枝。

3. 枝组　着生在侧枝或副主枝上 5 年生以内的各级小枝组成

的枝梢群称为枝组(也称枝序、枝群),是树冠绿叶层的组成部分。

(二)适宜树形

柑橘的各种树形都是由树体骨干枝的配置和调整形成的。树形必须适应品种、砧木的生长特性和栽培管理方式等的要求,并长期培育、保持其树形。

柑橘的树形可分为:有中心主干和无中心主干两类。有中心主干形多在主干上按树形规范培育若干主枝、副主枝,如变则主干形;无中心主干形,一般在主干或中心主枝上培育几个主枝,主枝之间没有从属关系,比较集中,显得中心主干不甚明显,如自然开心形、多主枝放射形。

1. 变则主干形 干高 30～50 厘米,选留中心主干(类中央干),配置主枝 5～6 个,主枝间距 30～50 厘米,分枝角 45°左右,主枝间分布均匀或有层次。各主枝上配置副主枝或侧枝 3～4 个,分枝角 40°左右。变则主干形适宜于橙类、柚类、柠檬等,见图 8-6。

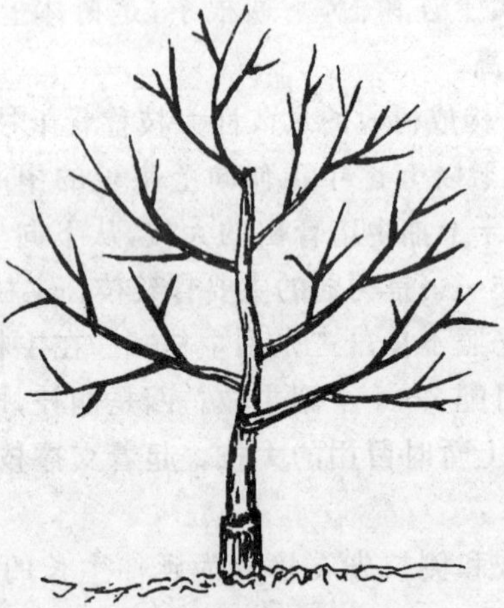

图 8-6 变则主干形

2. 自然开心形 干高 20～40 厘米，主枝 3～4 个，在主干上的分布错落有致。主枝分枝角 30°～50°，各主枝上配置副主枝2～3 个，一般在第三主枝形成后，即将中心主干剪除或扭向一边做结果枝组。自然开心形适宜于温州蜜柑等，见图 8-7。

图 8-7 自然开心形

3. 多主枝放射形 干高 20～30 厘米，无中心主干。在主干上直接配置主枝 4～6 个，对主枝摘心或短截后，大多发生双叉分枝成为次级主枝（副主枝）。对各级骨干枝均采用短截、摘心、拉枝等方法，使树冠呈放射状向外延伸，多主枝放射形适宜于丛生性较强的椪柑等，见图 8-8。

（三）树形培养

1. 变则主干形 变则主干形的整形，主要是通过对中心主干和各级主枝的选择和剪截处理而完成。

一是主干的培养。在嫁接苗夏梢停止生长时，自 30～50 厘米处短截，扶正苗木，这是定干。

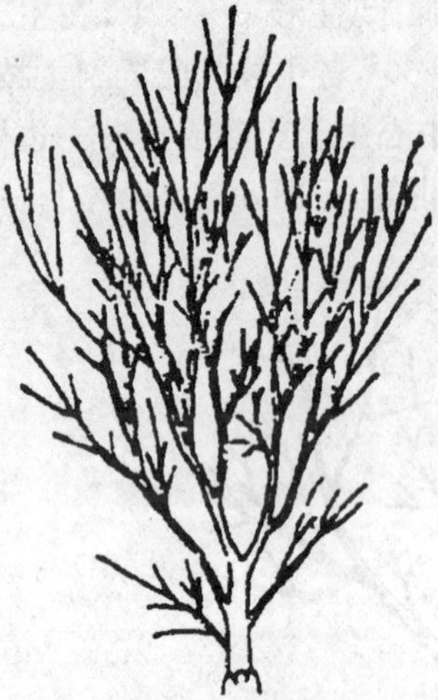

图 8-8 多主枝放射形

二是中心主干的培养。定干后，通常在其上部可抽发5～6个分枝，其中顶端1枝较为直立和强旺，可选作中心主干的延长枝，冬剪时对延长枝进行中度或重度短截，以保持延长枝的生长势。由于柑橘新梢自剪的特性，中心主干延长枝的生长很易歪向一边。因此，在短截延长枝时应通过剪口芽来调整其延伸的方向和角度，必要时可用支柱将中心主干延长枝固定扶正，若中心主干延长枝短截后分枝过多，则会使延长枝的生长减弱，需将一些影响其正常生长的枝梢，如密弱枝、徒长枝疏除，以集中养分供延长枝。

三是主枝培养。中心主干延长枝被短截处理后，一般会抽生5～6个分枝，应根据其着生的位置，选择符合主枝配置条件的分枝作为主枝延长枝，进行中度和重度短截。短截轻重应根据该枝生长势的强弱而定。如生长势偏弱，需要较重短截；如偏旺，则轻度短截。通过剪口芽方位的选择也可调节主枝延长枝的方向或分枝角，还可通过撑、拉、吊等措施调整其分枝角和生长势。主枝选定后，每年从短截后抽生的新梢中选择生长势旺盛，生长方向与主枝延长方向最为一致的分枝作为主枝延长枝，进行中度至重度短截。并通过剪口芽调节延长方向，通过短截轻重调节其生长势。当多个主枝确定后，还应兼顾相互之间的间距、方位和生长势等方面的协调和平衡，可采取多种修剪方式扶弱抑强。对延长枝附近的密生枝应适当疏剪，对其余分枝尽量保留，长放不剪。若出现直立向上的强旺枝或徒长枝时，应尽力剪除。

四是副主枝的培养。在第一主枝距中心主干 40～50 厘米处配置第一个副主枝（或侧枝）。以后各主枝的第一副主枝距中心主干的距离应酌情减小。每主枝上可配置 3～4 个副主枝，分枝角 40°左右，交叉排列在主枝的两侧。副主枝之间的间距 30 厘米左右。

五是枝组的培养和内膛辅养枝的蓄留。对着生的副主枝、主枝及中心主干上的各分枝进行摘心或轻度短截，会促发一些分枝，再进行摘心和轻度短截，即可形成枝组。并使其尽快缓和长势，以利其开花结果。枝组结果后再及时回缩处理，更新复壮。在主枝或副主枝上，甚至在中心主干上还会有一些弱枝，应尽量保留，使其自然生长和分枝。如光照充足，这些内膛枝或枝组也可开花结果，而且是幼树最早的结果部位。此外，对骨干枝上萌生的直立旺枝，如能培养成枝组填补内膛空间，可进行扭梢、摘心和环割处理，使其缓和生长势，通过几次分枝形成枝组。

六是延迟开心。在培养成 5～6 个主枝后，应对中心主干延长枝进行回缩和疏剪，使植株上部开心，将光照引入内膛，同时树体向上的生长也得到缓解和控制。随着树冠的不断扩大，当相邻植株互相交叉时，也应对主枝延长枝回缩或疏剪，以免树冠交叉郁闭。变则主干形整形模式，见图 8-9。

2. 自然开心形　前面已叙述了变则主干形树形培养，有了变则主干形的基础，自然开心形的培养变得较易，其培养过程与变则主干形第三主枝以下部位的配置基本一致，只是定干稍矮。

一是主干与主枝培养。嫁接苗定干高度 20～40 厘米，以后按变则主干形的培养方法，配置 3 个主枝，主枝间的间距 20～30 厘米。

二是及时开心。在第三主枝形成后，及时将原有的中心主干延长枝从第三主枝处剪除，或做扭梢处理后倒向一边，留作结果母

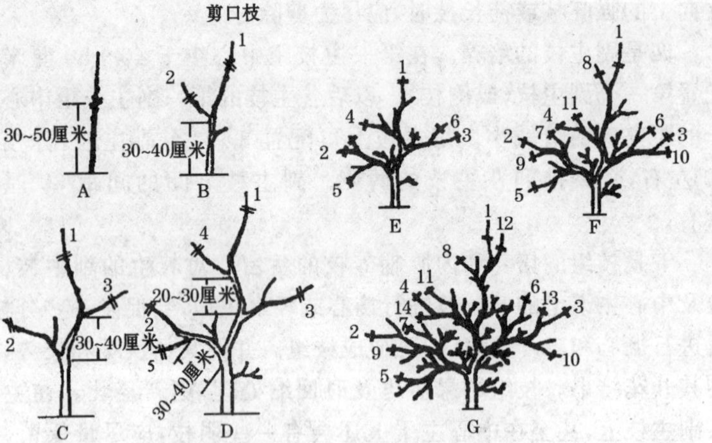

图 8-9　变则主干形整形模式图

A—G 分别为变则主干形整形步骤示意

1. 类中央干延长枝　2. 第一主枝延长枝　3. 第二主枝延长枝　4. 第三主枝延长枝　5. 第一主枝的第一副主枝延长枝　6. 第二主枝的第一副主枝延长枝　7. 第一主枝的第二副主枝延长枝　8. 第四主枝延长枝　9. 第一主枝的第三副主枝延长枝　10. 第二主枝的第二副主枝延长枝　11. 第三主枝的第一副主枝延长枝　12. 第五主枝延长枝　13. 第二主枝的第三副主枝延长枝　14. 第三主枝的第二副主枝延长枝

枝，如果对中心主干延长枝疏剪太迟，可能会造成较大的伤口，损伤树势。

三是侧枝与枝组的培养。自然开心形可在主枝上直接配置侧枝，侧枝在主枝上的位置应呈下大、上小的排列，互相错开。由于自然开心形树冠各部位的光照都很充足，可以在主枝、侧枝上配置更多的枝组，但要求分布均匀，彼此不影响光照。当植株开心后，骨干枝上极易产生萌蘖而抽发徒长枝，对扰乱树形的要及时疏除，对有用的旺枝要采用拉枝、扭梢、环割等措施抑制其生长势，使其结果后再剪除。自然开心形第二年整形模式，见图 8-10。

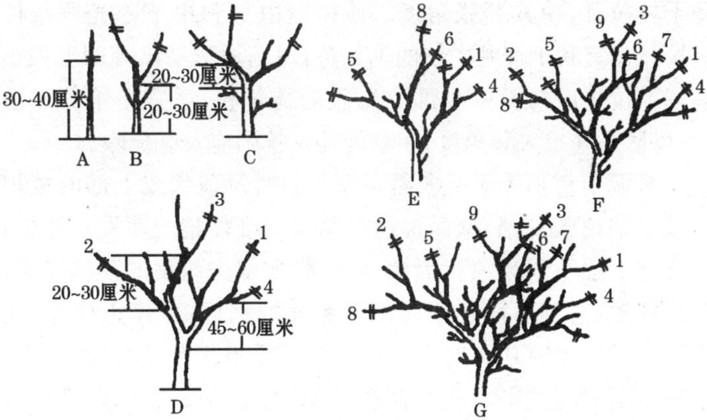

图 8-10　自然开心形第二年整形模式图

A－G 分别为自然开心形整形步骤示意图

1. 第一主枝延长枝　2. 第二主枝延长枝　3. 第三主枝延长枝　4. 第一主枝的第一副主枝延长枝　5. 第二主枝的第一副主枝延长枝　6. 第三主枝的第一副主枝延长枝　7. 第一主枝的第二副主枝延长枝　8. 第二主枝的第二副主枝延长枝　9. 第三主枝的第二副主枝延长枝

3. 多主枝放射形　主干的培养:主干高度定为 20～30 厘米，当嫁接苗抽发夏梢后，从离地 30～40 厘米处短截，便可促发 4～6 个晚夏梢或早秋梢，这些枝梢即是多主枝放射形的第一级主枝。

一是主枝的培养。定干后连续对抽发的新梢及时摘心，冬季修剪时首先疏剪顶部分枝角度小的丛状分枝(又称“掏心”)，保留下部几个较强壮分枝，并对其进行中度短截。摘心或短截后一般会发生两个或多个分枝。由于连续对夏、秋梢及时摘心，冬季在“掏心”基础上短截强壮分枝等，可加速分枝，降低分枝高度，经2～4 年处理，就形成 12～20 个次级主枝。

二是拉枝 。由于主枝不断分枝和外延，大枝越来越多，树冠中上部的新梢密集，叶幕层上移，树冠内膛和下部的光照条件变差，骨干枝上难以形成小枝或枝组，造成内膛和下部秃裸。因此，每年要将骨干枝拉开，使其开张角度。使树冠内部和中下部光照条件改善。拉枝也有利于抑制主枝的生长势，纠正树形易出现的上强下弱的弊端。拉枝后树冠中心部位出现的徒长枝，适宜于培养作主枝的，可以摘心并拉大其角度，多余的徒长枝则应及时疏除。

三是调节树冠上下生长势的平衡。树冠顶部或上部的枝梢一般会较早抽出强夏梢，从而抑制或削弱下部枝梢的萌发和抽梢，使树冠出现上强下弱现象。因此，应该将上部先萌发的夏梢抹除，连续多次抹芽，直到下部春梢萌出夏芽并抽梢后，才停止抹芽，让其抽梢。冬季修剪时还可对中下部的枝梢重点短截，刺激营养生长，防止其早期开花结果。在幼树初结果时期，也要尽量让树冠中上部先开花结果，使树冠下部的枝梢延迟挂果。通过各种修剪方法抑强扶弱，抑上扶下，才能形成生长较平衡的树冠，达到立体结果、优质、丰产稳产之目的。

六、晚熟柑橘修剪技术

(一)幼树的修剪

晚熟柑橘定植后至结果(投产)前这段时期称幼树。幼树生长势较强，以抽梢扩大树冠，培育骨干枝，增加树冠枝梢和叶片为主要目的。修剪，在整形的基础上，适当进行轻剪，主要是对主枝、副主枝的延长枝短截和疏剪，尽可能保留所有枝梢作辅养枝。在投产前 1 年进行抹芽放梢，培育秋梢母枝，促花结果。

1. 疏剪无用枝　剪去病虫枝和徒长枝，以节省树体养分，减少病虫害传播。

2. 夏、秋长梢摘心　未投产的幼树，可利用夏、秋梢培育为骨干枝，加速扩大树冠。对生长过长的夏、秋梢在幼嫩时，即留 8～10 片叶摘心，促进增粗生长，尽快分枝。但投产前 1 年放出的秋梢不能摘心，以免减少翌年花量。已长成的长夏梢，不易再抽生秋梢，也不易分化花芽，可在7月下旬进行夏梢秋季短截，将老熟夏梢短截1/3～1/2，8月中下旬即可抽生数条秋梢，翌年也能开花结果。

3. 短截延长枝　结合整形，对主枝、副主枝、侧枝的延长枝短截1/3～1/2，使剪口1～2芽抽生健壮枝梢，延伸生长。其他枝梢宜少短截。

4. 抹芽放梢　幼树定植后，可在夏季进行抹芽放梢1～2次，可促使多抽生一二批整齐的夏、秋梢以充实树冠，加快生长。放梢宜在伏旱之前，以免新梢因缺水而生长不良。柑橘中的宽皮柑橘类因花芽生理分化期稍晚，放梢可晚或多放1次梢。树冠上部生长旺盛的树，抹芽时可对上部和顶部的芽多抹1～2次，先放下部的梢，待生长到一定长度，再放上部梢，促使树冠下大、上小，以求光照好，内外结果多。

5. 疏除花蕾　树体小，养分积累不足，开花结果后会抑制树体生长，进而影响今后产量，故对不该投产的幼小树应及时摘除花蕾。

(二)初结果树的修剪

从柑橘幼树结果至盛果期前的树称初结果树。此时，树冠仍在扩大，生长势仍较强，修剪反应也较明显，为尽快培育树冠，提高产量，修剪仍以结合整形的轻剪为主。主要是及时回缩衰退枝组，防止枝梢未老先衰。注意培育优良的结果母枝，保持每年有足够花量。随着树龄、产量的增加，修剪量也逐年增加。

1. 抹芽放梢　多次抹除全部夏梢，以减少梢、果争夺养分，提高坐果率，适时放出秋梢，培育优良的结果母枝。注意在放梢前应重施秋肥，以保证秋梢健壮生长。

2. 继续对延长枝短截　结合培育树形，继续短截培育延长枝，直至树冠达到计划大时为止，让其结果后再回缩修剪。同时，继续配置侧枝和枝组。

3. 继续对夏、秋梢摘心 摘心方法同幼树。并对已长成的夏梢进行秋季短截，促进抽生秋梢母枝。

4. 短截结果枝与落花落果枝 结果枝与落花落果枝若不修剪，翌年会抽生较多更纤细的枝梢而衰退，冬季应短截1/3～2/3，强枝轻短截，弱枝重短截或疏剪，使翌年抽生强壮的春梢和秋梢，成为翌年良好的结果母枝。

5. 疏剪郁闭枝 结果初期，树冠顶部抽生直立大枝较多，相互竞争，长势较强，应作控制：树势强的疏剪强枝，长势相似的疏剪直立枝，以缓和树势，防止树冠出现上强下弱。植株进入丰产期时，外围大枝较密，可适当疏剪部分2～3年生大枝，以改善树冠内膛光照。树冠内部和下部纤弱枝多，应疏去部分弱枝，短截部分壮枝。

6. 夏、秋梢母枝的处理 树体抽生夏、秋梢过多，翌年花量很多，会浪费树体营养，而形成大、小年结果。冬季修剪时，可采用“短强、留中、疏弱”的方法，短截1/3的强夏、秋梢，保留春梢或基部2～3芽，使之抽生营养枝；保留约1/3的生长势中等的夏、秋梢，供开花结果；剪除1/3左右较弱的夏、秋梢，以减少母枝数量和花量，节省树体的营养。

7. 环割与断根控水促花 幼树树势强旺，成花很少或不开花，成为适龄不结果树，应在投产前1年或旺盛生长结果很少的年份，以及结果梢多，预计翌年花量不足的健壮树进行大枝或侧枝环割，或进行断根控水处理，以促进花芽分化。

（三）盛果期树的修剪

进入盛果期，树体营养生长与生殖生长趋于平衡，树冠内外、上下能结果，且产量逐年增加。经数年丰产后，树势较弱，较少抽生夏、秋梢，结果母枝转为以春梢为主。枝组也大量结果后而逐渐衰退，且已形成大小年结果现象。

盛果期树体修剪的主要目的是，及时更新枝组，培育结果母枝，保持营养枝与花枝的一定比例，延长丰产年限。因此，夏季采取抹芽、摘心，冬季采取疏剪、回缩相结合等措施，逐年增大修剪量，及时更新衰退枝组，并保持梢、果生长相对平衡，以防大小年结果的出现。

1. 枝组轮换压缩修剪　柑橘植株丰产后，其结果枝容易衰退，每年可选 1/3 左右的结果枝从枝段下部短截，剪口保留 1 条当年生枝，并短截 1/3～1/2，防止其开花结果，使其抽生较强的春梢和夏、秋梢，形成强壮的更新枝组。也可在春梢萌动时，将衰退枝组自基部短截回缩，留 7～8 厘米长的枝桩，待翌年抽生春梢，其中较强的春梢陆续抽生夏、秋梢使枝组得以更新，2～3 年即可开花结果。结果后再回缩，全树每年轮流交替回缩一批枝组复壮，保留一批枝组结果，使树冠紧凑，且能缓慢扩大。

2. 培育结果母枝　抽生较长的春、夏梢留 8～10 片叶尽早摘心，促发秋梢。夏季对坐果过多的大树，回缩一批结果枝组，也可抽发一批秋梢，其中一部分翌年也可结果。

3. 结果枝组的修剪　采果后对一些分枝较多的结果枝组，应适当疏剪弱枝，并缩剪先端衰退部分。较强壮的枝组，只缩剪先端和下垂衰弱部分。已衰退纤弱无结果价值的枝组，可缩剪至有健壮分枝处。所有剪口枝的延长枝均要短剪，不使之开花，只抽营养枝，以更新复壮枝组。

晚熟柑橘中的温州蜜柑、椪柑等夏、秋梢结果较多的母枝，采果后母枝较弱时，冬季可在有健壮分枝处短截，或全部疏剪。若全树结果较多，也可在夏季留 5～7 厘米长桩短截，促使剪口处隐芽抽发秋梢，多数也能转化为结果母枝，形成交替轮换结果。

结果枝衰弱，不能再抽枝的全部疏除。叶片健全，生长充实可以再抽梢的只剪去果把，促使继续抽生强壮枝，复壮枝组。

4. 下垂枝和辅养枝的修剪 树冠扩大后，植株内部、下部留下的辅养枝光照不足，结果后枝条衰退，可逐年剪除或更新。结果枝群中的下垂枝，结果后下垂部分更易衰弱，可逐年剪去先端下垂部分以抬高枝群位置，使其继续结果，直至整个大枝衰退至无利用价值，自基部剪除。

(四)大、小年树的修剪

柑橘进入盛果期后，结果过多时，会使翌年结果少而形成大小年结果现象，若不及时矫治，则大、小年产量差幅越来越大，甚至出现隔年结果现象，严重影响生产和市场供应。为防止大、小年结果，促使丰产稳产，对大年树要适当减少花量，增加抽生营养枝；对小年树则尽可能保留能开花的母枝，保花保果，以提高其产量。

1. 大年树的修剪 大年树修剪是指大年结果前的冬季修剪和早春修剪，以及开花后的夏、秋修剪。其修剪要点：一是疏剪密弱枝、交叉枝、病虫枝。二是回缩衰退枝组和落花落果枝组。三是疏剪树冠上部、中部郁闭大枝(即开“天窗”)，改善光照。四是短截夏、秋梢母枝，采用疏弱、短强、留中的措施，以减少花量，促其抽发营养枝。大、小年产量差幅很大时，可多短、少留，剪除较多花量；反之，可适当少短。五是7月份短截部分结果枝组、落花落果枝组，促抽秋梢，增加小年结果母枝。六是第二次生理落果结束后，分期进行疏果，先疏除发育不良、畸形、密生等劣质果，以后逐渐疏去分布过密的小果，最终按照品种要求的叶果比留果定产。七是坐果略多的大年树，进行环割促花，以增加小年的花量。但坐果太多，营养不足的树，不宜环割。八是结合秋季施肥进行断根、控水等促使花芽分化。九是根据树冠夏、秋梢母枝多少、当年产量多少、秋季气温高低和日照多少等，预测第二年花量过大的树，冬季至早春对树冠喷施赤霉素，以控花促发营养枝。

2. 小年树的修剪　小年树修剪是指大年采果后的修剪。小年树势弱，成花母枝少，修剪最好在春季萌发至现蕾时进行。其修剪要点：一是尽量保留成花母枝。凡大年未开过花的强夏、秋梢和内膛的弱春梢营养枝，均有可能是小年的成花母枝，应全部保留。二是短截疏剪树冠外围的衰弱枝组和结果后的夏、秋梢结果母枝，注意选留剪口饱满芽，更新枝群。三是开花前进行复剪，花后进行夏季修剪，疏去未开花坐果的衰弱枝群，使树冠通风透光，枝梢健壮，果实增大，产量提高。四是抹除夏梢，减少生理落果。五是采果后冬季重回缩、疏剪交叉枝和衰退枝组，对树冠内膛枝也适当短截复壮。

（五）成年树的改造修剪

由于各种原因，常有一些柑橘树长势强旺，适龄而不开花。密植栽培园后期树冠郁闭而减产，病虫危害后出现衰弱和树冠衰退，但还有结果能力的老树等。对这些树在找出低产或衰弱原因予以改造后，结合修剪能使树体恢复正常生长，抽生优良成花母枝，尽快恢复产量，甚至达到丰产。

1. 旺长树的修剪　旺长树因营养生长强而消耗了大量养分，使之不开花或结果极少。枝梢旺长的原因主要有砧穗组合不当或施肥不当等造成。改造这类树，应适当控制氮肥使用，增加磷、钾肥的使用量，配合修剪，促使营养生长向生殖生长转化。修剪技术上采取多疏剪，少短截，防止刺激枝梢旺长，其要点：一是因品种不良的，可进行高接，更换品种。二是疏剪部分强枝。生长较旺的树冠不宜短截，也不能一次疏剪过重，以免抽发更多强枝。主要是逐年疏剪部分直立枝组和强旺侧枝，改善树冠内部光照，使之留的枝梢多次分枝，缓和长势，促进开花。三是抑制主根旺长。春季枝梢萌发期，将主根下部20厘米的土壤掏出，以木凿沿主根周围刻伤韧皮部，削弱根系生长，以相应减弱树冠枝梢旺长。四是保花保果。采用少疏成花母枝、拉枝、大枝环割、断根控水等措施,促使花芽分化。开花后抹除强春梢和全部夏梢保果,以增加载果量来削弱树势,逐步实现梢果平衡,进而转入丰产稳产。

2. 树冠郁闭园的修剪 柑橘的计划密植园投产后,树冠逐渐扩大并封行,导致内膛郁闭,光照恶化,抽枝稀少,绿叶层变薄,顶部枝梢竞相直立生长,形成"鸡蛋壳"。此类型的树体尚好,及早改造还能高产。应采取及时间伐,结合回缩修剪,可有好的效果。其技术要点:一是疏剪顶部密枝。将中上部过密遮阴的强枝疏剪部分,或缩剪中心枝干顶部大枝,改善光照。二是冬剪时短截部分1年生枝,促发营养枝,充实树冠叶绿层。三是逐年缩剪非永久(间伐)树。树冠交叉封行后,逐步对非永久树与永久树交接的大枝进行压缩修剪,让出空间,保证永久树正常扩冠,直至非永久(间伐)树结果不多时,将间伐树砍伐或移出。四是间伐后,永久树按丰产稳产树修剪。

3. 落叶树的修剪 由于病虫害或其他原因,树体落叶后枝梢衰弱。如落叶在花芽分化之前,则导致翌年的花少或无花,抽生春梢多而纤弱,树势衰退。若在花芽分化后落叶,则翌年能抽生较多的无叶花蕾,因陆续脱落而坐果率极低,进而使树体更加衰弱。落叶柑橘树的修剪宜在春梢萌芽时进行,并配合勤施薄施肥料和土壤覆盖效果更好。其主要技术:一是当枝梢局部落叶时短截无叶部分。二是枝组、侧枝或全树落叶时,重剪落叶枝,疏剪和回缩落叶枝组和枝梢,集中养分供应留树枝梢生长。三是剪除密集、交叉、直立和位置不当的无叶小枝和枝组,留下的枝梢进行短截,促发更新枝梢。四是尽量保留没有落叶的枝和叶片。五是显蕾后及早摘除花蕾,疏除全部幼果。

4. 衰老树的更新修剪 结果多年的老树,树势衰弱,若主干、大枝尚好,具有继续结果能力的,可在树冠更新前1年7～8月份进行断根,压埋绿肥、有机肥,先更新根系;于春芽萌动时,视树势衰退情况，进行不同程度的更新修剪，促发隐芽抽生，恢复树势，延长结果年限。

局部更新（枝组更新）：结果树开始衰老时，部分枝群衰退，尚有部分结果的可在 3 年内每年轮换 1/3 侧枝和小枝组，剪去先端 2/3～3/4，保留基部一段，促抽新的侧枝，更新树冠。轮换更新期间，尚有一定产量，彼此遮阴不易遭受日灼伤害。3 年全树更新完毕，即能继续高产。

中度更新（露骨更新）：树势中度衰弱的老树，结合整形，在 5～6 级枝上，距分枝点 20 厘米处缩剪或锯除，剪除全部侧枝和 3～5 年生小枝组，调整骨架枝，维持中心主干、主枝和副主枝等的从属关系，删去多余的主枝、重叠枝、交叉枝干。这种更新方法当年能恢复树冠，第二年即可投产。

重度更新（主枝更新）：树势严重衰退的老树，在距地面 80～100 厘米高处 3～5 级骨干大枝上，选主枝完好、角度适中的部位锯除，使各主枝分布均匀，协调平衡。剪口要削平并涂接蜡保护。枝干用石灰水刷白，防止日灼。新梢萌发后，抹芽 1～2 次放梢，逐年疏除过密和位置不当的枝条，每段枝留 2～3 条新梢，过长的应摘心，促使其长粗，重新培育成树冠骨架，第三年即可恢复结果。

5. 移栽大树的修剪　柑橘计划密植园间伐树移栽、果园缺株补植等，常需移栽大树。移栽取树时应根据挖根所带土球大小相应回缩树冠。如不带土球移栽，应自主枝或主干锯除树枝，不带叶片。根系挖掘出土后，应蘸浓泥浆保护须根。移栽后用竹竿三角形固定树体。2～3 年树冠恢复后，可在侧枝上进行环割促花，以达尽快投产。

6. 受冻树的修剪　遭受冻害的柑橘树，应根据受冻害程度进行修剪。其技术要点：一是推迟修剪。受冻害树在早春气温回升后，受冻枝干还会继续向下部干枯，同时抽生春梢的时期也略有推迟，最好待干枯结束后春梢抽芽时，缩剪干枯枝干。受冻害落叶未干枯的枝条，应保留让其抽梢，其中部分抽梢后还会枯死，到春梢展叶时，再剪除干枯部分。二是减少花量保留枝叶。受冻枝条花质差，坐果少，修剪中宜多疏剪弱枝，短截强枝，促使其少开花，多抽枝，恢复树势。有叶枝梢可保留结果。三是冻害树剪（锯）的伤口大，应用刀削平伤口，用薄膜包扎或涂以接蜡。受冻柑橘树易暴发树脂病、炭疽病，应及早喷药防治。

七、晚熟柑橘不同品种树整形修剪

（一）晚熟甜橙的修剪

多数晚熟甜橙品种生长势较强，树冠内外着果，丰产前期多以春梢和夏、秋二次梢为成花母枝，后期多以健壮的春梢为母枝。修剪时应掌握强树弱枝结果，弱树强枝稳果；去密留稀，去阴留阳的原则，多疏剪、短截外围衰退枝组，改善树冠内部光照。每年注意培育成花母枝，内膛健壮的枝梢要多保留，并逐年短截更新。在修剪上略有差异的晚熟甜橙品种有伏令夏橙、晚熟脐橙、塔罗科血橙等。

1. 伏令夏橙　伏令夏橙长势强，果实在树上越冬并于翌年春梢和花果并存。因此，要选择修剪时期，结果少时冬季进行修剪，缩剪衰退枝组。结果多时，在采果后再进行夏季修剪，疏剪和短截衰弱结果枝组，短截当年落花落果枝。对夏橙新生系品种，长势强旺，枝长叶大、多刺，剪除量应小，多用拉枝、环割等方法促花。

(1)未结果幼树的整形修剪　幼树整形，主干上配置 3 个主枝，以后逐年配置副主枝、侧枝，充分利用春、夏、秋梢扩大树冠，对生长过旺的夏秋梢摘心、短截，对扰乱树形的夏、秋梢进行抹除。

(2)初结果树的修剪　伏令夏橙的春、夏、秋梢都能发育成结果母枝，在适栽的南、中亚热带夏橙花量特别多，在 4 种结果枝类型(无叶单花枝、无叶花序枝、有叶单花枝和有叶花序枝)中,无叶花序枝比例大,坐果率低。初结果树营养生长旺盛,用控夏梢提高夏橙的坐果率。控夏梢应视每株树的坐果而定,果少则留夏梢,翌年树冠大,结果多,果多则抹梢。抹梢在夏梢抽生时进行。夏梢抹除后,会促发秋梢,处理秋梢数量适度,抽生 3 条的将其中 1 条短截 2/3 培养成预备枝,秋梢长度控制在 20 厘米左右,留早秋梢作结果母枝,放梢时间宜在 7 月底至 8 月初。

(3)盛果期树的修剪　由于伏令夏橙果实挂树越冬,枝修剪时期宜在夏季进行。此时修剪已有幼果,修剪时尽可能使果实在树上均匀分布。修剪时注意:一是树势较旺的树,产量已不明显上升或相对稳定时,若树冠过于郁闭,则应适当疏除过密的强壮枝组、回缩结果后的枝组、短截无幼果的夏秋梢母枝。二是上年结果过多时,当年幼果必然结得较少,夏季采果后,应短截无幼果的夏秋梢结果母枝,回缩无幼果或少幼果的结果后的枝组或衰弱枝组。同时,注意修剪时间不宜过早,以免促发夏梢引起严重生理落果。三是上年结果少时,应在冬季或早春修剪,如错过时机需在夏季修剪时,因当年幼果多,此时应结合疏果进行修剪,以利于恢复树势。要回缩无果或少幼果的衰弱枝组,短截落花落果枝。若当年春梢营养不足,可适量疏去有叶枝的幼果。四是骨干枝之间相隔距离应较大。五是生长势很强的树,如卡里佐枳橙的夏橙,以轻剪为主,结合拉枝等方法促花。六是衰弱老树的老枝也能开花,2 年生春梢还可坐果。

(4)控梢控花　对夏橙结果树,针对其花量大还可采取剪梢控花的方法,修剪要求淘汰无效花,及时处理多花枝和无坐果能力的结果母枝。淘汰弱春梢,凡梢长在 3 厘米以内、着生 3 个以下不正常小叶片的弱春梢结果母枝,均抽生无叶花枝,坐果率极低,酌情处理。6 片叶以上的春梢多为营养枝,可予以保留。夏梢梢质较好,坐果率高,但 1 条夏梢有 30～80 朵花,花量多影响坐果,必须采取短截，留长17～27厘米为妥。如抽生2条夏梢的，1条短截2/3作预备枝；如抽生3条以上夏梢，最多保留3条，中间1条短截2/3作预备枝，侧旁2条均短者划1/3作翌年结果母枝，长度在20厘米以下的不必短截；秋梢质量比夏梢好，修剪方法与夏梢同，但晚秋梢应全部剪除；夏、秋修剪适期为9～10月份，11月份以后的修剪，对控制花量的作用不大。

(5)衰老树的修剪 与其他柑橘品种同，此略。

从伏令夏橙中选出的奥林达、蜜奈等和其他夏橙也可参照伏令夏橙之修剪。

2. 红肉脐橙 红肉脐橙树势中等偏强，树姿开张，树冠呈不规则圆头形。萌芽率高，新梢抽发多，夏、秋梢呈簇状，中长枝易下垂，叶片略小，树冠叶幕层密。红肉脐橙宜选自然圆头形或多主枝自然圆头形。

(1)未结果幼树的整形修剪 定干高40～60厘米，定干后所抽新梢长度保留在15～20厘米，过长的枝梢应及时摘心，采用抹芽控梢的方法培养主枝、副主枝。主枝4～5个，每个主枝上配副主枝2～3个，配置均匀，培养成自然圆头形或多主枝自然圆头形。

(2)初结果树的修剪 初结果树修剪，一方面促其开花结果，另一方面促梢生长继续扩大树冠，修剪注重促春梢，抹夏梢，攻秋梢。春梢营养枝少的，可适当留部分夏梢。对于出现的徒长枝，除可留作补空以外，均应及时剪除。对直立、分枝角小或披垂的长枝，采取撑、拉、吊的方法解决。对枯枝、病虫枝剪除，对过密枝采取“三去一，五去二”的疏剪方法。

(3)盛果期树的修剪 为保持树体营养生长和生殖生长的平衡，尽可能延丰产年限，在修剪上采用短截、疏剪和回缩相结合，通过修剪使树冠结构紧凑，通风透光。特别要重视培养健壮的结果母枝，及时回缩下垂枝、纤弱枝，以增强树势，持续丰产。

(4)衰老树的修剪 根据植株衰弱程度，采取轮换更新、露骨更新或主干更新。

(5)大小年树的修剪　管理跟不上，红肉脐橙易出现大小年结果。大小年树的修剪目的不同，方法也不同：

大年树修剪：是指大年结果时的早春或小年结果时的冬季修剪。大年树花多，甚至出现满树花，此时强枝稳果，故修剪以减少花量、提高坐果率、促发预备枝为主。采取疏剪密弱枝、交叉枝、病虫枝组的小枝，缩剪衰弱枝组，短截夏秋梢。

小年树修剪：指大年采果后或在小年早春时修剪。小年是因为大年结果过多，损失养分太多，抽发秋梢少，树势较弱，且主要以枝组内膛的弱春梢营养枝和强夏秋梢为成花母枝。因此，应尽量保留夏、秋梢和弱春梢营养枝。

3. 塔罗科血橙　塔罗科血橙树势较旺，尤其是用卡里佐枳橙作砧木的树势旺，萌芽率、发枝力均强，枝梢直立，易徒长。若管理不善，幼树会出现旺长，成年结果树也会出现大小年结果。

秋梢和春梢是塔罗科血橙的主要结果母枝，内膛抽生的秋梢和春梢也能结果；结果枝以短结果枝、弱枝、无叶枝坐果率高。幼树主要坐果于树冠中部和下部。

(1)幼树整形修剪　幼树在主干离地面30厘米以上定干，留3～4个主枝，以后任其生长，定植后3年一般不进行大的整形，仅对个别徒长枝做摘心处理，一般经3年可形成具有3～4个主枝，每个主枝上有副枝2～3个的自然圆头形树形或变则主干形树形的雏形和达到可供结果的末级梢数量。第四年可以结果。

(2)初结果树的修剪　由于塔罗科血橙树势强，常采用拉枝的方法削弱树势，促进开花结果。结果2年后对树冠中间的直立强枝应锯除，留四周斜生的侧枝(枝组)，以利于通风透光，继续提高产量进入丰产、稳产。同时，剪除树冠上部的主枝、病虫枝、重叠枝和随地枝。

对长势强的树，为促使第四年结果，第三年应采取以促花为主的技术措施，具体方法：一是控水、断根。控制灌水，人为制造干旱的土壤环境。常年9～10月份在树冠滴水线挖深沟切断部分根系，晾晒20天左右。二是撑枝、拉枝、吊枝。将分枝角度小、直立的枝用木棒(或竹竿)撑开两枝，加大分枝角度，或用绳索将直立主枝下拉，或用薄膜袋装土或石头下吊，以削弱枝的生长势。通常掌握分枝角度为45°～60°，强枝角度宜稍大。三是环割或环扎。对生长特别旺盛的树或枝，于9月中下旬选晴天在骨干枝(一般不宜在主干)上环割1～2圈，深达木质部，也可用12～14号铁丝环扎1～2圈，以铁丝陷入树皮2毫米为宜，30～40天后叶片微变黄时解除铁丝。此外，注意剪除晚秋梢，扭伤强旺的徒长枝。

(3)盛果期树的修剪 进入结果盛期后，要尽量使树体的营养生长与生殖生长较长时间的平衡。修剪上采取短截、修剪和回缩相结合。由于枝组结果后会逐渐衰退，及时缩剪衰弱枝组，培养新的结果母枝。短截、疏剪结合保持一定数量的营养生长枝和结果母枝。重视花前复剪和疏除过多弱花序枝。及时剪除枯枝、病虫枝。冬季修剪疏除影响树形和光照的部分大枝或枝组，培养保留弱枝、短枝，以利于结果。

(4)衰老树的修剪 管理得当，塔罗科血橙盛果期较长，一般为25～30年。进入衰老期后可视衰弱程度进行更新修剪。

从塔罗科血橙中选出的塔罗科血橙新系，因生长结果习性与塔罗科血橙相似，修剪可参照塔罗科血橙。

(二)晚熟宽皮柑橘的整形修剪

1. 蕉柑的整形修剪 蕉柑树势中等，树姿较开张，枝梢细密，能早结果，丰产稳产，宜选自然开心的波浪式树形。

蕉柑树冠内部有相当的结果能力，采取合理的整形和修剪可使树冠既茂密又能适当通风透光，形成内外均能结果的立体丰产树冠。早结丰产树冠要求“矮干、密枝、树冠紧凑、主枝开张的波浪式圆头形”。

(1)蕉柑幼树的整形　蕉柑整形可在苗圃,也可在定干后进行。

①苗圃整形　先是定干,定干(剪顶)部在第二次梢中上部,若定干太低(第二次梢的中下部)会出现新梢萌发少,且分布不均匀。如定干太高(在第二次梢顶部),则新梢生长过于密集。如在第二次梢的中上部定干,应在第一次梢老熟时进行短截,短截部位离地面10～14厘米(弱砧,短截部位高;强砧,短截部位低),使苗木高度整齐,且第二次梢长度的2/3恰好离地面23～27厘米。

定干后待新梢萌发时,抹除零星早抽生的梢,待每株有4～6个芽萌发时才放梢。新梢长至5～8厘米时,进行疏剪,疏除过强、过密、过低、分布不均匀的和短小纤弱的嫩枝,选留壮健、分布均匀的3～4个,构成幼苗第一级分枝,且待其叶片开始转绿时,留长15～17厘米短截,使之形成的树冠紧凑。

第二次分枝萌发时,同样抹除零星早生的梢,待每个分枝均有3～5个芽萌发时的梢,新梢长至3～5厘米长时,疏除过密和短小纤弱梢,每基枝选留分布的新梢2～3个,形成第二次分枝,使苗木出圃前已有二级分枝9～12个梢。

②定植后整形　先是拉线整形。对不合整形要求的苗,定植后用绳索拉开、矫正,使主枝分布均匀,主枝、主干延长线呈40°～50°角。拉线整形的时间最好在定植后第一次新梢刚萌发时进行,因此时枝梢加粗生长快,枝梢被矫正后易定形。其后抹芽放梢。采取:“去早留齐,去少留多”的方法。新梢萌发开始时,将主干上、大枝上、树冠上部强枝和枝梢顶端先萌发的嫩梢在长2～3厘米前抹除,抹梢要进行15～20天,每隔3～4天抹1次,待全株大部分末级梢3～4个新梢萌发时,即可放梢。抹芽放梢前10天施速效肥,使新梢多而密。在放梢后要根据植株新梢强弱分别施氮肥,尤其是幼龄树秋梢的壮梢肥过多会促发冬梢(南亚热带)。放梢时遇旱灌水,有水梢齐,有肥壮梢。大旱酷热天避免放梢,最佳的放梢

天气是雨后初晴,或有阵雨的阴凉天气。放梢后2～3天,全园巡视,将特别强旺凸出的嫩梢抹除。对高低不整齐的树冠过高部位多摘心1～2次。夏梢萌发后,长至5～6厘米时,进行疏梢,每基枝留夏梢2～3条,秋梢留2～5条,强梢多留,弱梢少留,秋梢多留,夏梢少留,秋梢的长度控制在20～22厘米。此外,对春、夏梢短截,可使树冠紧凑。再是培养整齐的营养枝和结果母枝。蕉柑夏季有30%～50%的春梢萌发多条夏梢的可放梢,在秋季有60%～80%的基枝萌发多条秋梢的可放梢。在土壤、肥水好的条件下可放春末梢、第一次夏梢、第二次夏梢和秋梢4次梢。用上述整形的幼龄蕉柑树,种植当年的秋季即可初步形成枝梢密集、树形紧凑、叶绿层厚的树冠。

(2)蕉柑成年结果树的修剪 成年结果树修剪应因地制宜。对多花树的修剪要重、要早,以短截为主,疏剪为辅,达到减少花量和促发春梢的目的。修剪量可以超过20%。对过长和过高的枝条进行短截,缩短枝干。对过密和纤弱的枝条采取疏剪,使之光照良好。对花量中等的稳产树,修剪量也宜适中,修剪量通常在15%左右。成年低产树是指大年后少花的树,也包括受旱、涝、冻害后的树,修剪量宜轻,通常在10%左右,只剪枯枝、冻害枝及病虫害危害严重的枝梢。蕉柑应重视夏季修剪,在放秋梢前15～20天进行,剪去内膛枯枝、交叉枝、病虫枝和过密的弱枝,以利于通风透光和供应秋梢充足的养分,并结合进行1次回缩修剪。剪口粗度通常在直径0.5厘米左右,结果多的树要有剪口100个以上,结果少的树剪口需200个以上,剪后抹1～2次梢,促使每个剪口抽发3～4条健壮秋梢。夏剪后、放秋梢前15天配合施1次农家肥,秋末梢自剪时再施1次肥,以促秋梢健壮及果实膨大。

衰老树的更新修剪,与其他柑橘同,此略。

2. 晚熟砂糖橘整形修剪

(1)幼树整形 与蕉柑相似,此略。

(2)结果树的修剪 晚熟砂糖橘结果母枝以秋梢为优，占秋梢总数的60%以上，因此培养秋梢是连年丰产的基础。修剪应掌握：一是适时放秋梢。正常年份以立秋至处暑间放梢为宜。衰弱树、老龄树应提早至大暑放梢。二是促梢促壮。为使枝梢粗壮，1条基梢抽生3条以上秋梢的要疏梢。砂糖橘结果后，发枝变弱，加上枝梢密集丛生性强，为加速枝梢衰退，内膛枝因光照弱而枯死，使立体结果变为平面结果，应通过修剪调节生长与结果的矛盾。砂糖橘修剪分冬季修剪和夏季修剪。冬季修剪在春芽萌动前进行，主要剪除病虫枝、干枯枝、衰弱枝、交叉枝、过密的荫蔽枝、衰退结果枝和结果母枝。对衰弱大枝序进行回缩修剪，以更新树冠。夏季修剪在放秋梢前15天左右进行，主要是短截更新1～3年生的衰弱枝群，以促发健壮的秋梢。夏剪宜留10厘米长的枝桩，以利于抽发新梢。同时，对冬季修剪未剪除的枯、弱、病虫、密枝也一并剪除。三是相关枝梢的处理。徒长枝除可作树冠补缺的以外，均及时剪除；长大末级枝上较长的枝，可在停止生长后摘心。对下垂枝，因有较强的结果能力，宜在结果后做疏除或短截。但对过密全阴生长的长枝，应及时疏剪，以利于通风透光。对丛生枝，只留10厘米左右的枝桩短截，以促发壮梢，若呈扫帚枝序，则在枝粗1～2厘米分枝处剪(锯)除，即形成开天窗的树冠；对结果枝和结果母枝：衰弱的结果枝自基部剪除，健壮的结果枝保留，衰弱的结果母枝疏剪，若其上有强壮营养枝，则在营养枝上短截。四是衰老树的更新修剪。因晚熟砂糖橘枝干上有大量隐芽，只要强剪刺激，剪口下的隐芽就会萌发而成为更新树冠的枝条。可根据植株的衰老程度进行枝组更新、露骨更新、主枝更新。

3. 清见橘橙

(1)清见橘橙的整形 宜选二级杯状形树冠，即配置3个主枝，分枝角度保持在65°～70°。分枝间隙大，便于光照射入树冠内部。副主枝6个，分枝角度15°～20°，第二副主枝的侧枝短。树高控制在 2.5 米。

(2)未结果树的修剪 枳砧清见橘橙树势中等,红橘砧清见树势较旺。对扰乱树形的徒长枝,除可填补树冠空隙的以外,均应及时从基部剪除。不分枝角度小,直立的枝采取撑、拉、吊等措施加大分枝角,促进花芽分化。对枯枝、病虫枝和砧木上的萌蘖要及时剪除。对下垂枝,即使近地面的也不做剪除,待结果后再做回缩,抬高其结果部位。清见种后第三或第四年可投产。

(3)初结果树的修剪 从初结果树进入盛果期,需 4～5 年。初结果树除结果外,还需继续扩大树冠,以利于尽快进入盛果期。此间修剪的重点是抹除夏梢、放秋梢,使之既有一定的结果量,又有大量的秋梢抽发,用作扩大树冠和结果母枝,注意结果不宜过多,以免影响树冠继续扩大,甚至出现大小年结果。对下垂枝结果后及时更新修剪,使其抬高部位后能再结果。

(4)盛果期树的修剪 只要管理跟上,清见橘橙的盛果期时间可长达 20～30 年。为保持盛果期长,通常采取短者截与疏剪相结合。对趋向衰老、树冠郁闭的,要对 3～4 年生的枝组做回缩修剪,开出天窗,改善树冠内部通风透光条件。对枯枝、果把枝、纤弱枝和病虫害枝应及时剪除。对结果过多的树应疏果,以防出现大小年结果,甚至树势早衰。

(5)衰老树的修剪 与其他柑橘同,此略。

4. 晚熟温州蜜柑 以晚蜜 3 号为代表的晚熟温州蜜柑,枝梢披垂,树冠较高大而不整齐。据此特点采用自然开心形(又名主枝开心形)为宜。

(1)幼树的整形 在干高 30 厘米以上开始分枝,留 3 个均匀展开的主枝;各主枝相隔 7～10 厘米,长度大体相当,过长的应适度短截;每个枝上选留 2 个副主枝,各副主枝间距 30 厘米,在副主枝及延长主枝上再留侧枝,经 4～5 年可形成立体结果的树冠。

(2)结果树的修剪 晚蜜 3 号营养生长旺盛,抽梢长,易披垂。

枝梢中、下部芽萌发力弱，易使树冠内膛光秃。春、夏、秋梢都能开花结果，花量大。上部向阳果实易受日灼。幼树结合整形采用长梢摘心，延长枝短截，中心主枝立支柱扶直等，防止枝梢披垂。进入盛果期后，主要短截或缩剪结果枝组和落花落果母枝，培养剪口枝更新复壮。由于发枝力弱，疏、短应轻，多保留各种枝梢，弱枝也短截更新，以充实树冠，提高结果能力，且尽量利用下垂枝结果。花期、幼果期多阴雨或高温产区，要及早抹除树冠上部部分春梢及叶片较多的花枝，并采取保果措施。稳果后若果实较多，可按25：1 的叶果比疏果。

（三）晚熟柚的整形修剪

以下以矮晚熟柚为例，简介其整形修剪技术。

1. 幼树的整形　要求主干矮、主枝少、小枝多、生长均匀、骨架牢固、树冠紧凑，主枝、副主枝之间间距拉开，主枝开张，通风透光。采用自然开心形树形。

(1) 定干、培育主枝　离地面 30 厘米高定干，在干上留 3 个分布均匀的主枝。

(2) 配置副主枝　主枝两侧配置副主枝，每个主枝配 2～4 个，与主枝呈 60°～70°角。副主枝两侧配小枝，各级小枝分布均匀。幼树整形 3～4 年初成树形。

2. 初结果树的修剪　初结果树营养生长仍较旺，树冠外围较易密集，内膛荫蔽，花量少。故继续扩大树冠和培养结果母枝，促使其早进入盛果期。修剪上继续短截延长枝、抹芽放梢、疏剪郁闭枝、拉枝等措施。若初结果树树势弱，则宜轻剪或不剪。

3. 盛果期树的修剪　进入盛果期初，树势旺盛，结果母枝大多在树冠内部，甚至全部在树冠内部，一般为 2 年生的无叶枝着生在 3～4 年生的侧生短枝上。修剪采取顶部重，四方轻，外围重，内部轻。以内膛枝及无叶枝坐果好，故枝组内下垂枝和内膛弱春梢均应保留，只疏剪外围强枝。同时，回缩侧枝开“天窗”，以增加内膛光照。

植株进入营养生长和生殖生长平衡，维持数年即向生殖生长占优势转变，此时花量增加，开花部位逐渐向外移，由于结果量大，管理不善，易出现大小年或早衰。修剪上要保持一定的叶果比，要培养营养枝和结果母枝，还要防止树冠交叉郁闭，对结果枝组进行修剪和轮换回缩，使树冠紧凑。总的修剪要求是上控下促，外重内轻；弱树重剪，以短缩为主；强树轻剪，以疏除为主；疏、缩直立强旺枝，保留内膛枝；适时回缩或疏剪延长枝。

4. 衰老树的更新修剪 采取局部更新修剪、露骨更新修剪和主枝更新修剪，与其他晚熟柑橘相似，此略。

八、晚熟柑橘修剪的顺序和要求

修剪的顺序和要求：一是修剪前先观察全树骨干枝的配置、长势和结果情况，并决定剪除量。二是以主枝为单位，先修剪大枝，后修剪中等枝，再处理枝组和小枝。三是修剪从下到上，从内到外，先剪交叉枝、重叠枝，后剪枝组和小枝。四是及时处理较大的剪口，削平、涂蜡、包扎，保护好伤口，以促使其尽快愈合。

第九章　晚熟柑橘的花果管理及高品质栽培技术

一、晚熟柑橘花果管理技术

(一)促花控花

1. 促花　晚熟柑橘是易成花、开花多的品种,但有时也会因受砧木、接穗品种、生态条件和栽培管理等的影响,而迟迟不开花或成花很少。对出现的此类现象常采用控水、环割、扭枝、圈枝与摘心,合理施肥和喷施植物生长调节剂等措施促花。

(1)控水　对长势旺盛或其他原因不易成花的柑橘树,采用控水促花的措施。具体方法是在 9 月下旬至 12 月将树盘周围的上层土壤扒开,挖土露根,使土层水平根外露,且视降雨和气温的情况露根 1～2 个月后覆土。春芽萌芽前 15～20 天,每株施尿素 200～300 克加腐熟厩肥或人、畜粪水肥 50～100 千克。上述控水方法仅适用于暖冬的南亚热带柑橘产区。冬季气温较低的中、北亚热带柑橘产区,可利用秋冬少雨、空气湿度低的特点,不灌水使柑橘园保持适度干燥,至中午叶片微卷及部分老叶脱落。控水时间一般为 1～2 个月,气温低,时间宜短;反之,气温高,时间宜长。

(2)环割　见整形修剪章节,此略。

(3)扭梢、圈枝与摘心　见整形修剪章节,此略。

(4)合理施肥　施肥是影响花芽分化的重要因子,进入结果期未开花或开花不多的柑橘园,多半与施肥不当有关。柑橘花芽分化需要氮、磷、钾等营养元素，但氮过多会抑制花芽分化，尤其是大量施用尿素，导致植株生长过旺，营养生长与生殖生长失去平衡，使花芽分化受阻。氮肥缺乏也影响花芽分化。在柑橘花芽生理分化期(果实采收前后不久)施磷肥，能促进花芽分化和开花，尤其对壮旺的柑橘树效果明显。钾对花芽分化影响不像氮、磷明显，轻度缺乏时花量稍减，过量缺乏时也会减少花量。可见合理施肥，特别是秋季9～10月份施肥比11～12月份施肥对花芽分化、促花效果明显。

(5)药剂促花 目前，多效唑(PP_{333})是应用最广泛的柑橘促花剂。在柑橘树体内，PP_{333}能有效抑制赤霉素的生物合成，降低树体内赤霉素的浓度，从而达到促进花芽分化的目的。

PP_{333}的使用时间在柑橘花芽开始生理分化至生理分化后3个月内。一般连续喷施2～4次，每次间隔15～25天，使用浓度500～1 000毫克/千克。近年，中国农业科学院柑橘研究所研制的PP_{333}多元促花剂，促花效果比单用PP_{333}更好。

2. 控花 晚熟柑橘花量过大，消耗树体大量养分，结果过多使果实变小，降低果品等级，且翌年开花不足而出现大小年。控花主要用修剪，也可用药剂控花。

(1)修剪 常在冬季修剪时，对翌年花量过大的植株，如当年的小年树、历年开花偏大的树等，剪除部分结果母枝或短截部分结果母枝，使之翌年萌发营养枝。

(2)药剂 用药剂控花，常在花芽生理分化期喷施20～50毫克/千克浓度的赤霉素溶液1～3次，每次间隔20～30天能抑制花芽的生理分化，明显减少花量，增加有叶花枝，减少无叶花枝。还可在花芽生理分化结束后喷施赤霉素，如1～2月份喷施，也可减少花量。赤霉素控花效果明显，但用量较难掌握，有时会出现抑花过量而导致减产，用时应慎重，大面积用时应先做试验。

(二)保花保果

晚熟柑橘尤其是晚熟脐橙花量大,落花落果严重,坐果率低。落花落果是由营养不良,内源激素失调,气温、水分、湿度等的影响和果实的生理障碍所致。

晚熟柑橘保花保果的关键是增强树势,培养健壮的树体和良好的枝组。为防止柑橘的落果,常采用春季施追肥、环剥、环割和药剂保果等措施。

1. 春季追肥　春季柑橘处于萌芽、开花、幼果细胞旺盛分裂和新老叶片交替阶段,会消耗大量的储藏养分,加之此时多半地温较低,根系吸收能力弱。追施速效肥,常施腐熟的人尿加尿素、磷酸二氢钾、硝酸钾等补充树体营养之不足。研究表明,速效氮肥土施 12 天才能运转到幼果,而叶面喷施仅需 3 小时。花期叶面喷施后,花中含氮量显著增加,幼果干物质和幼果果径明显增加,坐果率提高。用叶面肥保花保果,常用浓度 0.3%～0.5%尿素,或浓度 0.3%尿素加 0.3%磷酸二氢钾在花期喷施,谢花后 15～20 天再喷施 1 次。

2. 环剥、环割　花期、幼果期环割是减少柑橘落果的一种有效方法,可阻止营养物质转运,提高幼果的营养水平。环割较环剥安全,简单易行,但韧皮部输导组织易接通,环割 1 次常达不到应有的效果。对主干或主枝环剥 1～2 毫米宽 1 圈的方法,可取得保花保果的良好效果,且环剥 1 个月左右可愈合,树势越强,愈合越快。

此外,春季抹除春梢营养枝,节省营养消耗也可有效提高坐果率。

3. 药剂保果

(1)防止幼果脱落　目前使用的主要保果剂有细胞分裂素类(如人工合成的 6-苄基腺嘌呤)和赤霉素。6-苄基腺嘌呤(BA)是柑橘有效的保果剂，尤其是脐橙第一次生理落果期，效果较赤霉素好，但 BA 对防止第二次生理落果无效。GA 则对第一、第二次生理落果均有良好作用。

20 世纪 90 年代初，中国农业科学院柑橘研究所研制成功的增效液化 BA＋GA，BA 完全溶于水，极易被果实吸收，增效液化 BA＋GA，保果效果显著且稳定。生产上的花期和幼果期喷施浓度为 20～40 毫克/千克 BA＋浓度为 30～70 毫克/千克 GA，有良好的保果作用。

用增效液化 BA＋GA 涂果时间：幼果横径 0.4～0.6 厘米（约蚕豆大）时即开始涂果，最迟不能超过第二次生理落果开始时期，错过涂果时间达不到保果效果。涂果方法：先配涂液，将 1 支瓶装（10 毫升）的增效液化 BA＋GA 加普通洁净水 750 毫升，充分搅匀配成稀释液，用毛笔或棉签蘸液均匀涂于幼果整个果面至湿润为宜，但切忌药液流滴。药液现配现涂，当日用完。增效液化 BA＋GA（喷施型）10 毫升/瓶，每 667 米^2 用量 3～6 瓶；增效液化 BA＋GA（涂果型）10 毫升/瓶，每 667 米^2 用量约 1 瓶。

(2) 防止裂果 晚熟甜橙，尤其是晚熟脐橙会发生的裂果落果，控制裂果除用栽培措施外，目前尚无特效的药剂。生产上使用的，如中国农业科学院柑橘研究所推出的“绿赛特”等，其防效也只有 50%～60%。

生产上防止晚熟柑橘裂果的综合措施：一是及早去除畸形果、裂果，如脐橙顶端扁平，大的开脐果易裂果，宜尽早去除。二是喷涂植物生长调节剂，喷涂赤霉素，促进细胞分裂与生长，减轻裂果，但使用要适当，不然会使果实粗皮、味淡、成熟推迟。如分别于第二次生理落果期前后的 6 月上旬和下旬用赤霉素 200～250 毫克/千克液涂幼果脐部（对已轻度初裂的脐穴，在赤霉素液中加 70% 甲基硫菌灵 800 倍液）。三是适时环割，在雨后及时对主枝环割 1/2 圈，深达木质部。四是深翻改土，果园覆盖，减少水分蒸发，缓和土壤水分交替变化幅度。五是及时灌水，有条件的用喷灌，效果更好。六是增施钾肥，增强果皮抗裂强度。在幼果期喷施 0.2% 磷酸二氢钾溶液，6～8 月份，特别是 7 月上中旬增施 1～2 次钾肥。七是选择抗裂品种种植。

(3)防止脐黄　脐黄是脐橙果实脐部黄化脱落的病害。这种病害是病原性脐黄、虫害脐黄和生理性脐黄的综合表现。病原性脐黄由致病微生物在脐部侵染所致；虫害脐黄则由害虫引起，生产上使用杀菌剂、杀虫剂即可防止；生理性脐黄是一种与代谢有关的病害。用中国农业科学院柑橘研究所研制的脐黄抑制剂"抑黄酯"(FOWS)10 毫升/瓶，每 667 米^2 用量 1～2 瓶，在第二次生理落果期刚开始时涂脐部，可显著减少脐黄落果。

此外，加强栽培管理，增强树势，增加叶幕层厚度，形成立体结果，减少树冠顶部与外部挂果，也是减少脐黄落果的有效方法。

(4)防止日灼落果　日灼又称日烧，主要在柑橘的早、中熟品种，尤其在脐橙、温州蜜柑等果实开始或接近成熟时的一种生理性病害。晚熟柑橘发生较少，但也有出现。其症状的出现是因为夏秋高温酷热和强烈日光暴晒，使果面温度达 40℃以上而出现的灼伤。开始为小褐斑，后逐渐扩大，呈现凹陷，进而果皮质地变硬，果肉木质化而失去食用价值。

防止日灼，可采取综合措施：一是深翻土壤，促使柑橘植株的根系健壮发达，以增加根系的吸收范围和能力，保持地上部与地下部生长平衡。有条件的还可覆盖树盘保墒。二是及时灌水、喷雾，不使树体发生干旱。三是树干涂白，在易发生日灼的树冠上、中部，东南侧喷施 1%～2% 的熟石灰水，并在柑橘园西南侧种植防护林，以遮挡强日光和强紫外线的照射。四是日灼果发生初期可用白纸贴于日灼果患部，果实套袋的方法可防止日灼病。五是防治锈壁虱，必须使用石硫合剂时，浓度以 0.2 波美度为宜，并注意不使药液在果上过多凝聚。六是喷施微肥。

(三)疏花疏果

疏花疏果是柑橘克服大小年和减少因果实太小而果品等级下降的有效方法。

大年树通过冬、春修剪增加营养枝,减少结果枝,控制花量。疏果时间在能分清正常果、畸形果、小次果的情况下越早越好,以尽量减少养分损失。通常对大年树可在春季萌芽前适当短截部分结果母枝,使其抽生营养枝,增加花量。为保证小年能正常结果,还需结合保果,对畸形果、伤残果、病虫果、小果等应尽早摘除。在第二次生理落果期结束后,大年树还需疏去部分生长正常但偏小的果实。疏果根据枝梢生长情况、叶片的多少而定。在同一生长点上有多个果时,常采用“三疏一,五疏二或五疏三”的方法。

晚熟柑橘需要疏果的,一般在第二次生理落果结束后即可根据叶果比确定留果数,在树势正常的情况下,适宜的叶果比:晚熟脐橙 50～60∶1,夏橙、血橙 40～50∶1,晚熟温州蜜柑 20～25∶1,晚熟椪柑 60～70∶1,晚熟柚 200～300∶1。弱树叶果比应适当增大。

(四)果实套袋

目前,疏果的方法主要用人工疏果,人工疏果分全株均匀疏果和局部疏果两种。全株均衡疏果是按叶果比疏去多余的果,使植株各枝组挂果均匀;局部疏果系指按大致适宜的叶果比标准,将局部枝全部疏果或仅留少量果,部分枝全部不疏果,或只疏少量果,使植株轮流结果。作为鲜销的晚熟脐橙、晚熟柚和大果型的晚熟杂柑,果实套袋可改善果实外观,也有利于防止冬季低温落果和春暖果实果皮回青。

1. 晚熟脐橙果实套袋　三峡库区脐橙产区对晚熟脐橙的奉节晚脐进行套袋。套袋前,花期针对花量、花质进行了花期复剪,7

月上旬进行疏果（疏除小果、畸形果和病虫果等），果实套袋前的1～2天喷杀虫、杀菌剂，分别于7月中旬选择无病虫害、无畸形的果实套袋。纸袋由河北保定生产，双层袋，内袋为黑色，外袋为花纹蜡纸，大小为16厘米×19厘米。果实套袋外观都有明显改善，主要表现为果面光洁亮丽，油胞细腻，着色均匀，提高了商品性。同时，套袋后的果实可不再喷药防治其他害虫，因药剂不与果实直接接触，减少了对果实的污染和药害，还防止和减轻了果实的回青。

2. 夏橙果实套袋　套袋的时间：全园、全树实施套果的，在第二次生理落果结束，果园进行1次全面疏理。疏除病虫果、畸形果、机械伤果、发育不良的小果。选择性套果的，选果面无伤的大果和有充分叶片供给营养的果实进行套袋。为使套袋后不再出现落果，时间宜在6月下旬至7月上旬，夏橙套袋时间可稍晚，在7月中下旬进行。

套袋方法：套袋前进行病虫害防治，喷药两次。药剂宜选水剂，以免在果面形成斑痕。具体做法：疏果、定果后在套袋前7～10天进行第一次喷药；第二次喷药在套袋前1天进行。大面积柑橘园分片喷药，喷一片，套袋一片，不能喷药后间隔3～4天再套袋。如喷药后果实未套完袋遇雨，则应重新喷药后再套袋。

套袋时，选无伤痕的好果，将果实自果顶至果蒂套入袋内，一果一袋，如有叶片阻碍，可将叶片置于果袋外，袋口置于果梗着生部上端，如遇一个结果枝上结2～3个果，先将小果疏去后再套袋。袋口缠扎用折扇法，顺时针或逆时针将袋口折叠收紧，然后用扎口铁丝紧绕果梗1圈，缠紧，不然病虫害易从松动的袋口进入袋内。

套袋前的周到喷药和缠紧袋口是套袋的关键。

套袋后的管理：一是果实套袋后要勤检查，防止袋口松动和破袋。对已受病虫害侵染的要用药剂处理后再重新套袋。二是晚熟品种夏橙12月中下旬喷施2,4-D 20毫克/千克溶液1次，防止冬季低温落果。

3. 柚类果实套袋 柚类套袋，据报道效果有异，但总的趋势是：可使果面洁净美观，着色均匀，提高果实外观质量和商品率，减少农药残留污染、机械伤和病虫危害，降低生产成本。套袋的综合技术如下。

培育健壮树势：提高树体的抗性，保证获得大果、正形果和优质果。还可减少套用薄膜袋后柚果出现日灼的比率。

选用优质袋：规格以 25 厘米×40 厘米为最适。纸袋用纸要求吸湿性差，外表面上蜡，最好能微透光的白色或黄色纸；用薄膜材料要用透气薄膜，底部两角分别留食指大小的小孔。

单株套袋：应采取套薄膜袋与套单层或双层纸袋相结合，双层纸袋生产高档柚果，树冠下部和内膛套薄膜袋，弱树、弱枝和树冠上方受太阳直射的外围套一部分单层纸袋，这样既节省成本，又可生产不同消费层次的柚果。

套袋时间：5 月中旬，第二次生理落果后，按留大去小、留健去弱、留正去畸和合理确保载果量的原则对全树疏果、定果，并彻底防治 1 次病虫害后，1～2 天即可套袋。

套袋前科学用药：主要防治红蜘蛛、凤蝶、炭疽病等。

套袋技术：按先内膛和下部，后外围和上部的顺序。套袋时注意不要将叶片套入袋内，袋要下垂，袋口在果柄外捆紧，以雨水不能渗入为度，不能捆扎过紧而伤了果柄，也不能过松，以免害虫、病菌随雨水进入袋内。

套袋后的管理：针对除危害果实以外的病虫害，如潜叶蛾、炭疽病、溃疡病（疫区）等进行防治。发现套袋已破，可用盆盛药液浸果，待干后再补套袋。套袋柚园，以施优质腐熟的有机肥为主，果实生长后期不使用速效氮肥，可用磷酸二氢钾溶液喷施 2～3 次，不要在果实着色期灌水等。

去袋时间：在果实刚开始着色时去袋。双层袋可分 2 次去袋，外层袋去掉1周后再去掉内层袋，薄膜袋可不去，带袋上市销售。此外，套袋果应适当晚采。

此外，柚类套袋有可溶性固形物下降(0.4%)的报道，尤其是用双层袋的下降更明显。还有连续3年套用不透光纸袋而柑橘粉蚧危害严重的报道，出现这种情况，应全部改用薄膜袋或停止套袋。

上述试验可见，柑橘果实套袋，要根据品种固有的色泽来选择不同透光率的纸袋。橙红色脐橙品种套纯白或浅黄色的单层透光、透气纸袋显著改善果实内外品质，果实着色均匀、艳丽、油胞变小，果面光洁，可减少日灼和裂果。在果实完熟采收时去袋，对果实内质无影响。同时，在采果时顺便去袋，以减少人工费用。

(五)防止低温落果

晚熟柑橘，如甜橙的夏橙、血橙、晚熟脐橙，宽皮柑橘的默科特、不知火杂柑、清见杂柑和岩溪晚芦、晚熟砂糖橘、马水橘等，常因低温出现落果，特别是夏橙低温时落果率较高，落果高峰为1月中下旬至2月初，通常落果达10%左右，严重时可高达20%～30%。现以夏橙为例简述其落果原因及防止措施。

1. 采前落果原因　一是受低温冻害的影响。通常－3℃气温持续3小时，果实即可发生严重冻害。二是冬、春干旱，得不到及时灌溉。三是果实挂树越冬，当日平均温度降低至12.5℃以下时，植株进入相对休眠，果实产生的生长素减少，乙烯合成量却不断增加，乙烯会使果实果柄离层脱落。四是有时春季雨水多，果园未及时排水，造成植株因积水烂根，促使地上部生理失调而加重落果。

2. 采前落果的防止措施　一是种植冬季不易落果的品种，如奥林达。二是用植物生长调节剂保果。通常于11～12月份喷施2～3次20毫克/千克2,4-D溶液，防止低温落果效果明显，三是叶面喷肥。在喷 2,4-D 时,可加 0.2%～0.3%尿素和磷酸二氢钾,以提高树体的营养水平。四是做好冬季防旱、防冻。旱时及时灌水,根据气象预报,及时做好防冻工作。五是病虫防治。六是 11～12 月份果实套袋,既防冻、防病虫,又能防果实回(返)青。

(六)防止果实色泽回(返)青

1. 果实回(返)青原因 现以夏橙为例做一简介。夏橙果实成熟期是翌年的 4 月底至 5 月初,低温使果实果皮的叶黄素、胡萝卜素充分显现,此时果实虽未成熟,但果皮为橙黄色至橙色。开春气温回升后,由于果实尚未成熟,果皮又恢复合成生长素和叶绿素的能力,使果皮出现回(返)青;且温度愈高、日照愈强,果实返青愈重,果实返青既影响外观,又影响内质。

2. 果实回(返)青的防止措施 一是在建果园时,在果园的西侧同时种植 2～3 行防护树,以减弱日照和改善园地小气候条件。二是加强肥水管理和修剪,保持树冠有较厚的绿叶层,枝叶茂密而均匀,从而降低果实返青程度。三是果实套袋。在果实色泽鲜艳时,用黑色纸袋对果实套袋,至采收果实时可保持鲜艳的橙色和最佳的内质。用白色纸袋,果实色泽、品质较套黑色纸袋差,但与不套袋的相比效果也好。四是使用植物生长调节剂。美国等国在伏令夏橙采收前 1 个月,分别喷施二苯酮 500 毫克/千克和 N,N-乙基辛胺 1 000 毫克/千克溶液,对防止夏橙果实返青效果明显。五是果实采后低温贮藏 1 个月以上的可用乙烯利处理,可改善果实色泽,但不能增进果实品质。

二、晚熟柑橘高品质栽培技术

随着柑橘产量的增长和人民生活水平的不断提高,消费者对柑橘果品的要求重点开始由数量转向质量,外观差、内质劣的柑橘果实将无人问津，外观美、内质优的果实，即使价格比普通的贵，也越来越受人们的欢迎。

品种是柑橘品质的主要决定因素，即优良的品种品质优；相反，差的品种品质劣。但优质品种优质的固有特性能否充分表现出来，却受到诸多因子的影响。因此，了解柑橘果品质量的组成要素、影响果实品质的因子、高品质栽培的基本要求和提高果实品质的途径，是十分必要的。

（一）高品质栽培的基本条件

高品质栽培的晚熟柑橘通常要具备高品质栽培的树体和高品质栽培的立地条件两方面的基本条件。

1. 高品质栽培的树体条件　一是品种优良，且在最适宜生态区，至少在适宜生态区栽培。二是树体有良好的结构：树姿开张，树体高3米以下，主干高度一般不超过30厘米。三是果园通风透光，行间、株间的树冠不交叉，有较好的间隔，树冠不郁闭，通风透光良好。四是树体生长健壮，无严重的病虫害，尤其是无检疫性病虫害。

2. 高品质栽培的立地条件　一是晚熟柑橘园的土壤、水质和空气等的环境条件应符合NY 5016—2001《无公害食品　柑橘产地环境条件》的要求。二是晚熟柑橘园地土壤最好为微酸性至中性，较碱性的土壤要进行改良，或采用抗、耐碱性的砧木。土层疏松，土层厚40～50厘米及以上。三是平地果园地下水位1米以下，且排水良好。四是晚熟柑橘园所处的地形为缓坡地或平地，山地的坡度15°以下，15°以上的应采用等高梯田（地）栽培。四是应采用深沟高畦或起垄栽培。五是果园交通方便。园区内有主干道、机耕道、作业道（便道），互相连接；主干道与外界公路连接，以快速平稳运输果品等。

(二)高品质果品的质量要求

柑橘果品的质量可分为外观和内质两个方面。

1. 外观 果实的外观包括:果实的大小,形状和果皮的色泽、厚薄、油胞粗细等。果实的大小因品种不同而异,如脐橙、柚类,一般是果实大,品质好,而温州蜜柑横径4.5～5.4厘米的中等果,其可食部分、果汁含量和风味,并不比大果型的逊色,相反果型过大的温州蜜柑常表现为皮粗厚,果汁少,风味淡泊。砂糖橘,市场上最畅销的是果径3.5～5.5厘米的中型果,其次是果径小于3.5厘米的小型果,果径大于5.5厘米的大型果,因果皮厚,品质下降而不太受欢迎。中果型果实品质好,皮薄,肉质细嫩,甜味浓。果实形状,因晚熟柑橘的品种各异,要求也不同:通常以鲜销为主要目的的晚熟甜橙的血橙、夏橙等要求圆果;脐橙、脐血橙等要求短椭圆形或椭圆形的果形;宽皮柑橘则要求扁圆、高扁圆的果形,且果面无风痕、伤痕、无异常突起,有品种果实固有的色泽。总之,果实的外形要求形状端庄、大小适中,色泽鲜艳、橙红(或品种的固有色泽),有光泽、光滑。

2. 内质 果实的内质包括果实的风味、香气和营养成分。柑橘果肉的风味由糖、酸、氨基酸、水溶性果胶、无机化合物以及微量的维生素C、配糖体和精油等成分决定。我们常说的可溶性固形物,就是上述所有物质的总称。糖主要由蔗糖、葡萄糖和果糖组成,合称全糖。糖以有无还原能力衡量,又分为非还原糖、还原糖。蔗糖为非还原糖,葡萄糖和果糖为还原糖。占全糖的比例:蔗糖占2/3,葡萄糖和果糖占1/3。甜味以果糖最强,其次是蔗糖,再次是葡萄糖。酸主要是柠檬酸,其次是苹果酸。果实发育初期,以苹果酸为主,至果实成熟时柠檬酸占总酸量的75%以上,而苹果酸不足20%。柠檬酸和苹果酸占总酸量的95%以上,5%以下是微量的酒石酸、草酸和琥珀酸等。游离的氨基酸是柑橘果汁中可溶性固形物的重要组成部分。柑橘果实的香气是果实成熟后生成的高级醇、酯、醛、酮和挥发性有机酸等物质产生的，如血橙具玫瑰香。

高品质的晚熟柑橘：一是要求营养丰富（同柑橘，此略），可溶性固形物12%以上，酸含量在0.5%～1.0%以下。不同品种可溶性固形物、酸含量不同。例如，晚熟脐橙、血橙可溶性固形物12%以上，酸含量0.6%～0.8%，夏橙可溶性固形物达12%、酸含量1%以下；宽皮柑橘的晚熟砂糖橘、马水橘、紫金春甜橘等的可溶性固形物可达15%左右，酸含量0.5%以下，固酸比（可溶性固形物含量与酸含量之比）高达30∶1；杂柑的清见、不知火和默科特等的可溶性固形物可达13%～15%，酸含量0.5%以下。二是肉质细嫩、化渣，果肉多，果汁含量高，囊壁薄、易化渣。三是果核的有无。无核、少核的柑橘果实受欢迎，并以无核最优。四是果实的耐贮运性，以及其他特殊性状，如香气。晚熟柑橘除鲜食外，还可用于加工果汁、糖水橘瓣罐头等。

（三）果实品质的影响因子

1. 果实发育时期环境条件对品质的影响　果实发育分细胞分裂、细胞质增加、汁胞发育和成熟等4个时期。

(1)细胞分裂期　从冬芽生长点开始进行花芽分化起至盛花后20～30天（即6月上中旬第二次生理落果高峰开始时）止，此时若气候和营养条件有利于细胞分裂，如土壤和气候干燥，温差大，氮肥供应充足，则果皮粗厚，外观不佳。若气温和地温高，昼夜温差小，则果皮光滑。

(2)细胞质增加期　温州蜜柑于6月中下旬至8月下旬处于此期，此时温度高低对酸含量影响较大，同时对植物生长调节剂的反应也较敏感。

(3)汁胞发育期　即果汁增加期，温州蜜柑8月下旬开始，此时水分对糖酸含量影响很大，如9～10月份进行干燥处理，则果实的全糖含量显著提高，风味浓，品质好，但果实稍小；相反，产量可增加，但品质下降。施钾能明显促进果实增大。

(4)成熟期 汁胞停止发育，即采果前1～2周，尾张温州蜜柑为11月中下旬，果肉细胞已发育完成，此时，如继续施氮肥或高温、高湿等，会使果皮油胞层组织继续膨大而成为厚皮果，使品质下降。

2. 不当的高产措施对果实品质的影响 温州蜜柑产区，常用重施氮肥与秋旱灌溉的措施来提高果实产量，但这种措施明显地降低了果实的品质。如果能有效地控制徒长性夏、秋梢的抽发和果皮等二次生长对糖分的消耗，则既可获每667米^2 3 000千克左右的产量，又可使果实保持优质。产量高、果实品质优的植株具有节间短、枝粗壮、叶片密的紧凑型树冠。相反，树势强的幼树和日照不良或水分过多而造成节间长、叶片大而薄的植株，氮肥稍过量，即会造成营养生长过旺而结果不良，出现隔年结果，使果实的果面粗糙，厚皮果与浮皮果多，品质变劣。

柑橘叶果比留得不当，也会影响果实的大小，晚熟温州蜜柑每果在20～25片叶的范围内，叶数越多，果实膨大越好。果实大小适中，品质好。晚熟脐橙叶果比在50～60∶1则结的果大，品质优良。相反，叶果比过小，果实发育受阻，易使果实变小；而叶果比过大，则易产生粗皮大果，品质下降。

3. 树龄和开花期对品质的影响 初结果幼树的生理变化不稳定，各部位的枝条长势多变，所结果实的大小、形状、果汁率和糖酸含量也多变。相反，成年结果树及老树树势稳定，夏、秋梢生长少，结果枝健壮，所结果实果皮和囊壁薄，肉软汁多，风味浓。

开花期与着色及减酸迟早相关，温州蜜柑凡开花早的，所结果实发育就正常，着色、品质均佳。

4. 肥水对果实品质的影响

(1)氮对果实品质的影响 结果少的幼树、小年树和多氮的柑橘树一样，因树体含氮量丰富，故所结果实多数皮粗，囊壁韧，汁少，风味差。这在早熟品系温州蜜柑中表现尤其明显。多氮植株树冠外方抽生的强大直立枝结的果实，有高的糖含量和果汁，这些果实发育后半期，土壤水分充足，则糖和果汁的含量降低，形成粗皮大果，品质下降。

(2)磷对果实品质的影响　施磷过多，虽能提高叶片的磷含量，但果汁中的磷含量反而减少，使糖、酸和维生素的含量均减少，造成果色差，品质下降。相反，若磷缺乏，果皮则增厚，果心空隙大。施适量的磷肥，能加速果实减酸，提早成熟。

(3)钾对果实品质的影响　钾与氮的作用相似，钾多可增大果实，增加糖和酸的含量，且以施钾的第二年增加果实的糖含量明显，钾过量会导致缺镁和果肉变粗。

氮、磷、钾、钙、镁以及微量元素等的不足或过剩，对果实的大小和品质均有影响。例如，温州蜜柑叶片中的氮素含量以2.8%左右为宜，含量过多则果皮增厚变粗，着色延迟，但当氮素不足时，则不仅使果实膨大受阻，形成小果型，而且类胡萝卜素产生不充分，着色也差。叶片中磷的含量以0.15%～0.18%为宜，低于0.1%时会出现缺素症而影响果实品质。叶片中钾含量在1.3%以下时，果实发育膨大良好，但同时也有果皮增厚、果肉变粗的弊端，使果实品质下降。

(4)干燥对果实品质的影响　9～10月份温州蜜柑正值果汁增加期，如处在干旱中，果实中的糖、可溶性固形物和酸的含量均能提高。但若干燥时间超过30天，不仅果型变小，而且也易产生裂果和畸形果，故叶片将要萎蔫时即应灌溉。

5. 光照对果实品质的影响　日照除使叶片进行光合作用外，还可起到使树体、土壤、果实的温度升高，降低土壤含水量和空气湿度的作用。这些作用都有利于果实的长大和品质的提高。日本铃木等所做夏、秋季不同光照强度对温州蜜柑果实膨大和品质影响的试验表明，夏、秋季的相对照度在50％时，果实就不能很好发育，平均单果重和产量明显下降；当相对照度降低到25％时，则着色不良，糖和维生素C含量也下降。

6. 果实着生位置对品质的影响 果实着生的位置不同，也会影响果实的品质。着生在树冠外部、生长旺盛部位的果实，由于较易获得营养、水分和光照，与着生在内膛的果实相比，则果梗粗，果实大，着色好，糖含量高，但容易生成果皮厚、果面粗的果实和受机械伤，使果面出现伤痕。着生在树冠上部与下部的果实，大小无明显差异，尤其是成年树，由于顶端优势的减弱，上部并不特别强旺，但上部果着色良好，糖含量高，下部果则相反。特别是在气候条件不良的情况下，则下部果的成熟显著延迟。酸含量则上部和下部果实无明显的差异。

7. 果园立地条件及园内环境对果实品质的影响

(1)果园立地条件对果实品质的影响 从宏观角度看，纬度和海拔对柑橘果实的品质有影响，如我国柑橘果实糖含量以北纬27°线向南北延伸逐渐下降；酸含量北高南低，由北向南逐渐下降。纬度影响，实际上是热量的影响，纬度低热量丰富，纬度高热量则差。

海拔对果实品质也有影响，果实糖酸含量随着海拔的变化而变化，一般而言，海拔高，酸含量高，糖含量低；海拔低，糖含量较高，酸含量较低。

(2)果园内环境对果实品质的影响 果园内环境对果实糖、酸含量、着色和增大都会有影响。在果园内的各因素中，对果实糖含量影响最大的是日照强度、土面覆盖和果实成熟度，其次是叶果比及果实着生部位离地面的高度。糖含量与这些因子呈正相关，即日照好(相对光照强时，叶果比增大，对果实糖含量影响不大)和距地面高的果实糖含量高。此外，在一定范围内随着单果的增大糖含量会降低。据日本学者松本报道，温州蜜柑单果重75克时糖含量最高。由于长果枝开花迟，果实发育较旺，故长果枝所结的果实糖含量低。

对果实酸含量的影响：光照强度、光照时间、果实成熟度、叶片数和单果重等与果实酸含量呈负相关。

对果实着色的影响：光照强度和光照时间有明显的影响，光照好、叶果比小的，着色好。

对果实增大的影响：在诸多的因子中，叶果比、日照强度、日照时间、果实离地高度和结果枝上叶面积的大小与果实大小呈正相关，即光照好，离地面高，结果枝上叶面积大的果实大。薄膜覆盖地面、成熟期等与果实大小呈负相关，即地面有薄膜覆盖、成熟早的果实较小。

三、晚熟柑橘品质提高的技术途径

晚熟柑橘果实品质与柑橘品种和选用适宜砧木、适地适栽、栽培管理措施和适时采收等关系很大。

（一）积极选育、引进和推广优良品种、品系

我国柑橘品种资源丰富，自己选育和从国外引进的晚熟柑橘品种也不少，如脐橙的晚熟品种奉节晚脐、晚棱脐橙、鲍威尔脐橙、红肉脐橙，伏令夏橙及优系，血橙、温州蜜柑的晚蜜、蕉柑及其优系，晚熟杂柑的不知火、清见、默科特，以及马水橘、晚熟砂糖橘等。今后应加速现有优良品种、品系的推广，同时继续抓好选育和引进，争取在"十二五"或更长一点的时间内，使我国柑橘品种的良种化上新台阶。

(二)选择与优良品种相适应的优良砧木

晚熟柑橘的砧木是否适宜,直接关系到柑橘产量、适应性、抗逆性和品质。例如,枳是我国柑橘的优良砧木,尤其适作晚熟温州蜜柑、杂柑和晚熟椪柑等的砧木。以柚作晚熟温州蜜柑的砧木,产量虽高但皮厚而韧,糖含量、酸含量都较低;用南丰蜜橘作甜橙和温州蜜柑的砧木,则果皮薄,甜味浓。广东杨村华侨柑橘场柑橘研究所,在红壤丘陵地对椪柑的砧木做的比较试验表明,用酸橘和红皮山橘砧,糖酸比和可溶性固形物较高,果汁较多,甜酸适度,风味好,唯果实稍小;红檬檬砧含柠檬酸和维生素 C 较高,汁多带酸味,果实不耐贮,易枯水;酒饼勒砧的酸含量低,糖酸比虽高,但可溶性固形物低,味淡带渣。近 10 年来,重庆和三峡库区用卡里佐枳橙作甜橙的砧木,大多数品种表现出生长快,结果早,品质好,个别品种,如渝津橙定植后 2～3 年出现植株叶片黄化。所以,为了使优良品种的栽培获得优良品质,在砧木的选择上,不仅要注意砧木和接穗的亲和性、对当地水土条件的适应性和恶劣环境的抗逆性、早结性、丰产稳产性等,还要注意对果品品质的影响。

(三)适地适栽,发挥良种的品质优势

柑橘不同于 1～2 年生作物,一个品种栽下去,少则十几年,多则几十年,如果栽植的地域或地点不适宜,就会影响良种固有品质的表现及其产量的提高。所以,决定发展或种植某一品种前,一定要根据当地的气候(温度、湿度、雨量、日照等),土壤(母质、构造、酸碱度等)条件来确定,因为任何一个柑橘良种,都有其一定的适应范围,如广东汕头地区、贵州罗甸的蕉柑,品质可谓柑类中的佼佼者,但其他地区栽培的蕉柑,品质远比汕头、罗甸的逊色,在热量条件较差的地方更不宜发展。

除了气温以外,空气湿度也影响柑橘的丰产和品质,如重庆奉

节晚脐橙，因处在气温宜人、空气相对湿度较低、一般在65%～70%这样一种得天独厚的气候条件下而挂果累累，品质优良。以上所说的都是按纬度划分的不同气候带对柑橘果实品质的影响。

另外，就某一个果园而言，立地条件也影响果实的品质，如在不同海拔高度种植的柑橘，其品质就有差异(前已介绍)。可见，对每一个晚熟柑橘良种来说，无论是大的区域，还是具体到一个果园的立地条件，只有当生态环境适应良种时，才能充分发挥良种的优势。因此，无论是从提高产量还是提高品质考虑，确定栽植的优良品种，必须是当地适应性最好的。一时难以确定是否适应本地栽植的引入良种，必须先行良种区域适应性试验，以免未经区域试验就盲目推广，给生产上造成不必要的损失。

(四)应用栽培技术措施提高果实品质

晚熟柑橘果实的品质，是从开花到果实成熟的十几个月中逐渐积累起来的。品质的提高不是单因子或单项技术措施就能取得效果的，必须综合多种因子、采取多项措施才能取得。

柑橘的品质与园地土、肥、水管理，整形修剪，病虫害防治，植物生长调节剂应用等都有关系。

1. 注重园地选择，加强土壤的管理　提高果实品质以果园的良性生态系统为中心，搞好柑橘园规划。采取抽槽压绿(肥)，改良土壤肥力和结构。平地果园配置必要的防护林。山地果园建等高梯地，选择坡向，设置排灌系统。种植后分年进行深翻，增厚土层(保持在50厘米左右的活土层)。土壤疏松、深厚，呈微酸性或中性，则果实甜；土壤板结黏重、偏酸，果实酸度就增加。

2. 因地制宜，起垄栽培　起垄栽培是晚熟柑橘提高品质的又一措施。起垄栽培即在建园时，将果园的表层土壤按照种植行进行堆积，然后定植植株的一种栽培方式。

起垄栽培由于集中了土壤表层的熟化土，有利于晚柑橘幼树生长，提早结果。同时，又因起垄栽培对晚熟柑橘的根系具有一定的限制作用，有利于形成中庸的生长树势；有利于成年结果树的丰产优质。

不同立地条件的晚熟柑橘，起垄的高度和宽度有所不同：平地果园和水稻田种柑橘，起垄的高度 50～80 厘米，宽度 1.5～2.0 米，起垄后形状似馒头形。缓坡地等高梯田起垄的高度通常在 30～50 厘米，宽度 1.2～1.5 米；等高梯田、缓坡地、平地、水田改种柑橘的低洼地起垄采用带状起垄，山地果园或特殊地形可用堆状起垄，土堆的直径在 1.2 米以上。

3. 合理施肥，改善果实品质 由于施肥不当影响植株正常生长和果实品质的现象，近年也在晚熟柑橘栽培中出现。表现在化肥施用量逐年增大，有机肥施用量不断减少。尿素等氮肥大量施用，忽视磷、钾肥的合理施用，结果不仅导致果实果皮粗厚，果小，着色不良，而且严重影响果实的内质，使囊壁韧、糖酸比下降，风味变淡。

提高果实品质，应增加有机肥的施用量，合理施用氮、磷、钾，通常要求氮(N)、磷(P_2O_5)、钾(K_2O)的比例为 1∶0.5～0.6∶0.7～0.8。同时，根据不同母质土壤类型所含磷、钾差异，除含磷、钾的土壤酌减施用量外，红壤、沙壤、磷钾缺乏的柑橘果园，应根据结果量的多少及时补施磷、钾肥。最好根据土壤元素分析来确定磷、钾的施用量。

有机肥对改善柑橘品质具有重要作用，这是因为大部分有机肥具有较适宜的氮、磷、钾比例，同时含有多种微量元素以及氨基酸等。某些必需微量元素的缺乏同样会造成柑橘品质的下降，如缺锌时果小，缺硼时皮厚汁少，缺铁时酸含量提高等。我国大部分柑橘产区，三峡库区产区也同样，程度不同存在一种或多种微量元素缺乏的问题。虽然一些微量元素的缺乏可通过施用化学制剂加以克服，但就其有效性和持续性而言，施用有机肥仍是目前最有效的办法。例如，强碱性土壤柑橘园的缺铁问题，迄今较好的办法仍是大量施用有机肥。饼肥、厩肥、人畜粪尿等可明显改善柑橘品质早为柑橘生产者所熟知。成年晚熟柑橘树一般每年应至少保证每株施厩、粪肥 20～40 千克、饼肥 1～2 千克。种植绿肥是解决有机肥缺乏的好办法，近年不够重视，应重新大力提倡。

施肥时间对柑橘也很重要。大年树挂果多，壮果肥要施足，可施 1 年总施肥量的 50%～60%。小年树挂果少，壮果肥要适量少施，以免引起果皮粗厚和促发夏梢，采前忌施大量速效氮肥和钾肥。

4. 适量挂果，提高果品等级　各种柑橘品种都有程度不同的大小年现象。大年挂果量多，果实往往偏小，等级下降。小年挂果少，果大，皮较粗厚，着色推迟，糖酸比下降，化渣性也有所降低，果实内质不佳。特别是树势强的植株，坐果少时外观内质下降更明显。

克服大小年的有效方法是根据树势控制挂果量。大年树通过冬、春季短截部分结果母枝，增加营养枝，减少结果枝，控制花量。小年树则尽量保留结果母枝。对畸形果、伤果、病虫果、小果等非正常果及早疏除。凡是在第二次生理落果时幼小的果实，成熟时绝大部分仍是小果，仅有少部分靠近粗枝上的小果有可能长成大果，但果皮粗厚。因此，留果要注意尽量保留生长正常的大果，同时注意果实的光照条件，对光照太差的果实也应疏除。一般品种在第二次生理落果结束后即可依据叶果比确定单株挂果量，疏除多余果实。

5. 培养高品质的树形　根据晚熟柑橘的不同品种，培养有利于果实品质提高的树形。例如，晚熟甜橙采用开心形或自然圆头形树形，树冠高控制在 2.0～2.5 米，主干高控制在 30～50 厘米，主枝 3～4 个，叶绿层保持在 1.5～2.0 米。当植株高度大于 3 米时，春季修剪时应疏除树冠中、上部的直立大枝，疏通光路，改善树冠中、下部的光照条件，以提高果实品质。

6. 适当修剪，改善树体通风透光 柑橘是常绿果树，修剪没有落叶果树要求严格，但适当的修剪仍是必需的，尤其是我国的柑橘栽培普遍存在密度偏高的问题，通风透光条件不佳，导致果皮粗厚，着色不良，糖含量下降，品质变差。

近几年推行的三疏（疏株、疏枝、疏果）技术，改善了植株的通风透光条件，提高了果实的品质。

(1)疏株 柑橘园密度过大，后期树冠郁闭，严重影响果实品质，通过疏除密植株，每 667 米^2 栽 40～50 株，可使通风透光良好。

(2)疏枝 疏去树冠中央直立枝，使树冠开张，回缩更新主侧枝，使树冠高度控制在 2.5 米以下。加大分枝角度，培养自然开心形树冠，避免直立性徒长枝结果，培养中庸结果母枝结果。

(3)疏果 7～9 月尽早分批疏果，疏去顶端果、病虫果、畸形果、密生果及过大过小的果，使果实大小均匀，果形美观，色泽一致，减少日灼果、病虫果、畸形果等。

7. 合理使用生长调节剂，保丰产保品质 赤霉素(GA)因其良好效果已被广泛使用。但赤霉素对果实也有副作用，主要表现在对果皮生长具有较强的刺激作用，会导致果皮增厚，油胞变粗，着色推迟，味淡不化渣。幼树和生长太旺的树更甚。尤其是柚类幼果果皮对赤霉素相当敏感，浓度稍高即引起果皮异常生长，形成特厚果皮，甚至完全失去商品价值。生长素类植物生长调节剂，如 2,4-D 对柑橘果实也有较强刺激作用，同样会导致粗皮大果，浓度过高还会形成僵果。生产上对这两类调节剂要严格控制使用浓度、次数和时间。一般成年树赤霉素的喷施浓度在 50 毫克/千克以下，幼树和旺树在 30 毫克/千克以下，使用时间在谢花后至第二次生理落果期，最多不超过 2 次，柚类保果不宜喷施赤霉素。2,4-D 的保花保果效果并不理想，生产上应少采用。BA 等细胞分裂素类调节剂对减少柑橘的第一次生理落果有良好效果，喷施浓度稍高会促发大量萌芽及使幼叶厚大。

各地都有不少柑橘专用保花保果剂出售，其推荐使用浓度一般是以普通成年树为标准，幼树和旺树上使用要适当降低浓度。

生产实践证明，合理使用植物生长调节剂并不影响柑橘品质，关键是要控制好使用浓度、时间、次数和方法。生产者要根据各自果园的具体情况，摸索出一套适合、有效的调节剂使用方法。

此外，还可用增糖剂或增色剂，如三十烷醇、增糖灵、吲熟酯、芸薹素、美果钙、果树动力神及代森锰锌等，使果面亮丽，果肉味甜。

8. 采前控水，提高果实可溶性固形物含量　我国大部分柑橘产区秋冬季节晴朗少雨，为柑橘采前控水提供了有利条件。采前20～30天，除果园出现较重干旱外，轻微干旱或中午出现叶片稍微卷曲可不灌水，以提高果实可溶性固形物含量。干旱较重果园可适当灌水，但无须像常规灌水那样使土壤湿透。如确需灌水，每株成年树灌水30～60升，缓和干旱即可。通常，实行采前控水后，果实可溶性固形物含量可提高1～2个百分点，着色提早，产量略有下降。过去，有些果园为了提高产量，实行采前灌水，在柑橘供不应求年代，对增加收入起了一定作用，但在如今，这种做法无疑是适得其反。

另外，生草果园的果实较易出现粗皮、着色推迟和可溶性固形物降低的现象，杂草丛生果园尤其如此。为了提高品质，可适当增加中耕次数，控制杂草生长。同时，需加强防病治虫、减轻日灼等管理。

9. 病虫害优化防治　柑橘病虫害是影响果实外观的重要因素，尤其是螨类、蚧类和病害会严重影响果实外观；并且病虫害防治与柑橘果品的安全生产直接相关。禁用高毒高残留农药，推广使用高效、低毒、低残留农药，并严格按照安全间隔期使用，以生产无公害果品、绿色果品和有机果品。

提倡农药交替使用，以减缓抗药性产生。采取农业措施、物理防治、生物防治等综合技术防治柑橘病虫害，通过预测预报，指标化防治，减轻农药污染，保持生态平衡，提高果实品质。

（五）适时和覆膜延迟采收，保持提高果实品质

1. 适时采收 柑橘的不同品种，其成熟期是不一致的，通常将其分为早、中、晚熟 3 类。除了品种，成熟度还受树龄、土壤、气候条件及栽培技术诸因子的影响。适宜的采收期应根据柑橘果实的成熟度来决定，果汁含量、糖酸含量、固酸比、色泽都被用作判断成熟度的指标，在生产实践中尤以是否具有固有的果实色泽为主要的判断指标。过早或过晚采收，对柑橘果实的品质都不利，采收过早，果实的营养成分转化不完全，既影响品质，又影响产量。有人认为，提前采收有利于花芽分化和翌年产量，但也会降低品质。所以，应在果实品质最佳时适时采收。

2. 覆膜延迟采收 因环境条件限制，有些产区晚熟柑橘等不到果实品质最佳时就采果，影响了种植效益。生产上推出的柑橘延迟采收，也适宜某些晚熟柑橘品种，如杂柑清见、不知火等。覆膜延迟采收的具体方法简介于后。一是树冠直接覆膜适宜在冬季日少而弱的晚熟柑橘产区采用。二是品种。翌年 1～4 月份成熟的晚熟柑橘，4 月底至 5 月份熟的夏橙采用延后采收可降低冬季低温落果。三是果园立地条件宜背风向阳，排水良好，地下水位低，无严重病虫害和健壮的树势。四是树冠覆膜前要施冬前肥、疏果减负、防治病虫害和低温落果。冬前肥 10 月底前施下，以腐熟的有机肥为主（如畜、禽粪肥），加少量磷肥。疏去伤虫果、小果和粗皮大果，近地面的果应用拉、撑方法使果实距地面至少 30 厘米左右。剪除枯枝和园内杂草、落果等，选晴天喷 1 次杀虫、杀菌剂。11 月上旬喷 1 次 15～20 毫克/千克 2,4-D 溶液。五是覆膜要求：

薄膜用透光率大于70%的普通大棚薄膜；覆膜时间11月下旬至翌年的3月上中旬；覆膜根据薄膜的宽度和柑橘的行距大小，一般为1行1覆膜，也有2行覆1膜，也有单株覆膜。薄膜直接覆盖在树冠即可。对树冠外围有尖利枝、刺的要剪除。薄膜的边缘与地面保持20～40厘米的空隙，且每隔一段距离将薄膜固定在地面的桩上，以免被风吹起。六是揭膜，当气温开始稳定回升和光渐渐增加时揭膜。

(六)晚蜜3号、不知火高品质栽培技术

1. 晚蜜3号　提高外在质量(外观)途径：一是增加树体养分积累，通过重施秋肥、喷施叶面肥，如0.3%磷酸二氢钾或绿芬威1号或2号800倍液，以保叶过冬，增加光合作用，从而增加树体内的储藏养分。二是加强花果管理，促进幼果发育形正、果大。采取合理修剪，适当疏果，成年结果树叶果比以20～25∶1为宜。

提高果实内在质量(内质)的措施：一是选用良种壮苗，适地适栽。纯正的健壮苗，以枳为砧木，栽植适地要求：年平均温度17.5℃～18.5℃，冷月(1月份)平均温度5℃～10℃，≥10℃的年活动积温5 500℃～6 500℃。极端低温＞－3℃。二是科学管理，提高品质。采取合理施肥，多施农家肥可使果实果面光滑，色泽鲜艳，糖含量高，风味浓郁；适时适量施磷肥能降低果实酸含量；适时施钾肥，则能提高果树光合作用强度，有利糖的合成，促使果实增大。三是科学排灌。果实膨大期(7～9月份)遇旱及时灌溉；果实成熟期(12月份至翌年1月份)适当控水，以提高果实糖含量，有利着色。四是适时采收。天草是中熟的杂柑品种，我国产区普遍早采，达不到该品种的固有品质。据不同采收期果实品质的测定：翌年1月底至2月初采收，糖含量10.3%，酸含量0.8%。五是采用包装，提高果实商品性。果实采后进行分级、洗涤、打蜡和包装，既可美化果实外观，又可保护果实免受损伤，有效提高了果实的商

品价值。

2. 不知火 一是园地条件的选择。因不知火是晚熟品种，且抗寒性不如温州蜜柑，因此园地应选冬暖，背风向阳，土壤肥沃，土层深厚和水源条件好的地域建园。二是采取疏果。不知火坐果多后，易出现新梢变短变细，叶片变小，树势变弱，易形成隔年结果，应进行疏果。通常 6 月下旬至 7 月初首次疏果，使叶果比100～120∶1。对树势弱，尤其是初结果幼树和高接换种后的初结果树可推迟结果 1～2 年，头年的始花初果可全疏除，以使树体营养生长。疏果也可结合整形修剪进行，疏去上部果，保留中、下部果。三是加强肥水管理。在三峡库区气候条件下，结果树 1 年可施 4 次肥，即 3 月中旬施春肥，5 月下旬施夏肥，9 月下旬施秋肥，12 月中旬施冬肥。施肥原则：适施春肥，控制夏肥，重施秋肥。为提高果实品质应多施有机肥。四是适时灌水，夏季持续干旱时，每隔 10 天左右灌水 1 次，以防裂果，在施秋肥时，遇旱要结合灌水。五是果实套袋，时间 6 月底至 7 月上旬，套袋前先喷药防治病虫害，选用抗风吹雨淋、透气性好的柑橘专用单层纸袋，采果前半个月除去纸袋。六是及时防治病虫害。七是及时采收，12 月份可采收，但随采收期延后，果实糖含量增加，品质提高，以 2 月底前后采收品质最佳。

第十章　晚熟柑橘病虫害无公害防治技术

目前，晚熟柑橘果实的污染主要来自大气、土壤和农药，而化学合成农药在柑橘病虫害防治中使用最多、最有效，但污染也最为严重。

农药对果实的污染主要有3个方面：一是喷施农药造成对果实的直接污染。二是果园喷施农药后对土壤形成第二次污染：喷施的农药有相当部分直接或经雨水（灌溉水）而流入土壤，造成对土壤的污染；土壤中农药对果实造成间接污染，又通过果园地表水径流进入江河、湖泊，造成对水系的污染而威胁整个生态系统，尤其是高残毒农药。三是因同一种（类）农药的连续使用，造成病虫害抗药性群体的积累而不得不加大用药量，使之进一步加剧农药的污染和危害。

一、晚熟柑橘病虫害无公害防治要求

晚熟柑橘病虫害无公害防治应积极贯彻“预防为主，综合防治”的植保方针。以农业和物理防治为基础，生物防治为核心，按照病虫害发病规律和经济阈值，科学使用化学防治技术，有效控制病虫危害。

晚熟柑橘病虫害的无公害防治要严禁检疫性病虫害从疫区传入保护区，保护区不得从疫区调运苗木、接穗、果实和种子，一经发现立即烧毁。

晚熟柑橘病虫害无公害防治要以农业防治和物理防治为基础。

农业防治：一是种植防护林。二是选用抗病品种和砧木。品种应根据柑橘的生态指标，在最适宜区和适宜区，选择市场需要的优良品种种植，尤其应选择抗病性、抗逆性较强的品种发展。我国柑橘产区，采用的砧木主要是枳，也有采用红橘、酸橘、枳橙、红檬檬和三湖红橘作砧木的。盐碱土和石灰性紫色土，宜选用红橘砧，对已感染裂皮病、碎叶病的品种，不能用枳和枳橙作砧木，要选红橘作砧木。三是园内间作和生草栽培，种植的间作物或草类应是与柑橘无共生性病虫、浅根、矮秆，以豆科作物和禾本科牧草为宜，且适时刈割，翻埋于土壤中或覆盖于树盘或用于饲料。四是实施翻土、修剪、清洁果园、排水、控梢等农业措施，疏松土壤、改善树冠通风透光，减少病虫源，增强树势，提高树体自身的抗病虫能力。提高采果质量，减少果实伤口，降低果实腐烂率。

物理防治：一是应用灯光防治害虫，如用灯光引诱或驱避吸果夜蛾、金龟子、卷叶蛾等。二是应用趋化性防治害虫，如大实蝇、拟小黄卷叶蛾等害虫，对糖、酒、醋液有趋性，可利用其特性，在糖、酒、醋液中加入农药诱杀。三是应用色彩防治害虫，如用黄板诱杀蚜虫。可土法自制：在木板上涂上黄油漆，油漆干后将其固定在比柑橘植株高的显眼处，涂上机油即可诱捕；也可用黄色颜料涂上，用薄膜包住后再涂上机油。诱捕中注意检查机油的干燥程度和被雨水冲刷的情况，以达到捕杀效果。四是人工捕捉害虫、集中种植害虫中间寄主诱杀害虫，如人工捕捉天牛、蚱蝉、金龟子等害虫；在吸果夜蛾发生严重的柑橘产区人工种植中间寄主，引诱成虫产卵，再用药剂杀灭幼虫。

生物防治：晚熟柑橘病虫害无公害防治要以生物防治为核心。一是人工引移、繁殖释放天敌，如用尼氏钝绥螨防治螨类；用日本方头甲和湖北红点唇瓢虫等防治矢尖蚧；用松毛虫、赤眼蜂防治卷叶蛾等。二是应用生物农药和矿物源农药，如使用苏云金杆菌、烟碱·苦参碱水剂等生物农药和氧氯化铜、氢氧化铜、矿物油乳剂等矿物源农药。三是利用性诱剂，如在田间放置性诱剂和少量农药，诱杀实蝇雄虫，以减少与雌虫的交配机会，而达到降低害虫虫口的目的。

生态控制：晚熟柑橘病虫害无公害防治要有效地进行生态控制。如科学规划园地，种植防护林，改善生态环境，果园间作或生草栽培等抑制病虫危害。

化学防治：晚熟柑橘病虫害无公害防治要科学使用化学防治。一是不得使用高毒、高残留的农药。在柑橘生产中禁止使用的农药有：六六六、滴滴涕、毒杀芬、二溴氯丙烷、杀虫脒、二溴乙烷、除草醚、艾氏剂、狄氏剂、汞制剂、砷、铅类、敌枯双、氟乙酰胺、甘氟、毒鼠强、氟乙酸钠、毒鼠硅、甲胺磷、甲基对硫磷、对硫磷、久效磷、磷胺、甲拌磷、甲基异柳磷、特丁硫磷、甲基硫环磷、治螟磷、内吸磷、克百威、涕灭威、丙线磷、硫环磷、蝇毒磷、地虫硫磷、氯唑硫、苯线磷等。以及国家规定禁止使用的其他农药。二是使用农药防治应符合“农药安全使用标准”(GB 4285)和“农药安全使用准则”(GB/T 8321)所有部分的要求。

晚熟柑橘病虫害无公害防治农药要合理使用。对主要虫害的防治，应在适宜时期喷药。病害防治在发病初期进行，防治时期严格控制安全间隔期、施用药量和喷药次数，注意不同作用机制的农药交替使用和合理混用，避免产生抗药性。

二、晚熟柑橘园病虫害的生物防治

晚熟柑橘园的生物防治，是实现无公害生产的重要组成部分。尤其是利用天敌防治害虫生产上已在应用。通过对天敌昆虫的保护、引移、人工繁殖和释放，科学用药，创造有利于天敌昆虫繁殖的生态环境，使天敌昆虫在柑橘果树的生物防治中发挥应有的作用。

(一)天敌昆虫简介

我国柑橘的天敌昆虫已发现很多，现择其主要的简介于后。

1. 异色瓢虫 异色瓢虫1年发生6～8代，以成虫在背风石洞内群集越冬，翌年春季恢复活动。成虫寿命40～50天，越冬成虫达300天。除越冬成虫，各代雌虫产卵期20～40天，幼虫和成虫捕食蚜虫，幼虫全期可捕食600头，成虫日捕食量为150头左右。成虫在10℃以下停止活动，10℃～15℃时活动缓慢，15℃～20℃时开始取食，20℃～25℃时交尾较多。异色瓢虫捕食橘蚜、木虱、红蜘蛛等。

保护利用可在早春时，捕捉麦田瓢虫，将其迁至柑橘园内；控制喷药或进行挑治，或使用选择性农药；可用马铃薯嫩芽培养桃蚜，或用蚕豆培养豆蚜，以人工繁殖瓢虫。也可用人工饲料饲养，但产卵量会减少。人工饲料配方为：蔗糖5克、葡萄糖6克、蜂蜜10克、酵母片1克、琼脂1.5克及少量新鲜蚜虫。瓢虫新产卵在2℃～7℃时可保存1周多，成虫在12℃～15℃时饲养数天，经交配后，在0℃～5℃时可保存几个月。

2. 龟纹瓢虫 龟纹瓢虫，1年发生6～7代，以成虫在落叶、树洞、表土及草丛基部越冬。每头雌虫1生中可产卵1 000粒以上，越冬成虫寿命7～8个月，其他各代成虫寿命50天左右。龟纹瓢虫捕食橘蚜、棉蚜、麦蚜和玉米蚜等。

保护利用，参照异色瓢虫。人工饲养龟纹瓢虫最好的饲料是新鲜蜂蛹。用花粉剂饲养低龄幼虫，用新鲜蛹饲养高龄幼虫。

3. 深点食螨瓢虫 该虫又名小黑瓢虫，其成虫和幼虫均捕食红蜘蛛和四斑黄蜘蛛，捕食量比塔六点蓟马、钝绥螨大，是四川、重庆柑橘园螨类天敌的优势种。

此外，还有腹管食螨瓢虫、整胸寡节瓢虫、湖北红唇瓢虫、红点唇瓢虫、拟小食螨瓢虫、黑囊食螨瓢虫、七星瓢虫等，限于篇幅，此略。

4. 日本方头甲　该虫捕食矢尖蚧、糠片蚧、黑点蚧、褐圆蚧、白轮蚧、桑盾蚧、米兰白轮蚧、琉璃圆蚧、柿绵蚧和樟囊蚧等。

5. 大草蛉　该虫捕食蚜虫、红蜘蛛。

6. 中华草蛉　该虫捕食蚜虫和红蜘蛛。

7. 塔六点蓟马　该虫捕食红蜘蛛、四斑黄蜘蛛等螨类，尤其以早春其他天敌少时较多，且具较强的抗药性。

8. 尼氏钝绥螨　该螨捕食红蜘蛛和四斑黄蜘蛛等，可取食玉米、丝瓜、青杠树、茶树和某些豆类的花粉，故可用花粉进行人工饲料繁殖，应用于生产。

9. 德氏钝绥螨　该螨捕食红蜘蛛和跗线螨，也取食玉米、茶和丝瓜等的花粉，可进行人工繁殖。

10. 矢尖蚧蚜小蜂　该虫寄生于矢尖蚧未产卵的雌成虫。

11. 矢尖蚧花角蚜小蜂　该虫寄生于矢尖蚧的产卵雌成虫。

12. 黄金蚜小蜂　该虫寄生于褐圆蚧、红圆蚧、糠片蚧、黑点蚧、矢尖蚧、黄圆蚧和黑刺粉虱等害虫。

此外，还有盾蚧长缨蚜小蜂、双带巨角跳小蜂、红蜡蚧扁角跳小蜂等天敌。

13. 粉虱细蜂　该虫寄生于黑刺粉虱、吴氏刺粉虱和柑橘黑刺粉虱。

14. 白星姬小蜂　白星姬小蜂 1 年发生 10 余代，6 月份开始出现，8 月份为出现高峰期，体外寄生，寄生于潜叶蛾的二龄及三龄幼虫。

该虫寄生于潜叶蛾幼虫，对潜叶蛾的发生有显著的抑制作用。

保护利用，注意农药的选择；此外，在喷药时间上应避开上午小蜂羽化较多的时刻，以下午为好。

15. 广大腿小蜂　该虫寄生于拟小黄卷叶蛾、小黄卷蛾等。

保护利用在人工捕捉时，发现腹部不会转动的卷叶蛾蛹，即为被寄生的蛹，不要捏死，可放在竹筐里悬挂田间，使寄生蜂羽化后飞出再行寄生作用。

16. 汤普逊多毛菌 汤普逊多毛菌属半知菌纲，从梗孢目，束梗孢科，多毛霉属。该菌寄生于锈壁虱。

17. 粉虱座壳孢 粉虱座壳孢又叫赤座霉、腥红菌和赤座孢子等，属鲜壳孢科，座壳孢属。

该菌除寄生于柑橘粉虱外，还寄生于双刺姬粉虱、绵粉虱、桑粉虱、烟粉虱和温室白粉虱等。

18. 褐带长卷叶蛾颗粒体病毒 褐带长卷叶蛾颗粒体病毒属杆状病毒属，B 亚组。该病毒寄生于褐带长卷叶蛾幼虫。

二点螳螂、海南蝽、蟾蜍等也是柑橘害虫的天敌。

(二)天敌的保护和利用

1. 人工饲养和释放天敌控制害虫 如室内用青杠树和玉米等花粉来繁殖钝绥螨等防治红蜘蛛；用马铃薯饲养桑盾蚧来繁殖日本方头甲和湖北红点唇瓢虫等防治矢尖蚧等；用夹竹桃叶饲养褐圆蚧，用马铃薯饲养桑盾蚧来繁殖蚜小蜂防治褐圆蚧等；用蚜虫或米蛾卵饲养大草蛉防治木虱、蚜虫；用柞蚕或蓖麻蚕卵繁殖松毛虫赤眼蜂防治柑橘卷叶蛾等。

2. 人工助迁天敌 如将尼氏钝绥螨多的柑橘园中带天敌的柑橘叶片摘下，挂于红蜘蛛多而天敌少的柑橘园内，防治柑橘叶螨；将被粉虱细蜂寄生的黑刺粉虱蛹多的柑橘叶摘下，挂于黑刺粉虱严重而天敌少的柑橘园中，让寄生蜂羽化后寄生于黑刺粉虱若虫；将被寄生蜂寄生的矢尖蚧多的柑橘叶片采下，放于寄生于蜂保护器中，挂在矢尖蚧严重而天敌少的柑橘园中防治矢尖蚧等。

3. 改善果园环境条件 创造有利于天敌生存和繁殖的生态环境，使天敌在柑橘园中长期保持一定的数量，将害虫控制在经济受害水平之下。如在柑橘园内或其周围种植天敌食料植物或宿主的寄主植物作为中间寄主,以便在害虫缺乏时,天敌便转移到中间宿主上生存和繁殖,以保持天敌有一定的种群数量,在害虫发生时能及时控制住害虫。例如,在柑橘园内种植某些豆科作物或藿香蓟,以利用其花粉或间作物上的红蜘蛛繁殖捕食螨,再转而控制柑橘上的红蜘蛛等。在柑橘园周围种植泡桐和榆树等植物,来繁殖桑盾蚧等,作为日本方头甲、整胸寡节瓢虫和湖北红点唇瓢虫等的食料和中间宿主。又如,在柑橘园套种多年生的草本植物薄荷、留兰香,可在此类植物的叶片、茎秆上藏匿不少捕食螨、瓢虫、蜘蛛、蓟马、草蛉等天敌而防治红蜘蛛的危害。间种近年从澳大利亚引进的固氮牧草,有利于不少捕食螨、瓢虫、蓟马和草蛉等天敌藏匿和繁殖,可减少柑橘园红蜘蛛的危害。此外,增加柑橘园的湿度,有利于汤普逊多毛菌、粉虱座壳孢和红霉菌的传播、侵染和繁殖。

4. 使用选择性农药　使用选择性农药是最重要的保护天敌的措施之一。如在红蜘蛛等叶螨发生时,应少喷或不喷有机磷等广谱性杀虫剂,主要喷施机油乳剂、炔螨特、四螨嗪、哒螨灵和三唑锡等,以减少对食螨瓢虫和捕食螨的杀害作用;防治矢尖蚧应喷施机油乳剂和优得乐等对天敌低毒的药剂,少喷施或不喷施有机磷等农药,以保护矢尖蚧等的捕食和寄生天敌;在锈壁虱发生和危害较重的柑橘产区和季节,应尽量少喷施或不喷施波尔多液等杀真菌药剂,以免杀死汤普逊多毛菌,导致锈壁虱的大量发生。

5. 改变施药时间和施药方式　选择天敌少的时候喷施药。如对红蜘蛛和四斑黄蜘蛛应在早春发芽时进行化学防治,因此时天敌很少。开花后气温逐渐升高,天敌逐渐增多,一般不宜全园喷药,必要时可用一些选择性药剂进行挑治少数虫口多的柑橘植株,尤其是不应用广谱性杀虫、杀螨剂。对矢尖蚧等发生代数较多的蚧类害虫,应提倡在第一代的 1～2 龄若虫盛发期时进行化学防治,以减少对天敌的杀伤。

三、晚熟柑橘主要病虫害防治

(一)裂 皮 病

裂皮病是世界性的柑橘病毒病害,对感病砧木的植株可造成严重的危害。

1. 分布和症状 裂皮病在我国柑橘产区的枳砧柑橘上有发生,以枳作砧木的柑橘表现症状明显。病树通常表现为砧木部树皮纵裂,严重的树皮剥落,有时树皮下有少量胶质,植株矮化,有的出现落叶枯枝,新梢短而少,见图 10-1。

图 10-1 裂皮病症状

2. 病原 由病毒引起,是一种没有蛋白质外壳的游离低分子核酸。

3. 发病规律 病原通过汁液传播。除通过带病接穗或苗木传播外,在柑橘园主要通过工具(枝剪、果剪、嫁接刀、锯等)所带病树汁液与健康株接触而传播。此外,田间植株枝梢、叶片互相接触也可由伤口传播。

4. 防治方法 一是用指示植物——伊特洛香橼亚利桑那 861 品系鉴定出无病母树进行嫁接。培育和使用无病毒苗。二是用茎尖嫁接培育脱毒苗。三是将枝剪、果剪、嫁接刀等工具,用 10%漂白粉液或 1%次氯酸液消毒(浸泡 1 分钟)后,用清水冲洗后再用。四是选用耐病砧木,如红橘。五是一旦园内发现有个别病株,应及时挖除、烧毁。

(二)衰退病

1. 分布和症状 世界柑橘产区发生较普遍,我国不少产区有分布。其症状主要有3种。

(1)速衰型 引起以酸橙作砧木的晚熟甜橙、晚熟宽皮柑橘、葡萄柚植株的快速死亡。

(2)茎陷点型 与使用砧木无关,主要发生于八朔、葡萄柚等,木质部表面出现棱形、黄褐色大小不等的陷点,使植株矮化,树势减弱,果实变小。

(3)苗黄型 引起酸橙、尤力克柠檬和葡萄柚等实生苗植株的严重矮缩、黄化。

2. 病原 系由柑橘衰退病毒引起,病毒粒子线状,其长、宽为2 000纳米×10～12纳米。

3. 发病规律 该病系通过带毒材料及蚜虫传播。此外,两种菟丝子也可传播。不同柑橘品种对衰退病敏感程度不一,枳基本属免疫,枳橙、金柑等为抗病品种,宽皮柑橘和大多数柠檬较耐病。脐橙、夏橙、伊予芦柑等对该病较敏感。柚、橘柚、橘橙、文旦、葡萄柚和香橙、八朔等对衰退病高度敏感。

4. 防治方法 一是建立、健全检疫与苗木登记注册制度,防控外来强毒植株入侵。二是采用枳、枳橙抗病、耐病品种作砧木防止速衰型衰退病。三是采用弱毒株交叉保护技术防治基陷点型衰退病。

(三)黄龙病

黄龙病又名黄梢病,系国内、外植物检疫对象。

1. 分布和症状 我国广东、广西、福建的南部和台湾、海南等省、自治区的柑橘产区普遍发生;云、贵、川、湘、赣、浙部分柑橘产区也有发生。

黄龙病的典型症状有黄梢型和黄斑型,其次是缺素型。该病发病之初，病树顶部或外围1～2枝或多枝新梢叶片不转绿而呈均匀的黄化，称为黄梢型。多出现在初发病树和夏秋梢上，叶片呈均匀的淡黄绿色，且极易脱落。有的叶片转绿后从主、侧脉附近或叶片基部沿叶缘出现黄绿相间的不均匀斑块，称黄斑型。黄斑型在春、夏、秋梢病枝上均有。病树进入中、后期，叶片均匀黄化，先失去光泽，叶脉凸出，木栓化，硬脆而脱落。重病树开花多，结果少，且果小而畸形，病叶少，叶片主、侧脉绿色，其脉间叶肉呈淡黄色或黄色，类似缺锌、锰、铁等微量元素的症状，称为缺素型。病树严重时根系腐烂，直至整株死亡。

果实上表现为：不完全着色，仅在果蒂部与部分果顶部着色，其余均为绿色，果形表现为蒂部大、顶部大、腰凹小的哑铃形高圆果。果实极度变小。

2. 病原 黄龙病为类细菌危害所致，它对四环素和青霉素等抗生素以及湿热处理较为敏感。

3. 发病规律 病原通过带病接穗和苗木进行远距离传播。柑橘园内传播系柑橘木虱所为。幼树感病，成年树较耐病，春梢发病轻，夏、秋梢发病重。黄龙病的3种黄化叶，见图10-2。

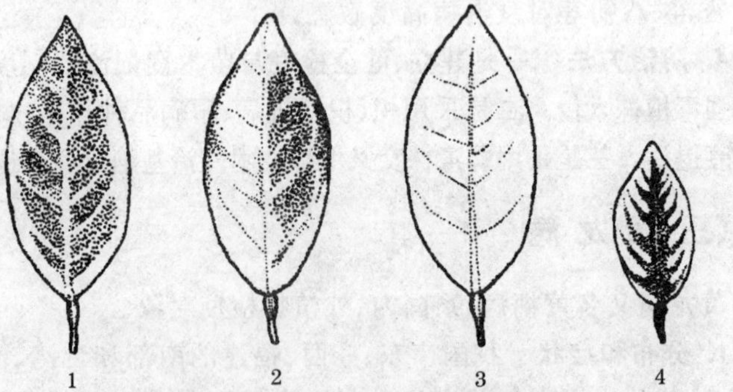

图10-2 黄龙病树的3种黄化叶

1,2. 斑驳黄化叶 3. 均匀黄化叶 4. 缺素型黄化叶

4. 防治方法　一是严格实行检疫，严禁从病区引苗木、接穗和果实到无病区（或保护区）。二是一旦发现病株，及时挖除、烧毁，以防蔓延。三是通过指示植物鉴定或茎尖嫁接脱除病原后建立无病母本园，培育、使用无病毒苗。四是彻底防治柑橘木虱。当新梢抽发至1～2厘米时，全面喷1次杀虫剂，且尽量能统防统治。药剂可选10%吡虫啉可湿性粉剂1 500～2 000倍液，或1.8%阿维菌素乳油2 000～2 500倍液，或2.5%噻虫嗪乳油4 000～5 000倍液，或20%甲氰菊酯乳油＋三唑磷乳油1 000～1 500倍液等。药剂注意交替使用。近年来广西试用烟幕弹防治木虱；广东试用由番石榴提取液驱避木虱。对柑橘园附近的黄皮、九里香等柑橘木虱的寄主植物一起喷药，最好挖除。

（四）碎叶病

1. 分布和症状　我国不少产区有发生。其症状是病树砧穗结合处环缢，接口以上的接穗肿大。叶脉黄化，植株矮化，剥开结合部树皮，可见砧穗木质部间有一圈缢缩线，此处易断裂，裂面光滑。严重时叶片黄化，类似环剥过重出现的黄叶症状。碎叶病症状见图10-3。

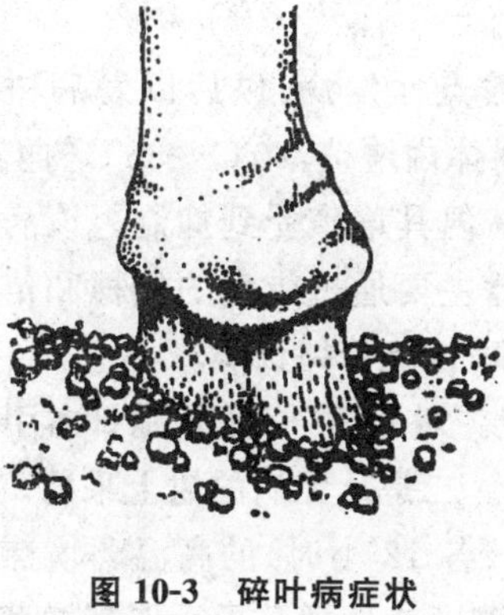

图10-3　碎叶病症状

2. 病原　由碎叶病毒引起，病毒粒子为曲杆状，长约650纳米，宽约19纳米。

3. 发病规律　枳橙砧上感病后有明显症状。该病除了可由带病苗木和接穗传播外，在田间还可通过被污染的刀、剪等工具传播。

4. 防治方法　一是严格实行植物检疫，严禁带病苗木、接穗、果实进入无病区，一旦发现，立即烧毁。二是建立无病苗圃，培育无病毒苗。无病毒母株(苗)可通过：①利用指示植物鉴定，选择无病毒母树；②热处理消毒，获得无病毒母株。三是对刀、剪等工具，用10%漂白粉液进行消毒后，用清水冲洗后再用。四是对枳砧已受碎叶病侵染，嫁接部出现障碍的植株，采用抗病、耐病的红橘、酸橘、枸头橙砧靠接，对恢复树势有效果，但此法在该病零星发生时不宜采用。五是一旦发现零星病株，挖除、烧毁。

(五)温州蜜柑萎缩病

1. 分布和症状 温州蜜柑萎缩病，又名温州蜜柑矮缩病。我国从日本引进的有些特早熟温州蜜柑带有此病。此病主要危害温州蜜柑，也危害脐橙、夏橙、伊予柑等，还可侵染豆科、花科、菊科、葫芦科等34种草本植物，但多数寄主为隐性带毒者。

病株春梢新芽黄化，新叶变小皱缩，叶片两侧明显向叶背面反卷成船形或匙形，全株矮化，枝叶丛生。一般仅在春梢上出现症状，夏秋梢上症状不明显。严重时开花多、结果少，果实小而畸形，蒂部果皮变厚。

2. 病原 系由温州蜜柑萎缩病毒引起的一种病毒性病害。病毒粒子呈球形，直径约26纳米。

3. 发病规律 病害最初是散点性发病，以后以发病树为中心，轮状向外扩大。病毒在柑橘树体内增殖，20℃～35℃树上能表现出明显的感病症状，30℃以上高温其增殖受到抑制。该病主要通过嫁接和汁液传播，远距离传播主要通过带病的接穗和苗木的运输。用作温州蜜柑防风林的珊瑚树能传播该病。

4. 防治方法 一是加强检疫。对从国外，尤其是日本引进的苗或从国内调运接穗应严格检疫。二是从无病的树上采穗。将带毒母树置于白天40℃、夜间30℃(各12小时)的高温环境热处理42～49天后采穗嫁接，或用上述温度热处理7天后取其嫩芽作茎尖嫁接可脱除该病毒。三是及时砍伐重症的中心病株，并加强肥水管理，增加轻病树的树势。四是病树园更新时进行深翻。

(六)溃疡病

溃疡病是柑橘的细菌性病害，为国内、外植物检疫对象。

1. 分布和症状　我国柑橘产区有发生，以东南沿海各地为多。该病危害柑橘嫩梢、嫩叶和幼果。叶片发病开始在叶背出现针尖大的淡黄色或暗绿色油渍状斑点，后扩大成灰褐色近圆形病斑。病斑穿透叶片正反两面并隆起，且叶背隆起较叶面明显，中央呈火山口状开裂，木栓化，周围有黄褐色晕圈。枝梢上的病斑与叶片上的病斑相似，但较叶片上的更为突起，有的病斑环绕枝 1 圈使枝枯死。果实上的病斑与叶片上的病斑相似，但病斑更大，木栓化突起更显著，中央火山口状开裂更明显。

2. 病原　该病由野油菜黄单胞杆菌柑橘致病变种引起，已明确有 A、B、C 3 个菌系存在。我国的柑橘溃疡病均属 A 菌系，即致病性强的亚洲菌系。

3. 发病规律　病菌在病组织上越冬，借风、雨、昆虫和枝叶接触做近距离传播，远距离传播由苗木、接穗和果实引起。病菌从伤口、气孔和皮孔等处侵入。夏梢和幼果受害严重，秋梢次之，春梢轻。气温 25℃～30℃和多雨、大风条件会使溃疡病盛发，感染 7～10 天即发病。苗木和幼树受害重，甜橙和幼嫩组织易感病，老熟和成熟的果实不易感病。溃疡病的病叶、病枝、病原细菌和病果，见图 10-4。

4. 防治方法　一是严格实行植物检疫，严禁带病苗、接穗、果实进入无病区，一旦发现，立即彻底销毁。二是建立无病苗圃，培育无病苗。三是加强栽培管理，彻底清除病原。增施有机肥、钾肥，搞好树盘覆盖；在采果后及时剪除溃疡病枝，清除地面落叶、病果烧毁；对老枝梢上有病斑的，用利刀削除病斑，深达木质部，并涂上 3～5 波美度石硫合剂，树冠喷 0.8～1.0 波美度石硫合剂 1～2

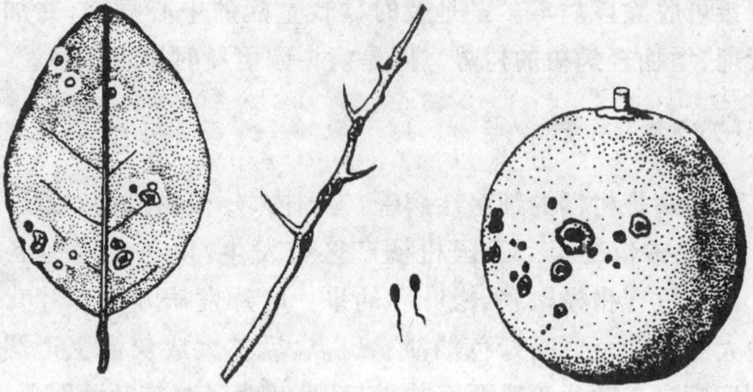

图 10-4 溃疡病

1. 病叶 2. 病枝 3. 病原细菌 4. 病果

次;霜降前全园翻耕,株间深翻 15～30 厘米,树盘内深翻 10～15 厘米,在翻耕前每 667 米^2 地面撒熟石灰(红黄壤酸性土)100～150 千克。四是加强对潜叶蛾等害虫的防治,夏、秋梢采取人工抹芽放梢,以减少潜叶蛾危害伤口而加重溃疡病。五是药剂防治,杀虫剂和杀菌剂轮换使用,保护幼果在谢花后喷 2～3 次药,每隔7～10 天喷 1 次,药剂可选用 30%氧氯化铜可湿性粉剂 700 倍液;在夏、秋梢新梢萌动至芽长 2 厘米左右,选用 0.5%等量式波尔多液、40%氢氧化铜可湿性粉剂 600 倍液、1 000～2 000 毫克/千克硫酸链霉素、25%噻枯唑可湿性粉剂 500～800 倍液喷施。注意药剂每年最多使用次数和安全间隔期,如氢氧化铜和氧氯化铜,每年最多使用 5 次,安全间隔期 30 天。六是局部或零星发现病株的果园应挖除病株烧毁,同时,清除周围 15 米内的芸香科植物。

(七)疮痂病

1. 分布和症状 柑橘产区有发生,以沿海的柑橘产区为多。主要危害嫩叶、嫩梢、花器和幼果等。其症状表现:叶片上的病斑,初期为水渍状褐色小圆点，后扩大为黄色木栓化病斑。病斑多在叶背呈圆锥形突起，正面凹下。病斑相连后使叶片扭曲畸形。新梢上的病斑与叶片上相似，但突起不如叶片上明显。花瓣受害后很快凋落。病果受害处初为褐色小斑，后扩大为黄褐色圆锥形木栓化瘤状突起，呈散生或聚生状。严重时果实小，果皮厚，果味酸而且出现畸形和早落现象。疮痂病病梢、病果、病原菌，见图 10-5。

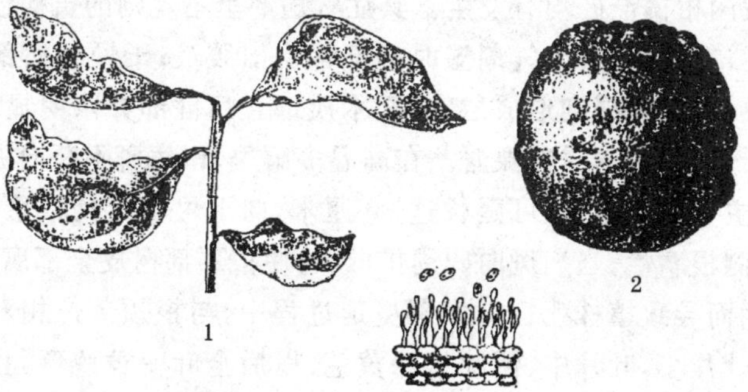

图 10-5　疮痂病

1. 新梢被害状　2. 病果　3. 病原菌

2. 病原　疮痂病菌属半知菌亚门、痂圆孢属的柑橘疮痂圆孢菌。

3. 发病规律　以菌丝体在病组织中越冬。翌年春，阴雨潮湿，气温达 15℃以上时，便产生分生孢子，借风、雨和昆虫传播。危害幼嫩组织，尤以未展开的嫩叶和幼果最易感染。

4. 防治方法　一是在冬季剪除并烧毁病枝叶，消灭越冬病原。二是加强肥水管理，促枝梢抽生整齐健壮。三是春梢新芽萌动至芽长 2 厘米前及谢花 2/3 时喷药，隔 10～15 天再喷 1 次，秋梢发病地区也需保护。药剂可选用 0.5%等量式波尔多液、多菌灵、百菌清和溃疡灵等。50%多菌灵可湿性粉剂 1 000 倍液，75%

百菌清可湿性粉剂500～800倍液，25％溃疡灵800～1 000倍液。30％氧氯化铜可湿性粉剂600～800倍液，77％氢氧化铜可湿性粉剂400～600倍。

(八)脚腐病

1. 分布和症状 脚腐病又叫裙腐病、烂蔸病，是一种根颈病害。我国柑橘产区均有发生。其症状病部呈不规则的黄褐色水渍状腐烂，有酒精味，天气潮湿时病部常流出胶液；干燥时病部变硬结成块，以后扩展到形成层，甚至木质部。病健部界限明显，最后皮层干燥翘裂，木质部裸露。在高温多雨季节，病斑不断向纵横扩展，沿主干向上蔓延，可延长达30厘米，向下可蔓延到根系，引起主根、侧根腐烂；当病斑向四周扩散，可使根颈部树皮全部腐烂，形成环割而导致植株死亡。病害蔓延过程中，与根颈部位相对应的树冠，叶片小，叶片中、侧脉呈深黄色，以后全叶变黄脱落，且使落叶枝干枯，病树死亡。当年或前1年，开花结果多，但果小，提前转黄，且味酸易脱落。脚腐病症状，病原菌，见图10-6。

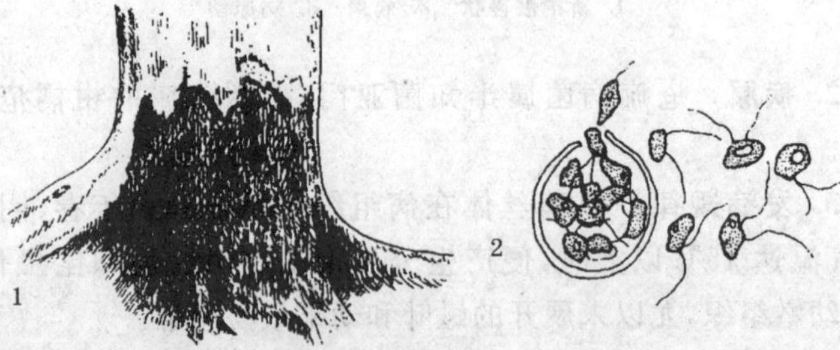

图10-6 脚腐病

1. 病状 2. 病原菌(寄生疫霉菌的孢子囊及游动孢子)

2. 病原 已明确系由疫霉菌引起，也有认为是疫霉和镰刀菌复合传染。

3. 发病规律 病菌以菌丝体在病组织中越冬，也可随病残体在土中越冬。靠雨水传播，田间4～9月份均可发病，但以7～8月份最盛。高温、高湿，土壤排水不良，园内间种高秆作物，种植密度过大，树冠郁闭，树皮损伤和嫁接口过低等均利于发病。甜橙砧感病，枳砧耐病，幼树发病轻，大树尤其是衰老树发病重。

4. 防治方法 一是选用枳、红橘等耐病的砧木。二是栽植时，苗木的嫁接口要露出土面，可减少、减轻发病。三是加强栽培管理，做好土壤改良，开沟排水，改善土壤通透性，注意间作物及柑橘的栽植密度，保持园地通风，光照良好等。四是对已发病的植株，选用枳砧进行靠接，重病树进行适当的修剪，以减少养分损失。五是药物治疗。病部浅刮深纵刻，药物可选择：20％甲霜灵可湿性粉剂100～200倍液、80％三乙膦酸铝可湿性粉剂100倍液、77％氢氧化铜可湿性粉剂10倍液和1∶1∶10波尔多液等。六是用大蒜、人尿等涂刮病斑后的患处，也有良好防效。方法是：将病树腐烂部位的组织及周围0.5厘米的健皮全部刮除，沿刮除区外缘将树皮削成60°左右的斜面，然后用大蒜涂抹患处，注意涂时均匀，使其附着一层蒜液，1周后再涂1次，治愈率98％以上。人尿治疗具体做法是：在离病斑0.5厘米的周围健部用利刀刻划，然后在病斑上以0.5厘米(小些更好)的间隔，纵横刻划多道切口，深达木质部，刷上人尿即可，也可刮皮刷治。

此外，还有流胶病，防治方法与脚腐病同，此略。

(九)炭疽病

1. 分布和症状 我国柑橘产区均有发生。危害枝梢、叶片、果实和苗木，有时花、枝干和果梗也受危害，严重时引起落叶枯梢，树皮开裂，果实腐烂。叶片上的叶斑分叶斑型和叶枝型两种。病枝上的病斑也是两种：一种多从叶柄基部腋芽处开始，为椭圆形至长菱形，稍下凹，病斑环绕枝条时，枝梢枯死，呈灰白色，叶片干挂枝上;另一种在晚秋梢上发生,病梢枯死部呈灰白色,上有许多黑点,嫩梢遇阴雨时,顶端3～4厘米处会发现烫伤状,经3～5天即呈现凋萎发黑的急性型症状。受害苗木多从地面7～10厘米嫁接口处发生不规则的深褐色病斑,严重时顶端枯死。花朵受害后,雌蕊柱头常引起褐腐而落花(称花萎症)。幼果受害后,果梗发生淡黄色病斑,后变为褐色而干枯,果实脱落或成僵果挂在枝上。大果染病后出现干疤、泪痕和落果3种症状。炭疽病也是重要的贮藏病害。

柑橘炭疽病病叶、病果、病枝和病原菌,见图10-7。

图10-7 炭疽病

1. 病果、病叶 2. 病枝 3. 病原菌

2. 病原 病菌属半知菌亚门的有刺炭疽孢属的胶孢炭疽菌。

3. 发病规律 病菌在组织内越冬,分生孢子借风、雨、昆虫传播,从植株伤口、气孔和皮孔侵入。通常在春梢后期开始发病,以夏、秋梢发病多。

4. 防治方法 一是加强栽培管理,深翻土壤改土,增施有机肥,并避免偏施氮肥、忽视磷肥、钾肥的倾向,特别是多施钾肥(如草木灰)。做好防冻、抗旱、防涝和其他病虫害的防治,以增强树势,提高树体的抗性。二是彻底清除病源,剪除病枝梢、叶和病果梗集中烧毁,并随时注意清除落叶落果。三是药剂防治,在春、夏、秋梢嫩梢期各喷1次,着重在幼果期喷1～2次,7月下旬至9月上中旬果实生长发育期15～20天喷1次，连续2～3次。药剂选择0.5%等量式波尔多液、30%氧氯化铜可湿性粉剂600～800倍液、77%氢氧化铜可湿性粉剂400～600倍液、80%代森锰锌可湿性粉剂400～600倍液或50%代森铵水剂800～1 000倍液、25%溴菌腈可湿性粉剂1 000～1 200倍液，40%硫磺·多菌灵可湿性粉剂500倍液。

防治苗木炭疽病应选择有机质丰富、排水良好的沙壤土做苗床，并实行轮作。发病苗木要及时剪除病枝叶或拔除烧毁。尤其要注意春、秋季节晴雨交替时期的喷药，药剂同上。

（十）黑斑病

1. 分布和症状 黑斑病又叫黑星病，在我国长江流域以南的柑橘产区均有发生。

主要危害果实，叶片受害较轻。症状分黑星型和黑斑型两类。黑星型发生在近成熟的果实上，病斑初为褐色小圆点，后扩大成直径2～3毫米的圆形黑褐色斑，周围稍隆起，中央凹陷呈灰褐色，其上有许多小黑点，一般只危害果皮。果实上病斑多时可引起落果。黑斑型初为淡黄色斑点，后扩大为圆形或不规则形、直径1～3厘米的大黑斑，病斑中央稍凹陷，上生许多黑色小粒点，严重时病斑覆盖大部分果面。在贮藏期间果实腐烂，僵缩如炭状。

2. 病原 该病由半知菌亚门茎点属所致，其无性阶段为柑橘茎点霉菌，其有性阶段称柑橘球座菌。

3. 发病规律 主要以未成熟子囊壳和分生孢子器落在叶上越冬，也可以分生孢子器在病部越冬。病菌发育温度15℃～38℃，最适25℃，高湿有利于发病。大树比幼树发病重，衰弱树比健壮树发病重。田间7～8月份开始发病，8～10月份为发病高峰。

4. 防治方法 一是冬季剪除病枝、病叶，清除园内病枝、叶烧毁，以减少越冬病源。二是加强栽培管理，增施有机肥，及时排水，促壮树体。三是药剂防治。花后1～1.5个月喷药，15天左右1次，连续3～4次。药剂可选用0.5%等量式波尔多液、50%多菌灵可湿性粉剂600倍液、75%百菌清可湿性粉剂600～800倍液、45%石硫合剂结晶100～120倍液（用于冬季和早春清园）、30%氧氯化铜可湿性粉剂600～800倍液、77%氢氧化铜可湿性粉剂400～600倍液。

（十一）煤污病

1. 分布和症状 烟污病又叫煤烟病。有30多种病原菌。因一些害虫分泌的蜜露或植物体外渗物质提供营养而诱发。煤烟病在全国几乎所有柑橘产区都有发生。

该病发生在枝梢、叶片和果实上。发病初期，表面出现暗褐色点状小霉斑，后继续扩大成绒毛状黑色或灰黑色霉层，后期霉层上散落许多黑色小点或刚毛状突起物霉层，遮盖枝叶和果面阻碍柑橘正常光合作用，导致树势衰退，严重受害时，开花少、果实小，品质下降。

不同病原引起的症状也有异：煤炱属霉层为黑色薄纸状，易撕下和自然脱落；刺盾属的霉层如锅底灰，用手擦时即可脱落，多发生于叶面；小煤炱属的霉层则呈辐射状、黑色或暗褐色的小霉斑，分散在叶片正、背面和果实表面。霉斑可相连成大霉斑，菌丝产生细胞，能紧附于寄主的表面，不易脱落。

2. 病原 有30种真菌病原菌，主要有煤炱属、刺盾属、小煤炱属等病原菌所致。

3. 发病规律 煤污病由多种真菌引起，除小煤炱属是纯寄生菌外，其他均为表面附生菌。以菌丝体及闭囊壳或分生孢子器在病部越冬，翌年春季由霉层分散孢子，借风雨传播。果园郁闭，管理不良，湿度大易发生煤污病。煤污病常以粉虱类、蚧类或蚜虫类害虫的分泌物为营养而发病。

4. 防治方法 一是抓好粉虱类、蚧类或蚜虫类的防治。二是加强栽培管理，合理修剪，改善果园通风透光条件，完善排灌设施。三是采后清园，清除已发生的煤污病，喷施45%石硫合剂结晶200倍液，或90%敌百虫可溶性粉剂600～800倍液。四是小炱煤属应在发病初期开始防治，药剂采用70%甲基硫菌灵可湿性粉剂600～800倍液。五是蚧类、粉虱和蚜虫等严重发生的柑橘园，也需喷药先防治，药剂可选松脂合剂或机油乳剂等，也可于发病初期喷药。

(十二)白 粉 病

1. 分布和症状 白粉病在我国一些柑橘产区也有发生。主要危害柑橘新梢、嫩叶及幼果。嫩叶上病斑为白色霉斑，呈绒毛状。霉斑在嫩叶正反面均可产生，大多近圆形。霉层下面的叶肉组织开始呈水渍状，以后逐渐失绿，呈褐色，叶肉组织背面呈黄色，严重时霉层覆盖整个叶片，造成叶片皱缩、畸形、落叶。叶片老熟后，病部白色霉层为浅灰褐色。嫩枝受害后无明显黄斑，严重时霉层覆盖整个枝条，导致枝条萎缩，扭曲，甚至枯死。幼果受害与嫩枝相似，果皮皱缩，后期形成僵果。

2. 病原 白粉病病原菌的无性阶段属半知菌类，丛梗孢目，粉孢属。

3. 发病规律 主要以分生孢子借助气流传播，在三峡库区4月中旬气温达到18℃时开始发病，6月中下旬达到发病高峰，最适合发病的温度为24℃～30℃。在多雨潮湿的条件下该病易流行。果园偏施氮肥，种植过密，原病下方的果园发病较重，山地果园发病北坡比南坡重，树冠内部枝叶、幼果发病较树冠四周重，近地面枝叶发病较重。

4. 防治方法 一是冬季结合清园喷施45%石硫合剂结晶

200 倍液，或 50％甲基硫菌灵可湿性粉剂 800～1 000 倍液，或 77％氢氧化铜可湿性粉剂 600～800 倍液。也可在嫩梢长 3.3～6.6 厘米时喷梨园丁可湿性粉剂 1 000 倍液，或 12.5％禾果利可湿性粉剂 2 000 倍液进行预防。二是冬季剪除病枝叶，其他时间剪除受害的徒长枝，集中烧毁，减少病原。三是加强栽培管理，增施磷、钾肥及有机肥，控制氮肥用量，合理灌水，提高树体抗病力。

(十三)灰霉病

1. 分布和症状 在我国柑橘产区均有发生。主要危害花瓣，也危害嫩叶、幼果和枝梢，可引起花腐烂、枯枝和坐果率降低。其症状：开花期侵染花瓣，一遇阴雨天，先出现水渍状小圆点，随后迅速扩大为黄褐色病斑，引起花瓣腐烂，并长出灰黄色霉层，干燥时呈淡褐色干腐。嫩叶上的病斑在潮湿时呈水渍状软腐，干燥时淡黄褐色，半透明。果实上病斑常呈木栓化或稍隆起，形状不规则，受害幼果脱落。小枝受害后枯萎。

2. 病原 病菌无性阶段为灰葡萄孢霉。

3. 发病规律 该病以菌核及分生孢子在病部越冬，由气流传播。感病花瓣掉到嫩叶和幼果上也会感染。天气阴雨连绵，发病严重。

4. 防治方法 一是冬季清园。结合修剪，剪除病枝、叶，并烧毁。发病初期时摘除病花，剪除枯枝。二是开花前喷药防治，药剂可选 70％甲基硫菌灵可湿性粉剂，或 50％多菌灵可湿性粉剂 600～1 000 倍液，或 70％代森锰锌可湿性粉剂 600～800 倍液。

(十四)膏药病

1. 分布和症状 在我国晚熟柑橘产区均有发生。除危害柑橘外，还可危害梅、李、梨、茶、桑等。症状：危害枝干，病部有白色圆形、半圆形或不规则形状的子实体，似绒毛状，表面光滑，以后逐渐变成白色或浅褐色，紧贴着树干，似膏药状，后期病斑开裂、脱落。

2. 病原　膏药病的病原有两种：一种是白色膏药病，病原为隔担耳菌属的柑橘隔担耳菌；另一种是褐色膏药病，病原为卷担菌属的一种真菌。

3. 发病规律　病菌以菌丝体在枝干和叶上越冬，翌年春、夏在温、湿度适宜时继续生长形成子实层。担孢子借气流和介壳虫传播扩散蔓延。病菌多以介壳虫类、蚜虫类分泌的蜜露作为养分，故该病在此类害虫发生严重的老果园发生重，华南产区以5～6月份和9～10月份发生多。

4. 防治方法　一是加强栽培管理，去除病枝叶烧毁。改善果园通风透光条件，减少病源。二是及时防治介壳虫、蚜虫等害虫。三是用小刀或竹片刮去菌膜，再涂上波尔多液（硫酸铜1千克、石灰1千克、水10～15升），或石灰乳（石灰1份、水2份）。

（十五）地衣寄生病

1. 分布和症状　在国内不少柑橘产区有发生。寄生于柑橘树体外。

2. 病原　地衣为真菌与藻类的共生物。

3. 发病规律　因地衣寄生广，故其初次侵染源广。以自身分裂碎片方式繁殖，通过风、雨传播。在温暖多雨季节地衣蔓延快。通常在10℃左右开始生长，晚春、初夏发生旺盛，炎热的高温天气发生缓慢，秋季继续生长，冬季生长停止。园地管理不善、通风透光差均利于地衣发生。

4. 防治方法　一是加强果园管理，降低果园湿度。二是刮除树干上的地衣，涂上3～5波美度石硫合剂。三是喷布1∶1∶100等量式波尔多液或结合对蚧类的防治喷布松脂合剂。

(十六)苗期立枯病

1. 分布和症状 我国柑橘产区均有发生。由于发病时间和部位不同,该病有青枯型、顶枯型和芽腐型3种症状。幼苗根颈部萎缩或根部皮层腐烂,叶片凋萎不落,很快青枯死亡的为青枯型;顶部叶片感病后产生圆形或不定形褐色病斑,并很快蔓延枯死的为顶枯型;幼苗胚伸出地面前受害变黑腐烂的为芽腐型。

2. 病原 系多种真菌所致,其中主要有立枯丝核菌、疫霉和茎点霉菌。

3. 发病规律 以菌丝体或菌核在病残体或土壤中越冬,条件适宜时传播、蔓延。田间4～6月份发病多,高温、高湿、大雨或阴雨连绵后突然暴晒时发病多而重。幼苗1～2片真叶时易感病,60天以上的苗较少发病。

4. 防治方法 一是选择地势较高、排水良好的沙壤土育苗。二是避免连作,实行轮作,雨后要及时松土。三是及时拔除并销毁病苗,减少病源。四是药剂防治。播种前20天,用5%棉隆微粒剂,以30～50克/米^{2}用量进行土壤消毒,或采用无菌土营养袋育苗。田间发现病株时喷药防治,每隔10～15天1次,连续2～3次,药剂可选70%甲基硫菌灵可湿性粉剂,或50%多菌灵可湿性粉剂800～1 000倍液,或0.5∶0.5∶100波尔多液,或80%代森锰锌可湿性粉剂600～800倍液,或25%甲霜灵可湿性粉剂200～400倍液等。

(十七)苗疫病

1. 分布和症状 我国柑橘的不少产区均有发生。此病危害幼苗的茎、枝梢及叶片,幼嫩部分受害尤重。幼茎发病通常在嫁接口以上3～5厘米处,呈浅黑色小斑,扩大后变为褐色或黑褐色,大多有流胶现象。当病斑环绕幼茎后,上部叶片萎蔫,最后整株枯死。枝梢受害呈褐色或黑褐色病斑，患病嫩梢有时呈软腐状，引起枯梢。叶片受害时，大多数从叶尖或叶缘开始，嫩叶病斑浅褐色或褐色，老叶病斑为黑褐色。也有叶片中间形成圆形或不规则形大斑，病斑中央呈浅褐色，周围呈深褐色，有时有浅褐色晕圈。病叶易脱落，严重时整株幼苗叶片几天内可全部脱落。湿度大时，新梢病部有时生出白色霉状物，幼苗根部受害呈褐色或黑褐色根腐而枯萎。

2. 病原　是一种真菌，属鞭毛菌亚门，疫霉菌属，以菌丝体在病组织中越冬，也可以卵孢子在土壤中越冬。

3. 发病规律　气候条件是本病发生的主要因素，空气相对湿度达 80%以上时，温度越高发病中心和新病斑形成越快，而空气相对湿度在 70%以下时，病斑难以形成，已发病的中心也难以扩散。该病春季和秋季较重，其中又以春、秋梢转绿期间发病迅速，老熟的枝梢和叶片较抗病。

4. 防治方法　一是苗圃要选择地形高，排水良好，土质疏松的新地，合理轮作，避免连作，苗木种植不宜过密。二是加强管理，及时挖除病株。三是药剂防治可选用 25%甲霜灵可湿性粉剂 1 000 倍液，或 80%三乙膦酸铝可湿性粉剂 400～500 倍液在发病期间喷施，防效良好。

(十八)根线虫病

1. 分布和症状　我国的柑橘产区有发生。症状：危害须根。受害根略粗短，畸形、易碎，无正常应有的黄色光泽。植株受害初期，地上部无明显症状，随着虫量增加，受害根系增多，植株会表现出干旱、营养不良症状，抽梢少而晚，叶片小而黄，且易脱落，顶端小枝会枯死。根线虫幼虫、雌成虫等，见图 10-8。

2. 病原　由半穿刺线虫属的柑橘半穿刺线虫所致。

3. 发病规律　主要以卵和 2 龄幼虫在土壤中越冬，翌年春发

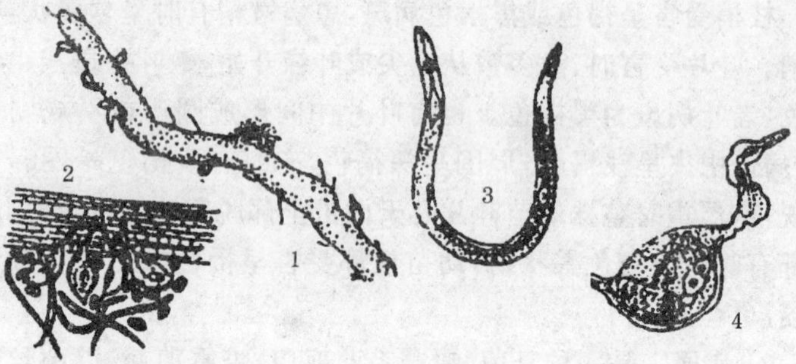

图 10-8　根线虫病

1. 须根上寄生的雌成虫及卵囊　2. 病根剖面　3. 幼虫　4. 雌成虫

新根时以 2 龄幼虫侵入。虫体前端插入寄主皮内固定，后端外露。由带病的苗木和土壤传播，雨水和灌溉水也能做近距离传播。

4. 防治方法　一是加强苗木检验，培育无病苗木。二是选用抗病砧，如枳橙和某些枳作砧木。三是加强肥水管理，增施有机肥和磷肥、钾肥，促进根系生长，提高抗病力。四是药剂防治，2～3 月份在病树四周开环形沟，每 667 米^2 施 15%涕灭威 5 千克，按原药：细沙土为 1：15 的比例，配制成毒土，均匀深埋树干周围进行杀灭即可。

（十九）根结线虫病

1. 分布和症状　我国华南柑橘产区有发生。症状：线虫侵入须根，使根组织过度生长，形成大小不等的根瘤，最后根瘤腐烂，病根死亡，其他症状同根线虫。

2. 病原　由根结线虫属的柑橘根结线虫所致。

3. 发病规律　主要以卵和雌虫越冬。环境适宜时，卵在卵囊内发育为 1 龄幼虫，蜕皮后破卵壳而出，成为 2 龄幼虫，活动于土中，并侵染嫩根，在根皮和中柱间危害，且刺激根组织过度生长，形成不规则的根瘤。一般在通透性好的沙质土中发病重。

4. 防治方法　一是用无病苗木和抗病砧木。二是加强栽培管理，增施有机肥。三是2～3月间在病树四周开环状沟，每株施10%涕灭威100～200克，覆土后随即灌水，用药1次防效可达3年。四是在1～2月份挖去病树树盘表层5～15厘米的病根或须根团，留水平根和粗根，然后按2～3千克/株施用熟石灰，以减少病虫源。挖除的根团要集中烧毁，以防再传染。

(二十)黄斑病

黄斑病又名脂点黄斑病、脂斑病、褐色小圆星病。

1. 分布和症状　黄斑病在我国不少柑橘产区有发生。受害植株1片叶片上可生数十或上百个病斑，使叶片光合作用受阻，树势被削弱，引起大量落叶，对产量造成一定的影响。枝梢受害后僵缩不长，影响树冠扩大；果实被害后，产生大量油痕污斑，影响果品商品性。

黄斑病有脂点黄斑型、褐色小圆星型、混合型(即1片叶片上既发生脂点黄斑型的病斑，又有褐色小圆星型病斑)和果上症状等4种。

2. 病原　该病是子囊菌亚门球腔菌属的柑橘球腔菌侵染所致。

3. 发病规律　病菌以菌丝体在病叶和落叶中越冬。翌年春子囊果释放子囊孢子借风、雨水等传播。该病原菌生长适温为25℃左右，5～6月份温暖多雨，最利于子囊孢子的形成、释放和传播危害。栽培管理粗放，树势衰弱，清园不彻底会加重发病。

4. 防治方法　一是加强栽培管理，增施有机肥、钾肥，增强树势，提高树体抗病力。二是冬季彻底清园，剪除病枝、病叶，清除地面病枝、病叶、病果，集中烧毁。三是药剂防治：结果树谢花2/3时，未结果树春梢叶片展开后第一次喷药，相隔20天再喷1～2次。药剂选用50%多菌灵可湿性粉剂800～1000倍液，或70%代森锰锌可湿性粉剂500倍液，或0.5%等量式波尔多液。

(二十一)拟脂点黄斑病

1. 分布和症状 我国不少柑橘产区有发生。症状与黄斑病的症状相似。一般6～7月份在叶背出现许多小点，其后周围变黄，病斑不断扩大老化，病部隆起，小点可连结成不规则的大小不一的病斑，颜色黑褐，病斑相对应处的叶面也出现不规则的黄斑。

2. 病原 与黄斑病雷同。

3. 发病规律 与黄斑病相似，该病发生与螨类严重发生、风害等有关，红蜘蛛、锈壁虱危害重的叶片，受风害的叶片，易发病。

4. 防治方法 与黄斑病防治同。

(二十二)贮藏病害

柑橘的贮藏病害主要有两大类：一类是由病原物侵染所致的侵染性病害，如青霉病、绿霉病、蒂腐病等；另一类是生理性病害，如褐斑病(干疤)、水肿等。

1. 青霉病和绿霉病

(1)分布和症状 柑橘的青霉病、绿霉病均有发生，绿霉病比青霉病发生多。青霉病发病适温较低，绿霉病发病适温较高。青、绿霉菌病初期症状相似，病部呈水渍状软腐，病斑圆形，后长出霉状菌丝，并在其上出现粉状霉层。但两种病症也有差异，后期症状区别尤为明显。两种病症状比较，见表10-1。

(2)病原 青霉病为意大利青霉侵染所引起，它属半知菌亚门，分生孢子无色，呈扫帚状。绿霉菌由指状青霉所侵染，分生孢子串生，无色单胞，近球形。

(3)发病规律 病菌通过气流和接触传播，由伤口侵入，青霉病发生的最适温度18℃～21℃，绿霉病发生的最适温度为25℃～27℃，空气相对湿度均要求95%以上。

表 10-1　青霉病与绿霉病的症状比较

病害名称	青霉病	绿霉病
孢子丛	青绿色，可发生在果皮上和果心空隙处	橄榄绿色，只发生在果皮上
白色菌丝体	较窄，仅1～2毫米，外观呈粉状	较宽，8～15毫米，略带胶着状，有皱纹
病部边缘	有水渍状，规则而明显	水渍状，边缘不规则，不明显
黏着性	对包果纸和其他接触物无黏着力	包果纸粘在果上，也易与其他接触物黏结
气　味	有霉味	有芳香气味

(4) 防治方法　一是适时采收。二是精细采收，尽量避免伤果。三是对贮藏库、窖等用硫磺熏蒸，紫外线照射或喷药消毒，每立方米空间10克，密闭熏蒸消毒24小时。四是采下的柑橘果实用药液浸1分钟，集中处理，并在采果当天处理完毕。药剂可选25%抑霉挫乳油500～1 000毫克/千克或用42%噻菌灵浓悬浮剂500～1 000毫克/千克。五是改善贮藏条件，通风库以温度5℃～9℃、空气相对湿度以90%为宜。

2. 炭疽病

(1) 分布和症状　该病是柑橘贮藏保鲜中、后期发生较多的病害。常见的症状有两种：一种是在干燥贮藏条件下，病斑发展缓慢，限于果面，不侵入果肉。另一种是在湿度较大的情况下产生软腐型病斑，病斑发展快，且危及果肉。在气温较高时，病斑上还可产生粉红色黏着状的炭疽孢子。病果有酒味或烂味。

(2) 病原　由属于半知菌亚门的盘长孢子状刺盘孢所致。

(3) 发病规律　病菌在病组织上越冬。分生孢子经风、雨、昆虫传播，从伤口或气孔侵入。寄主生长衰弱，高温、高湿时易发生。

病菌从果园带入，在果实贮藏期间发病。

(4) 防治方法 一是加强田间管理，增强寄主抵抗力。二是冬季结合清园，剪除病枝，烧毁。三是多发病果园，抽梢后喷施 50% 胂·锌·福美双可湿性粉剂 500～700 倍液，杀灭炭疽病菌，以免果实贮藏期间受害。

3. 蒂腐病

(1) 分布和症状 我国柑橘产区均有发生。分褐色蒂腐病和黑色蒂腐病两种。褐色蒂腐病症状为果实贮藏后期果蒂与果实间皮层组织因形成离层而分离，果蒂中的维管束尚与果实连着，病菌由此侵入或从果梗伤口侵入，使果蒂部发生褪色病斑。由于病菌在囊、瓣间扩展较快，使病部边缘呈波纹状深褐色，内部腐烂较果皮快，当病斑扩展至 1/3～1/2 时，果心已全部腐烂，故名穿心烂。黑色蒂腐病多从果蒂或脐部开始，病斑初为浅褐色、革质，后蔓延全果，病斑随囊瓣排列而蔓延，使果面呈深褐蒂纹直达脐部，用手压病果，常有琥珀色汁流出。高湿条件下，病部长出污黑色气生菌丝，干燥时病果成黑色僵果，病果肉腐烂。

(2) 病原 褐色蒂腐由柑橘树脂病所致。黑色蒂腐病的病原有性阶段为柑橘囊孢壳菌，属子囊菌亚门；在病果上常见其无性阶段，病原称为蒂腐色二孢菌，属半知菌亚门。

(3) 发病规律 病菌从果园带入，在果实贮藏期间才发病。病菌从伤口或果蒂部侵入，果蒂脱落、干枯和果皮受伤均易引起发病，高温、高湿有利该病发生。

(4) 防治方法 一是加强田间管理、防治，将病原杀灭在果园。二是适时、精细采收，减少果实伤口。三是对运输工具、贮藏库(房)进行消毒。四是药剂防治同青霉病、绿霉病防治。

4. 褐斑病

(1) 分布和症状 褐斑病又称干疤、油斑病、塌皮、座蒂和走泌等，是柑橘果实上重要的生理病害之一，我国柑橘产区均有发生。

褐斑病不仅影响果实外观，而且降低果实食用价值。该病一般发生在采橘前，特别是接近成熟的果实易发病。同时也发生在采后的贮藏运输期间，先在果皮上出现形状不规则的淡黄色或淡绿色病斑，病症交界处明显，病斑内油胞显著突出，油胞间的组织凹陷，后变为黄褐色，油胞萎缩。褐斑病病斑不会引起果实腐烂。

(2)病原 是果实因油胞破裂后油液外渗，侵蚀果皮细胞而引起的一种生理性病害。

(3)发病规律 褐斑病发生与品种、环境条件、果实损伤、虫害和农药使用等有密切的关系，果皮结构细密脆嫩的甜橙品种，如红玉血橙较晚熟橙发病重；果皮结构粗糙疏松的品种，如柑类、橘类、柠檬发病较轻。采摘果实前昼夜温差大、雾水重、贮藏期间不适的温度、湿度和气体成分，果实受刺伤、风伤、压伤、冰雹击伤等机械损伤，果实成熟时受红头叶蝉危害，以及果实生长后期使用石硫合剂等均会加重此病。

(4)防治方法 一是果实适时采收，尤宜适当早采，选晴好天气露水干后，精细采收，轻拿轻放、轻运，需贮藏的果实，先摊放预贮2～3天，待果皮收汗后再贮藏。二是做好病虫害的防治，果实生长后期，着重对刺吸式口器的害虫，如叶蝉等加强防治。三是套袋。四是种植防护林，改善果园的小气候条件。

5. 水 肿

(1)分布和症状 水肿是冷库和气调库贮藏中出现的生理病害。发病初期果皮失去光泽，显出由里向外渗透的浅褐色斑点。以后逐渐发展连成片，严重时整个果实呈“水煮熟状”。其白皮层和维管束也变为浅褐色，易与果肉分离，囊壁出现许多白色小点。病果有异味。

(2)病原 生理性病害，系长期处于不适宜低温或氧气不足，二氧化碳过量环境，导致果实生理失调所致。

(3)发病规律 在库温3℃以下，二氧化碳3％以上的库内易发生水肿。此外,高湿可促使水肿提早发生和蔓延。贮藏中,用薄膜包果比用纸包果的发病多。

(4)防治方法 一是适时采收。二是贮藏库内温度不宜过低(3℃以上),湿度不宜过高,经常通风透气,使二氧化碳浓度不超过1%,氧的浓度不低于19%,良好的贮藏环境可抑制水肿病的发生。

6. 枯水、浮皮、砂囊干硬和砂囊粒化

(1)分布和症状 枯水、浮皮在我国的宽皮柑橘品种中常有发生,砂囊粒化症常发生在甜橙和柚类上,砂囊干硬多数发生在宽皮柑橘上。

枯水、浮皮是一种生理性病害,症状在宽皮柑橘中表现为果皮外观完好,但重量明显减轻,囊瓣干缩失水,果汁少且淡而无味。砂囊粒化,在甜橙中表现为果皮油胞凸出,凹凸不平,色淡而无光泽,呈不正常丰满,手触坚硬无柔软感,果皮变厚,白皮层疏松,色泽变淡而透明,脆裂,囊壁变厚、硬,透明性减弱呈白色,汁胞粒质化,失去固有风味而不堪食用。砂囊粒化大多首先在果梗先端出现,逐渐延向果顶,使砂囊变大、硬化。砂囊干硬,在果实顶部和中部易发生,使砂囊失去水分变平呈尖状收缩。

(2)病原 是果实晚采和贮藏期间出现的生理性病害(障碍)。

(3)发病规律 枯水、浮皮与品种、采收期、树龄和树势等相关。宽皮柑橘果实的结构,特别是白皮疏松的品种,如红橘发病最重。果实延迟采收、幼树、长势旺盛树所结的果实易出现枯水、浮皮。

砂囊粒化常发生在甜橙和柚类上,也与品种、采收期、树龄、树势等相关。砂囊粒化大多发生在大果和可溶性固形物低的果实,强势树、幼树、强修剪的树易发生。贮藏期发生少,低湿可能会加重粒化症。砂囊干硬症,一般发生在宽皮柑橘的中、小型果,贮藏期间发生较多,低湿、高温或过熟促发该症。

(4)防治方法 一是果实适时或适当提早采收。为防枯水、浮皮，宜选甜橙等作较长时间贮藏，宽皮柑橘只能短期贮藏。二是加强栽培管理，多施有机肥，促使树势健壮，不旺长。

（二十三）日灼病

1. 分布和症状　日灼病又叫日烧病、日焦病。全国各地的柑橘产区均有发生。其症状：烈日直接照射下引起的果皮灼伤。灼伤部位变成棕黄色或棕褐色，果皮坚硬粗糙，严重的果皮紧贴果肉，或下陷干枯形成疤斑，果实畸形，囊瓣枯缩汁胞干瘪，果肉粒化，味淡。

2. 病原　系果皮在高温下受烈日直接暴晒引起的生理性病害。

3. 发病规律　6 月下旬至 9 月，因强烈阳光和高温或干旱天气所致。发病轻重与种植园的坡面，土壤含水量，柑橘品种，树冠方位和喷施农药的品种、浓度相关。在同样条件下，柑橘园西面的植株果实受害较重，土层浅，土壤含水量不足的发生日灼果较多。温州蜜柑，尤其是早熟、特早熟品种受日灼较重，其次是椪柑、蕉柑，柚、甜橙发生较少。脐橙在甜橙中发生日灼相对较多，夏橙很少发生，柠檬、金柑等也很少发生。同一植株树冠西向和西南向的果实受害较多，在高温烈日的上午 11 时至下午 3 时喷施农药的极易发生日灼。

4. 防治方法　一是深翻土壤，引根深入，健壮生长，增加根系的吸水范围和能力。二是防止果园干旱，高温干旱时应及时灌水，以保持土壤水分，提高空气湿度。三是避免在高温烈日时喷施农药。四是对已发生的日灼果实，及时用小块白纸粘贴灼伤处，或涂石灰，可使轻微的病斑消失，或用套袋，既预防日灼，又可提高果实的外观。五是营造防护林，果园内种绿肥，减少光照强度，改善柑橘园小气候。六是防治锈壁虱必须用石硫合剂时，浓度以 0.2 波美度为宜，并防止药剂在果实表面过多凝积。

(二十四)裂果病

1. 分布和症状 裂果病在全国各柑橘产区均有发生，是柑橘壮果期重要的生理病害，常导致大量减产。

裂果病一般从脐部开始，沿子房线向果蒂纵裂，也有少数沿果脐横裂或呈不规则的其他裂向。果实裂果后很易腐烂、脱落。

2. 病原 水分供应不及时，导致果肉生长迅速，果皮生长缓慢而暴裂。

3. 发病规律 久旱下雨，特别是下暴雨，果肉迅速膨大，而果皮不能相应生长而胀裂。通常在8～10月份的壮果期发生，以土壤瘠薄、柑橘树生长差，间种有红薯等争夺肥水作物的柑橘园裂果重。裂果较多的品种有早熟温州蜜柑、红江橙、锦橙、脐橙，脐橙中的朋娜裂果高时可达40%～50%。晚熟脐橙、夏橙等裂果少。

4. 防治方法 一是加强肥水管理，增强树势，壮果期增施钾肥。二是旱前覆盖树盘或全园覆盖。8月底至9月初用稻草、杂草或用薄膜覆盖可显著降低裂果率。三是园内间种不与柑橘争肥水的矮秆浅根作物。四是选种抗裂品种，如纽荷尔脐橙发生裂果很少。五是第二次生理落果期前后用150～250毫克/千克GA溶液涂幼果脐部。对初裂果实，可在喷施的GA溶液中加200毫克/千克的甲基硫菌灵。六是裂果前，每10～15天用果实防裂剂800～1 000倍液喷施，连续3次，喷施尿素150克、氯化钾100克、食醋100克、石灰100克，对水50升的混合液也有防裂的作用。

(二十五)脐黄病

1. 分布和症状 脐黄病是脐橙果实脐部黄化脱落，是病原性脐黄、虫害脐黄和生理性脐黄的综合表现。在我国的脐橙产区均有发生。其症状是在脐橙第二次生理落果期后出现脐部黄化，最后导致果实脱落，严重影响脐橙产量。

2. 病原　初步认为是病原性脐黄、虫害脐黄和生理性脐黄的综合。病原性脐黄，由致病微生物在脐部侵染所致；虫害性脐黄则由虫害引起；生理性脐黄是一种与代谢有关的病害。

3. 发病规律　晚熟脐橙的脐黄落果与树龄、果实的着生部位密切相关。幼树、高接换种树裂果率高，以后随树龄增大而裂果率下降。脐黄落果与果实的发生部位相关，脐黄裂果率：树冠上部＞下部，树冠外部＞内部，着生在顶部直立的结果母枝上的果实，脐黄落果率最高，着生在中部斜生的结果母枝上的果实脐黄率次之；着生在中、下部下垂的结果母枝上的果实脐黄率最低。通过修剪和拉枝可减少脐黄落果。

4. 防治方法　一是防治虫害，重点防治黄蜘蛛、潜叶蛾、卷叶蛾、蚧类、天牛等。保护树体健壮生长。二是加强肥水管理，多施钾肥、有机肥，及时做好抗旱排涝。三是控制结果枝的长势，通过拉吊等措施改变枝的直立生长方位。四是药剂防治，可选用中国农业科学院柑橘研究所研制的脐黄抑制剂(FOWS)，10 毫升/瓶，每 667 米^2 用量 1～2 瓶。在第二次生理落果期开始时涂脐部，加多菌灵、苯菌灵等杀菌剂和乐果等杀虫剂涂脐部，浓度 400 倍液(喷施浓度 1 200 倍液)，可显著减少脐黄落果。

(二十六)回　青

1. 分布和症状　由于气温回升，原已色泽完好的果实再次显绿，称为回青。通常发生在晚熟品种上，尤其以夏橙为甚。

果实回青，色泽变差，风味变淡，品质会出现下降。

2. 病原　气温回升后在晚熟品种果实上出现的生理性病害。

3. 发病规律　果实回青与气温关系密切，温度越高，日照越强，回青越严重。冬季温暖，春季冷凉的年份，回青延迟。回青与树体和果实的营养生理状况也有关，伏令夏橙树冠下部生长势弱的少叶枝、内膛枝和下垂枝上所结的果实回青早，程度重。

4. 防治方法 一是果实的常规套袋，或在橙色鲜艳时套黑色纸袋。二是在果实采后进行低温贮藏1～2个月，或用乙烯利等处理也可使回青果实褪绿。

(二十七)红 蜘 蛛

1. 分布和危害症状 红蜘蛛又叫橘全爪螨，属叶螨科。我国柑橘产区均有发生。它除了危害柑橘以外，还危害梨、桃和桑等经济树种。主要吸食叶片、嫩梢、花蕾和果实的汁液，尤以嫩叶危害为重。叶片受害初期为淡绿色，后出现灰白色斑点，严重时叶片呈灰白色而失去光泽，叶背布满灰尘状蜕皮壳，并引起落叶。幼果受害，果面出现淡绿色斑点；成熟果实受害，果面出现淡黄色斑点；果蒂受害导致大量落果。

2. 形态特征 雌成螨椭圆形，长0.3～0.4毫米，红色至暗红色，体背和体侧有瘤状凸起。雄成螨体略小而狭长。卵，近圆球形，初为橘黄色，后为淡红色，中央有一丝状卵柄，上有10～12条放射状丝。幼螨近圆形，有足3对。若螨似成螨，有足4对。红蜘蛛雌成虫、卵和被害叶片见图10-9。

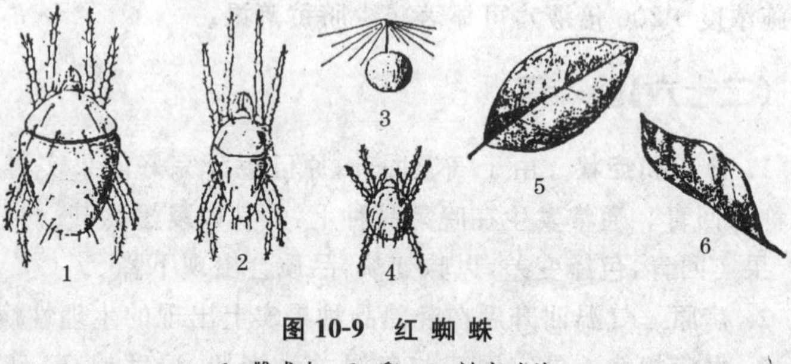

图10-9 红 蜘 蛛

1. 雌成虫 2. 卵 3. 被害叶片

3. 生活习性 红蜘蛛1年发生12～20代，田间世代重叠。冬季多以成螨和卵在枝叶上，在多数柑橘产区无明显越冬阶段。

当气温 12℃时，虫口渐增，20℃时盛发，20℃～30℃的气温和 60%～70%的空气相对湿度，是红蜘蛛发育和繁殖的最适条件。红蜘蛛有趋嫩性、趋光性和迁移性。叶面和背面虫口均多。在土壤瘠薄、向阳的山坡地，红蜘蛛发生早而重。

4. 防治方法　一是利用食螨瓢虫、日本方头甲、塔六点蓟马、草蛉、长须螨和钝绥螨等天敌防治红蜘蛛，并在果园种植藿香蓟、白三叶、百喜草、大豆、印度豇豆，冬季还可种植豌豆、肥田萝卜和紫云英等；还可生草栽培，创造天敌生存的良好环境。二是干旱时及时灌水，可以减轻红蜘蛛危害。三是科学用药，避免滥用，特别是对天敌杀伤力大的广谱性农药。科学用药的关键是掌握防治指标和选择药剂种类。一般春季防治指标在 2～3 头/叶，夏、秋季防治指标 5～7 头/叶，天敌少的防治指标宜低；反之，天敌多的，防治指标宜高。药剂要选对天敌安全或较为安全的。通常冬季、早春可选 95%机油乳剂 200 倍液；开花前，气温较低可选用 5%噻螨酮乳油 2 000 倍液，或 5%唑螨霜酯 3 000 倍液；生长期可选 73%炔螨特乳油 3 000 倍液、15%哒螨灵乳油 2 000～3 000 倍液、25%三唑锡可湿性粉剂 1 500～2 000 倍液、50%苯丁锡可湿性粉剂 2 000～3 000 倍液、45%石硫合剂结晶 250～400 倍液等。

（二十八）四斑黄蜘蛛

1. 分布和危害症状　四斑黄蜘蛛，又名橘始叶螨，属叶螨科。在我国柑橘产区均有发生，重庆、四川等地危害重。主要危害叶片，嫩梢、花蕾和幼果也受害。嫩叶受害后，在受害处背面出现微凹、正面凸起的黄色大斑，严重时叶片扭曲变形，甚至大量落叶。老叶受害处背面为黄褐色大斑，叶面为淡黄色斑。

2. 形态特征　雌成螨长椭圆形，长 0.35～0.42 毫米，足 4 对，体色随环境而异，有淡黄色、橙黄色和橘黄等色；体背面有 4 个多角形黑斑，见图 10-10。

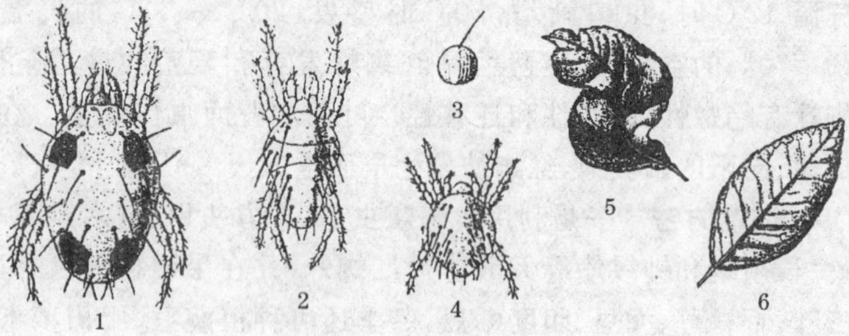

图 10-10　四斑黄蜘蛛

1. 雌成虫　2. 雄成虫　3. 卵　4. 幼虫　5. 被害叶　6. 正常叶

雄成虫后端削尖，足较长。卵，圆球形，初为淡黄色，后渐变为橙黄色，光滑。幼螨，初孵时淡黄色，近圆形，足 3 对。

3. 生活习性　四川、重庆 1 年发生 20 代。冬季多以成螨和卵在叶背，无明显越冬期，田间世代重叠。成螨 3℃时开始活动，14℃～15℃时繁殖最快，20℃～25℃和低湿是最适的发生条件。春芽萌发至开花前后是危害盛期。高温少雨时危害严重。四斑黄蜘蛛常在叶背主脉两侧聚集取食，聚居处常有蛛网覆盖，产卵于其中。喜在树冠内和中、下部光线较暗的叶背取食。对大树危害较重。

4. 防治方法　一是认真做好测报，在花前螨、卵数达 1 头(粒)/叶，花后螨、卵数达 3 头(粒)/叶时进行防治。通常春芽长 1 厘米时就应注意其发生动态，药剂防治主要在 4～5 月份进行，其次是 10～11 月份，喷药要注意对树冠内部的叶片和叶背喷施。二是合理修剪，使树冠通风透光。三是发生较红蜘蛛稍早，防治应提前，防治药剂与红蜘蛛的防治药剂相同。

(二十九)锈壁虱

1. 分布和危害症状　锈壁虱，又名锈蜘蛛等，属瘿螨科，在我国柑橘产区均有发生。危害叶片和果实，主要在叶片背面和果实表面吸食汁液。吸食时使油胞被破坏，芳香油溢出，被空气氧化，导致叶背、果面变为黑褐色或铜绿色，严重时可引起大量落叶。幼果受害严重时，变小、变硬；大果受害后果皮变为黑褐色，韧而厚。果实有发酵味，品质下降。

2. 形态特征　成螨体长 0.1～0.2 毫米，体型似胡萝卜。初为淡黄色，后为橙黄色或肉红色，足 2 对，尾端有刚毛 1 对。卵，扁圆形，淡黄色或白色，光滑透明。若螨似成螨，体较小，锈壁虱形态，见图 10-11。

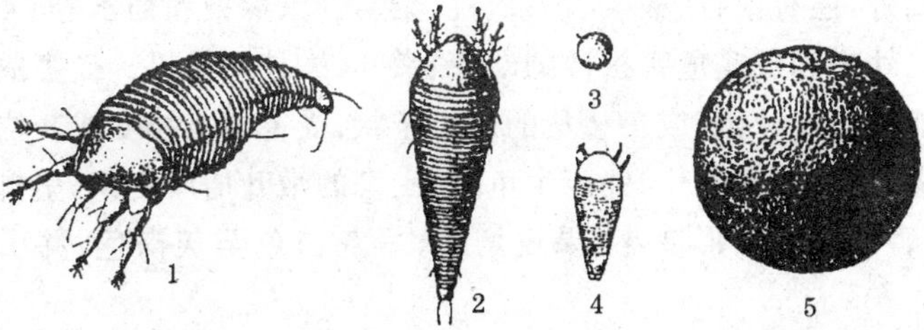

图 10-11　锈壁虱

1. 成虫正面　2. 若虫　3. 卵　4. 若虫　5. 甜橙果实被害状

3. 生活习性　1 年发生 18～24 代，以成螨在腋芽和卷叶内越冬。日平均温度 10℃时停止活动，15℃时开始产卵，随春梢抽发迁至新梢取食。5～6 月份蔓延至果上，7～9 月份危害果实最甚。大雨可抑制其危害，9 月后随气温下降，虫口减少。

4. 防治方法　一是剪除病虫枝叶，清出园区，同时合理修剪，使树冠通风透光，减少虫害发生。二是利用天敌，园中天敌少可设法从外地引入，尤以刺粉虱黑蜂、黄盾恩蚜小蜂为有效。三是药剂防治，认真做好测报，从 5 月份起，经常检查，在叶片上或果上有 2～3 头/视野(10 倍手持放大镜的 1 个视野)，当年春梢叶背出现被害状，当果园中发现春梢叶片上锈色斑点或个别果实有暗灰色或黑色斑时，应立即喷药。药剂可选用：15%哒螨灵乳油2 000倍液、20%氰戊菊酯乳油2 000倍液、75%炔螨特乳油2 000倍液，或1.8%阿维菌素乳油2 500倍液、10%吡虫啉可湿性粉剂1 200～1 500倍液、40%毒死蜱乳油1 500倍液、90%晶体敌百虫600～800倍液、40%乐果乳油800～1 000倍液、0.5%果圣1 000倍液。

（三十）侧多食跗线螨

1. 分布和危害症状 侧多食跗线螨又名茶黄螨、半跗线螨、白蜘蛛。我国不少柑橘产区和三峡库区产区均有发生。寄主植物除柑橘外，还有银杏、板栗、芒果、桃、梨、茶叶、辣椒和茄子等64种植物。幼螨和成螨危害柑橘的幼芽、嫩叶、嫩枝和幼果。受害的幼芽不能抽出展开，形成一丛丛的胡椒子状；受害的嫩枝变成灰白色至灰褐色，表面木栓化，并产生龟裂；受害的嫩叶增厚变窄，呈柳叶状；受害的幼果畸形变小，果皮增厚，呈灰白色至灰褐色，并引起落果。

2. 形态特征 成虫：雌体椭圆形，体长0.15～0.25毫米，宽0.11～0.16毫米，淡黄色至黄色。沿背中线有1条白色条纹，由前向后逐渐增宽。足4对，其中第四对细而退化。雄体近菱形、扁平，尾部稍尖，长0.12～0.20毫米，宽0.05～0.12毫米，淡黄色至黄绿色。卵，椭圆形，底部扁平，长0.10～0.13毫米，宽0.05～0.09毫米，无色透明，表面有6～8列纵横排列整齐的乳白色突起。幼螨体近椭圆形，末端渐尖，初卵时白色，后趋透明，若螨菱形，淡绿色，长0.12～0.25毫米，宽0.06～0.10毫米。

3. 生活习性 侧多食跗线螨在重庆和三峡库区1年发生20～30代，以成螨在绵蚧卵囊下，盾蚧类残存的介壳内或杂草等的根部越冬，5月份开始活动，6～7月份、9～10月份为盛发期，11月份后减少。温度25℃～30℃、潮湿阴暗的环境下有利于该螨的发生和危害。卵多产生于嫩叶背面，叶柄和幼芽的缝隙内，幼螨、若螨和成螨均在嫩叶背面危害。受害嫩叶变成黄褐色，僵化、皱缩，叶缘反卷。若腋芽受害，会失去抽梢能力，变成秃顶。若螨和雌成螨不很活跃，传播借风力、苗木、昆虫和鸟类。雄成螨较活跃，爬行迅速，交配时常将雌成螨背在背上爬行。

侧多食跗线螨的天敌有尼氏钝绥螨、长须螨、德氏钝绥螨、小花蝽、深点食螨瓢虫、日本方头甲和介点蓟马等。

4. 防治方法 一是保护利用天敌，特别是捕食螨。二是集中放梢，打断该害螨的食物链，缩短危害期。三是合理修剪，改善柑橘园和植株通风透光条件，减轻危害。四是夏秋梢抽发时该螨的盛发期，可用药剂防治，药剂可选用：73％炔螨特乳油 2 000～2 500倍液，20％哒螨灵乳油 1 500～2 000 倍液、5％噻螨酮乳油 1 500～2 000 倍液、25％三唑锡可湿性粉剂 1 500～2 000 倍液、5％果圣 800～1 000 倍液，7～10 天喷 1 次，连喷 2 次。

（三十一）矢尖蚧

1. 分布和危害症状 矢尖蚧又名尖头介壳虫，属盾蚧科。我国柑橘产区均有发生。以若虫和雌成虫取食叶片、果实和小枝汁液。叶片受害轻时，被害处出现黄色斑点或黄色大斑，受害严重时，叶片扭曲变形，甚至枝叶枯死。果实受害后呈黄绿色，外观、内质变差。

2. 形态特征 雌成虫介壳箭头形，前尖后宽，中央有一纵脊，长 2～4 毫米，黄褐色至棕褐色，边缘灰白色，虫体则为橙黄色。雄虫介壳狭长形，背面有 3 条纵脊，长 1.3～1.6 毫米，粉白色，蜡质；雄成虫虫体橙黄色，体长 0.6 毫米，具透明前翅 1 对，翅展 0.7 毫米。若虫介壳淡黄色，虫体亦为橙黄色。矢尖蚧形态及被害状，见图 10-12。

3. 生活习性 1 年发生 2～4 代，以雌成虫和少数 2 龄若虫越冬。当日平均温度 17℃以上时，越冬雌成虫开始产卵孵化，世代

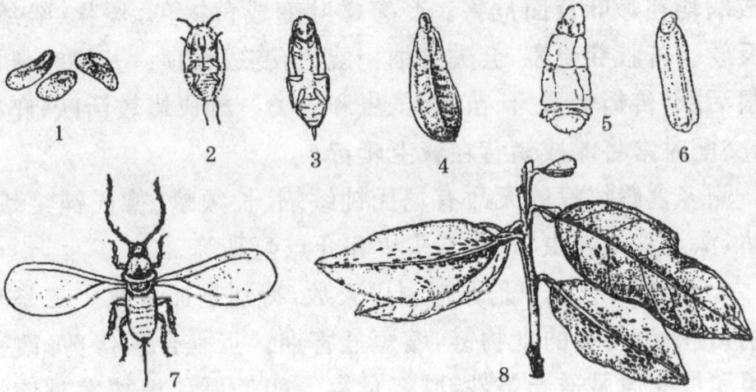

图 10-12 矢尖蚧

1. 卵 2. 初孵若虫 3. 雄蛹 4. 雌虫介壳 5. 雌成虫 6. 雄虫介壳 7. 雄虫 8. 被害状

重叠,17℃以下时停止产卵。雌虫蜕皮两次后成为成虫。雄若虫则常群集于叶背危害,2 龄后变为预蛹,再经蛹变为成虫。在重庆,各代 1 龄若虫高峰期分别出现在 5 月上旬、7 月中旬和 9 月下旬。温暖潮湿的条件有利其发生。树冠郁闭的易发生,且危害较重,大树较幼树发生重,雌虫分散取食,雄虫多聚在母体附近危害。

4. 防治方法 一是利用矢尖蚧的重要天敌,如矢尖蚧蚜小蜂、黄金蚜小蜂、日本方头甲、豹纹花翅蚜小蜂、整胸寡节瓢虫、红点唇瓢虫和草蛉等,并为其创造生存的环境条件。二是做好预测预报。四川、重庆、湖北及气候相似的柑橘产区,初花后 25～30 天为第一次防治期。或花后观察雄虫发育情况,发现园中个别雄虫背面出现白色蜡状物之后 5 天内为第一次防治时期,15～20 天后喷第二次药。发生相当严重的柑橘园第二代 2 龄幼虫再喷 1 次药。第一代防治指标:有越冬雌成虫的秋梢叶片达 10%以上。三是药剂防治:药剂可选用 0.5%果圣乳油 750～1 000 倍液、40%毒死蜱乳油 1 500 倍液、烟碱·苦参碱水剂 800～1 000 倍液或 95%机油乳剂 50～150 倍液、40%乐果乳油 800～1 000 倍液等,用药注意1年的最多次数和安全间隔期。如毒死蜱乳油，25%噻虫嗪乳油2 000～3 000倍液。最多使用1次，安全间隔期28天。四是加强修剪，使树冠通风透光良好。五是彻底清园，剪除病虫枝、枯枝叶，以减少病虫源。六是为节省农药费用，可就地取材，用烟骨（烟的茎、叶柄、叶脉等）人尿浸泡液防治。具体方法是用切碎的烟骨0.5千克放入2.5千克的人尿中浸泡1周，再加水25升，拌匀后即可使用。注意浸泡液应随配随用，以免降低药效。浸液中加少量洗衣粉可增加药效。

（三十二）糠片蚧

1. 分布和危害症状　糠片蚧又名灰点蚧，属盾蚧科。

在我国柑橘产区均有发生。危害柑橘、苹果、梨、山茶等多种植物，枝、干、叶片和果实都能受害。叶片和果实的受害处出现淡绿色斑点，并能诱发煤烟病。

2. 形态特征　雌成虫介壳长1.5～2.0毫米，形态和色泽不固定，多为不规则椭卵圆形，灰褐色或灰白色。雌成虫近圆形，淡紫色或紫红色。雄成虫淡紫色，腹部有针状交尾器。卵，椭圆形，淡紫色。

3. 生活习性　1年发生3～4代，以雌成虫和卵越冬，少数有2龄若虫和蛹越冬。田间世代重叠。各代1～2龄若虫盛发期：4～6月份，6～7月份，7～9月份，10月份至翌年4月份，且以7～9月份为甚。雌成虫能孤雌生殖。

4. 防治方法　一是保护天敌，如日本方头甲、草蛉、长缨盾蚧蚜小蜂和黄金蚜小蜂等，并创造利于天敌生存的环境。二是加强栽培管理，增加树体抗性。三是1～2龄若虫盛期是防治的关键时期，应每15～20天喷药1次，连续2次，药剂与矢尖蚧同。

(三十三)褐 圆 蚧

1. 分布和危害症状 褐圆蚧又名茶褐圆蚧,属盾蚧科。我国柑橘产区均有发生。危害柑橘、栗、椰子和山茶等多种植物。主要吸食叶片和果实的汁液,叶片和果实的受害处均出现淡黄色斑点。

2. 形态特征 雌成虫介壳为圆形,较坚硬,紫褐或暗褐色。雌成虫杏仁形,淡黄色或淡橙黄色。雄成虫介壳为椭圆形,成虫体淡黄色。卵,长椭圆形,淡橙黄色。褐圆蚧形态及被害状见图 10-13。

图 10-13 褐 圆 蚧

1. 被害状 2. 雌性背壳 3. 雌虫体腹面及卵

3. 生活习性 褐圆蚧 1 年发生 5～6 代,多以雌成虫越冬,田间世代重叠。各代若虫盛发于 5～10 月份,活动的最适温度26℃～28℃。雌虫多处在叶背,尤以边缘为最多,雄虫多处在叶面。

4. 防治方法 一是保护天敌,如日本方头甲、整胸寡节瓢虫、草蛉、黄金蚜小蜂、斑点蚜小蜂和双蒂巨角跳小蜂等,并创造其适宜生长的条件,以利用其防治褐圆蚧。二是在各代若虫盛发期喷药,每 15～20 天 1 次,连喷 2 次。所用药剂与防治矢尖蚧的药剂同。

(三十四)黑 点 蚧

1. 分布和危害症状 黑点蚧又名黑点介壳虫,属盾蚧科。在我国柑橘产区均有发生。除危害柑橘外,还危害枣、椰子等。常群集在叶片、小枝和果实上取食。叶片受害处出现黄色斑点，严重时变黄；果实受害后外观差，成熟延迟，还可诱发煤烟病。黑点蚧形态及被害果实见图 10-14。

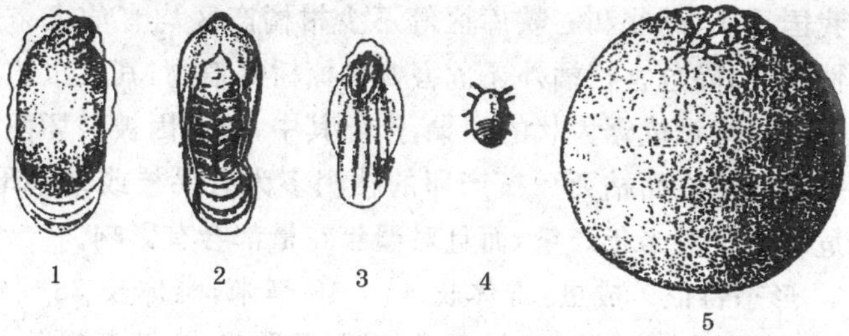

图 10-14　黑点蚧

1. 雌成虫背面　2. 雌成虫腹面　3. 雄幼蚧　4. 初龄幼蚧　5. 被害果

2. 形态特征　雌成虫介壳长方形，漆黑色；雌成虫倒卵形，淡紫色。雄成虫介壳小而窄，长方形，淡紫红色。

3. 生活习性　黑点蚧主要以雌成虫和卵越冬。因雌成虫寿命长，并能孤雌生殖，可在较长的时间内陆续产卵和孵化，在 15℃以上的适宜温度时，不断有新的若虫出现，发生不整齐。该虫在四川、重庆等中亚热带柑橘产区 1 年发生 3～4 代，田间世代重叠。4 月下旬 1 龄若虫在田间出现，7 月中旬、9 月中旬和 10 月中旬为其 3 次出现高峰。第一代危害叶片，第二代危害果实。其虫口数叶面较叶背多，阳面比阴面多，生长势弱的树受害重。

4. 防治方法　一是保护天敌，如整胸寡节瓢虫、湖北红点唇瓢虫、长缨盾蚧蚜小蜂、柑橘蚜小蜂和赤座霉等，并创造其良好的生存环境。二是加强栽培管理，增强树势，提高抗性。三是当越冬雌成蚧每叶 2 头以上时，即应注意防治，药剂防治的重点，5～8 月份 1 龄幼蚧的高峰期进行，药剂参照防治矢尖蚧药剂。

（三十五）黑蚱蝉

1. 分布和危害症状 黑蚱蝉又名知了、蚱蝉，属同翅目，蝉科。我国重庆、湖北和三峡库区等不少柑橘产区均有危害。黑蚱蝉食性很杂，除危害柑橘外还危害柳和楝树等植物，其成虫的采卵器将枝条组织锯成锯齿状的卵巢，产卵其中，枝条因被破坏使水分和养分输送受阻而枯死。被产卵的枝梢多为有果枝或结果母枝，故其危害不仅对当年产量，而且对翌年花量都会有影响。

2. 形态特征 成虫：雄体长 44～48 毫米，雌体长 38～44 毫米，黑色或黑褐色，有光泽，被金色细毛，复眼突出，淡黄褐色，触角刚毛状，中胸发达，背面宽大，中央高并具“X”形突起。雄虫腹部1～2 节有鸣器，能鸣叫，翅透明，基部 1/3 为黑色，前足腿节发达，有刺。雌虫无鸣器，有发达的产卵器和听觉器官。卵，细长，乳白色，有光泽，长 2.5 毫米。末龄若虫体长 35 毫米，黄褐色。

3. 生活习性 黑蚱蝉 2～3 年才完成 1 代，以卵在枝内或以若虫在土中越冬。一般气温达 22℃以上，进入梅雨期后，成虫大量羽化出土，6～9 月份，尤以 7～8 月份为甚。晴天中午或闷热天气成虫活动最盛。成虫寿命 60～70 天，7～8 月份交配产卵，卵多产在树冠外围 1～2 年生枝上，1 条枝上通常有卵穴 10 余个，每穴有卵 8～9 粒。每只雌成虫可产卵 500～600 粒，卵期约 10 个月。若虫孵出后即掉入土中吸食植物根部汁液，秋凉后即深入土中，春暖后再上移危害。若虫在土中生活，共蜕皮 5 次。老熟若虫在 6～8 月份的每日傍晚 8～9 时出土爬上树干或大枝，用爪和前足的刺固着在树皮上，经数小时蜕皮变为成虫。

4. 防治方法 一是在若虫出土期，每日傍晚 8～9 时，在树干、枝上人工捕捉若虫。二是冬季翻土时杀灭部分若虫。三是结合夏季修剪，剪除被危害、产卵的枝梢，集中烧毁。四是成虫出现后用网或粘胶捕杀，或夜间在地上生火后再摇树，成虫即会趋光扑火而死。

(三十六)橘　蚜

1. 分布和危害症状　橘蚜属蚜科,在我国柑橘产区均有发生。危害柑橘、桃、梨和柿等果树。橘蚜常群集在柑橘的嫩梢和嫩叶上吸食汁液,引起叶片皱缩卷曲、硬脆,严重时嫩梢枯萎,幼果脱落。橘蚜分泌大量蜜露可诱发煤烟病和招引蚂蚁上树,影响天敌活动,降低光合作用。橘蚜也是柑橘衰退病的传播媒介。

2. 形态特征　无翅胎生蚜,体长 1.3 毫米,漆黑色,复眼红褐色,有触角 6 节,灰褐色。有翅胎生雌蚜与无翅型相似,有翅两对,白色透明。无翅雄蚜与雌蚜相似,全体深褐色,后足特别膨大。有翅雄蚜与雌蚜相似,唯触角第三节上有感觉圈 45 个。卵,椭圆形,长 0.6 毫米,初为淡黄色,渐变为黄褐色,最后呈漆黑色,有光泽。若虫体黑色,复眼红黑色。橘蚜的有翅胎生雌蚜成虫、无翅胎生雌蚜成虫和被害状,见图 10-15。

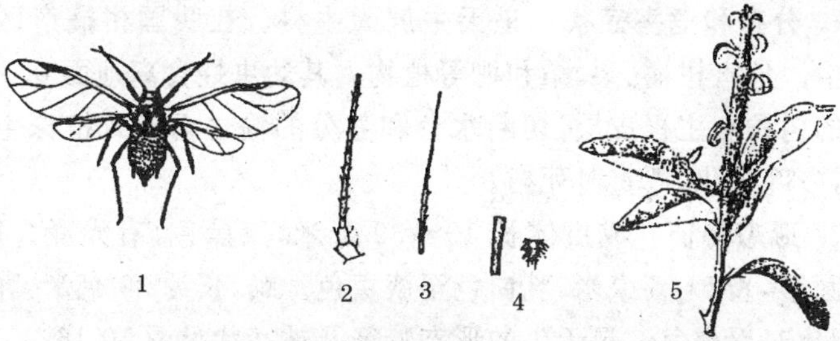

图 10-15　橘　蚜

1. 有翅胎生雌蚜成虫　2. 无翅胎生雌蚜成虫　3. 腹管　4. 尾片　5. 被害状

3. 生活习性　橘蚜 1 年发生 10～20 代,在北亚热带的浙江黄岩主要以卵越冬,在福建和广东以成虫越冬。越冬卵 3 月下旬至 4 月上旬孵化为无翅若蚜后,即上嫩梢危害。若虫经 4 龄成熟后即开始生幼蚜，继续繁殖。繁殖的最适温度为24℃～27℃，气温过高或过低，雨水过多均影响其繁殖。春末夏初和秋季干旱时危害最重。有翅蚜有迁移性。秋末冬初便产生有性蚜交配产卵，越冬。

4. 防治方法 一是保护天敌，如七星瓢虫、异色瓢虫、草蛉、食蚜蝇和蚜茧蜂等，并创造其良好生存环境。二是剪除虫枝或抹除抽发不整齐的嫩梢，以减少橘蚜食料。三是加强观察，当春、夏、秋梢嫩梢期有蚜率达25%时喷药防治，药剂可选择：50%抗蚜威乳油2 000倍液、20%氰戊菊酯乳油或20%甲氰菊酯乳油2 000～2 500倍液，或10%吡虫啉可湿性粉剂1 500倍液，或40%乐果乳油800～1 000倍液。注意每年最多使用次数和安全间隔期。如乐果每年最多使用3次，安全间隔期14天。

此外，还有橘二叉蚜，防治方法同橘蚜，此略。

(三十七)星天牛

1. 分布和危害症状 星天牛属天牛科。在我国柑橘产区均有发生。危害柑橘、梨、桑和柳等植物。其幼虫蛀食离地面0.5米以内的树颈和主根皮层，切断水分和养分的输送而导致植株生长不良，枝叶黄化，严重时死树。

2. 形态特征 成虫体长19～39毫米，漆黑色，有光泽。卵，长椭圆形，长5～6毫米，乳白色至淡黄色。蛹，长约30毫米，乳白色，羽化时黑褐色。星天牛的形态特征及被害状见图10-16。

3. 生活习性 星天牛1年发生1代，以幼虫在木质部越冬。4月下旬开始出现，5～6月份为盛期。成虫从蛹室爬出后飞向树冠，啃食嫩枝皮和嫩叶。成虫常在晴天上午9时至下午1时活动、交尾、产卵，中午高温时多停留在根颈部活动、产卵。5月底至6月中旬为其产卵盛期，卵产在离地面约0.5米的树皮内。产卵时，雌成虫先在树皮上咬出一个长约1厘米的倒“T”形伤口，再产

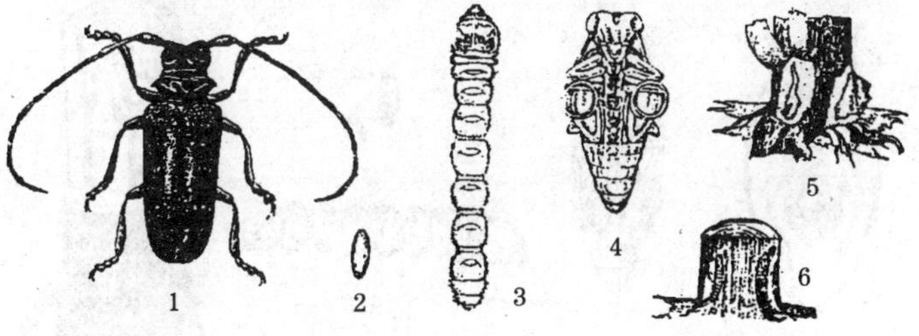

图 10-16　星 天 牛

1. 成虫　2. 卵　3. 幼虫　4. 蛹

5. 颈部皮层被害状　6. 根颈部木质部被害状(纵剖面)

卵其中。产卵处因被咬破,树液流出表面而呈湿润状或有泡沫液体。幼虫孵出后即在树皮下蛀食,并向根颈或主根表皮迂回蛀食。

4. 防治方法　一是捕杀成虫,白天上午 9 时至下午 1 时,主要是中午在根颈附近捕杀。二是加强栽培管理,使树体健壮,保持树干光滑。三是堵杀孔洞,清除枯枝残桩和苔藓地衣,以减少产卵和除去部分卵和幼虫。四是立秋前后,人工钩杀幼虫。五是立秋和清明前后,将虫孔内木屑排除,用棉花蘸 40%乐果乳油 5～10 倍液塞入虫孔,再用泥封住孔口,以杀死幼虫;还可在产卵盛期用 40%乐果乳油 50～60 倍液喷洒树干颈部。

(三十八)褐 天 牛

1. 分布和危害症状　褐天牛,又名干虫,属于天牛科。我国柑橘产区均有发生。危害柑橘、葡萄等果树。幼虫在离地面 0.5 米左右的主干和大枝木质部蛀食,虫孔处常有木屑排出。树体受害后导致水分和养分运输受阻,出现树势衰弱,受害重的枝、干会出现枯死,或易被风吹断。褐天牛的形态及被害状,见图 10-17。

2. 形态特征　褐天牛成虫长 26～51 毫米。初孵化时为褐色。卵,椭圆形,长 2～3 毫米,乳白色至灰褐色。幼虫老熟时长

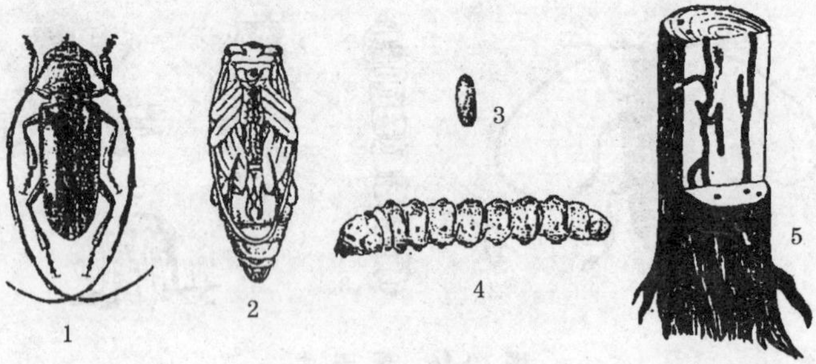

图 10-17 褐天牛

1. 成虫 2. 蛹 3. 卵 4. 幼虫 5. 被害树干剖面

46～56 毫米，乳白色，扁圆筒形。蛹，长 40 毫米左右，淡米黄色。

3. 生活习性 褐天牛 2 周年发生 1 代，以幼虫或成虫越冬。多数成虫于 5～7 月份出洞活动。成虫白天潜伏洞内，晚上出洞活动，尤以下雨前闷热夜晚 8～9 时最盛。成虫产卵于距地面 0.5 米以上的主干和大枝的树皮缝隙，成虫以中午活动最盛，阴雨天多栖息于树枝间；产卵以晴天中午为多，产于嫩绿小枝分叉处或叶柄与小枝交叉处。6 月中旬至 7 月上旬为卵孵化盛期。幼虫先向上蛀食，至小枝难容虫体时再往下蛀食，引起小枝枯死。

4. 防治方法 一是树上捕捉天牛成虫，时间傍晚，尤以雨前闷热傍晚 8～9 时最佳。二是剪除被幼虫危害而枯死的小枝。三是啄木鸟是天牛最好的天敌。其余防治方法同星天牛。

天牛还有光盾绿天牛，防治方法与星天牛同，此略。

(三十九)潜叶蛾

1. 分布和危害症状 潜叶蛾，又名绘图虫，属潜蛾科。我国柑橘产区均有发生，且以长江以南产区受害最重。主要危害柑橘的嫩叶嫩枝，果实也被少数危害。幼虫潜入表皮蛀食，形成弯曲带白色的虫道，使受害叶片卷曲、硬化、易脱落。受害果实易烂。

2. 形态特征 潜叶蛾成虫体长约2毫米，翅展5.5毫米左右，身体和翅均为白色。卵，扁圆形，长0.3～0.36毫米，宽0.2～0.28毫米，无色透明，壳极薄。幼虫，黄绿色。蛹，呈纺锤状，淡黄色至黄褐色。形态特征见图10-18。

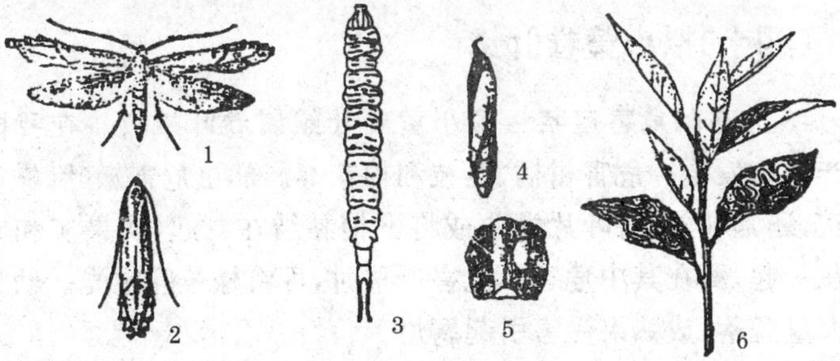

图10-18 潜叶蛾

1. 成虫 2. 成虫休止状 3. 卵 4. 蛹 5. 幼虫 6. 被害状

3. 生活习性 潜叶蛾1年发生10多代，以蛹或老熟幼虫越冬。气温高的产区发生早、危害重，我国柑橘产区4月下旬见成虫，7～9月危害夏、秋梢最甚。成虫多于清晨交尾，白天潜伏不动，晚间将卵散产于嫩叶叶背主脉两侧。幼虫蛀入表皮取食。田间世代重叠，高温多雨时发生多，危害重。秋梢危害重，春梢受害少。

4. 防治方法 一是冬季、早春修剪时剪除有越冬幼虫或蛹的晚秋梢，春季和初夏摘除零星发生的幼虫或蛹。二是采用控肥水和抹芽放梢：在夏、秋梢抽发期，先控制肥水，抹除早期抽生的零星嫩梢，在潜叶蛾卵量下降时，供给肥水，集中放梢，配合药剂防治。三是药剂防治，在新梢大量抽发期，芽长0.5～2厘米时，防治指标为嫩叶受害率5%以上，喷施药剂，7～10天1次，连续2～3次。药剂可选择1.8%阿维菌素乳油2 000～3 000倍液、5%氟苯脲乳油1 000～2 000倍液、10%吡虫啉可湿性粉剂1 000～1 500倍液、

98%杀螟丹可溶性粉剂 1 500～2 000 倍液、25%除虫脲可湿性粉剂 1 500～2 000 倍液、10%氯氰菊酯乳油 2 000～2 500 倍液、2.5%氯氟氰菊酯乳油 2 500～3 000 倍液、20%甲氰菊酯乳油 2 000～2 500 倍液等。

(四十)拟小黄卷叶蛾

1. 分布和危害症状　拟小黄卷叶蛾属卷叶蛾科。在我国柑橘产区有发生。危害柑橘、荔枝和棉花等。幼虫危害嫩叶、嫩梢和果实,还常吐丝,将叶片卷曲或将嫩梢黏结在一起,将果实和叶黏结在一起,藏在其中危害。危害严重时,可将嫩枝叶吃光。幼果受害大量脱落,成熟果受害引起腐烂。

2. 形态特征　拟小黄卷叶蛾雌成虫体长 8 毫米,黄色,翅展 18 毫米;雄虫体略小。卵,初产时为淡黄色,呈鱼鳞状排列成椭圆形卵块。幼虫 1 龄时头部为黑色,其余各龄为黄褐色,老熟时为黄绿色,长 17～22 毫米。蛹,褐色,长 9～10 毫米。形态特征见图 10-19。

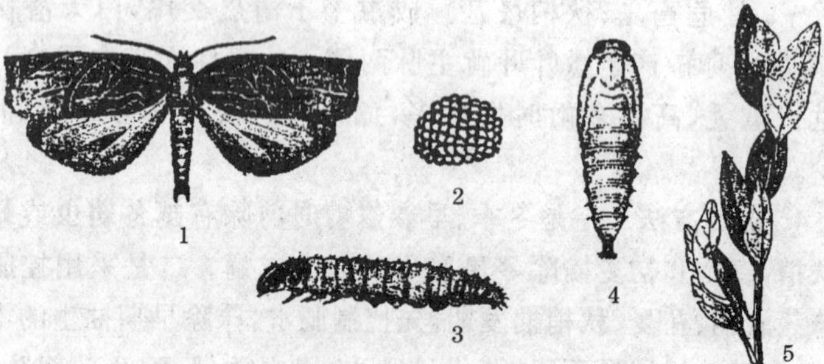

图 10-19　拟小黄卷叶蛾

1. 成虫　2. 卵　3. 幼虫　4. 蛹　5. 被害状

3. 生活习性　拟小黄卷叶蛾在重庆地区 1 年发生 8 代,以幼虫或蛹越冬。成虫于3月中旬出现，随即交配产卵，5～6月份为第二代幼虫盛期，系主要危害期，导致大量落果。成虫白天潜伏在隐蔽处，夜晚活动。卵多产于树体中、下部叶片。成虫有趋光性和迁移性。幼虫遇惊后可吐丝下垂，或弹跳逃跑，或迅速向后爬行。

4. 防治方法 一是保护和利用天敌。在4～6月卵盛发期每667米^{2}释放松毛虫赤眼蜂2.5万头，每代放蜂3～4次。同时保护核多角体病毒和其他细菌性天敌。二是冬季清园时，清除枯枝落叶、杂草，剪除带有越冬幼虫和蛹的枝叶。三是生长季节巡视果园随时摘除卵块和蛹，捕捉幼虫和成虫。四是成虫盛发期在柑橘园中安装黑光灯或频振式杀虫灯诱杀，每公顷安40瓦黑光灯3只；也可用2份糖、1份黄酒、1份醋和4份水配制成糖醋液诱杀。五是幼果期和9月份前后幼虫盛发期可用药物防治，药剂可选择2.5%高效氟氯氰菊酯，或20%氰戊菊酯乳油2 000～2 500倍液、1.8%阿维菌素乳油2 000～2 500倍液、25%除虫脲可湿性粉剂1 500～2 000倍液、90%晶体敌百虫800～1 000倍液，2.5%溴氰菊酯乳油2 000～2 500倍液等。

（四十一）褐带长卷叶蛾

1. 分布和危害症状 褐带长卷叶蛾又名茶淡卷叶蛾，属鳞翅目卷叶蛾科。我国柑橘产区均有发生。其寄主较多，幼虫危害柑橘果实、嫩梢、嫩叶。幼果受害后大量脱落，成熟果受害易腐烂，不耐贮运。幼虫常吐丝将嫩叶卷曲，或将嫩梢和叶片黏结在一起，或将果实黏结在一起后，在其中取食，严重时将梢叶吃尽。

2. 形态特征 成虫体暗褐色，雌体长8～10毫米，雄体长6～8毫米，头顶有浓褐色鳞毛，胸部背面黑褐色，腹面黄白色，前翅长方形、暗褐色，基部呈褐色斑纹约占翅的1/5，前缘中央到后缘中后方有深褐色宽带，后翅淡黄色。雄体前翅前缘基部有1个近椭圆形突起，栖息时仅折于肩角上。卵，椭圆形，淡黄色，呈鱼鳞状排列成椭圆形卵块。幼虫1龄的头部为黑色，腹部黄绿色，胸足和前胸背板深黄色，其余各龄的头部黑色，2～4龄的前胸板和胸足黑色，老熟时长20～23毫米，前胸背板、头和前足、中足为黑色，后足黑褐色，蛹，黄褐色，长8～13毫米。

3. 生活习性 该虫在重庆及三峡库区1年发生4～6代，以幼虫越冬，田间世代重叠。4～5月份开始危害嫩梢、嫩叶、花蕾和幼果，9～11月份危害成熟果实。幼虫活跃，遇惊后能迅速向后跳动或吐丝下垂逃跑，稍后又循回原处。幼虫在卷叶内化蛹，成虫多于清晨羽化，傍晚交尾。卵多于夜晚产于叶片上。每一雌成虫生产2～3个椭圆形卵块，每个卵块有卵约300粒。

4. 防治方法 与拟小黄卷叶蛾相同。

(四十二)枯叶夜蛾

1. 分布和危害症状 枯叶夜蛾在我国柑橘产区均有发生。属夜蛾科。危害柑橘、桃和芒果等。成虫吸食果实汁液，受害果表面有针刺状小孔，刚吸食后的小孔有汁液流出，约2天后果皮刺孔处海绵层出现直径1厘米的淡红色圆圈，以后果实腐烂脱落。

2. 形态特征 成虫体长35～42毫米，翅展约100毫米。卵，近球形，直径约1毫米，乳白色。幼虫老熟时长60～70毫米，紫红色或褐色。蛹，长约30毫米，为赤色。

3. 生活习性 该虫1年发生2～3代，以成虫越冬。田间3～11月份可见成虫，以秋季最多。晚间交尾，卵产于通草等幼虫寄主植物上。

4. 防治方法 一是山区或近山区建园时避免不同熟期的品种混栽，以减少夜蛾的危害。二是夜间人工捕捉成虫。三是去除寄主木防己和汉防己植物。四是灯光诱杀。可安装黑光灯、高压汞灯或频振式杀虫灯。五是拒避，每树用5～10张吸水纸，每张滴香茅油1毫升，傍晚时挂于树冠周围；或用塑料薄膜包萘丸，上刺数个小孔，每株挂 4～5 粒。六是果实套袋。七是利用赤眼蜂天敌。八是药剂防治可选用 2.5%高效氟氯氰菊酯乳油 2 000～3 000 倍液等。

（四十三）嘴壶夜蛾

1. 分布和危害症状　嘴壶夜蛾又名桃黄褐夜蛾，属夜蛾科。分布危害症状同枯叶夜蛾。

2. 形态特征　成虫体长 17～20 毫米，翅展 34～40 毫米，雌虫前翅紫红色，有"N"形纹。雄虫赤褐色，后翅褐色。卵，为球形，黄白色，直径 0.7 毫米。老熟幼虫长 44 毫米，漆黑色。蛹，为红褐色。

3. 生活习性　1 年发生 4 代，以幼虫或蛹越冬。田间世代重叠，在 5～11 月份均可见成虫。卵散产于十大功劳等植物上，幼虫在其上取食，成虫 9～11 月间危害果实，尤以 9～10 月份为甚。成虫白天潜伏，黄昏进园危害，以夜间 8～12 时最多。早熟果受害重。喜食健果，很少食腐烂果，山地果园受害重。

4. 防治方法　与枯叶夜蛾同。

（四十四）鸟嘴壶夜蛾

1. 分布和危害症状　我国柑橘产区均有发生，除危害柑橘外，还可危害苹果、葡萄、梨、桃、杏、柿等果树的果实。

2. 形态特征　成虫体长 23～26 毫米，翅展 49～51 毫米，卵，扁球形，直径 0.72～0.75 毫米，高约 0.6 毫米，卵壳上密布纵纹，初产时黄白色，1～2 天后变灰色。幼虫共 6 龄，初孵时灰色，后变为绿色，老熟时灰褐色或灰黄色，似枯枝，体长 46～60 毫米。蛹，体长 17.6～23 毫米，宽 6.5 毫米，暗褐色。吸果夜蛾（枯叶夜蛾、嘴壶夜蛾、鸟嘴壶夜蛾）见图 10-20。

3. 生活习性　中北亚热带 1 年发生 4 代，以幼虫和成虫越

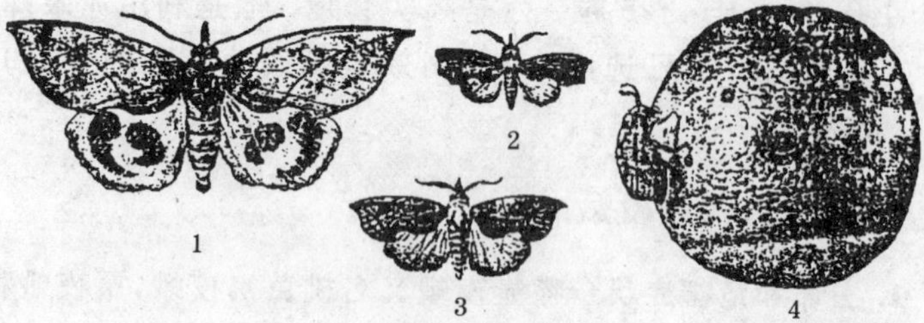

图 10-20　鸟嘴壶夜蛾

1. 枯叶夜蛾　2. 嘴壶夜蛾　3. 鸟嘴壶夜蛾　4. 柑橘果实被害状

冬，卵多散产于果园附近背风向阳处木防已的上部叶片或嫩茎上。成虫危害柑橘 9 月下旬至 10 月中旬的第四个高峰。成虫有明显的趋光性、趋化性（芳香和甜味），略有假死，松毛虫赤眼蜂是其天敌。

4. 防治方法　与枯叶夜蛾同。

（四十五）黑刺粉虱

1. 分布和危害症状　黑刺粉虱属粉虱科。我国柑橘产区均有发生。危害柑橘、梨和茶等多种植物。以若虫群集叶背取食，叶片受害后出现黄色斑点，并诱发煤污病。受害严重时，植株抽梢少而短，果实的产量和品质下降。

2. 形态特征　雌成虫体长 0.2～1.3 毫米，雄成虫腹末有交尾用的抱握器。卵，初产时为乳白色，后为淡紫色，似香蕉状，有一短卵柄附着于叶上。若虫初孵时为淡黄色，扁平，长椭圆形，固定后为黑褐色。蛹，初为无色，后变为黑色且透明。黑刺粉虱形态特征，见图 10-21。

3. 生活习性　黑刺粉虱 1 年发生 4～5 代，田间世代重叠，以 2、3 龄若虫越冬。成虫于 3 月下旬至 4 月上旬大量出现，并开始产卵，各代 1、2 龄若虫盛发期在 5～6 月份，6 月下旬至 7 月中旬，

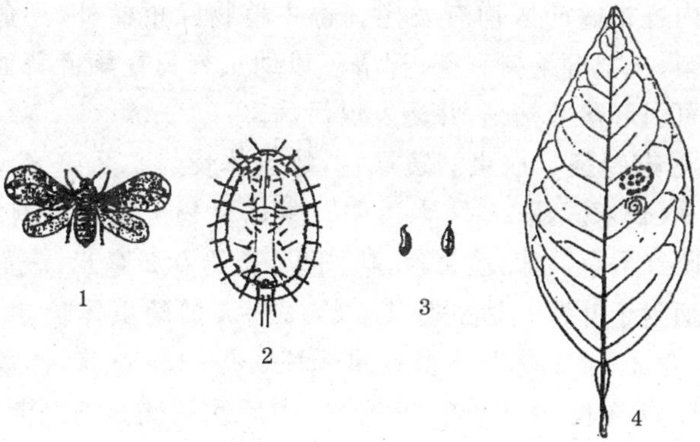

图 10-21 黑刺粉虱

1. 成虫 2. 蛹壳 3. 卵 4. 叶片被害状

8 月下旬至 9 月上旬和 10 月下旬至 12 月下旬。成虫多在早晨露水未干时羽化并交配产卵。

4. 防治方法 一是保护天敌，如刺粉虱黑蜂、斯氏寡节小蜂、黄金蚜小蜂、湖北红点唇瓢虫、草蛉等，并创造其良好的生存环境。二是合理修剪，剪除虫枝、虫叶，清除出园，以致改善园区通风透光和虫源。三是加强测报，及时施药。越冬代成虫从初见日后 40～45 天进行第一次喷药，隔 20 天左右喷第二次，发生严重的果园各代均可喷药。药剂可选 90％机油乳剂 150～200 倍液、10％吡虫啉可湿性粉剂 1 200～1 500 倍液、0.5％果圣水剂 750～1 000 倍液、40％毒死蜱乳油 1 500 倍液；另外，也可用 90％晶体敌百虫 800 倍液或 40％乐果乳油 1 000 倍液在蛹期喷药，以减少对黑刺粉虱寄生蜂的影响。

(四十六)柑橘粉虱

1. 分布和危害症状 柑橘粉虱又名橘黄粉虱、通草粉虱、橘裸粉虱、白粉虱等，属同翅目，粉虱科。

园内各柑橘产区均有发生。寄主植物除柑橘外,还危害柿、栗、桃、梨、枇杷等果树和茶、棉等。以幼虫聚集在嫩叶背面危害,严重时可引起落叶枯梢,并诱发煤污病。

2. 形态特征 成虫淡黄绿色,雌虫体长约 1.2 毫米,雄虫体长约 0.96 毫米。翅 2 对,半透明。虫体及翅上均覆盖有蜡质白粉。复眼红褐色。卵,淡黄色,椭圆形,长约 0.2 毫米,表面光滑,以 1 短柄附于叶背。幼虫期共 4 龄。1～4 龄幼虫体长 0.3～1.5 毫米,宽 0.2～1.1 毫米,4 龄幼虫体长 0.9～1.5 毫米,体宽 0.7～1.1 毫米,尾沟长 0.15～0.25 毫米,中后胸两侧显著凸起。蛹的大小与 4 龄幼虫一致。体色由淡黄绿色变为浅黄褐色。

3. 生活习性 以 4 龄幼虫及少数蛹固定在叶片越冬。1 年发生 2～3 代,1～3 代分别寄生于春、夏、秋梢嫩叶的背面,1 年中田间各虫态有 3 个明显的发生高峰,其中以 2 代的发生量最大。成虫羽化后当日即可交尾产卵,未经交尾的雌虫可行孤雌生殖,但所产的卵均为雄性。初孵幼虫爬行距离极短,通常在原叶固定危害。

已发现的柑橘粉虱天敌有粉虱座壳孢菌、扁座壳孢菌、柑橘粉虱扑虱蚜小蜂、华丽蚜小蜂、橙黄粉虱蚜小蜂、红斑粉虱蚜小蜂、刺粉虱黑蜂和草蛉等。其中以座壳孢菌为效果最好,其次是寄生蜂。

4. 防治方法 一是利用天敌座壳孢菌和寄生蜂的自然控制作用。园内缺少天敌时可从其他园采集带有座壳孢菌或寄生蜂的枝叶挂到柑橘树进行引移。保护天敌,化学防治在柑橘粉虱严重发生,天敌少时才进行。二是药剂防治,考虑到防治效果和保护天敌,以初龄幼虫盛发期喷药效果最佳。鉴于柑橘粉虱的发生期多与多数盾蚧类害虫相近,且多种药剂可以兼治,应结合其他虫害防治进行,药剂与防治黑刺粉虱相同。

(四十七)双刺姬粉虱

1. 分布和危害症状 双刺姬粉虱又名寡刺长粉虱,属同翅目,粉虱科,我国大部分柑橘产区,包括三峡柑橘产区均有发生。该虫群集于叶上吸食汁液,并诱发煤污病,使柑橘生长发育受到抑制,枝梢抽发短而少。

2. 形态特征　成虫体淡黄色,薄敷蜡粉,复眼紫红色。雌体长约 0.99 毫米,有触角,以第一节最短,第三节最长,第七节次之。雄体长约 1.06 毫米,触角第七节最长,第四节最短,第三节次之。卵,长约 0.2 毫米,呈弯月形,初为淡黄色,后为褐色,近基部有 1 卵柄附着于叶上。蛹,淡黄色,长椭圆形,长约 1.24 毫米。

3. 生活习性　在重庆双刺姬粉虱 1 年发生 4 代,以若虫越冬。各代成虫分别于 4 月份、6 月份、7～8 月份和 9～10 月份出现;幼虫则于 5 月下旬、6 月下旬、8 月上中旬和 11 月上旬出现 4 次高峰,以第一次高峰为最多。

4. 防治方法　以 4 月份防治越冬若虫为重点,主要药剂与防治黑刺粉虱的相同。

(四十八)柑橘木虱

1. 分布和危害症状　柑橘木虱是黄龙病的传病媒介昆虫,是柑橘各次新梢的重要害虫。成虫在嫩芽上吸取汁液和产卵,若虫群集在幼芽和嫩叶上危害,致使新梢弯曲,嫩叶变形。若虫的分泌物会诱发煤污病。我国广东、广西、福建、海南、台湾均有,浙江、江西、湖南、云南、贵州和四川、重庆部分柑橘产区有分布。

2. 形态特征　成虫,体长约 3 毫米,体灰青色且有灰褐色斑纹,被有白粉。头顶凸出如剪刀状,复眼暗红色,单眼 3 个,橘红色。触角 10 节,末端 2 节黑色。前翅半透明,边缘有不规则黑褐色斑纹或斑点散布,后翅无色透明。足腿节粗壮,跗节 2 节,具 2 爪。腹部背面灰黑色,腹面浅绿色。雌虫孕卵期腹部橘红色,腹末端尖。卵,如芒果形,橘黄色,上尖下钝圆,有卵柄,长 0.3 毫米。若虫刚孵化时体扁平,黄白色,5 龄若虫土黄色或带灰绿色,体长

1.59 毫米。

3. 生活习性 1 年中的代数与新梢抽发次数有关，每代历时长短与气温相关。周年有嫩梢的条件下，1 年可发生 11～14 代，田间世代重叠。成虫产卵在露芽后的芽叶缝隙处，没有嫩芽不产卵，初孵的若虫吸取嫩芽汁液并在其上发育生长，直至 5 龄。成虫停息时尾部翘起，与停息面呈 45°角。8℃以下时，成虫静止不动，14℃时可飞能跳，18℃时开始产卵繁殖。木虱多分布在衰弱树上。1 年中，秋梢受害最重，其次是夏梢，5 月的早夏梢被害后会暴发黄龙病。晚秋梢，会再次发生木虱危害高峰。

4. 防治方法 一是做好冬季清园，通过喷药杀灭，可减少春季的虫口。二是加强栽培管理，尤其是肥水管理，使树势旺，抽梢整齐，以利统一喷药防治木虱。三是药剂防治可选用 40%毒死蜱乳油 1 000～2 000 倍液，或 10%吡虫啉粉剂或 10%氯氰菊酯乳油 1 500～2 000 倍液，或 20%氰戊菊酯乳油 2 000～2 500 倍液等，7～10 天 1 次，连续 2 次。四是结合冬春翻耕，破坏土壤中休眠幼虫的生活环境，以减少虫源。

(四十九)柑橘凤蝶

1. 分布和危害症状 柑橘凤蝶又名黑黄凤蝶，属凤蝶科。我国柑橘产区均有发生。危害柑橘、山椒等，幼虫将嫩叶、嫩梢食成缺刻。

2. 形态特征 成虫，分春型和夏型。春型，体长 21～28 毫米，翅展 70～95 毫米，淡黄色。夏型，体长 27～30 毫米，翅展 105～108 毫米。卵，圆球形，淡黄色至褐色。幼虫初孵出时为黑色鸟粪状，老熟幼虫体长 38～48 毫米，为绿色。蛹，近菱形，长 30～32 毫米，为淡绿色至暗褐色。各形态特征及被害状，见图 10-22。

3. 生活习性 1 年发生 3～6 代，以蛹越冬。3～4 月份羽化的为春型成虫，7～8 月份羽化的为夏型成虫，田间世代重叠。成

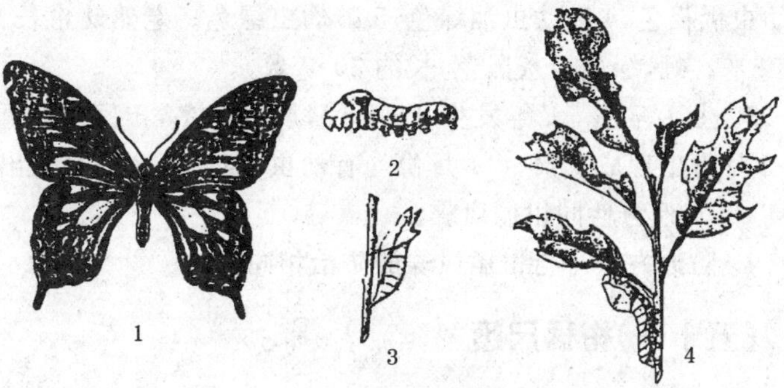

图 10-22 柑橘凤蝶

1. 成虫 2. 幼虫 3. 蛹 4. 被害状及产于叶上的卵

虫白天交尾，产卵于嫩叶背或叶尖。幼虫遇惊时，即伸出臭角发出难闻气味，以避敌害。老熟后即吐丝做垫头，斜向悬空化蛹。

4. 防治方法 一是人工摘除卵或捕杀幼虫。二是冬季清园除蛹。三是保护天敌凤蝶金小蜂、凤蝶赤眼蜂和广大腿小蜂，或蛹的寄生天敌。四是危害盛期药剂防治，药剂可选 Bt 制剂（每克 100 亿个孢子）200～300 倍液、10%吡虫啉可湿性粉剂 1 200～1 500倍液、25%除虫脲可湿性粉剂 1 500～2 000 倍液、10%氯氰菊酯乳油 2 000～2 500 倍液、25%溴氰菊酯乳油 1 500～2 000 倍液、0.3%苦参碱水 200 倍液，90%晶体敌百虫 800～1 000 倍液。

（五十）玉带凤蝶

1. 分布和危害症状 玉带凤蝶又名白带凤蝶、黑凤蝶。分布和危害与柑橘凤蝶相同。

2. 形态特征 成虫体长 25～32 毫米，黑色，翅展 90～100 毫米。雄虫前后翅的白斑相连成玉带。雌虫有 2 型：一型与雄虫相似，后翅近外缘有数个半月形深红色小点；另一型的前翅灰黑色。卵，圆球形，淡黄色至灰黑色。1 龄幼虫黄白色，2 龄幼虫淡黄色，3

龄幼虫黑褐色，4 龄幼虫油绿色，5 龄幼虫绿色。老熟幼虫长 36～46 毫米。蛹，绿色至灰黑色，长约 30 毫米。

3. 生活习性 1 年发生 4～5 代，以蛹越冬，田间世代重叠。3～4 月份出现成虫，4～11 月份均有幼虫，但 5、6、8、9 月份出现 4 次高峰，其他习性同柑橘凤蝶。

4. 防治方法 与柑橘凤蝶的防治相同。

(五十一)柑橘尺蠖

1. 分布和危害症状 柑橘尺蠖又名海南油桐尺蠖、大尺蠖，分布于广东、海南、广西、福建、湖南、浙江等省、自治区，三峡库区的柑橘产区也有发生。

柑橘尺蠖除危害柑橘外，还危害油桐、茶树、漆树、柿树和乌柏等。幼虫危害寄生植物的叶片，被害叶片往往只留下主脉，严重时全树成为秃枝。

2. 形态特征 成虫体灰白色，足黄白色，腹面黄色，腹末有 1 丛黄褐色毛。前翅白色，杂以灰黑小点，并有明显的黑线，自前缘至后缘有 3 条黄褐色波状纹，以近外缘的 1 条最明显，雄蛾中间的 1 条不明显，后翅与前翅相近。雌蛾体长 22～25 毫米，翅展 60～65 毫米，触角丝状；雄蛾长 19～21 毫米，翅展 52～55 毫米，触角羽毛状。卵椭圆形，直径 0.7～0.8 毫米，青绿色，孵化前呈黑色，卵粒堆叠成圆形或椭圆形的卵块，上面有黄褐色绒毛。幼虫，初孵时呈灰褐色，1～2 龄幼虫呈黄白色。3 龄幼虫为青色，4 龄以后的老熟幼虫体色因环境而异有深褐色、灰绿色、青绿色等。头部密布棕色小斑点，头部中尖往下凹，气门紫红色，老熟幼虫体长 60～70 毫米。蛹初为绿褐色，后转为黑褐色，长 22～26 毫米。腹部末节具臀棘，臀棘的基部两侧各有 1 个突出物。

3. 生活习性 柑橘尺蠖南亚热带 1 年发生 3～4 代，中亚热带的三峡库区柑橘产区 1 年发生 2～3 代。越冬后翌年 4 月下旬至5月下旬成虫开始羽化产卵，第一代幼虫发生在5月上旬至6月下旬，第二代幼虫大量发生在7月上中旬至8月中旬，第三代幼虫大量发生于8月下旬至9月下旬，以7～9月份第二、第三代幼虫危害柑橘秋梢最严重。

成虫多在雨后晚上羽化出土，白天主要栖息于橘树主干、叶背及防护林树干背风处。有趋光性，昼伏夜出，飞翔力较强。成虫羽化、羽化后当晚可交尾，1～2天后即可产卵，卵成堆产于叶背、防护林树皮裂缝及杂草灌木丛中。卵孵化后，幼虫能很快向树冠上部爬行。1～2龄幼虫喜在树冠顶部叶尖直立，晚上吐丝下垂，随风飘散或转株危害，取食嫩叶叶肉或食叶成缺刻；3龄后自叶尖或叶缘向内咬食成缺刻，4龄后食量剧增，每头每天可食叶10片以上。幼虫老熟后入土造土室化蛹，深约3厘米，如园土疏松，绝大部分幼虫在距树干50～70厘米范围内化蛹；如园土板结，则可远至70厘米以外化蛹。

4. 防治方法　一是翻挖灭蛹。深翻：秋冬季节结合施肥，深翻园土20厘米以上，使蛹深埋不能羽化出土，或被翻出土面，冰冻致死。或被天敌杀死，挖除。在各代蛹期，特别是越冬代和第一代蛹，在橘树主干60～70厘米范围内，挖园土3厘米左右集杀虫蛹，这是消灭尺蠖比较有效的措施。诱杀：在有虫树主干60～70厘米范围内铺上薄膜，上面再垫7～10厘米厚的湿润松土，老熟幼虫下树入土化蛹时，集中杀死。二是捕杀幼虫。毒土杀蛾：在成虫羽化出土前和老熟幼虫入土化蛹前，特别是在雨后土壤湿度较大时，在树干周围撒施1.5%甲基1605粉剂毒土。灯光诱蛾：在各代成虫盛发高峰期，每1.3公顷左右柑橘园装1支40瓦黑光灯诱捕虫蛾。人工捕蛾：成蛾飞化出土后至未产卵前的每天早上或傍晚，利用其栖息不动习性，用树枝扑打杀死。三是铲除杂草。成蛾产卵前将橘园及周围的杂草铲除，防止成蛾在杂草上产卵。特别是7、8月彻底铲草2次，有一定作用。四是刮除卵块。将橘树主干、叶背和防护林树皮裂缝中的卵块刮除集中烧毁或深埋。五是振落幼虫。利用3～5龄幼虫受惊动后吐丝下垂习性，于树下铺设薄膜或纸，振动树枝使幼虫掉落其上，集中杀灭或以家禽啄食。六是药剂防治。重点抓住每1、2代1～2龄幼虫时喷药，是全年防治的关键。1～3龄幼虫，可用90％晶体敌百虫600～800倍液加0.2％洗衣粉、2.5％溴氰菊酯乳油2 000倍液、20％氰戊菊酯乳油2 500倍液等进行防治，效果显著。4龄以后幼虫，可用2.5％溴氰菊酯乳油1 500～2 000倍液、50％杀螟硫磷乳油500倍液、0.8％敌敌畏乳油800～1 000倍液、20％氰戊菊酯乳油2 000倍液、300亿个/克青虫菌可湿性粉剂1 000～1 500倍液喷杀，效果良好。

(五十二)大实蝇

1. 分布和危害症状 大实蝇其幼虫又名柑蛆，属实蝇科。受害果叫蛆柑。我国四川、湖北、贵州、云南等柑橘产区有少量或零星危害。成虫产卵于幼果内。幼虫蛀食果肉，使果实出现未熟先黄，黄中带红现象，最后腐烂脱落。

2. 形态特征 大实蝇成虫体长12～13毫米，翅展20～24毫米。身体褐黄色，中胸前面有“人”字形深茶褐色纹。卵，为乳白色，长椭圆形，中部微弯，长1.4～1.5毫米。蛹，黄褐色，长9～10毫米。形态特征，见图10-23。

3. 生活习性 1年发生1代，以蛹在土中越冬。4月下旬出现成虫，5月上旬为盛期，6月份至7月中旬进入果园产卵，6月中旬为盛期，7～9月份孵化为幼虫，蛀果危害。受害果9月下旬至10月下旬脱落，幼虫随落果至地，后脱果入土中化蛹。成虫多在晴天中午出土。成虫产卵在果实脐部，产卵处有小刺孔，果皮由绿变黄。阴山湿润的果园和蜜源多的果园受害重。

4. 防治方法 一是严格实行检疫，禁止从疫区引进果实和带土苗木等。二是开始结果的幼龄果园，为彻底防该虫危害，可摘除

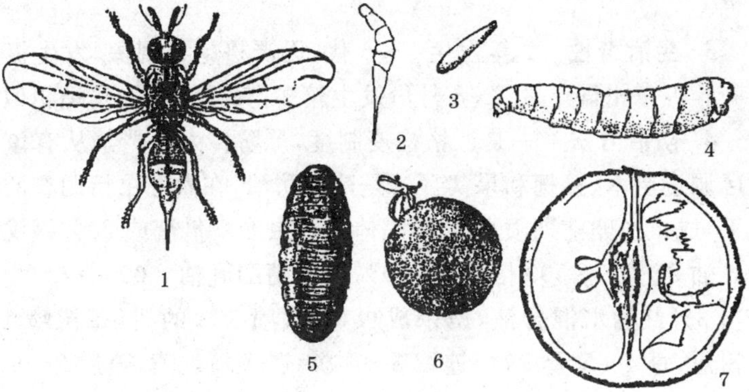

图 10-23　大实蝇

1. 雌成虫　2. 雌成虫腹部侧面　3. 卵　4. 幼虫
5. 蛹　6. 幼果被害状　7. 被害果纵剖面

幼果，断绝其危害源。三是冬季深翻土壤，杀灭蛹和幼虫。9 月下旬至 11 月中旬摘除并深埋蛆果。四是幼虫脱果时或成虫出土时，用 65%辛硫磷乳油 1 000 倍液喷施地面，杀死成虫，每 7～10 天 1 次，连续 2 次。成虫入园产卵时，用 2.5%溴氰菊酯乳油或 20%氰戊菊酯乳油 2 000～2 500 倍液加 3%红糖液，喷施 1/3 植株树冠，每 7～10 天 1 次，连续 2～3 次。五是 9 月下旬至 11 月中旬摘除并深埋蛆果（被害果）。

（五十三）小 实 蝇

1. 分布和危害症状　该害虫为国内外检疫性虫害，在广东、广西、福建、湖南和台湾等柑橘产区有危害。该害虫寄主较为复杂，除危害柑橘外，还危害桃、李、枇杷等。成虫产卵于寄主果实内，幼虫孵化后即开始危害果肉。

2. 形态特征　成虫全体深黑色和黄色相间，胸部背面大部分黑色。幼虫蛆形，老熟时黄白色。卵梭形，乳白色。蛹圆形，淡黄色。

3. 生活习性　1年发生3～5代，无严格越冬现象，发生极不整齐。广东柑橘产区7～8月份发生较多，其习性与大实蝇相似。

4. 防治方法　一是严格检疫制度，严防传入。严禁从有该虫地区调进苗木、接穗和果实。二是药剂防治，在做好虫情调查的前提下，成虫产卵前期喷布90%晶体敌百虫800倍液或20%氰戊菊酯乳油2 000～2 500倍液，或20%甲氰菊酯乳油2 000～2 500倍液与3%红糖水混合液，诱杀成虫，每次喷1/3的树，每树喷1/3的树冠，每4～5天1次，连续3～4次，遇大雨重喷，喷后2～3小时成虫即大量死亡。三是人工防治，在虫害果出现期，组织联防，发动果农摘除虫害果，深埋、烧毁或水煮。四是利用小实蝇的天敌蚂蚁捕杀小实蝇。

(五十四)恶性叶甲

1. 分布和危害症状　又名柑橘恶性叶甲、黑叶跳虫、黑蛋虫等。国内柑橘产区均有分布。寄主仅限柑橘类。以幼虫和成虫危害嫩叶、嫩茎、花和幼果。

2. 形态特征　成虫，体长椭圆形，雌虫，体长3.0～3.8毫米，体宽1.7～2.0毫米，雄虫略小。头、胸及鞘翅为蓝黑色，有光泽。卵，长椭圆形，长约0.6毫米，初为白色，后变为黄白色，近孵化时为深褐色。幼虫共3龄，末龄体长6毫米左右。蛹，椭圆形，长约2.7毫米，初为黄色，后变为橙黄色。形态特征，见图10-24。

3. 生活习性　浙江、四川、重庆、贵州等地1年发生3代，福建发生4代，广东发生6～7代。以成虫在腐朽的枝干中或卷叶内越冬。各代幼虫发生期4月下旬至5月中旬，7月下旬至8月上旬和9月中下旬，以第一代幼虫危害春梢最严重。成虫散居。活动性不强。非过度惊扰不跳跃，有假死习性。卵多产于嫩叶背面或叶面的叶缘及叶尖处。绝大多数2粒并列。幼虫喜群居，孵化

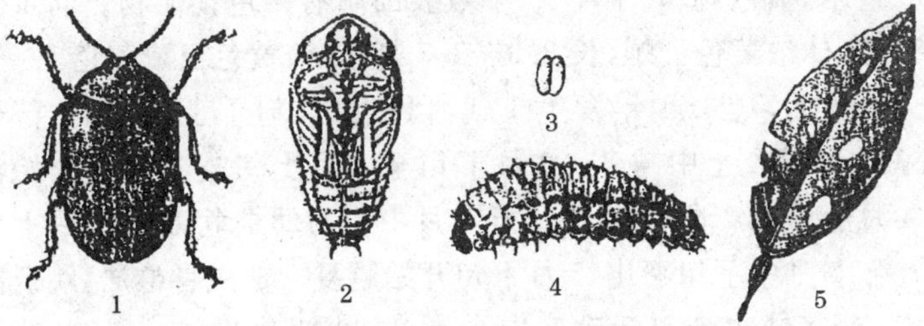

图 10-24　恶性叶甲

1. 成虫　2. 蛹　3. 卵　4. 幼虫　5. 幼虫危害状

前后在叶背取食叶肉，留有表皮，长大一些后则连表皮食去，被害叶呈不规则缺刻和孔洞。树洞较多的果园，危害较重。高温是抑制该虫的重要因子。

4. 防治方法　一是消除有利其越冬、化蛹的场所。用松碱合剂，春季发芽前用 10 倍液，秋季用 18～20 倍液杀灭地衣和苔藓；清除枯枝、枯叶、霉桩，树洞用石灰或水泥堵塞。二是诱杀虫蛹。老熟成虫开始下树化蛹时用带有泥土的稻根放置在树杈处，或在树干上捆扎涂有泥土的稻草，诱集化蛹，在成虫羽化前取下烧毁。三是初孵幼虫盛期药剂防治，选用 2.5%溴氰菊酯乳油、20%氰戊菊酯乳油 2 000～2 500 倍液，或 90%晶体敌百虫 800～1 000 倍液，或 80%敌敌畏乳油 800～1 000 倍液等。

(五十五)橘潜叶甲

1. 分布和危害症状　又名橘潜 、红金龟子等。柑橘产区有发生，以浙江、福建、四川、重庆发生较多。成虫在叶背取食叶肉，仅留叶面表皮，幼虫蛀食叶肉呈长形弯曲的隧道，使叶片萎黄脱落。

2. 形态特征　成虫卵圆形，背面中央隆起，体长 3.0～3.7 毫米，宽 1.7～2.5 毫米，雌虫略大于雄虫。卵，椭圆形，长 0.68～

0.86 毫米，黄色，横黏于叶上，多数表面附有褐色排泄物。幼虫共3 龄。全体浓黄色。蛹，长 3.0～3.5 毫米，淡黄色至浓黄色。

3. 生活习性 1 年发生 1 代，以成虫在树干上的地衣、苔藓下、树皮裂缝及土中越冬。3 月下旬至 4 月上旬越冬成虫开始活动，4 月上中旬产卵，4 月上旬至 5 月中旬为幼虫危害期，5 月上中旬化蛹，5 月中下旬羽化，5 月下旬开始越夏。成虫喜群居，跳跃能力强。越冬成虫恢复活动后取食嫩叶、叶柄和花蕾。卵，单粒散产，多黏在嫩叶背上。蛹室的位置均在主干周围 60～150 厘米的范围内，入土深度 3 厘米左右。

4. 防治方法 与防治恶性叶甲同。

（五十六）花 蕾 蛆

1. 分布和危害症状 直径 2～3 毫米时，将卵从其顶端产入花蕾中，幼虫孵出后食害花器，使其成为黄白色不能开放的灯笼花。

2. 形态特征 雌成虫长 1.5～1.8 毫米，翅展 2.4 毫米，暗黄褐色，雄虫略小。卵，长椭圆形，无色透明。幼虫长纺锤形，橙黄色，老熟时长约 3 毫米。蛹，纺锤形，黄褐色，长约 1.6 毫米。形态特征，见图 10-25。

3. 生活习性 1 年发生 1 代，个别发生 2 代，以幼虫在土壤中越冬。柑橘现蕾时，成虫羽化出土。成虫白天潜伏，晚间活动，将卵产在子房周围。

幼虫食害后使花瓣变厚，花丝花药呈黑色。幼虫在花蕾中约10 天，即弹入土壤中越夏越冬。潮湿低洼、荫蔽的柑橘园、沙土及砂壤土有利其发生。

4. 防治方法 一是幼虫入土前，摘除受害花蕾，煮沸或深埋。二是成虫出土时进行地面喷药，即当花蕾直径 2～3 毫米时，用50%辛硫磷乳油 1000～2000 倍液、20%氰戊菊酯乳油或 2.5%溴

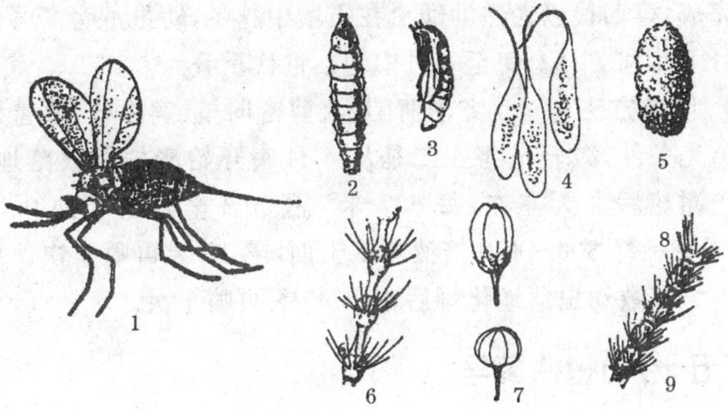

图 10-25　花 蕾 蛆

1. 雌成虫　2. 幼虫　3. 蛹　4. 卵　5. 茧　6. 正常花蕾
7. 被害花蕾　8. 雄虫触角　9. 雌虫触角

氰菊酯乳油 2 000～2 500 倍液喷施地面，每 7～10 天 1 次，连喷 2 次。三是成虫已开始上树飞行，但尚未大量产卵前，用药喷树冠 1～2 次，药剂可选：80%敌敌畏乳油 1 000 倍液和 90%晶体敌百虫 800 倍的混合液或 40%毒死蜱乳油 2 000 倍液。四是成虫出土前进行地膜覆盖。五是冬春翻耕，破坏土中休眠幼虫的生活环境，减少虫源。

(五十七)橘实雷瘿蚊

又名橘瘿蚊、沙田柚橘实雷瘿蚊。

1. 分布和危害症状　四川、广东、广西和贵州等产区有发生。主要危害柚和甜橙。其危害症状：成虫产卵于果实果蒂附近的白皮层内，孵化后幼虫蛀食皮层，造成果实未熟先黄和落果。

2. 形态特征　卵，椭圆形，表面光滑。幼虫，扁纺锤形，头退化，初孵时米灰色，老熟时红色。蛹，红褐色。成虫，有触角。

3. 生活习性　在广东 1 年发生 4～5 代，1～4 代在柚园、甜橙园中完成，第四代以老熟的幼虫在土壤中越冬，幼虫危害高峰分别在5月下旬和7月上旬至8月中旬。世代重叠。

4. 防治方法 一是冬季清园，疏剪密弱枝、病虫枝，改善果园通风透光条件，减轻危害。二是从4月底开始清扫烧毁落地果。三是于谢花后7天左右，每667米^{2}用50%辛硫磷乳油0.50～0.75千克稀释300～400倍液喷洒土面，隔15天再喷1次。当受害果内大多数幼虫落地化蛹后15～20天再喷1次。

（五十八）柑橘蓟马

1. 分布和危害症状 我国柑橘产区均有分布。仅危害柑橘。嫩叶受害后叶片扭曲变形，叶肉增厚，叶片变硬，易碎裂、脱落，在叶脉两侧会呈现全银白色。幼果受害后在果蒂周围出现银白色环状疤痕。

2. 形态特征 卵，肾形；幼虫，2龄老熟幼虫大小与成虫，无翅，琥珀色。幼虫经预蛹羽化为成虫。成虫，纺锤形，浅橙黄色，体表有细毛，前翅有纵脉1条。

3. 生活习性 在气温较高的晚熟柑橘产区1年发生7～8代，以卵在秋梢新叶组织内越冬。翌年3～4月份幼虫孵化，田间4～10月份均可见，以谢花后至幼果直径4厘米左右时危害最重。第一、第二代发生较整齐，为主要的危害世代，其后各世代重叠明显。3龄幼虫为主要取食虫态。幼虫老熟后在地面或树皮缝隙中化蛹。成虫以晴天中午活动最盛。成虫产卵于嫩叶、嫩枝和幼果组织内。秋季当气温降至17℃以下时停止发育。晚熟柑橘中以脐橙危害较重。

4. 防治方法 一是冬季清除园内杂草，以减少越冬虫源。二是保护利用捕食性螨类、蜘蛛、蜻象类、塔六点蓟马等天敌。三是在低龄若虫高峰期，特别是花期至幼果期的监测，当谢花后有5%～10%的花或幼果有虫或20%果径1.8厘米左右的幼果有虫时，即应喷药，药剂可选用15%哒螨灵乳油2 000～3 000倍液，或20%吡虫啉乳油3 000～4 000倍液，或20%甲氰菊酯乳油，20%氰戊菊酯乳油或10%氯氰菊酯乳油2 000～3 000倍液，或2.5%溴氰菊酯乳油3 000～4 000倍液，或80%敌敌畏乳油或90%晶体敌百虫或50%杀螟硫磷乳油1 000倍液。

(五十九)长吻蝽

1. 分布和危害症状 长吻蝽又名角尖蝽象、橘棘蝽和大绿蝽等，属半翅目蝽科。我国柑橘产区均有发生。其寄主有柑橘、梨和苹果等。

长吻蝽的成、若虫取食柑橘嫩梢、叶和果实。受害叶片呈枯黄色，嫩梢受害处变褐干枯，幼果受害后因果皮油胞受破坏，果皮紧缩变硬，果汁少、果小，受害严重时引起大量落果，果实在后期受害会腐烂脱落。

2. 形态特征 成虫绿色，长盾形，雌体长18.5～24毫米，雄体长16～22毫米，前胸背板前缘两侧角呈角状突起，微向后弯曲呈尖角形(故称角尖蝽)，肩角边缘黑色，其上有甚多的粗大黑色刻点，头凸出，吻长达腹末第二或末节，故名长吻蝽，复眼半球形、黑色，触角5节、黑色，足棕褐色，腹部各节前后缘为黑色，后缘两侧突出呈刺状，故称橘棘蝽。前翅绿色。雄虫腹面末生殖节中央不分裂，雌虫则分裂。卵，圆桶形，灰绿色，顶部有圆形卵盖，卵盖圆周上有25个突起，卵直径1.8毫米。若虫初孵时椭圆形，淡黄色，头小呈长方形、周围黑色，口器细长如丝，触角5节、黑色，胸部各节后缘有黑纹，腹部淡黄色，背部两侧各有8个黑点，腹面黄红色；2龄若虫红黄色，腹部背面有3个黑斑；3龄若虫触角第四节端部白色；4龄若虫前胸与中胸特别膨大，腹部有5个黑斑。5龄若虫体绿色，前胸略有角状突起，中后胸出现翅芽，腹部5～6节背腹面的黑斑退化成刻点，腹部每边各有10多个黑斑，背面中央有红褐色圆点2对，中央有1个臭腺孔。

3. 生活习性 长吻蝽1年发生1代，以成虫在枝叶或其他荫蔽处越冬。翌年4～5月份成虫开始活动，5月上中旬产卵，5～6月份为产卵盛期，卵常在叶片上以13～14粒整齐排成2～3行。雌虫一生产卵3次。卵期5～6天。若虫5～10月份均有，1龄多群集于叶片或果面、叶尖，但多不取食。二龄若虫开始分散，2～3龄若虫常群集于果上吸食，是引起落果的主要虫态。4、5龄和成虫分散取食。成虫常栖息于果或叶片之间，遇惊后即飞向远处和放出臭气。各虫态历期受温度和食物影响，在广州为25～39天。7～8月份危害最烈。被害果一般不呈水渍状。

4. 防治方法 一是5～9月份应经常巡视果园，发现叶片上的卵块及时摘除烧毁。在早晨露水未干，成、若虫不甚活动时，捕捉成、若虫。药剂防治最好在3龄之前进行。二是药剂有90%敌百虫可溶性粉剂1 000倍液、80%敌敌畏乳油1 000倍液等。三是其天敌有卵寄生蜂、黄猄蚁和螳螂等，应加以保护和利用。

(六十)金 龟 子

1. 分布和危害症状 我国部分柑橘产区有金龟子危害。常见的金龟子有花潜金龟子、铜绿金龟子、红脚绿金龟子和茶色金龟子等。

金龟子食性杂，主要以成虫取食叶片，也有危害花和果实的。发生严重时将嫩叶吃光，严重影响产量。幼虫为地下害虫，危害幼嫩多汁的嫩茎。

2. 形态特征 常见的花潜金龟子，成虫体长11～16毫米，宽6～9毫米，体型稍狭长，体表散布有众多形状不同的白绒斑，头部密被长茸毛，两侧嚼点较粗密。鞘翅狭长，遍布稀疏弧形刻点和浅黄色长茸毛，散布众多白绒斑。腹部光滑，稀布刻点和长茸毛，1～4节两侧各有1个白绒斑。卵，白色，球形，长约1.8毫米。老熟幼虫体长 22～23 毫米，头部暗褐色，上颚黑褐色，腹部乳白色。蛹，体长约 14 毫米，淡黄色，后端橙黄色。

其他金龟子形态大同小异，此略。

3. 生活习性　花潜金龟子 1 年发生 1 代，以幼虫在土壤中越冬，越冬幼虫于 3 月中旬至 4 月上旬化蛹，稍后羽化为成虫，4 月中旬至 5 月中旬是成虫活动危害盛期。成虫飞翔能力较强，多在白天活动，尤以晴天最为活跃，有群集和假死习性，危害以上午 10 时至下午 4 时最盛。常咬食花瓣、舔食子房，影响受精和结果，也可啃食幼果表皮，留下伤痕。成虫喜在土中、落叶、草地和草堆等有腐殖质处产卵，幼虫在土中生活并取食腐殖质和寄主植物的幼根。

4. 防治方法　金龟子可用诱杀、药杀、捕杀成虫和冬耕土壤时杀灭幼虫、成虫等方法。

一是诱杀。利用成虫有明显的趋光性，可设置黑光灯或频振式杀虫灯在夜间诱杀。利用成虫群集的习性，可用瓶口稍大的浅色透明玻璃瓶，洗净用绳子系住瓶颈，挂在柑橘树上，使瓶口与树枝距离在 2 厘米左右，并捉放 2～3 头活金龟子于瓶中，使柑橘园金龟子陆续飞过来，钻入瓶中而不能出来。通常隔 3～4 株挂 1 只瓶，金龟子快满瓶时取下，用热水烫死，瓶洗净可再用。也可用一端留竹节、长 40～50 厘米的竹筒，在筒底放 1～2 个腐果，加少许糖蜜，挂在树上。悬挂时筒口要与枝干相贴，金龟子成虫闻腐果和蜜糖气味会爬入筒中，但难以爬出而杀灭之。二是药杀。成虫密度大时，可进行树冠喷药，药剂可选择 90%晶体敌百虫或 80%敌敌畏乳油 800 倍液喷施。三是捕杀。针对成虫有假死性，可在树冠下铺塑料（或旧布），也可放一加有少许煤矿油或洗衣粉的水盆，振摇树枝，收集落下的金龟子杀灭。此外，果园中养鸡，捕食金龟子效果也明显。四是冬耕。利用冬季翻耕果园时杀死土壤中的幼虫和成虫。如结合撒施 5%辛硫磷颗粒剂每公顷 3.5～4 千克，效果会更好。五是在地上举火后摇动树,成虫趋光扑火而死。

(六十一)蜗　牛

1. 分布和危害症状　蜗牛又名螺蛳、狗螺螺等,属软体动物门,腹足纲,有肺目,大蜗牛科。我国大部分柑橘产区均有分布,其食性很杂,能危害柑橘干、枝的树皮和果实。枝的皮层被咬食后使枝条干枯,果实的果皮和果肉遭其食害后,引起果实腐烂脱落,直接影响果实产量和品质。

2. 形态特征　成体体长约 35 毫米,体软,黄褐色,头上有 2 个触角,体背有 1 个黄褐色硬质螺壳。卵,白色,球形,较光亮,孵化前土黄色。幼体较小,螺壳淡黄色,形体和成体相似。

3. 生活习性　1 年发生 1 代,以成体或幼体在浅土层或落叶下越冬,壳口有一白膜封住。3 月中旬开始活动,晴天白天潜伏,晚上活动,阴雨天则整天活动,刮食枝、叶、干和果实的表皮层和果肉,并在爬行后的叶片和果实表面留下一层光滑黏膜。5 月份成体在根部附近疏松的湿土中产卵,卵表面有黏膜,许多卵产在一起,开始是群集危害,后来则分散取食。低洼潮湿的地区和季节发生多、危害重。干旱时则潜伏在土中,11 月份入土越冬。

4. 防治方法　一是人工捕捉,发现蜗牛危害时立即不分大小一律捕杀。养鸡、鸭啄食。二是在蜗牛产卵盛期中耕松土进行曝卵,可以消灭大批卵粒。危害盛期在果园堆放青草或鲜枝叶,可诱集蜗牛进行捕杀。三是早晨或傍晚,用石灰撒在树冠下的地面上或全园普遍撒石灰 1 次,每 667 米^2 20～30 千克,连续 2 次可将蜗牛全部杀死。

第十一章　晚熟柑橘采收、商品化处理及保鲜技术

一、晚熟柑橘采收

柑橘果实的采收是生产的重要环节。采收质量的好坏直接影响柑橘生产经营者和消费者的利益，尤其是作为鲜食果实的采收，其采收质量直接影响果实销售、贮藏保鲜。

晚熟柑橘的品种除夏橙部分作为加工橙汁外，通常均用作鲜销，因此对果品不仅要求内质优而且还要求外观美，加之晚熟柑橘采收大多是在春季气温回升时，因此对采收要求更高。

（一）适时采收

晚熟柑橘果实的采收期，应根据不同的品种（品系）、用途和销地远近等来确定；且同一品种的采收适期在不同年份、不同地区，因气候、土壤、树龄和栽培管理措施的不同而异。柑橘果实用途不同，对成熟度的要求也有异。鲜销果的成熟度要求果实达到该品种（品系）固有色泽、风味和香气，果肉变软，糖、酸等可溶性固形物达到标准。同时，还要考虑途中的运输，外地销售果可比就地销售果稍早采。采后用作贮藏保鲜的果实可比鲜销果早采，一般在果面 2/3 转色，果实未变软、接近成熟时采收。

广西壮族自治区柑橘研究所在桂林就不同采收期对默科特杂柑品种的贮藏性影响进行试验，结果表明：果实 2 月上旬开始成熟，此时果实由橙黄色转为浅橙红色，可溶性固形物、全糖和酸达

到最佳水平。留树保鲜至3月中旬,果实的可溶性固形物、糖和酸含量稍有降低,但固酸比和糖酸比却略有升高。所以,默科特杂柑作为鲜食2月上旬至3月中旬是适宜的采收期。此外,默科特果实开始成熟时采收经常温1.5个月或冷藏3.5个月,可溶性固形物、全糖和酸下降速度比留树保鲜的果实缓慢。未受冻害的成熟果实常温贮藏2.5个月好果率达95%以上,具良好的贮藏性。

果实贮藏方式不同,采收成熟度也有异,如气调贮藏用果宜早采,冷贮用果对成熟度要求较高,宜稍晚采。

加工用果的成熟度,因加工产品种类不同而异:如用作加工果汁、果酱和糖水橘瓣罐头的果实,要求充分成熟采收;用作蜜饯果实可提前采收。

出口的外销果实应根据进口国(地区)对果实的要求来确定。通常对香港出口的晚熟柑橘鲜销果宜在最适期采收。

(二)品种成熟期和采收期

1. 成熟、采收期 现将书中介绍的晚熟柑橘品种成熟期和采收期列于表11-1。

表11-1 主要晚熟柑橘品种(品系)成熟期

品 种	成熟期	采收期	备 注
清见橘橙	翌年3～4月份	翌年3～4月份	重庆可在2月底采收
津之香橘橙	翌年3～4月份	翌年3～4月份	同 上
清峰橘橙	翌年3～4月份	翌年3～4月份	同 上
不知火橘橙	11月上中旬	11月上、中旬至翌年4月份	留树至翌年4月份品质仍佳
默科特橘橙	翌年2月底至3月初	翌年2月底至3月初	

续表 11-1

品　种	成熟期	采收期	备　注
少核默科特橘橙	翌年2月底至3月初	翌年2月底至3月初	
沃　柑	翌年1月下旬	翌年1～3月份	留树至翌年3月份品质仍优
紫金春甜橘	翌年2月中旬至3月上旬	同　左	
明柳甜橘	翌年2月下旬至3月上旬	同　左	
马水橘	翌年1月中旬至2月下旬	同　左	
华晚无核砂糖橘	翌年1月下旬至2月上旬	同　左	
年　橘	1月中下旬	翌年1月中下旬至3月上旬	挂树至3月上旬
柳叶橘	翌年2月下旬	同　左	
晚蜜3号	翌年2月底至3月初	同　左	
晚蜜1号	翌年1月下旬至2月中旬	同　左	
晚蜜2号	翌年1月上中旬	同　左	
蕉柑	翌年1月底至2月初	同　左	
无核蕉柑	翌年1月底至2月初	同　左	
迟熟蕉柑	翌年4月份	同　左	

续表 11-1

品种	成熟期	采收期	备注
孚优选蕉柑	翌年1月中下旬	同左	
粤丰蕉柑	翌年1月至2月初	同左	
白1号蕉柑	12月下旬至翌年1月	同左	
塔59号蕉柑	翌年1月至2月初	同左	
新1号蕉柑	翌年1月至2月初	同左	
红八朔	翌年2月至3月	同左	
甜夏橙	翌年1月至2月	同左	
黄果柑	12月至翌年1月	12月至翌年4月	可留树至4月
伊予柑	12月底至翌年1月	12月底至翌年2月	可留树至翌年2月
1232橘橙	11月下旬至12月初	11月下旬至翌年5月初	可留树至翌年5月
爱伦达尔橘	12月底至翌年1月中、下旬	12月底至翌年3月初	可留树至3月初
粤英甜橘	翌年1月上中旬	翌年1月上旬至下旬	可留树至1月下旬
高橙	11月下旬	11月下旬至翌年2月	可留树至2月
岩溪晚芦	翌年1月下旬至2月中旬	同左	

续表 11-1

品　种	成熟期	采收期	备　注
伏令夏橙	翌年4月底至5月初	翌年4月底至5月底	加工可延至5月底
奥林达夏橙	同　上	同　上	同　上
德塔夏橙	同　上	同　上	同　上
红夏橙	翌年4月上中旬	翌年4月上中旬至5月初	
福罗斯特夏橙	翌年5月上中旬	同　左	
蜜奈夏橙	翌年4月底至5月初	同　左	
坎贝尔夏橙	翌年4月底至5月初	同　左	
卡特夏橙	翌年4月底至5月初	同　左	
江安35号夏橙	翌年4月底至5月初	同　左	
阿尔及利亚夏橙	同　上	同　左	
粤选1号夏橙	翌年4月底至5月初	同　左	
五月红	翌年3月下旬至4月上旬	翌年3月下旬至4月底	
桂夏橙	翌年3月至4月	同　左	
晚丰橙	翌年4月中下旬	同　左	
春　橙	翌年2月下旬至3月上旬	翌年2月下旬至3月	
夏金脐橙	翌年2月中下旬	同　左	

续表 11-1

品种	成熟期	采收期	备注
红肉脐橙	12月下旬	12月下旬至翌年2月	可留树至翌年2月
奉节晚脐	翌年2月	翌年2月至3月	可留树至翌年3月
晚棱脐橙	翌年2月底	翌年2月底至4月	可留树至翌年4月
晚脐橙	同上	同上	同上
鲍威尔脐橙	同上	同上	同上
斑菲尔脐橙	同上	同上	同上
切斯勒特脐橙	同上	同上	同上
塔罗科血橙	翌年1月中下旬至2月初	同左	
塔罗科血橙新系	同上	同左	
红玉血橙	同上	同左	
无核(少核)血橙	同上	同左	
马耳他斯血橙	同上	同左	
桑吉耐洛血橙	翌年1月至2月	同左	
摩洛血橙	同上	同左	
脐血橙	翌年1月下旬至2月初	同左	
靖县血橙	12月下旬至翌年1月	同左	
晚白柚	翌年1月至2月	翌年1月至4月	可留树至翌年4月
矮晚柚	翌年1月底至2月	同上	同上

2. 精细采收技术

(1)采摘前估产、订计划　预测柑橘园产量，根据市场需求，制订采收计划，合理安排劳力，准备好采收的运输工具，如果剪、果梯、果筐(箱)和车辆等。果筐(箱)内壁应光滑，以防伤果。

(2)按操作程序采果　就一棵树而言，采果应先外后内，先下后上。实行标准采果——复剪，即第一剪将果梗(柄)剪下，第二剪齐萼片(不伤萼片)剪下。采收果实必须轻拿轻放，严禁强拉硬采。伤口果、落地果、黏花果、病虫果应另放一处，枯枝杂物不要混入果中。采下的果实不要随地堆放，不可日晒雨淋。

(3)装载适度　果筐(箱)、车装载应适度，以八九成为宜，轻装轻放，运输途中应尽量避免果实受到大的震动而出现新伤。

(4)采收时间　宜选晴天，雨天不采，果面露水不干不采，大风大雨后应隔 2 天再采。

二、晚熟柑橘分级

为了提高分级质量和有利于果实的贮藏运输，在果实进行商品化处理前，可进行园内初选和分级前的预贮。

(一)初　选

果实从植株上采下后，在采果现场对果实做 1 次初选，参照国家对不同柑橘品种规定的等级标准，将果实粗分为若干个等级，主要是剔除畸形果、病虫危害果、落蒂果和新伤果等。进行园内初选可使柑橘种植者了解所生产果品的质量、园内病虫害的动态及每天的采果质量，有利于果品的销售和提高效益。对剔出的各种等外果也便于及时处理。

(二)预　贮

经园内初选后的柑橘果实，在包装场进行分级前，进行短暂的存放，称为柑橘果实的预贮。预贮具有使果实预冷、愈伤、催汗(软化)的作用，并能降低果实贮藏中的枯水、粒化程度。刚从果园采下的果实，因田间热的原因，果实温度较高，呼吸作用和水分蒸发都强，如不及时散热，果实呼吸作用旺盛，不仅会使营养物质大量消耗，还会因果实"发烧"而在果面结出水珠，导致果实腐烂。预贮使果实降温，有利于果实贮运。采收和转运过程中，果实易受新伤，这些新伤如遇温暖、湿润环境，易使病菌侵入伤口，引起腐烂。如在冷凉、干燥处经短期预贮，新伤可以愈合，果皮的一部分水分还可散去，从而降低果皮细胞的膨压，使果皮软化，增加韧性，提高弹性，有利于运输、贮藏。经过预贮的果实，贮藏后期宽皮柑橘的枯水率明显下降。

预贮的方法简单，仅将刚采下的果实放在通风良好，不受阳光直射，地面干燥，温度较低的室内，在铺有稻草的地面上堆放，高度以 4～5 果高为宜，也有直接盛于箩筐(篓)中进行预贮的，时间需 1～3 天，经手轻捏，果皮已稍有弹性，即可分级、包装。一般经预贮的果实，失水率为 2%～4%，采前晴好天气多，采收的果实预贮后失重较小；采前多雨天，采收的果实经预贮，失重则较大。

三、晚熟柑橘的商品化处理

(一)现　状

柑橘果实采后的商品化处理是提高果实商品性的重要环节，是柑橘产业链中重要的一环，是缓解柑橘品种成熟期集中和调节市场供应的重要措施。主产柑橘的发达国家，鲜销柑橘的商品化处理几乎达到100%，对果品商品化处理技术的研究和应用均十分重视，充分利用了现代生物学、现代化学、现代物理学、现代机械学原理和电子计算机技术，掌握了先进的操作技术，开发出先进、完备的处理机械。

目前，柑橘商品化处理的设备以集搬运、清洗、烘干、打蜡、分级、包装于一体并进行自动化控制，形成了柑橘采后处理的生产线。柑橘采后的生产线有按果实横径大小分级的生产线、按果实重量分级的生产线和光电分级的生产线等。

我国与世界主产柑橘发达国家，甚至有的发展中国家相比，果实商品化处理起步晚，果品的处理率不高，不足25%，且先进的设备和蜡液主要靠进口。从20世纪80年代后期开始技术和设备的引进和开发利用，进入21世纪后，浙江、湖南、湖北、广东、福建、江西、广西、四川和重庆等省、自治区、直辖市柑橘产区，纷纷引进先进技术和设备，大力开发、推广，有力促进了我国柑橘商品化处理技术的提高，使鲜销柑橘商品化处理得到了较快的发展。

三峡库区，柑橘果实商品化处理也从无到有，处理果品也逐年增加，近2～3年鲜销果的处理率已达到50%以上。

(二)作　用

柑橘果实的商品化处理是提高果品竞争力和果品价值的重要手段。随着社会的进步，人们生活水平的不断提高，消费者重视果品的安全、营养、保健、口感的同时，也对外观质量提出了高的要求，果实通过商品化处理，可大大提高果实的外观质量和品质，提高果品的商品价值，提高竞争力，从而较大幅度地增加效益。

柑橘的商品化处理要进行果实清洗。柑橘果实生长期较长，短者5～6个月(特早熟温州蜜柑)，长者13个月(夏橙)，在果园容易受尘埃、农药、化肥、微生物、病菌等的污染，经过清洗可去除果面上的尘埃、污斑和病菌，洁净果面，降低果实的腐烂率。

柑橘商品化处理要进行果实的打蜡。果实打蜡的主要作用是增强果面的光洁度,减少果实的水分损失,降低果实的腐烂率和保持果实的品质。柑橘果实打蜡后,果面光滑亮丽,色泽鲜艳;蜡液在果面上形成膜后,能对果皮气孔和皮孔不同程度堵塞,减少空气接触面,降低果面和果肉氧气浓度,隔离病菌等。据中国农业科学院柑橘研究所试验,甜橙打蜡后 45 天与对照相比,失重率降低2~3 个百分点,腐烂率降低 6 个百分点,呼吸强度降低 6.1 CO_2/kg·h,营养物质含量有不同程度的提高,明显减轻了果实皱缩萎蔫,果实外观明显提高。

柑橘的商品化处理要进行果实的分级、贴标和包装。分级可提高果实的整齐度,有利实行按质论价。包装除了对果实装载运输保护外,还有装潢、产品宣传等作用。贴标具品牌宣传、品牌创建作用,也便于消费者的选购。

(三)趋　向

1. 无毒无害　今后消费者对果品的消费,除注重外观、内质外,更会注重果品的安全性,因此,果实商品化处理中所需的清洁剂、蜡液、防腐剂,必须是无毒、无害的。

2. 全果测定　果实内质的非破坏性测定和有害物质测定技术在分级中应用。主要的营养物质(糖、有机酸、维生素等)和有害物质测定技术融合到柑橘采后商品化处理线中,这种先进技术检测通过的果品等级,才能真正体现果品的质量。

3. 自动操作　果实采后商品化处理操作的超低劳动强度和自动化,是先进处理技术的重要方面。随着机械工业和电子计算机技术的发展,果品商品化处理的全机械化和自动控制将成为现实,包括搬运、传送、清洗、烘干、打蜡、检测、分级、容器生产和包装的全过程。

4. 生物技术　生物技术在柑橘果实采后处理中的应用。包括生物(拮抗菌)防腐技术,基因控制防止衰老技术等在果实处理中的应用,对防止果实腐烂,保持新鲜度和品质有重要作用。

(四)分　级

1. 分级标准　柑橘果实分级是为达到既使果实标准化,做到按质论价,又便于包装、贮藏、运输和销售的目的。

柑橘果实分级有按品质分级和大小分级两种。品质分级是根据果实的形状、果面色泽、果面有否机械损伤及病虫害等标准进行的分级,这种分级要求分级人员熟练地掌握分级技术。大小分级是根据国家所规定的果实横径大小进行的分级,分级时可借用分级板或分级机。我国现行的柑橘分级标准,是以果实横径每差5毫米为1级的标准。晚熟柑橘的柑橘鲜果大小分组规定和等级指标列于表11-2,表11-3。

表11-2　柑橘鲜果大小分组规定　(单位:毫米)

品种类型		组别					
		2L	L	M	S	2S	等外果
甜橙类	晚熟脐橙、晚丰橙、春橙	＜95～85	＜85～95	＜80～75	＜75～70	＜70～65	＜65或＞95
	血橙、脐血橙	＜85～80	＜80～85	＜75～70	＜70～65	＜65～55	＜55或＞85
宽皮柑橘类和橘橙类	岩溪皖晚芦(椪柑)、橘橙类等	＜85～75	＜75～70	＜70～65	＜65～60	＜60～55	＜55或＞85
	晚蜜3号等蕉柑类等	＜80～75	＜75～65	＜65～60	＜60～55	＜55～50	＜50或＞80
	晚熟糖橘、年橘、马水橘、紫金春甜橘、明柳甜橘、柳叶橘等	＜70～65	＜65～60	＜60～50	＜50～40	＜40～25	＜25或＞70

续表 11-2

品种类型		组别					
		2L	L	M	S	2S	等外果
高橙等橘柚		＜105～90	＜90～85	＜85～80	＜80～75	＜75～65	＜65 或＞105
柚类		＜185～155	＜155～145	＜145～135	＜135～120	＜120～100	＜100 或＞185

表 11-3 果实等级指标

项目		特等品	一等品	二等品
果形		具有该品种典型特征，果形一致，果蒂青绿完整平齐	具有该品种形状特征，果形较一致，果蒂完整平齐	具有该品种类似特征，无明显畸形，果蒂完整
果面	色泽	具有该品种典型色泽，完全均匀着色	具有该品种典型色泽，75％以上果面均匀着色	具有该品种典型特征，35％以上果面较均匀着色
	缺陷	果皮光滑：无雹伤、日灼、干疤；允许单个果有极轻微油斑、菌迹、药迹等缺陷。但单果斑点不超过 2 个，柚类每个斑点直径≤2.0mm，金柑、南丰蜜橘等小果型品种每个斑点直径≤1.0mm，其他柑橘每个斑点直径≤1.5mm。无水肿、枯水、浮皮果	果皮较光滑；无雹伤；允许单个果有轻微日灼、干疤、油斑、菌迹、药迹等缺陷。但单果斑点不超过 4 个，柚类每个斑点直径≤3.0mm，金柑、南丰蜜橘等小果型品种每个斑点直径≤1.5mm，其他柑橘每个斑点直径≤2.5mm。无水肿、枯水果，允许有极轻微浮皮果	果面较光洁；允许单个果有轻微雹伤、日灼、干疤、油斑、菌迹、药迹等缺陷。单果斑点不超过 6 个，柚类每个斑点直径≤4.0mm，金柑、南丰蜜橘等小果型品种每个斑点直径≤2.0mm，其他柑橘每个斑点直径≤3.0mm。无水肿果，允许有轻微枯水、浮皮果

安全卫生指标应符合表 11-4 的规定。

表 11-4　果实的安全卫生指标　（单位:毫克/千克）

通用名	指标
砷(以 As 计)	≤0.5
铅(以 Pb 计)	≤0.2
汞(以 Hg 计)	≤0.01
甲基硫菌灵	≤10.0
毒死蜱	≤1.0
杀扑磷	≤2.0
氯氟氰菊酯	≤0.2
氯氰菊酯	≤2.0
溴氰菊酯	≤0.1
氰戊菊酯	≤2.0
敌敌畏	≤0.2
乐　果	≤2.0
喹硫磷	≤0.5
除虫脲	≤1.0
辛硫磷	≤0.05
抗蚜威	≤0.5

注:禁止使用的农药在柑橘果实不得检出。

2. 手工分级和机械分级

(1)分组板　是我国柑橘人工分级的常用工具。有分组(级)板和分组(级)圈两种。使用分组板分级时,将分组板用支架支撑好,在其下面安置果箱,分组人员手拿果实,从小孔至大孔比漏(切勿从大孔至小孔比漏,以保证漏下的果实的等级)。

(2)打蜡分级机　打蜡分级机一般由 6 个部分组成,由中央控制台操作运行,且各部分有完全保护开关。

①提升传送带　由数个辊筒组成的滚动式运输带，将果实传送进入清水池。

②洗涤　由漂洗、清洁剂刷洗和淋洗3个程序完成。漂洗水箱中盛有清水(可加入杀菌剂)，并有一个抽水泵使箱内的水不断循环流动，以利于除去果面部分脏物和混在果实中的枝叶等。水箱上面附设1个传送带，可将经漂洗的果实传到下一个程序。清洁剂刷洗和清水淋洗带，其上方由微型喷洒清洁剂的喷头和1组喷水喷头一前一后地组成，下方是1组毛刷辊筒组成的洗刷传送带。果实到达后，果面即被涂上清洁剂，经毛刷洗刷去污，接着传送到喷水头下进行淋洗，去除果面的脏污和清洁剂。经清洗过的果实传送到打蜡抛光带。

③打蜡抛光带　该工段由1排泡沫辊筒和1排特制的外包马鬃的铝筒制成的打蜡刷组成。经过清洗的果实，先经过泡沫辊筒擦干，减少果面的水渍，再进入打蜡工段。经过上方的喷蜡嘴喷上蜡液或杀菌剂等，再经过蜡毛刷旋转抛打，被均匀地涂上一层蜡液。打过蜡的果实，进入烘干箱。

④烘干箱　燃烧柴油产生50℃～60℃的热空气，由鼓风机送到烘干箱内，使通过烘干箱的果实表面蜡液干燥，形成光洁透亮的蜡膜。

⑤选果台　这是由数个传送辊筒组成的1个平台。经过打蜡的果实，由传送带送到平台上，不断地翻滚，由人工剔除劣果后，合格的果实即进入自动分组带。

⑥分级装箱　可按6个等级进行大小分级。等级的大小通过调节辊筒距离来控制。果实在上面传运滚动时，由小到大地筛选出等级不同的果实，选出的果实自动滚入果箱。

工艺流程：

原料→漂洗→清洁剂洗刷→清水淋洗→擦洗(干)→涂蜡(或喷涂杀菌剂)→抛光→烘干→选果→分级→装箱→封箱→成品

现代化的柑橘分级包装场，由多条（台）包装线（机）联合作业。例如，日本清水市有一个18条线的大型分级包装场，能根据果实的大小、色泽和糖度，准确进行分级。其自动化程度高，处理量大，但管理人员很少。

（五）包　装

柑橘果实进行包装，是为了使其运输过程中不受机械损伤，保持新鲜，并避免散落和损失。果实包装，还可以减弱果实的呼吸强度，减少果实的水分蒸发，降低自然失重损耗；减少果实之间的病菌传播机会和果实与果实间、果实与果箱间因摩擦而造成的损伤。果实经过包装后，特别是经过礼品性包装后，还可以增加对消费者的吸引力而扩大销路。

为了开展柑橘果实的包装，宜在邻近柑橘产区、交通方便、地势开阔、干燥、无污染源的地方建立包装场（厂）。场（厂）的规模视产区柑橘产量的多少而定。

我国现行的柑橘包装分外销果包装和内销果包装。

1. 外销果的包装

(1)包装器材的准备

①包果纸　要求质地细，清洁柔软，薄而半透明，具适当的韧性、防潮和透气性能，干燥无异味。尺寸大小应以包裹全果不致松散脱出为度。

②垫箱纸　果箱内部衬垫用，质量规格与包果纸基本相同，其大小应以将整个果箱内部衬搭齐平为度。

③果箱　要求原料质量轻，容量标准统一，不易破碎变形，外观整齐，无毒，无异味，能通风透气。目前，多用轻便美观、便于起卸和空箱处理的纸箱。现使用的纸箱为高长方形，多用于港澳和欧、美市场，其内径规格为470毫米×227毫米×270毫米。见图11-1。近来进出口柑橘采用双层套箱更为先进。

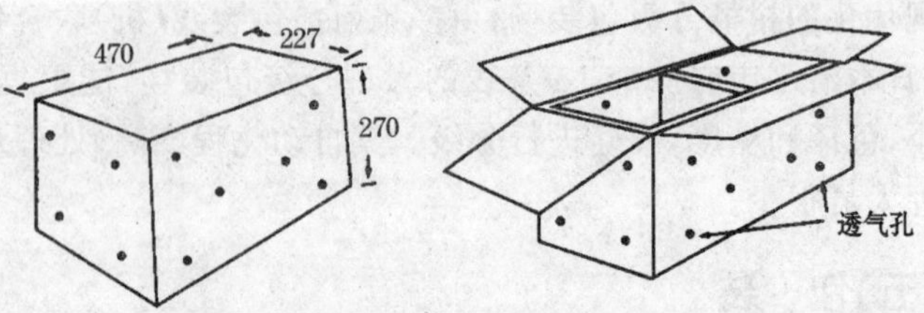

图 11-1　包装纸箱示意图　（单位:毫米）

(2)包装的技术

①包纸或包薄膜　每个果实包 1 张纸,交头裹紧,甜橙、宽皮柑橘的包装交头处在蒂部或顶部(脐部),柠檬交头处在腰部。装箱时包果纸交头处应全部向下。

柑橘果实包纸,可起到多种作用:一是隔离作用,可使果实互相隔开,防止病害的传染。二是缓冲作用,减少果实与果箱间,果实与果实间,因运输途中的震动所引起的冲撞和摩擦。三是抑制果实的呼吸作用,包纸使果实周围和果箱内二氧化碳浓度增加,从而抑制了果实的呼吸作用,使果实的耐贮运性增加。四是抑制果实的水分蒸发,减少自然失重损耗,使果实保持良好的新鲜度。五是美化柑橘商品。六是包纸还可将果实散发出的芳香油保存,对病菌的发生起一定的抑制作用。

②装箱　果实包好后,随即装入果箱,每个果箱只能装同一品种、同一级别的果实。外销果须按规定的个数装箱,内销可采用定重包装法(篓装 25 千克,标准大箱装 16.5 千克)。装箱时应按规定排列,底层果蒂一律向上,上层果蒂一律向下,果型长的品种如柠檬、锦橙、纽荷尔脐橙可横放,底层要首先摆均匀,以后各层注意大小、高矮搭配,以果箱装平为度。出口果箱在装箱前要先垫好箱纸,两端各留半截纸作为盖纸,装果后折盖在果实上面。果实装好后,应分组堆放,并要注意保护果箱防止受潮、虫蛀、鼠咬。

③成件　出口果箱的成件一般有下列几道工序：一是打印。在果箱盖板上将印有中外文的品名、组别、个数、毛重、净重等项的空白处印上统一规定的数字和包装日期及厂号。打印一定要清晰、端正、完整、无错、不掉色。二是封钉。纸箱的封箱，要求挡板在上，条板在下，用硅酸钠黏合或用铁钉封钉。封口处用免水胶纸或牛皮纸条涂胶加封。用硅酸钠黏合后，上面须用重物压半小时以上，使之黏合紧密。

2. 内销果的包装

(1)包装器材的准备　内销柑橘果实的包装也同样应着眼于减少损耗，保持新鲜，外形美观，提高商品率。因此，应本着坚固、适用、经济美观的原则，根据下述条件选择包装器材。一是坚固，不易破碎，不易变形，可层叠装载舟车。二是原料轻，无不良气味，通风透气。三是光滑，不会擦伤或刺伤果实。四是价格低廉，货源充足方便。

(2)包装的技术　内销果可用纸箱包装，成件方法与出口果箱相同。箱外标记：标明品名、等级、毛重、净重、包装日期和产地等，字迹清晰、完整、无错。

3. 新奇士(SunKist)柑橘包装生产线简介　美国新奇士公司的新奇士(SunKist)是国际知名的商标，其柑橘的包装厂，分布全球 60 多个国家。现简介其柑橘包装生产的操作流程。

(1)下果及涌动控制　运至包装厂的果实用倾倒机传送到包装线。为防水可能引起果实污染而采用涌动技术稳定传送果实。

(2)去除杂物、大小预选、预分级　一是通过在平行排列的滚筒上滚动完成果实的去杂。二是果实大小预选是将不宜鲜销的过小果实由传送带选出他用(如加工果汁)。三是预分级按果实大小预选剔除腐烂果、裂果、过大果和去除果梗，以防止果实腐烂和果汁酸污染。

(3)洗果　果实通过湿润的毛刷，用皂液或洗涤液(碳酸氢钠、邻苯酚)滴到果实上去除污物、霉菌和化学残留等。

(4)分级 分级在果实清洗后立即进行,是大小分选的最后一道工序。系根据果实色泽、瑕疵大小分成均匀的等级,将不符合分级标准的果实用于加工。

分级方式有:人工在传送带上分级和电子分级等。新奇士的电子分级机用的光源应为冷白商店光源,分级速度为 1 分钟 30 个。

(5)上色 上色在柑橘采后处理过程中是可选项,仅用于早熟甜橙。可以选用橘红 2 号染料(Cirrus Red NO. 2)在 48.9℃染液中浸泡 4 分钟,然后用清水冲洗,以防染料透过蜡液渗色,并保证染料的残留量在 2 毫克/千克以内。美国果实上色,主要在佛罗里达州,加利福尼亚州阳光充足,果实色泽好,无须上色。

(6)打蜡 鉴于果实天然的蜡在清洗时被去除(减少),打蜡起代替天然蜡,减少果实失重,作为杀菌剂的载体和使果实表面色泽鲜亮的作用。果蜡有两种,一种是溶剂蜡(因有易燃和使用前果实必须烘干的缺点而已很少用),另一种是水乳化蜡。

(7)贴标 通常在果实打蜡(水乳化蜡)使用后或溶剂蜡使用前进行。贴标有油墨贴标和标签贴标两种,使用由 Sinchair 公司生产的贴纸机自动贴标。其上标有品种名称、公司名称、代码及出产地。

新奇士柑橘果实上均有一种称为 PLU(Price-Look-Up)Code 的贴纸,输入这个代码,即可知价格、重量等。柑橘的代码很多,如 3107 指中等大小(66～84 毫米)脐橙,1 箱 88/72 个。3108 指中等大小(66～84 毫米)夏橙,1 箱 88/72 个。3110 指卡拉卡拉(红肉)脐橙。

(8)杀菌剂 柑橘果实采后质量控制中,常会使用杀菌剂,主要有以下几种。

①碳酸氢钠(小苏打) 浓度 3%,温度 40.6℃,pH 值 10.5,

果实进包装厂时用于洗涤和杀菌。

②Agclor(美国仙农有限公司出产,含次氯酸钠12.5%)　用于减少病菌污染和果实腐烂。使用浓度200毫克/千克。

③赤霉素　使用浓度100毫克/千克。

④噻菌灵(TBZ)　在果实清洗和除水后使用,浓度3 500毫克/千克。

⑤抑霉唑(Imazalil)　使用浓度2 000毫克/千克。

⑥Sopp(邻苯酚、邻苯基苯酚)或邻苯酚钠(Sodiam o-phenylpheniate,sopp)　可代替洗涤剂。

⑦苯菌特(Benomyi)和联苯(DipHenyl)　噻菌灵、抑霉唑、邻苯酚钠和苯菌特可与水乳化蜡混合使用。

(8)大小分选　有人工、有机械,专门分选的工人6人,每天工作10小时,每小时处理果实70箱(2 000个/箱)。

(9)包装　大多数果实包装处理后用24.7千克的纸箱或标准网袋包装。但对礼品果,包装则五花八门。果实装箱均实现自动化,所用的设备是新奇士公司和FMC公司。包装成本,40磅/箱的柑橘,美国国内销价9.94美元,其中种植者占2美元,采摘、运输占1.15美元,包装厂占4美元,新奇士公司占0.75美元。外销果离口岸价约12美元/箱。

(10)果实装箱后的处理　果实装箱后置于托盘上装载与远洋运输。箱上标明:果实大小、等级、果数、品种名称等。果实运输:美国国内采用冷藏车运输、出口,如到日本,果实先用冷藏车运至码头,再转4层轮船运往日本。运输甜橙,温度0℃～1.1℃的下货架寿命最长,短期贮运的适宜温度为10℃,柠檬最适的保存温度为5℃～5.5℃。运贮的相对湿度应保持90%。运贮过程中应有通风条件,以防二氧化碳和乙烯增多,不利运贮。

四、晚熟柑橘的贮藏保鲜

(一)采后贮藏保鲜

柑橘的贮藏保鲜,是通过人为的技术措施,使采摘后的果实或挂树已成熟的果实,延缓衰老,并尽可能地保持其品种固有的品质(外观和内质)。晚熟柑橘多数采后即销,作采后贮藏的可用各种贮藏所,如简易库房、地下库、地窖等贮藏,方法同柑橘贮藏,此略。有的晚熟品种在春季4～5月份,甚至更晚采收,采后又不可能马上销完,则采取冷库贮藏。冷库贮藏是利用有制冷及调节气、温、湿设备的现保鲜方法。贮存时冷库保持8℃左右,相对湿度90%左右,二氧化碳浓度1%以下,氧气浓度17%～19%,并定期进行循环通风。冷库贮藏期3～4个月,长的可达半年,但出库后的货架期短,要尽快销售。

12月底至翌年1月份成熟的中晚熟柑橘品种,为延迟应市可采取留树贮藏至2～4月份甚至更晚。

(二)留树保鲜技术

留(挂)树贮藏保鲜,中晚熟柑橘品种留(挂)树贮藏,实施时应注意以下几点:一是防止冬季落果。为防止冬季落果和果实衰老,在果实尚未产生离层前,对植株喷施1～2次浓度为10～20毫克/千克的赤霉素,间隔20～30天再喷1次。二是加强肥水管理。在9月下旬至10月下旬施有机肥,以供保果和促进花芽分化。若冬季较干旱,应注意灌水,只要肥水管理跟得上,就不会影响柑橘翌年的产量。三是掌握挂(留)果期限。应在果实品质下降前采收完毕。四是防止果实受冻。冬季气温0℃以下的地区,通常不宜进行果实的留(挂)树贮藏。五是避免连续进行。一般留(挂)树贮藏

2～3 年,间歇(不留树贮藏)1 年为好。

(三)不同品种留(挂)树贮藏保鲜

1. 锦橙 中国农业科学院柑橘研究所沈兆敏等以三峡库区的主栽品种锦橙为试材,用赤霉素(GA)、2,4-D 等药剂喷施果实做留树保鲜试验。GA 的浓度分别为:15、30、45 毫克/千克,加喷 2,4-D 溶液的浓度为 50 毫克/千克,加 1 000 倍黏着剂。试验的结果:一是 9 月下旬当果面色泽由深绿转淡绿时第一次喷施 15、30 毫克/千克 GA 和 50 毫克/千克 2,4-D;10 月下旬喷施第二次或 11 月下旬再喷第三次,可使果实成熟推迟 1 个月,留树至翌年 1 月下旬采收,稳果率达 95%。效果以喷 2 次的最佳,3 次的其次,1 次的不够理想。二是只要加强肥水管理,不会影响翌年产量。第一、第二、第三年留树保鲜平均产量 45.78 千克、39.03 千克、31.08 千克;对照分别为 44.00 千克、28.00 千克、25.90 千克,处理与对照差异不显著,表明留树保鲜对翌年产量无影响。

在开县盛山园艺场,张明万以 15 年生红橘砧锦橙为试材,做留树保鲜的结果如下:

一是在锦橙果实色泽由深绿变为浅绿期间(10 月下旬至 11 月上旬)喷施浓度为 20 毫克/千克的 2,4-D 液可有效防止采前落果与减少采后落叶;在 1 月初、2 月初各喷施 1 次 2,4-D 可使留树果实安全越冬,在果实留树期间施磷、钾肥,可提高稳果率。喷施浓度为 200 毫克/千克 2,4-D+每株土施草木灰 2.5 千克的稳果率达 95.6%,单独土施草木灰的稳果率 69.7%,对照稳果率 59.5%。

二是锦橙果实延至翌年 2 月中旬春梢萌动前采收,可使果实色泽变深,风味变甜,质地变为细嫩化渣,果实总糖含量增加,酸含量降低,维生素 C 和果汁含量保持较高水平,内质提高,唯果实留树后果皮增厚,略显粗糙。

三是经3年试验表明，适当加强管理，增施磷、钾肥，果实留树保鲜过冬，对翌年产量无影响。

从锦橙中选出的春橙采取留树保鲜可至翌年3月份。

2. 奉节晚橙 红橘砧奉节脐橙成年结果树，在地处中亚热带的重庆奉节脐橙产区进行留树保鲜，在冬春季清园，喷石硫合剂、甲基硫菌灵做好病虫害防治，减少病虫源和施越冬肥的基础上，于11月上旬喷施浓度为20毫克/千克2,4-D+0.25%磷酸二氢钾混合液；12月上旬喷施浓度为30毫克/千克2,4-D+0.3%磷酸二氢钾混合液；翌年1月中旬喷施浓度为30毫克/千克2,4-D+0.3%磷酸二氢钾混合液；2月中旬喷施0.3%磷酸二氢钾溶液。取得如下结果：一是平均稳果率90%以上。二是留贮植株的生长势，春、秋梢坐果率与对照无差异，对翌年生长结果并无影响。

3. 塔罗科血橙 沈兆敏等在三峡库区万州北京汇源公司围灯柑橘示范园对由夏橙(基砧为卡里佐橙)高换的塔罗科血橙进行留树保鲜。具体做法是：喷布2,4-D加磷酸二氢钾混合液：第一次10月底喷浓度为20毫克/千克2,4-D+0.3%磷酸二氢钾混合液，第二次11月下旬喷浓度为30毫克/千克2,4-D+0.3%磷酸二氢钾，第三次12月下旬，再喷1次浓度为40毫克/千克2,4-D溶液，重点喷果实的果蒂部位。果实2月底采收，低温造成的落果率为3%以下，而不喷药的对照落果率高达34.3%。果实品质：翌年1月初采收的可溶性固形物11.1%，酸1.0%；2月底采收的可溶性固形物增加至12.4%，酸下降至0.6%。

第十二章　晚熟柑橘加工及综合利用技术

我国的晚熟柑橘主要用于鲜销，但甜橙中的夏橙既适鲜食，又可加工橙汁，是今后大力发展橙汁加工业的重要原料。通常橙汁加工要求 1 年有 7 个月的加工期，夏橙在早中晚熟品种中，作为晚熟柑橘品种原料可从 4 月份供应到 6 月份，约有 3 个月的供应期。

随着柑橘产量的增加，我国的橙汁、橙汁饮料业会加速发展，柑橘加工业的综合利用也会加快。本章主要介绍：橙汁加工设备，橙汁加工技术，橙汁和橙汁饮料加工技术，粒粒橙（柑橘囊胞）果汁、金橘饼，以及变废为宝综合利用开发香精油、膳食纤维、橙皮苷和饲料等的技术。同时也简介了橙汁的质量检验。

一、橙汁的加工设备

1. 贮果池　供果实原料卸车的单个果池，不宜过大、过深，卸果距果池距离<1.5 米，单个容积 25～30 米^3 为佳，也可采用专用贮果箱，减轻果实挤压。

2. 输果提升机　常采用斜式提升机或斗式提升机将果实输送到柑橘贮果仓。

3. 贮果仓　贮果仓安装料位控制器，容积 10 米^3，生产时，做原料缓冲，保证生产连续。

4. 刷果机　采用滚动毛刷，刷果机顶部安装喷淋嘴。果实进入刷果机，毛刷轻动，另一方面刷去果面泥沙、灰尘等污渍，一方面将果实向前输送。毛刷转动的同时，刷果机顶部通过喷淋嘴喷水冲洗果实。

5. 捡果台 采用滚筒式输送,不锈钢滚轮,果实均匀在滚筒上转动,人工挑选出腐烂果、破烂果等不合格果及杂物。

6. 分级机 采用带轴式分级机或滚筒式分级。带轴式分级机,滚筒转动,调节滚道间距离,实现果实分级;果实由塑料带向前运输。滚动式分级在滚动圆筒上有不同尺寸的孔,每级孔径逐级增加,滚筒转动实现分级。

7. 榨汁机 柑橘榨汁机常采用以下几种类型。

(1)锥形榨汁机 利用回转的锥形挤压器榨取对半横剖的柑橘果实的果汁。

(2)刺辊榨汁机 柑橘经剖果辊切成两半,而后进入一个相对转动而转速不同的刺辊间受到挤压,果汁经刺辊下方的固定筛而出,皮渣经筛面由分离辊排出机外。

(3)控制式榨汁机 控制式榨汁机如FMC榨汁机。每台榨汁机有5~8个榨汁器,每个榨汁器由上、下两部分组成,上部有网眼的环形管;下部为一多孔的过滤器,其上端管口为一管形刀。柑橘由喂料器进入榨汁器,被上方的杯形罩压向下方的管形刀口上,柑橘基部即被切去一小块而成一小孔。柑橘受到杯形罩挤压时,果汁、种子和果肉通过这一小孔进入滤管中。最后,由滤管中升起的活塞压出果汁,并在滤管基部排出榨渣。

(4)布朗榨汁机 布朗榨汁机具有一组橡胶榨汁器,每一个榨汁器由上、下两部分组成,上部为一橡胶杯罩,回转在同一水平面上,下部由一锥形橡胶榨汁器,固定在同一步携带器上,回转于一倾斜面上。果实首先被横切成两半,两个半果分别来往机器的两端,进入橡胶杯罩中,经下方的锥形榨汁器压后榨出果汁,聚集于机中,并送往过滤机组,果皮进入下脚输送器而排出机外。

8. 果汁螺旋精制机 螺旋精制机的中心横装一个迅速转动的螺旋柱,在其外由一加强并具有网眼的过滤圆筒包围着。果汁进入转动的螺旋柱将其向末端推进。在推进中果汁通过滤筒的网眼流出，通不过网眼的固形物，由螺旋柱推向末端环形出口排出。

9. 灭菌机　采用高温短时杀菌设备。高温短时杀菌机有板式或管式交换器，用蒸汽加温。可将果汁迅速加热到98℃，又迅速冷却至常温，实现对果汁灭酶、杀菌。

10. 精分离机　果汁精分离常采用蝶片式分离机，以高速离心分离去除果汁中过多的细果肉。

11. 果汁脱苦脱酸系统　采用特制的不锈钢罐，选用专用的脱苦树脂、脱酸树脂，果汁分别通过脱苦树脂、脱酸树脂实现果汁脱苦脱酸。脱苦树脂吸附果汁苦味物质，脱酸树脂吸附果汁的果酸，以改善、提高果汁的品质、口感。

12. 浓缩　果汁浓缩有冷(冰)冻浓缩、低温真空浓缩、高速高温浓缩、反渗透浓缩等。目前，较多的加工厂采用TASTE蒸发器(Thermally Accelerated shorf－time Evaporator)实现高温短时蒸发，是一种新型高温短时蒸发器，果汁在此蒸发器中停留的时间非常短，生产量又快又大，果汁无焦煳状，能有效保持果汁营养及品质。

13. 无菌灌装机　无菌灌装机由灭菌机和无菌灌机组成。果汁、果肉通过灭菌机，迅速将果汁、果肉加热到杀菌温度，并在灭菌机流动至果汁、果肉灭菌时间，然后迅速将果汁、果肉冷却至常温，再通过无菌灌机的灌装头，利用蒸汽对无菌袋口灭菌，拔出无菌袋盖，将灭菌、冷却的果汁、果肉灌装于无菌袋里，最后盖上无菌袋盖。

14. 油精制机　油精制机的工作原理同果汁螺旋精制机。将油水混合粗皮、破渣分离掉，得到较均匀的油水混合物。

15. 粗油分离机　经蝶片式高速旋转，将精制后的油水混合物分离出含油50％～70％的高含油乳液。

16. 油精分离机　油精分离机的工作原理同粗油分离机。可将含油50%～70%的高含油乳液进一步分离为澄清透明的精油，纯度可达99.8%。

二、橙汁的加工技术

目前，全球柑橘加工产品的85%左右是甜橙为原料制成的橙汁，也最受消费者欢迎。橙汁有原汁、浓缩汁、NFC(非浓缩)汁等。

(一)原橙汁

原橙汁生产的工艺流程是：

原料采收、装运→原料卸载→检选→贮存→洗果→分级→榨汁→精制分离→调配→脱气→巴氏杀菌→果汁灌装→密封冷却→装箱→成品

通常采用去皮压榨、锥汁压榨和全果压榨等方法。

1. 原料选采运

(1)原料要求 原料的质量直接影响果汁品质。加工橙汁的果实应具有：

①原料果应新鲜良好，果汁色泽稳定。

②原料果成熟适度，多汁、香味良好。

③果汁糖含量、出汁率高，酸度适度。加工NFC(非浓缩)汁的甜橙、红橘的果汁可溶性固形物≥10°Brix，固酸比≥13。

④果汁α-宁烯等苦味物质含量少。

⑤原料果无异味，无病虫害和机械伤所引起的腐烂现象。

(2)原料果采收 原料果的采收，是柑橘果汁加工的最初一环，采收期对果汁的产量和品质有着密切的关系，只有适时采收，才能获得良好的果汁品质。

采收是季节性很强的工作，必须及时完成才能得到良好的效果，否则就会造成不应有的损失。果实采收前，深入果园调查研

究，制定出合理的采收计划。

(3)原料果装运 原料果采收后直至运到工厂进行加工前，中间的处理和经过是否合理常会明显影响加工果汁的质量和经济效益。在此期间尽量设法减少原料果的损伤和污染，避免引起大量腐烂和质量败坏。运输加工果，常直接采用汽车装运。装加工果的车辆需清洁、卫生，禁止运输泥沙、水泥、石灰、煤等受污染未经清洗、消毒的车辆装运柑橘加工果。车辆装运加工果宜适度，通常装甜橙的高度不超过 1.3 米。

2. 原料果的挑选 在采收、贮运过程中，受到机械伤而未及时加工，常易引起柑橘腐烂。腐烂果进入果汁，将严重影响果汁品质，增加果汁的苦涩味，同时影响果汁灭菌效果。因此，原料果应进入选果台，人工挑选，剔除严重机械损伤果、腐烂果、全青果、病虫危害等不合格果实。

3. 原料果短期贮存 原料果采下后作为加工原料，由采购到加工之间的时间愈短愈好，最好不超过 24～48 小时，气温愈高则时间停留宜越短。为了延长加工季节，保证产品质量，原料果进厂之前，需要有一定数量的原料果贮存待用。这种贮存一般时间比较短，但也要注意原料的安全。贮存的地点应选阴凉、通风，不要靠近热源。装箱堆码要利于空气流通，并在贮存之前设法使原料果降温散热。

原料果贮存常采用冷藏、气调贮藏、减压贮藏。

4. 原料果的清洗 夏橙在生长成熟期间及从采后的贮运中，受到自然环境的污染，病虫害的传播，农药的残留和杂质的混入，容器的不清洁，微生物的繁殖，都会危害加工产品的质量。加工前，必须对原料果进行清洗。常采用喷淋式滚动刷洗方式清洗，以清洗果面泥沙、灰尘等污物，保证原料果表面洁净。

5. 原料果分级 原料果进入榨汁机前，需进行分级，以适应榨汁机榨杯的尺寸，有利于提高果实的出汁率、出油率。

6. 榨汁 榨汁设备较多，最早的用具主要是人工操作，而后由半机械到全机械生产。红橘早期取汁，由人工剥去橘皮，利用打浆机打浆取汁。

随着生产的发展，大规模生产都采用完全自动化的榨汁机，如FMC榨汁机、布朗(Brown)榨汁机，能将果汁与果皮完全隔离，大大减少与空气接触的机会，果汁不易受到污染，对果汁的质量有更好的保护作用。

果实经FMC榨汁机压榨，将果实分离出果汁、果皮、果核和皮渣、油水混合物4部分，然后采用不同的加工方式制得不同的产品。

7. 橙汁精制分离 原料果初次压出的果汁中含有较粗的渣质碎肉、不成熟的种子、破碎的种子、碎皮渣。这些碎物影响果汁品质，需经分离器除去，再经螺旋型精制机制得果汁、果肉。

8. 调配 调配的目的是：一是调整果实的糖酸比、色泽、香气等。虽然这在果实榨汁前可以根据其检验结果把不同品种特性和品质的果实混合搭配，再行榨汁，但是在某些情况下难以做到，而在榨汁精制后调配却较易于进行。调配后的果汁即为混合果汁。在美国，常在色泽较浅的哈姆林橙汁中加入色泽较深的伏令夏橙汁。宽皮橘汁色泽较深，也可掺入色泽浅的橙汁中去，但宽皮橘汁不耐贮存，时间久了易变风味，因而在混合汁中宽皮橘汁不宜超过10%。二是根据成品果汁的特殊需要投放添加剂，如糖、酸、香精、增稠剂、营养物质和防腐剂等。调配一般都在带搅拌器的搅拌桶中进行，并且一定要搅拌均匀。

9. 脱气 果实组织中含有较多的空气，在加工过程中又有空气混入果汁。空气中的氧破坏维生素、色素和香气，尤其是在加热杀菌和贮藏的过程中会造成更大的损失。因此，果汁在杀菌之前，要尽可能排除果汁中的氧气。脱气即脱氧。脱气有真空法、氮气交换法、酶法和抗氧化法，其中最方便而常用的是真空法。真空法是在真空度为90帕斯卡，652～93帕斯卡，325帕斯卡(680～700

毫米汞柱)的真空室中，使果汁呈薄膜状或细雾状流入，由于减压，溶于果汁中的空气不断逸出，以达到脱气的目的。

在脱气的同时，也可起到脱油的作用。果汁中，精油含量不宜超过0.035%。若精油含量过多，一些α-宁烯因受酸的作用而转化为4-桉树脑，在贮存过程中使果汁变味。

10. 杀菌　一般在70℃以上，即可杀死果汁中的腐败菌。但还应考虑其他因素，例如果胶的存在容易造成果汁的浊度损失，引起分层，因此可结合杀菌使果胶酶失去活性。果胶酶失去活性的温度，因品种而异，一般高达85℃～99℃。另一方面，柑橘汁对热敏感，较长时间的高温处理不仅造成果汁中的维生素C损失，而且使其香气和风味变差。因此，一般采取高温瞬时法，即所谓的巴氏杀菌法灭菌杀酶，以保持果汁的品质。高温瞬时法的灭菌公式是30～60秒钟/90℃～95℃。热效率高的板式或管式灭菌器是实现这一目标的最佳选择。

近来，日本以及其他一些国家的学者研究采用高压法杀灭微生物，同热杀菌相比，这种处理的优点在于对果汁的成分、色、香、味几乎没有破坏。但缺点是不能同时使酶完全钝化。当采用3 000～4 000大气压灭菌10分钟后，果汁能在常温下保存，能达到商业上无菌的目的。当升压到6 000个大气压灭菌，果汁中无残留细菌孢子。如能适当升温加压灭菌，效果会更好。例如，温州蜜柑汁用45℃、4 000个大气压灭菌效果最好。当温州蜜柑汁用6 000个大气压处理10分钟，酶活性残存34.7%，因此高压灭菌很难使酶失活。高压灭菌的果汁(4 000大气压，10分钟)在室温下保存，随时间延长，果汁上层浑浊性逐渐变差，果汁中果胶的甲酯化度下降，这反映了加压处理果汁中残存的果胶酯酶在起作用。这是高压灭菌新技术尚需解决的一个问题。

11. 装罐　灭菌后的果汁，应尽快冷却装罐。过去是趁热装入铁罐后快速冷却到40℃，即热装罐。目前都采用无菌包装法，即利用板式换热器把杀菌后的果汁速冷至40℃以下，在无菌条件下立即灌入经消毒的包装容器中，直接运销市场，或放入冷库临时贮藏。不加防腐剂的甜橙原汁，无菌装罐后在冷藏条件下运销市场，保存期只有半个月左右，但很受消费者欢迎，不过这要求很高的杀菌灌装卫生条件和冷链运销。

(二)浓缩汁

浓缩汁的一般工艺流程是：

原料→贮存→洗净→选果→榨汁→离心→脱气、瞬间杀菌→浓缩→冷却(4℃～5℃)→冷冻(－8℃～－4℃)→装填→≤－18℃冷冻贮藏

浓缩汁生产工艺与原果汁(纯果汁)不同之处是必须使果浆含量尽可能的少。因为果浆含量多，不仅使高黏度果汁浓缩效率降低，而且易引起焦化等现象。再者生产浓缩汁，还要在瞬时杀菌以后进行浓缩。

果汁浓缩后可大大降低包装、运输和贮藏成本，方便销售和消费，但果汁浓缩过程中会损失糖、酸、维生素、香气和色泽，使浓缩汁加水稀释复原后与原汁品质有异。因此，浓缩过程中应尽可能减少果汁中有效成分的损失。为保持浓缩汁稀释后的品质，随着科学技术的发展，改变过去沿用开口锅加热蒸发果汁水分的落后方法，采用冰(冷)冻浓缩、真空浓缩和膜浓缩，简介如下。

1. 冰冻浓缩 在低温条件下，由于果汁中的水分比内含物的冰点高得多，率先凝结成冰粒，被分离排出，剩下的即成浓缩物。这样，就能很好地保存原汁中的营养、香气和风味物质。缺点是果汁中分离出来的冰粒不可避免地要黏附一些果汁内含物，导致一些损失，浓缩程度有限，一般最高达到50波美度，能耗较高，投资较大，因此，成本相应较高。这些有待技术改进和完善。

冰冻浓缩主要由结晶和分离两个步骤构成。结晶又分直接冷

却结晶和间接冷却结晶两种，其区别仅在于冷却器是否直接与被浓缩物接触。无论哪种方式都要注意促进冰粒的形成和生长，既要使冰粒在循环冷却中生长，又要及时排出已长大的冰粒。通常冰粒可长到直径15～30厘米。最好是采用多级冷却结晶。即将结晶了1次的浓缩汁送入高1级浓度的结晶室，使其浓度不断提高。尽管在高浓度下冰晶生长要慢一些，但总的说来，多级结晶率比单级结晶率要高，效果要好。冰粒可用除晶机、离心机或柱清洗机排出。有一种Grence柱清洗机可使排出的冰粒中的可溶性固形物含量不超过10毫克/千克，生产能力可达到每小时排冰粒10吨。

2. 真空浓缩　真空浓缩是利用压力降低时，果汁沸点也相应降低，使所含水分蒸发加快的原理。也就是说，在减压的条件下，40℃～60℃时，可迅速蒸发掉果汁中的水分。这样的短时低热基本上不会损失果汁的有效成分。唯一的弊端是果汁中易挥发的香气成分，很易同水分一起蒸发掉，因此高档的蒸发器一般都带有香气回收装置，把回收到的水溶性香精油，重新加入终端浓缩产品中去，从而解决了此弊端。真空浓缩设备的种类很多，老式的有夹套式、排管式和旋管式真空浓缩锅，这类设备的热效率低，新式的有强制循环式、降膜式、升级式、搅拌式、刮板式和离心薄膜式蒸发器，这类设备热效率高。

3. 膜浓缩　这是近40年才发展起来的一种新技术，其原理是利用高压泵产生的压力（一般为490×10^4帕斯卡～981×10^4帕斯卡或50～100千克/厘米^2），迫使果汁中的水分渗透过半透膜而被排除。这种膜一般只能透过小分子量化合物，如水分子。一般来说，这项技术无须加热，能耗低，产品质量高，能保证新鲜果汁的色、香、味和营养物质截留在浓缩汁中，已开始在生产上应用。

（三）NFC（非浓缩）汁

NFC汁的加工工艺流程绝大部分与原汁相似，其工艺流程：

原料→榨汁→精滤→冷却→热交换(机)→预热→脱气→热处理→冷却→无菌贮藏→无菌灌装→NFC汁

NFC橙汁是品质更优的橙汁,对原料的要求较高。且生产的无果浆等冷凉橙汁直接送入无菌的贮藏系统中,也可以在小的无菌包装和运输容器,如10吨果汁容器中。罐装前容器被清洗和杀菌,果汁经脱气、热处理和冷却,然后导入无菌罐中。热处理程度与果胶酯酶的活性及微生物的稳定性有关,要求完全钝化果胶酯酶,以防产品发生澄清现象。典型的处理方法为90℃~96℃、5~15秒钟。橙汁加入容器后,要求完全密封,且处于良好的保管之中。

为使NFC橙汁具有天然汁的口感,保持其良好的理化和微生物品质至关重要。因此,脱气不能用化学药品,产品需严格保存在低温下,NFC汁的所有生产单元均需严密设计。美国佛罗里达州NFC橙汁的主要指标,见表12-1。

表12-1 美国佛罗里达州橙汁NFC的主要指标

指标	早中熟品种	伏令夏橙
可溶性固形物含量/°Brix	11.0~13.5	11.0~14.0
固酸比	15.0~20.5	13.5~20.5
精油含量/%	<0.035	<0.035
底部果浆含量/%	>12	>12
色泽/(USDA)	>36	>37
风味/(USDA)	>36	>36
缺陷/(USDA)	20	20
感官总分/(USDA)	>92	>93
微生物总量平板计数/(cfu/g)	<1000	<1000
酵母总数/(cfu/g)	<100	<100
霉菌总数/(cfu/g)	<10	<10

(四)三峡库区生产的浓缩汁、NFC汁

三峡库区是我国橙汁生产的重要基地，设在重庆万州的北京汇源重庆三峡果业集团有限公司和设在重庆忠县的重庆三峡建设集团柑橘有限公司分别生产浓缩汁和NFC汁，现简介如下：

浓缩汁、NFC汁及综合利用的工艺流程，见图12-1。

柑橘原料果采运、原料果挑(捡)选、原料果短期贮存、原料果水洗、原料果分级、榨汁和果汁精制分离，与原汁加工工艺流程同，此略。

现将果汁脱气、果汁灭酶、果汁灭菌、果汁精分离、果汁脱苦脱酸、果汁浓缩和果汁包装贮藏等工艺简介于后。

1. 果汁脱气　在果汁的加工中，需除去果汁中的氧，以避免果汁成分的氧化，减少果汁色泽和风味的变化。果汁在脱气过程中，同时能除去果汁中过量的柑橘外皮油，避免外皮油进入果汁产生不良风味。果汁脱气常采用真空法，即果汁在真空状态下分散成薄膜或雾点而脱去氧和其他气体。真空法所取的真空度为685～711毫米汞柱，加热温度51.4℃左右。在此条件下，能除去果汁中的氧气及75%左右的挥发性皮油。

2. 果汁灭酶　加工浓缩果汁，果汁粗分离后，需对果汁灭酶，其作用如下：

(1)钝化果汁中的果胶酶，增加果汁的稳定性，保持果汁浊度。

(2)及时杀灭果汁中的微生物，防止微生物发酵。

果汁灭酶需采用高温短时间的瞬时巴氏杀菌，工业生产中，灭酶温度88℃～90℃，时间30～90秒钟。

3. 果汁灭菌　橙汁对热很敏感，热处理不当对鲜果汁中敏感的香气和风味会被破坏或损失，柑橘果汁的杀菌愈快愈好。工业生产上采用迅速将果汁加热到98℃，果汁在灭菌机中停留30秒钟。果汁在管式热交换器中产生紊流，能迅速地加热果汁而不至

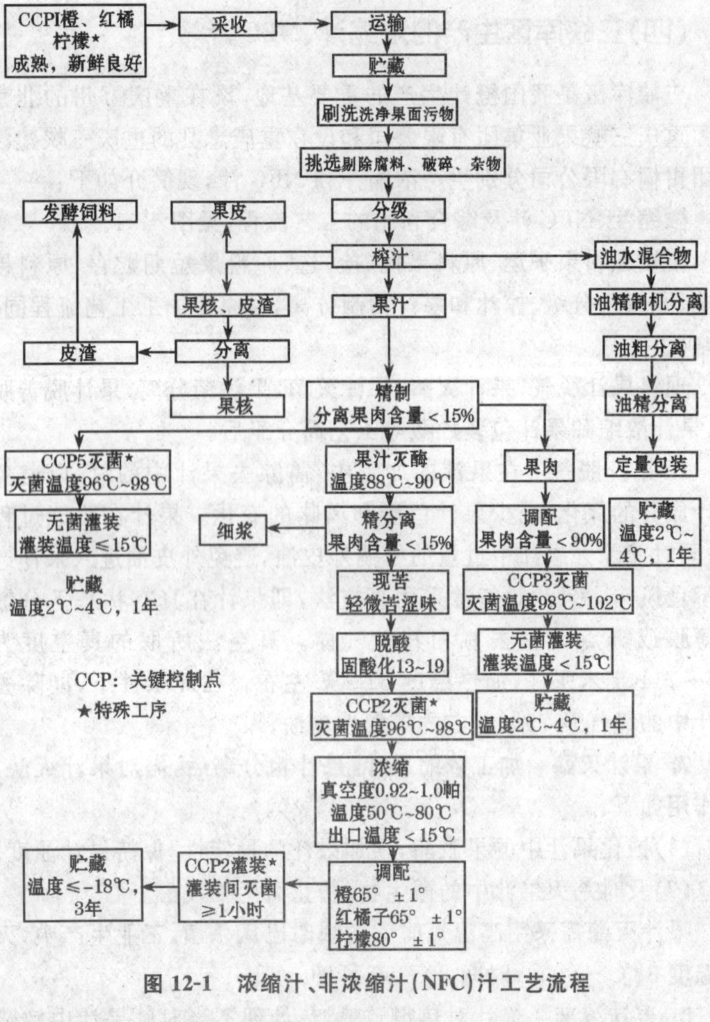

图 12-1 浓缩汁、非浓缩汁(NFC)汁工艺流程

发生局部过度受热，避免部分果汁的烧焦或加热不足现象。柑橘果肉灭菌，需控制果肉与果汁比例，保证果肉能在灭菌管道中流动，使果肉能充分灭菌。生产中，果肉应控制在＜90%。

4. 果汁精分离　果汁精分离，根据果汁的不同用途，调整进入分离机的果汁流量、排渣间隔时间、排渣时间、果汁出口压参数，控制果汁中的果肉含量。

5. 果汁脱苦脱酸　柑橘汁的不同品种加工原料，果汁品质差异较大。果汁在加工过程中受热灭菌，果汁立即变苦。调配成果汁、果汁饮料，消费者难以接受。因此，在加工工艺上，根据果汁的不同用途，需对果汁脱苦脱酸。柑橘汁脱苦脱酸报道的方法较多，在工业化生产中，常采用树脂吸附果汁里的苦味物质及果酸。

一般橙汁固酸比控制为 13～19，柠檬因酸度高，调配果汁饮料，用量少，常不需脱苦脱酸。

6. 果汁浓缩　原汁含水分极多，因而需包装的容器多，在贮存、运输、供应中增加费用，需对原汁进行浓缩。果汁浓缩的方法有冷冻浓缩、低温真空浓缩、高速高温浓缩、反渗浓缩。目前较多的工厂采用高速高温蒸发方式浓缩。果汁在蒸发器中停留的时间非常短，生产量又快又大。果汁通过每级 1 次，时间不到 1 秒钟，通过全程所需的时间约 1 分钟。因加热时间短，可在蒸发器第一级和第二级所采用 93℃～100℃高温杀菌、灭酶、蒸发，以后各级温度逐步降低，最后浓缩果汁出口温度＜15℃。果汁通过第一级蒸发后，通过 1 个减压阀，在低压下（0.92～1.0bar）闪流蒸馏出，各级重复进行，而每次的闪流蒸馏的压力都比上 1 级的低。每小时蒸发量 9 000～36 000 千克。一般橙浓缩汁调配为 65°Brix。

7. 果汁包装贮藏

(1)浓缩汁包装贮藏　浓缩汁常采用大铁桶包装，内垫两层塑料袋定量包装。浓缩汁因糖度较好，贮藏于高温冷库，果汁易产生褐变，并且影响果汁的风味，要求贮藏于－18℃以下的低温冷库里。

(2)NFC(非浓缩)汁包装贮藏　NFC(非浓缩)汁经巴氏灭菌，迅速冷却到所需的灌装温度，通过无菌灌装机，采用无菌袋，进行无菌灌装。一般无菌袋灌装温度<15℃，灌装量一般为200千克。果汁灌装后，于2℃～4℃冷库里贮藏。

三、橙汁、橙汁饮料加工技术

(一)橙汁、橙汁饮料

橙汁、橙汁饮料工艺流程见图12-2。

1. 加工用水 水是果汁、果汁饮料调配的重要原辅料，水质的好坏直接影响成品的质量。工业调配用水，将原水经过滤、软化制得软饮料水作为果汁、果汁饮料调配用水。饮料用水除符合GB 5749以外，还需符合软饮料用水标准的要求。

2. 原辅料 果汁、果汁饮料的主要原料为NFC(非浓缩)汁、浓缩汁，工业生产中，大多数采用浓缩汁。其他原辅料主要有甜味剂、酸味剂、果汁稳定剂、色素、抗氧化剂、香料。随着生产工艺、设备、产品包装的改进，果汁、果汁饮料已不使用防腐剂。调配果汁、果汁饮料的甜味剂常用白砂糖、葡萄糖、果葡糖浆、蜂蜜、甜蜜素、甜味素、甜菊糖苷、安赛蜜；酸味剂常用柠檬酸、苹果酸；果汁稳定剂常用黄原胶、羧甲基纤维素(CMC)；色素常用β-胡萝卜素、柠檬黄、胭脂红；抗氧化剂常用维生素C；香料常用柑橘芳香油分离调制而成的香精。

调配用的原辅料，必须符合相应产品质量标准，添加剂的用量必须符合GB 2760的国家标准。

3. 包装容器 果汁、果汁饮料包装容器较多，常采用玻璃瓶、金属罐、塑料瓶、复合纸盒、塑料膜。包装容器必须符合GB 10790国家标准。

4. 调　配

(1)浓缩汁解冻 生产果汁、果汁饮料采用冷冻的浓缩汁，需

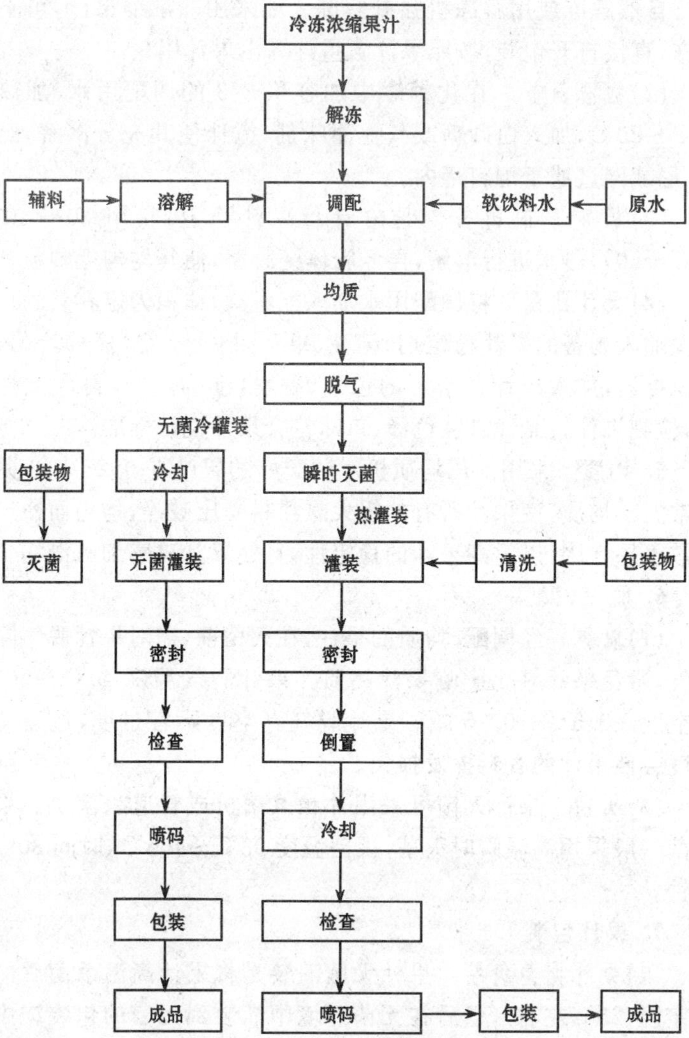

图 12-2　橙汁、橙汁饮料工艺流程

进行自然解冻或用解冻机强制解冻。如采用非浓缩果汁,可不需解冻,直接打开包装,按照果汁含量计算出果汁用量。

(2)糖液制备 在化糖罐中加容积2/3的调配用水,加热至60℃～80℃,加入白砂糖或其他甜味剂,搅拌使其充分溶解,经绒布、尼绒网过滤于配料罐内。

(3)稳定剂的制备 称好计量果汁稳定剂,用30～40倍40℃～50℃热水进行溶解,再经胶体磨胶磨,使其均匀无颗粒。

(4)果汁调配 将调配用水加入配料罐,体积为定容量的1/3,依次加入制备的果汁稳定剂、糖液、果汁,初次定容,搅拌均匀,关闭搅拌器,加入经计量溶解的色素、香料,准确定容,再次搅拌均匀,检测果汁折光、酸度、色泽、口味符合果汁设计标准。

5. 均质 采用高压均质机对调配好的果汁在0.2～0.3兆帕及常温下均质,使果汁所有的粗大悬浮料受压破碎,均匀而稳定地分散于果汁中,以提高果汁的稳定性,且使果汁口感细腻滑润。

6. 脱气、灭菌

(1)脱气 经调配、均质的果汁,在灭菌前,需对果汁脱气除去氧气,避免果汁氧化影响果汁品质。果汁脱气温度40℃～50℃,真空度－0.5～－0.75帕。果汁脱气真空度不宜过度,过度的真空度会使果汁的香料挥发损失。

(2)灭菌 果汁灭菌可采用片状杀菌机或管道杀菌机。果汁灭菌一般采用高温瞬时灭菌,灭菌温度98℃～105℃,时间30～60秒钟。

7. 果汁包装

(1)果汁无菌包装 果汁无菌灌装是将果汁高温杀菌后冷却到室温(25℃左右),然后在无菌环境中灌装到无菌的包装物中并封合。无菌灌装的果汁,其营养成分很少被破坏,果汁颜色、口味俱佳,能有效保留果实原有的营养成分、香气。较常用的包装有利乐包纸盒、康美纸盒、PET等。无菌灌装采用专用无菌灌装机,要求设备较先进、性能可靠，才能有效保证果汁的安全和品质。

(2)果汁热灌装 热灌装是将果汁加热到85℃～90℃后灌装到干净、非无菌的包装物中并封合，然后利用产品的温度对包装物进行杀菌，最后冷却到常温。由于果汁采用热灌装，果汁受高温时间较长，营养成分损失较大，色泽、口味也受影响，但果汁安全能得到保证。

8. 倒置冷却 果汁热灌装后，需及时封口。封好口的果汁，将其倒置平放，让加热后的果汁对包装容器顶部灭菌，一般采用循环带将热包装果汁倒置平放60～90秒钟。

果汁倒置灭菌，需及时冷却。如果汁杀菌后停放的时间长，不能及时冷却，会导致果汁品质劣化。要尽可能缩短杀菌后的冷却时间，使果汁温度迅速降到40℃以下，防止温度引起的不良影响。

9. 果汁包装标识、贮存 果汁产品包装标识需符合GB 7118国家标准。果汁产品运输工具必须清洁、卫生，搬运时应轻拿轻放，严禁摔撞。在贮运中，必须防止暴晒雨淋，严禁与有毒、有异味的物品混贮、混运；贮存于阴凉、干燥、通风的仓库中，不得露天堆放。

（二）粒粒橙（柑橘囊胞）果汁

以下介绍其简易的加工方法。

1. 工艺流程

原料选择→清洗→去皮→去囊衣→去核→搅拌分散→硬化→洗瓶→装罐→排气→压盖密封→杀菌、冷却→检验→成品

2. 操作要点

(1)原料选择 取新鲜的甜橙中汁胞（囊胞、砂囊）大的晚熟脐橙、晚熟杂柑的不知火、春橙等品种作原料。原料果应去除虫害和霉烂果。

(2)清洗 用清水将原料果果皮清洗干净。

(3)去皮、分瓣 手工或机械去除外果皮。将果肉分瓣。

(4)去囊衣 将原料果果瓣(囊瓣)放入温度20℃、浓度为0.09%～0.12%的盐酸溶液中浸泡20分钟。取出后再用清水漂洗3次，接着投入到温度35℃～40℃、浓度为0.07%～0.09%的氢氧化钠溶液中，直至囊瓣皮层易除去为止。并将囊瓣立即投放到流动的水中漂洗1小时，以除去碱液和囊瓣皮膜、碎屑。

(5)去核 手工除去核。

(6)搅拌分散 取一定量的果肉，加入5～10倍70℃～80℃的热水，于可倾式夹层锅中搅拌1～5分钟，以使汁胞分散。也可用自动搅拌机分散成单个砂囊。

(7)硬化 将砂囊在温度为30℃～40℃、浓度为0.1%～0.5%的氯化钙溶液中浸泡30分钟。

(8)洗瓶 将空瓶用清水洗净，煮沸3～5分钟以消毒。

(9)装罐 按生产要求取一定量的汁胞灌装入瓶中，一般用量为5%～30%，然后再灌入白糖、柠檬酸和增稠剂混合液。装罐时留有3～5毫米顶隙。

(10)排气 将装满的罐头放入排气箱，以热水或蒸汽加热脱气，使果汁中心温度达到85℃，起排气、杀菌作用。

(11)压盖密封 趁热压盖密封。

(12)杀菌、冷却 在80℃～90℃热水中杀菌5～10分钟。分段冷却到38℃～40℃，每次冷却时，冷却水与粒粒橙果汁的温度不能>30℃，以防止瓶子破裂。

3. 质量要求 色泽橙黄，具有粒粒橙果汁应有的风味，酸甜可口，无异味。汁液均匀浑浊，汁胞分散，不下沉，无杂质。每千克制品中砷不超过200毫克、铜不超过10毫克、铅不超过1毫克。无致病菌及因微生物作用所引起的腐败征象。

4. 注意事项 汁胞应充分分散，且要与适量添加的增稠剂共同使汁胞分散均匀而不下沉。

四、金橘饼

金橘饼的简易加工方法如下：

1. 工艺流程

原料选择→划缝→去核→浸渍→糖渍→糖煮→起锅→冷却→包装

2. 操作要点

(1)原料　选完全成熟的新鲜金柑为原料，去除斑痕果、霉烂果。

(2)划缝　按果形大小在划板上将全果划出6～8条纹路。

(3)去核　将果实放在平板上加压去核、去汁。

(4)浸渍　将果实用2%石灰水和3%食盐水浸渍5～6小时，再用清水漂洗后，沥干水分。

(5)糖渍　按每100千克金柑坯用砂糖50千克的比例，先取1/3的砂糖制成热糖浆，再倒入金柑坯糖渍3～4天，添加的水量以淹没金柑坯为度。

(6)糖煮　将金柑坯连同糖液倒入不锈钢锅内，再加1/3量的砂糖，加热煮沸。将最后1/3的砂糖配成浓糖浆，倒入锅内，继续加热浓缩，并不断搅拌，至金柑果实完全透明、糖液温度达108℃～110℃时为止。

(7)起锅、冷却　滤去糖液，迅速冷却，经整形后，在金橘饼表面撒上干燥的糖粉。糖粉的制取方法是：将白砂糖放入烘箱中，在80℃～100℃的条件下烘烤1小时，冷却后用粉碎机打成粉，再经筛后获得。

(8)包装　装入塑料薄膜食品袋中密封贮藏，以免回潮而影响产品外观质量。

3. 质量要求　大小均匀，色泽金黄，甜酸可口，富有天然金柑香，手摸不发黏，不结块。

4. 注意事项 原料果要充分成熟，不然绿色的果皮经加工后会色泽暗淡，影响制品美观。金橘饼要完全冷却后才包装，否则饼面的糖粉易潮解。

五、综合利用开发

(一)香精油回收

柑橘果实含有较丰富的柑橘芳香油，具有独特的芳香味，常用于食品加工、日化品调香。

1. 压榨取油 采用FMC榨汁机压榨夏橙，果实在榨汁机的榨杯上，受榨汁机上、下榨杯挤压，果实表面油胞破裂。果实受挤压的同时，向果实表面喷淋水，将破裂的油胞芳香物随水流出榨汁机，流出榨汁机的油水混合物经过油精制机，由粗分离机、精分离机分离，可得澄清透明的香精油。

2. 包装 分离出澄清透明的精油，采用钢桶或白铁皮桶包装，在2℃～10℃贮藏。

(二)果肉回收

采用FMC榨汁机压榨甜橙，榨汁机的专用榨汁配件，使果汁中带有大量的橙汁胞囊，呈纤维丝状，是良好膳食纤维，广泛用于食品中。

果汁中橙汁胞囊，经果汁精制机分离，取得纤维状的果肉。果肉经过杀菌，采用无菌包装，每桶200千克，于2℃～4℃冷库贮藏；采用纸箱包装，内垫塑料袋，每箱15～18千克，于－18℃以下冷库贮藏。

(三)橙皮苷回收

橙皮苷大量存在于果皮及橘络中。其工艺流程：

柑橘皮→硬化→过滤→中和、保温→冷却沉淀→甩水→烘干、粉碎→成品

1. 硬化　橙皮在pH值12～13的石灰水浸泡6～8小时。

2. 过滤　把浸泡后的果皮捞起，用清水洗净，供榨柑橘皮油，将浸泡浸液静置沉淀4～5小时，然后吸出上清液，用压滤机过滤，得透明的滤液。

3. 中和、保温　将澄清滤液放于夹层锅中，用1∶1盐酸中和至pH值4.1～4.4，加热至60℃～70℃，保温40～50分钟。

4. 冷却沉淀　将保温后的滤液放入不锈钢罐内静置12～13小时，使柑橘皮苷沉淀。

5. 甩水、烘干、粉碎　吸取沉淀的上清液，收集淡黄色沉淀物，离心甩干水分，将块状柑橘皮苷摊于铝盘上，用70℃～80℃热风烘干，再用球磨机磨成细粉，用聚乙烯薄膜袋包装密封。

(四)皮渣发酵饲料

果实榨汁后，果渣为果皮、果芯、囊瓣残渣、果核。果渣含有纤维素，能促进肠蠕动；且果渣带有一定果汁，含有糖分，蛋白质。甜橙果渣经微生物发酵，可改善果渣风味。发酵的微生物通过烘干，残留于果渣，也可增加果渣的蛋白质含量。因此，可将果渣通过发酵，加工成饲料，供反刍动物饲用。其工艺流程是：

菌种→培养→甜橙果渣→破碎→接种→发酵→烘干→粉碎→饲料

1. 破碎　将果渣通过绞碎机绞碎。

2. 接种发酵　将纯化制得的酵母菌，用马铃薯培养液扩大培养，与绞碎的果渣拌均匀，密闭发酵48小时，使果渣有一定酒香。

3. 烘干 发酵结束，在80℃～90℃条件下烘干。

4. 粉碎 采用粉碎机对烘干果渣粉碎，制成发酵果渣饲料粉。

六、浓缩橙汁、NFC(非浓缩)橙汁的质量检验

(一)浓缩橙汁质量标准

1. 色泽 具有柑橘果汁应有色泽。浓缩橙汁呈橙黄色或橙红色；浓缩红橘汁呈橘红色；浓缩柠檬汁呈淡黄色。

2. 香气味 具有柑橘浓缩汁固有的香气味，无异味。

3. 组织形态 汁液均匀浑浊，黏稠状，久置后允许有沉淀。

4. 杂质 不允许有可见外来杂质。

5. 理化指标 见表12-2。

表12-2 浓缩柑橘汁理化指标

项　目	产品名称		
	浓缩橙汁	浓缩红橘汁	浓缩柠檬汁
可溶性固形物(以20℃折光计，°Brix)	65	65	30
总酸(以柠檬酸计，%)	3.3～4.5	3.3～4.5	≥14.0
不溶性固形物含量(%)	≤6	≤6	≤7
总砷(以As计，毫克/千克)	≤0.5		
铅(以Pb计，毫克/千克)	≤0.5		
铜(以Cu计，毫克/千克)	≤5.0		
食品添加剂	无		

6. 微生物指标 见表12-3。

表 12-3　浓缩柑橘汁微生物指标

项　　目	指　　标
细菌总数(一个平板的细菌总数/毫升)	≤1000
霉菌、酵母菌(一个平板的霉菌、酵母菌总数/毫升)	≤20
大肠菌群(大肠杆菌的最大可能数/100 毫升)	≤30
致病菌(沙门氏菌、志贺氏菌、金黄色葡萄球菌)	不得检出

(二)NFC(非浓缩)橙汁质量标准

1. 色泽　具有柑橘汁应有色泽。非浓缩橙汁呈橙黄色或橙红色;非浓缩红橘汁呈橘红色;非浓缩柠檬汁呈淡黄色。

2. 风味　具有该品种鲜榨果汁固有香气、风味,无煮熟味及其他异味。

3. 组织及形态　果汁浑浊、静置后,允许有果肉沉淀。

4. 杂质　无肉眼可见外来杂质。

5. 理化指标　见表 12-4。

表 12-4　非浓缩汁理化指标

项　　目	产品名称		
	非浓缩橙汁	非浓缩红橘汁	非浓缩柠檬汁
可溶性固形物(以折光计,°Brix)	≥10.0	≥10.0	6.0
总酸(以柠檬酸计,%)	≤1.0	≤1.0	≥3.2
不溶性固形物(%)	5.0～9.0		
二氧化硫残留(SO_2,毫克/千克)	10		
砷(以 As 计,毫克/千克)	≤0.2		
铅(以 Pb 计,毫克/千克)	≤0.05		
铜(以 Cu 计,毫克/千克)	≤5.0		
食品添加剂	无		

6. 微生物指标 见表12-5。

表12-5 非浓缩汁(NFC)微生物指标

项目	指标
细菌总数(一个平板的细菌总数/毫升)	≤100
霉菌、酵母菌(一个平板的霉菌、酵母菌总数/毫升)	≤20
大肠菌群(大肠杆菌的最大可能数/100毫升)	≤3
致病菌(沙门氏菌、志贺氏菌、金黄色葡萄菌)	不得检出

(三)检验方法

1. 感官检验 检验员要求保持感觉器官灵敏,检验前2小时内不得食刺激性食物。

(1)色泽 取50克混合均匀的果汁(浓缩汁、NFC汁)于100毫升烧杯中,用肉眼观测其色泽。

(2)组织形态及杂质 取50克混合均匀的果汁于100毫升烧杯中,用肉眼观察其组织形态及检查其有无杂质。

(3)滋味及气味 取50克混合均匀的NFC(非浓缩)果汁;浓缩果汁经稀释成原汁(11.2°Brix),取50克果汁于100毫升烧杯中,嗅其香气,品尝其风味。

2. 可溶性固形物检验 按GB 12143·1的规定执行。

3. 总酸的检验 按GB/T 12456食品中总酸的测定方法检验。

4. 不溶性固形物的检验 NFC(非浓缩)果汁取原汁,浓缩橙汁、浓缩红橘汁稀释成11.2°Brix,浓缩柠檬汁稀释成7.5°Brix,将原汁、稀释果汁倒入经清洗、干燥的、称量(计为W_1)的10毫升离心管里,称量(计为W_2)在3 000转/分离心器,离心15分钟,除去离心后果汁上面清液,称量离心管及离心管底部不溶物重(计为W_3),计算出果汁中不溶性固形物含量。

计算公式：

$a\% = (W_3 - W_1)/(W_2 - W_1) \times 100\%$

式中：

a%——表示果汁不溶性固形物含量。

W_1——表示离心管重量；

W_2——表示离心前果汁与离心管总重；

W_3——表示离心后离心管底部不溶物与离心管总重。

5. 铅　按 GB/T 5009.12 规定的方法测定。

6. 砷　按 GB/T 5009.11 规定的方法测定。

7. 铜　按 GB/T 5009.13 规定的方法测定。

8. 二氧化硫　按 GB/T 5009.34 规定的方法测定。

9. 微生物指标　细菌总数、大肠菌群、霉菌、酵母菌、致病菌按 GB/T 4789.26 的方法测定

(四)检验规则

1. 批次　由同一条生产线，从一个班生产的同一品种的产品为一批。

2. 抽样与检验　产品由生产工厂质检部门从每一批中随机抽取 2%的桶作为基样，每个样抽取 500 克，按标准进行检验，经检验合格，出具检验报告方能出厂。

3. 出厂检验项目　净重、感官指标、可溶性固形物、不溶性固形物、总酸、细菌总数、霉菌、酵母菌、大肠菌作为必检项目。

4. 型式检验项目　重金属指标、农药残留为每榨季 1 次。

(五)加工制品的标志、包装、运输、贮存

1. 包装材料和容器必须符合食品卫生要求。包装按照 GB/T 10790.5 规定的方法测定执行。

2. 产品标签按 GB 7718 执行。

3. 运输工具必须清洁、卫生。装卸时轻拿轻放,严禁摔撞。运输中防止暴晒、雨淋,严禁与有毒、有异味物品混贮、混运。

4. 按照产品贮存条件贮藏,不得露天堆放。

第十三章　晚熟柑橘主要品种的关键栽培技术

全书介绍了晚熟柑橘的几十个品种，现择各类中有代表性的品种简介其关键技术。

一、晚熟脐橙的关键栽培技术

我国脐橙发展很快，为均衡脐橙的周年供应，推出了当前重点发展的晚熟脐橙，且首先在三峡库区的甜橙产区种植，现介绍：晚棱脐橙（又名伦晚脐橙）、奉节晚脐、鲍威尔脐橙、斑菲尔脐橙和切斯勒特脐橙等的关键栽培技术。这些晚熟脐橙在三峡库区重庆云阳至湖北秭归段种植较多，表现早结果，丰产优质。但遇不良气候和管理不善，会出现果实蒂部果肉粒化（失水、僵硬），栽培上应加以重视。

1. 选好品种　品种是脐橙高品质的基础。不同脐橙品种，果实挂在树上的时间长短不一，10 月底前后成熟的为早熟品种，果实挂在树上的时间 6 个月左右；11～12 月份成熟的为中熟品种，果实挂在树上的时间 7～8 个月；翌年 4 月份前后成熟的为晚熟品种，果实挂在树上的时间为 12 个月左右。果实的生长期越长，积累的营养物质越多，品质也越好。通常，晚熟品种的品质较早、中熟品质好。但受气候、栽培条件等的影响，品质差异很大。

从品质的综合因子考虑，上述介绍的都系优良、可供选择的晚熟脐橙。但从三峡库区脐橙产区（不同海拔、土壤类型、不同砧木）种植的不同品种，果实有时不同程度地出现粒化；且粒化果大都为果径 80 厘米以上的大果，内膛结的果、树冠下部的果，粒化较重；果径 75 厘米以下的中小果，树冠上部和外围果相对较轻。就同是果径 80 厘米的果实出现粒化的程度也有差异：晚棱＜奉节晚脐＜鲍威尔＜切斯勒特＜斑菲尔。

2. 选好砧木 目前，用作脐橙的砧木有：枳、卡里佐枳橙、红橘和资阳香橙等。枳砧脐橙早结果，丰产稳产，品质好。树冠矮小，每 667 米^2 可栽 56 株（株行距 3 米×5 米），易患裂皮病。卡里佐枳橙砧脐橙结果较枳砧脐橙晚 1～2 年，但后期丰产性好。树冠高大，每 667 米^2 栽 45 株为宜（株行距 4 米×5 米），易受天牛、脚腐病危害。红橘、资阳香橙主要用于碱性土壤种植的脐橙砧木。从果实出现粒化的程度看：枳＜资阳香橙＜红橘＜卡里佐枳橙。

3. 选好园地 园地的关键是土壤，最适脐橙种植的土壤是“四宜四不宜”，即宜松不宜黏，宜深不宜浅，宜酸不宜碱，宜肥不宜瘦，也即疏松、深厚、肥沃和微酸性的土壤。上述要求，一般都不易达到，所以柑橘种植前或种植后要进行土壤改良培肥。从果实果肉出现粒化的程度看：沙壤土发生率比较黏重的土低。

4. 科学用肥 晚熟脐橙高品质栽培的科学用肥方法是测土配方施肥，即根据树体需要、土壤供肥情况，选择肥料的种类和施肥量，采取树体需什么肥，施什么肥，缺什么肥，补什么肥。晚熟脐橙用施肥提高品质应重视抓好：一是增施有机肥，特别是增施腐熟的饼肥，在 7 月上中旬重施壮果促梢肥，肥料多用有机肥，尤其是腐熟的饼肥，施肥量：占全年施肥量的 40%左右，对果实壮大，糖分提高作用明显。二是改传统偏施氮肥，忽视钾肥、磷肥，改为控氮肥，增加磷、钾肥，在 4 月份和 10 月上中旬增施磷、钾肥，控制氮肥。控氮增磷、钾可使果实成熟时色泽鲜艳，可溶性固形物提高。施肥量：以产量而定，每生产 1 000 千克果实施氮（N）5 千克，施磷（P_2O_5）4 千克，施钾（K_2O）5 千克，氮、磷、钾比例 1∶0.8∶1 为宜。三是施肥时期：全年施采果肥、春芽肥和壮果肥 3 次。春芽肥：萌芽前7～10天施，以速效氮、磷为主，施肥量，占全年的10%～15%。壮果肥：7月上中旬施，肥料以钾肥为主，配施氮肥。采果肥：也即越冬肥，在10～11月份施，以有机肥为主，磷、钾肥配合，最好施部分饼肥和骨粉，施肥量占全年施肥量的30%～40%。

5. 适度控水　脐橙果树需要水分，但在果实成熟前适度控水，有利果实增加糖分，提高品质。具体措施：一是控水，脐橙适宜的土壤干燥度在PF 2.0～2.7，将其控制在PF 2.7～3.2，即脐橙叶片出现轻微萎蔫（白天叶片微卷，夜间和清晨展叶，一般历时7～10天），可提高果实糖分。二是开沟排湿，使土壤适度干燥，有利于增加果实糖分。

6. 保果疏果　脐橙通常要采取保果措施，用增效液化BA+GA保果剂效果显著且稳定。生产上在花期和幼果期喷施浓度为20～40毫克/千克的BA+浓度为30～50毫克/千克的GA液保果效果显著。也可根据树势强弱分别采用营养液或栽培技术保果。花量多的弱势树，开花后不定期叶面喷施0.1%硼砂（硼酸）+0.2%尿素+0.2%磷酸二氢钾液1～3次。花量偏少的强势树实施控梢保果，抹除树冠顶部部分春梢营养枝，7月初前后，疏除抽生的夏梢。稳果后，从提高优质果率和经济效益出发，可采取疏果，疏除畸形果、病虫危害果等。

剪除病虫枝、枯枝、过密枝和树冠上部的旺长枝，改善树冠通风透光条件，保持树势中等或中等稍弱，以利生产高品质的果实。

7. 冬季保果　由于冬季低温，脐橙易出现落果，应采取喷药保果。一般喷2次：第一次在脐橙果实转色期，即10月底至11月上旬，喷施浓度为20～30毫克/千克2,4-D溶液，隔30天喷第二次，喷浓度为30～40毫克/千克2,4-D溶液。同时根据当时雨水多少，浓度可适度增减：雨水多，浓度稍高；雨水少，浓度稍低。

8. 果实套袋　果实套袋可防止病虫、鸟对果实的危害，减轻风害损失，也可防止果锈和裂果、日灼（烧）果。经套袋的果实果面洁净,外观美,果皮柔韧,果肉细嫩,果汁较多,果实富有弹性,商品率高。同时,可减少喷药次数,减少果实受农药污染及农药残留。

脐橙果实的套袋适期在生理落果结束后的6月下旬至7月上旬。套袋前应根据病虫害发生的情况对脐橙全面喷药1～2次,喷药后及时选正常、健壮的果实进行套袋。果袋应选抗风吹雨淋、透气性好的脐橙专用袋,且以单层袋为适。采果前15～20天摘袋,以增加果实色泽。

9. 防控病虫害 果品的优质、安全是生产者和消费者共同的要求。因此,对病虫害要采取农业防治、物理防治、生物防治、生态调控防治以及科学、合理、安全使用化学农药相结合。有条件的园内挂黏虫黄板(纸),挂捕食螨袋,架设频振式杀虫灯,尽量少用化学农药。用前要掌握病虫情,达到防治指标时,根据环境和脐橙果树的物候期对症用药。农药要用低毒、低残留的,如柑橘上推荐使用的螺螨酯、吡虫啉、阿维菌素、炔螨特、代森锰锌、抑霉挫等低毒、低残留的农药。脐橙要重点防治螨类、叶甲、锈壁虱和炭疽病的危害。脐橙实施绿色防控病虫害,果品安全、优质,消费者青睐,市场俏销价好,果农才有好的经济效益。

10. 适时采收 一般晚熟脐橙在开花前的3月底至4月初采收。少部分也可在4月底前后采收。4月底前后采收的脐橙,因此时气温已高达25℃～30℃,采后待销的存放在低温库。低温库温度控在7℃左右,空气相对湿度控制在90％～95％。

二、夏橙的关键栽培技术

夏橙有不少品种,综合性状以奥林达夏橙最优。丰产性好,果实较大,适宜鲜食,不宜加工橙汁。现以奥林达夏橙为例介绍其关键技术,其他伏令夏橙品种也可参考。

1. 选好园地,加强肥水 夏橙性喜温暖,畏严寒,宜选背风向阳、有山林作屏障或大水体附近的环境建园。由于果实挂果期长，为方便管理，园地以相对集中成片为好，不宜零星分散。奥林达夏橙对土壤的适应性较广，山地、丘陵、平地均可种植，但因夏橙花量特别大，挂果时间长，又花果重叠，使树体营养消耗多，故必须加强肥水管理，以达优质、丰产稳产之目的。施肥量应较中熟的甜橙品种锦橙多。春肥以氮肥为主，夏季根外追施氮、磷、钾及微肥。秋季施有机肥或绿肥，配合施磷、钾肥。冬季施腐熟的有机肥。这样，既可增加肥效，又可促使地温提高，有利果实挂树越冬。施肥建议：每 667 米^2 产 2 500 千克的成年结果树单株每年施 4 次肥，施肥量折合纯氮（N）24～28 千克、磷（P_2O_5）12～14 千克、钾（K_2O）22～24 千克。

2. 抑花促梢，控梢稳果　夏橙花量大，11～12 月份应根据树势，按枝梢类型做好疏、短、缩修剪，以控制花量，促发春梢，增强花质，提高坐果率。也可在 11 月中下旬喷施浓度为 200 毫克/千克的赤霉素液抑花促梢。如夏梢盛发，会加剧生理落果，所以应在萌发初期及时进行抹除，以控梢保果。此外，花蕾开始至第二次生理落果期结束前，可喷施硼、锌肥加尿素加磷酸二氢钾以及浓度为 40～50 毫克/千克的赤霉素液（或浓度为 8～10 毫克/千克的 2，4-D 液），隔 10～15 天 1 次，连续 2～3 次，可有效减轻落花落果。

3. 冬防落果，春防回青　当气温下降至 10℃以下时，奥林达夏橙落果会增加。通常在低温来临前的 11 月上中旬开始喷施浓度为 30～50 毫克/千克的 2，4-D 液，连续喷 2～3 次，有良好的防止落果的效果，如冬季采取施有机肥、树盘覆盖等综合措施，防止落果的效果会更好。

挂树的奥林达夏橙果实，进入春季气温回升，果皮色泽会由橙黄回青转绿（也称返青）。在头年 11～12 月份果实套袋可防止回青，又能减少冬季低温落果。果实采后低温贮藏对果实由青转橙色有一定的效果。

4. 园地覆盖，保水增温 夏橙的花期和果实膨大期，在果园或树盘覆盖杂草、秸秆或地膜等，能提高 0～20 厘米土层的地温 1.0℃～4.5℃，提高土壤含水量 7.6%～9.3%，可显著提高坐果率。

5. 综合防控病害虫害 危害夏橙的主要病虫害有炭疽病、脚腐病、裂皮病、红蜘蛛、矢尖蚧、潜叶蛾、卷叶蛾、天牛等。要改善果园生态环境，保护病虫的天敌，人工钩杀天牛幼虫、捕杀成虫，用挂黄板纸、挂频振式杀虫灯和科学的化学防治进行综合防治，详见病虫害防治，此略。

三、血橙的关键栽培技术

血橙有不少品种，现以塔罗科血橙为例简介其关键栽培技术，其他血橙品种也可参考。

塔罗科血橙树势较旺，萌芽率、发枝力均较强，枝梢易徒长，如管理不善会出现旺长，迟迟不结果，或形成大小年。其栽培要抓好：

1. 选好园地 以土层深厚、肥沃，结构良好的微酸性土壤为好。达不到要求的园地要在种植前或种植后 1～3 年完成改土，种绿肥、施有机肥、畜禽粪肥等培肥土壤。

2. 选好砧木 鉴于该品种长势较旺，不宜选强势砧作砧木。通常在微酸性土壤以枳作砧木最适。石灰性紫色土用资阳香橙作砧木，盐碱地用枸头橙、本地早作砧木较好。高接换种的用温州蜜柑或甜橙作中间砧为好。

3. 壮苗稀植 培育健壮苗木，最好是无毒容器壮苗。1 年生苗根系发达，1 干 3 分枝，种后无缓苗期，成活率几乎 100%。因为是无病毒苗，连年稳产年限比常规苗长，产量比常规苗高 30% 左右。

塔罗科血橙宜稀植，一般以株行距 3 米×5 米，即每 667 米^{2}栽 45 株为宜。

4. 整形修剪　整形以吊、拉枝为主，不是延长枝不轻易短剪。修剪宜轻不宜重，以疏剪为主。对即将开花结果的树，如树势仍旺，可适当疏去强旺枝梢，保留中庸枝梢、弱枝和内膛枝；抹去夏梢或在长至 25 厘米处摘心，以促发早秋梢。控制晚秋梢，为培育良好结果母枝打下基础。

5. 促花芽分化　因其营养生长旺盛，成花较难，可采取环割(剥)、断根和喷洒植物生长调节剂促进花芽分化形成。上述措施可单独使用，也可结合使用。时间 9～10 月份效果最好。环割(剥)，以切断韧皮部为度，一般在侧、副主枝和主枝上进行，环剥轻重程度不易掌握，慎用。

6. 肥水管理　定植后 1～2 年，可按常规管理，但夏季要适当减少氮肥施用量，增加磷、钾肥(如过磷酸钙、草木灰、饼肥等)。根外追肥用 0.3%磷酸二氢钾溶液，每年结合病虫害防治喷施 3～4 次。

结果树施肥：全年施春肥、稳果肥、壮果肥和采后肥，施肥量分别占全年施肥量的 15%、20%、25%和 40%。

通常每 667 米^2 产 2 000 千克果实，全年施纯氮 22～24 千克、五氧化二磷(P_2O_5)4～15 千克、氧化钾(K_2O)18～19 千克。

除夏干伏旱适量灌水外，秋季应控水，以促进花芽分化和增进果实品质。

7. 冬防落果　冬季低温易落果，应在秋末冬初，每隔 15 天左右，用 2,4-D 20～40 毫克/千克液喷果 2～3 次，对防止落果有好的效果。

四、清见的关键栽培技术

清见是高糖的晚熟杂柑，其关键栽培技术如下。

1. 选好园地 选择热量丰富之地栽培。冬季极端低温不低于－3℃的暖地，南坡或东南坡向阳地，以及土层深厚、肥沃、排水良好的地方建园，以利于植株生长结果，丰产稳产。

2. 配好砧木 枳、红橘砧均可。枳砧清见生长量减小，花量增大，产量明显较高，果实品质较好。红橘砧清见生长势旺，产量也较高，但果实品质稍差。

3. 整形修剪 树形有自然圆头形和 2 级杯状形等。以 2 级杯状形为最好，它具有内部光照好，内外结果、树体矮化、果实品质佳等优点。2 级杯状形有主枝 3 个，分枝角度保持在 65°～70°，分枝间距大，有利于光线射入树冠内部。有副主枝 6 个，分枝角为 15°～20°。第二副主枝的侧枝短，树高控制在 2.5 米。修剪时，要剪除病虫枝、枯枝和过密弱枝。

4. 注意疏果 清见有叶花比例高、结果性好、但结果过多容易造成隔年结果现象，故应进行疏果。但结果过少，会因果实过大而使品质下降，故结果量应适度。

5. 贮藏保鲜 清见可留树保鲜到 3 月份风味仍好，但会随气温升高果皮色泽差。也可采后贮藏在 5℃～8℃的室温保鲜，在 10℃以上易发生干疤。用薄膜包果，可减轻干疤。冬季气温低的产区，果实可能出现冻害的可在进行地面覆盖薄膜的同时，采取树体微膜覆盖，以隔断雨水，防止霜冻。具体方法：先将白色微膜按树冠大小做成口袋状，在霜冻来临之前，将口袋套在清见树上，且在口袋的南向保留气孔，进行通气换气。树体微膜覆盖除防冻外还有减少果浮皮、提高果实品质的作用。

五、不知火的关键栽培技术

1. 选好园址 不知火杂柑耐寒性不如温州蜜柑，且成熟期晚，应选冬暖、背风向阳的地域建园。选土壤肥沃、土层深厚、疏松，水源充足之地种植。

2. 配好砧木 选用强势的枳（如大叶大花枳）或红橘作砧木，以增强树势，防止早衰。

3. 适度密植 不知火树姿较直立，种植密度株行距以3米×3.0米～2.5米×3.0米，即每667米^{2}栽74～89株为宜。

4. 适当疏果 不知火结果多会使新梢变细变短，叶片变小，树势变弱，易形成大小年甚至隔年结果。因此，应适度疏果。在结果的第二、第三年为防止树势衰弱，应以基部结果为主，而主枝顶端部分宜极早疏果。3年后，在第二次生理落果期停止后开始第一次疏果，主要疏除畸形果，留有叶果，对于有裂果发生的年份，宜在8月下旬至9月初疏除裂果和畸形果。9月20日前后要求果径达6.2厘米以上，对果径过小的也做疏除，且保持叶果比80～85∶1为宜。

5. 肥水管理 结果树通常1年施肥3～4次，3月份施春肥，占全年施肥量的20%；4～5月份施花蕾肥，占全年施肥量的15%；秋肥分2次施：8月下旬至9月上旬施的占全年施肥量的25%，10月中下旬施的占全年施肥量的40%。全年施肥以秋肥为重点。树势弱的，采后用0.3%尿素和0.3%磷酸二氢钾叶面喷施2～3次，以利花芽分化和恢复取势。每667米^{2}产2 000千克果实，全年施纯氮22～26千克、五氧化二磷18～20千克、氧化钾20～22千克。

为防止8～9月份裂果，应做好夏干伏旱的防止，每隔10天左右灌水1次。

6. 防病防虫 冬季做好清园，剪除病虫枝、枯枝烧毁，全园喷45%石硫合剂结晶100～150倍液。春夏防止炭疽病、树脂病、脚腐病和螨类，蛾类、天牛、蚜虫等。秋季继续做好脚腐病等和螨类、蛾类、天牛、蚧类等防治。详见病虫害防治，此略。

7. 留树保鲜 不知火杂柑是高糖含量的晚熟柑橘。可留树保鲜到翌年的3月份采收，可溶性固形物高达15%～16%，品质极佳，俏销价好。方法与清见杂柑同，此略。

六、默科特的关键栽培技术

默科特，台湾称茂谷柑，因是高糖的晚熟品种，具丰产、果形美和品质优的特点，逐渐受市场欢迎。

1. 选好砧穗组合 通常在微酸性土壤以枳作砧木，结果早，果实品质好，最适。石灰性紫色土用资阳香橙或红橘作砧木。高接换种的用温州蜜柑或甜橙作中间砧为好。

2. 选好园、种好树 因果实挂树越冬，宜选冬暖之地种植，冬季极端低温在0℃以上，最低不得低于短暂时间的－3℃。由于果实易出现日灼，宜选朝南或朝东南向，或建防护林。园地种植前要改土，培肥土壤，加深土层，密度以3米×4米，即每667米^{2}栽56株为宜。

3. 加强肥水管理 默科特常因结果过多，果实成熟时出现叶片黄化、植株衰退现象。因此，栽培上应注意氮、钾肥的施用，其用量应为普通成年柑橘树的1.5～2.0倍，每667米^{2}产2 000～2 500千克果实，全年施纯氮35～45千克、五氧化二磷25～30千克、氧化钾28～32千克，并尽可能多施有机肥。

4. 防止裂果、日灼 默科特果皮薄，较易发生裂果。果园应及时灌水、排水，保持土壤适宜的湿度。夏季若大量抽生徒长枝时，应及时剪除，以免植株旺盛生长，吸收养分过多，造成大量裂果。默科特有枝梢顶端结果的习性，易引起日灼。用白纸粘贴果实受害部可减轻日灼。在果实转色时喷1次45%的石硫合剂结晶200倍液，对果实有增色作用。

5. 适度疏果 大年稳果后疏除密生果、偏小果、病虫果等，以叶果比20～25∶1留果为适宜，以防结果过多，果实偏小，品质下降，且出现大小年现象，树势早衰。

七、沃柑的关键栽培技术

沃柑生长势强，形成树冠快。果实翌年1月下旬成熟，也可在12月底采收，最迟可留树至翌年3月上旬采收。沃柑抗逆性强，能在瘠薄、肥水条件差的山坡地正常生长结果，耐寒性也较强，冬季落果很少，是适宜在冬季气温较低的晚熟柑橘产区发展的晚熟高糖杂柑。也适在冬季日照少柑橘产区种植。其关键栽培技术如下。

1. 枳作砧木　用枳作砧木结果早，丰产性好，果实品质好。在pH值高的紫色土宜用红橘或资阳香橙作砧木，可防止植株叶片黄化。

2. 改土培肥　瘠薄坡地上种植应改良培肥土壤，多施有机肥和磷、钾肥，以促叶色浓绿，减少缺素症发生。

3. 防大小年　结果过多不仅会出现果实偏小，而且会形成大小年，甚至发生树势早衰。应注意结果适量，大年疏果，适时采果；小年加强肥水管理，花前喷施0.5%磷酸二氢钾和0.2%硼砂混合液。

4. 成片种植　种子少，应单独或集中成片种植，以免果实种子增加。

八、蕉柑及其优系的关键栽培技术

蕉柑和从蕉柑中选出的无核蕉、迟熟蕉柑、孚选1号蕉柑、粤丰蕉柑、白1号蕉柑、塔59蕉和新1号蕉的关键栽培技术如下。

1. 加强土壤管理　水稻田种蕉柑地下水位高，种植时犁翻底层，使植株根系生长不受阻，且根据土质和地下水位高低，采取深沟高畦的栽培方法。种植时筑30～40厘米高的土墩,以后每年培土、客土扩大,3年内培成深沟高畦栽植,以后注意雨后修沟培土,既利排水,又利根系的培土覆盖。每年冬季用晒干的沟泥或塘泥培土增厚土层,以提高土壤肥力,扩大根系营养面积和提高根系的抗旱、耐寒力。

2. 实行科学施肥 依据水田柑橘特点和梢果比例等,采取重施采后肥、春肥和秋梢肥,少施夏梢肥,追施壮果肥。采后及时施重肥,以恢复树势,防止大量落叶,增加树体营养,促进花芽分化。每667米^{2}产5000千克的丰产结果树施腐熟饼肥40千克和猪栏粪肥1000千克。春梢和开花结果期及时追肥,一般立春前后施足催芽肥,雨水前后施促梢肥,清明前后各施1次壮果肥。4次追肥每667米^{2}的总施肥量为尿素14千克、腐熟饼肥25千克、猪粪尿500～600千克。结合病虫害防治根外喷施肥2～3次。秋肥3次,在7月初、8月初、9月初施,每667米^{2}总施肥量为腐熟豆饼40千克、粪水肥1500千克、尿素18～20千克,并在秋梢老熟后进行3次叶面喷肥。

全年施肥量:纯氮38～40千克,五氧化二磷20～22千克,氧化钾20～22千克。

3. 整枝控梢,合理修剪 采用抹芽和施肥调节相结合的方法,培养春梢、秋梢,合理控制、利用夏梢,摘除直立梢。幼树结果前,每年留3次,即惊蛰留春梢,芒种至夏至留夏梢,处暑留秋梢。栽后第三年结果树,则在小满至夏至抹除夏梢,大暑前施重肥,处暑前后选阴雨天放秋梢。第四年后根据树龄、结果和生长情况,适当提前放秋梢,培养丰产的伞形树形。第五年树冠开始交叉,为提高结果能力,冬季应结合清园剪除枯枝、病虫枝、下垂枝和无结果能力的弱枝,使树冠通风透光,外围枝叶茂盛。

4. 及时排灌,中耕除草 水分管理掌握:"夏排、秋灌、冬干燥"的要求。即盛夏初秋气温高时应夜灌晨排,深灌洗碱,冬季保持土壤干爽。中耕除草结合灌溉，做到春、夏少锄，多修沟防止积水，秋季灌水后或雨后浅耕保湿，冬季深耕增加土壤透气性，提高根系抗寒力。

5. 注重测报防治病虫害　冬季清园，减少和根除病虫源，开春后注重病虫测报及时防治病虫害。

九、晚熟温州蜜柑的关键栽培技术

以下是从温州蜜柑中选出的晚蜜1号、2号和3号的关键栽培技术。

1. 择地改土种植　选土层深厚、疏松、肥沃、微酸性，冬无严寒，极端低温－3℃以上，水源充足之地种植。山地、平地均能栽培。山地土层瘠薄的要加深培肥，提高土壤保水力；平地种植注意开挖排水沟，及时排除积水，以利根系正常生长。栽植密度：以株行距3米×3.5米，即每667米^{2}栽64株为宜。

2. 加强肥水管理　晚熟温州蜜柑生长期长，需肥量较早熟、特早熟温州蜜柑大。施肥的时期、方法、肥料与普通温州蜜柑相似。未结果树每梢施2次肥，抽梢前施尿素30～50克，抽梢后的叶片转绿期叶面喷施0.3%尿素或0.3%磷酸二氢钾或两者的混合液，但浓度以不超过0.5%为宜。冬季土壤施有机肥，畜栏肥、堆沤肥均可，株施20～30千克。结果树每年施春芽肥、稳果肥、壮果促梢肥和冬肥，与普通温州蜜柑相似，此略。

3. 科学整形修剪　1～3年内通过主枝、副主枝、侧枝的培养配置形成自然开心形树形。夏季摘心和对枝梢撑、拉为主的整形措施。结果树修剪宜轻，剪除病虫枝、枯枝、过密枝。一般长梢不短截，任其结果。不影响农事操作的内膛枝保留，使其结果。对扰乱树形的徒长枝，除留作填空补缺的枝外，尽早剪除。

4. 做好花果管理　大年树稳果后以25～30∶1的叶果比留

果。疏除残次果、偏小果、果柄粗的朝天果等,以利于提高优质果率。小年树,异常气候年份做好保花保果工作。采前防寒防落果,及时采收。

十、春甜橘、明柳甜橘的关键栽培技术

春甜橘系从广东博罗县观音阁当地农民称"三月红"的橘园中选出;明柳甜橘系从紫金甜橘的芽变中选出。其关键栽培技术如下。

1. 选好园地 因果实挂树越冬,宜选无霜冻的冬暖之地种植。土壤要求通透性、保水性、排水性良好,有机质含量在2%左右,保肥力强的微酸性壤土、沙壤土或红壤土。若在瘠薄的土壤种植,种前要进行深翻压埋绿肥、增施有机肥,改良土壤。

2. 配好砧木 砧木可选红橘、书田橘、枳和红柠檬。用红橘作砧木砧穗亲和性好,苗木生长快,树势强,树冠高大,但结果稍晚,进入盛产期后较丰产。用书田橘作砧木苗木生长迅速,进入结果期稍晚,但进入盛产期后较丰产。用枳作砧木植株矮化、早结,但嫁接未经脱毒的春甜橘、明柳甜橘易发生裂皮病和碎叶病。用红檬檬作砧木,因水平根多而细长,小侧根及须根发达,适合肥沃的水田种植,苗木初期生长快,易丰产,果大。但耐寒力差,易患流胶病、裂皮病,易衰退,寿命短。

3. 建好园地 平地和水田均可建园。在较平坦的旱地建园,采用低畦旱沟式矮墩种植。瘠薄、有机质少的土壤,可挖深、宽各50厘米的浅穴或条沟,经施肥改土后起墩种植,以后将墩整成龟背形。每行间开1条水沟,平时水沟不蓄水,干旱时引水灌溉。水源不足之地种植,宜采用滴灌或软管低位喷灌,以利节水。

水田建园,因地下水位较高,雨季易积水,应降低水位后种植。在冬季犁冬晒白耙平后起畦,筑墩栽培。墩的高度依地下水位而

定:水位高墩高,一般墩高 50～60 厘米。园地配建排灌沟,以排水沟最深,围田沟次之,畦沟较浅,构成三级排灌网。

4. 密度适宜　种植密度受气候、环境、砧木和栽培技术等的影响。通常株行距 3 米×4 米,即每 667 米^2 种 56 株;或 3 米×4.5 米,即每 667 米^2 种 50 株。枳砧在水田柑橘园株行距 3 米×4 米,即每 667 米^2 种 56 株。

5. 管好肥水　1～2 年未结果幼龄树,重在培养各次新梢,使之尽快形成树冠。肥料以氮为主,勤施薄肥,做到梢前梢后施。每次抑梢萌发前 10 天左右施 1～2 次速效肥,新梢抽发后再施 1 次壮梢肥并根外追肥 2～3 次,促其 1 年中能抽生 3～4 次健壮枝梢。容器苗在定植 15 天后可施腐熟的稀薄麸饼类沤肥水,或淋施稀薄尿素水肥、复合肥液;裸根苗需在种植后 25～30 天淋稀薄水肥。

3～4 年生的幼年初结果树,以"秋前、冬季重施,春肥看花施,夏肥不施"的原则,12 月份至翌年 1 月份施采果肥,以迟效肥为主;2 月份施春肥;5～6 月份一般不施肥,以控制夏梢;秋肥重施,以速效肥水为主,8～10 月份壮梢、壮果,可施 1～2 次速效水肥;冬季改土施鸡粪为主的有机肥。

成年结果树除增补有机质肥外,要抓壮蕾壮梢肥、谢花肥、秋梢壮果肥和采果前后肥,1 年 6～8 次,通常"秋重、冬多、春补、夏适"。春梢肥占全年施肥量的 10%、谢花稳果肥占 10%、秋梢肥占 35%、壮果肥占 15%、采果和过冬肥占 30%。

施肥量:1 年生幼树株施人粪尿 25～30 千克、鸡粪 3～5 千克或花生麸 0.3～0.5 千克、尿素 0.25 千克、三元复合肥 0.25 千克。2 年生树株施鸡粪 5～10 千克或花生麸 0.5～1.0 千克、尿素 0.3 千克、三元复合肥 0.3 个克、硫酸钾 0.2 千克、石灰 0.25 千克。

结果树以产量定施肥量。每 667 米^2 产 2 500 千克,需施纯氮 28～33 千克、五氧化二磷 14.0～16.5 千克、氧化钾 19.5～26.5 千克,N∶P∶K 为 1∶0.5∶0.7。此外,根据树体营养状况进行缺啥补啥的根外追肥。

6. 整形修剪 幼树结果前采用通过定干(干高 30～35 厘米),配置主枝(3～4 个)、副主枝(9～12 个),拉线整形,抹芽放梢初步形成树冠。

成年结果树:初结果树要控夏梢,剪除过低的下垂枝,控制冬梢;成年结果树采取 1 年两剪,以夏剪为重点,抹除夏梢,放秋梢前 15 天左右短截未挂果的衰弱枝。采果后的修剪主要是回缩衰退枝,疏剪过密枝和荫蔽枝序,剪除树冠顶部的衰退枝,压低树冠。

7. 花果管理 一要促花。通过适时放秋梢,培养健壮的结果母枝,适当控水,花芽分化前施足花芽分化所需的肥料,防止不正常落叶和喷多效唑等措施促花。二要保花保果。通过合理施肥、及时排灌、控制早夏梢减少落果,在谢花后第一次生理落果前及时喷第一次赤霉素 40～50 毫克/千克液加细胞分裂素 10～15 毫克/千克液;第二次生理落果前喷 1 次赤霉素,浓度为 40～50 毫克/千克液。此外,还可用环割、摇花等措施保果。

十一、粤农晚橘的关键栽培技术

系从砂糖橘中选出的晚熟柑橘,树势旺盛,树形开张。适应性较强,抗溃疡病。

1. 选好园地 因果实挂树越冬,应选冬暖之地栽培。要求 1 月份平均温度 10℃以上,≥10℃年活动积温 6 000℃～7 700℃,雨量充沛,光照充足,排灌方便,土壤肥力中等至肥沃的砂糖橘适地种植。山地选背风向阳的南坡地种植。

2. 配好砧木 以三湖红橘、酸橘作砧木,砧穗亲和性好,丰产稳产。

3. 加强肥水 肥料以有机肥为主,配合适量的氮、磷、钾肥和硼、镁、锌、锰。果实膨大期遇旱要及时灌水,果实转色期宜适度控水，以提高品质。

4. 整形修剪　与春甜橘和明柳甜橘相似，此略。

5. 促花投产　对生长旺不及时投产的植株，宜在花芽分化前采取断根、控水或环割的方法促其结果。

6. 保花保果　与春甜橘和明柳甜橘相似，此略。

7. 成片种植　粤农晚橘少核，宜集中成片种植，勿与有核品种混栽，以免果实种子增加。

十二、马水橘的关键栽培技术

马水橘因果实小，色泽金黄，俏销价好，果农也喜种植。

1. 选好园地和砧穗组合　广东、广西等柑橘产区适宜种植，选冬季无霜冻，1月份平均温度10℃以上，极端低温0℃以上的地域，土壤深厚肥沃，有水源之地建园。砧木选用酸橘或三湖红橘，可优质丰产。

2. 春季保果促生长　一是培养适量的短壮春梢，促使果实发育良好。二是施春肥。现蕾时株施三元复合肥0.5千克加硫酸0.05千克(株产量25千克的树，下同)。

3. 防止异常生理落果　马水橘在广东阳春种植第一次生理落果轻，第二次生理落果重。4～5月份气温高，少雨，水源不足常加剧生理落果。应在谢花后喷施保果剂等保果；同时加强肥水管理，重施谢花肥：花量中等以上的树，株施花生麸1.5千克加三元复合肥0.25千克加硫酸钾0.15千克。花量少的树酌情少施，并结合喷施0.3%尿素加0.2%磷酸二氢钾加0.03%核苷酸，10天左右喷1次，连续2～3次。土壤施肥后灌水，以加速小果生长。

4. 综合防止裂果　马水橘果皮薄，易裂果，应采取抹除夏梢、疏除过小果，及时施肥，果园覆盖等和保持土壤水分相对平衡等综合措施。当夏梢长至3～5厘米长时抹除；稳果后以20～25片叶留1个果，疏除小果。及时施肥：土壤施稀花生麸水，并结合叶面喷施0.2%硝酸钙、0.1%硼酸、0.2%磷酸二氢钾，但防止一次施肥过多而大量引起裂果。放秋梢前1个月，株施鸡粪10千克加三元复合肥0.2千克；秋梢转绿期，株施三元复合肥0.2千克。果园覆盖或生草栽培，防止土壤干湿变化过大。

5. 培养健壮结果母枝 立秋至秋分促放秋梢，在可控冬梢的前提下，秋梢尽量早放。秋梢老熟后应先控水控肥，并结合喷多效唑，浓度为100克对水50升。或环割主枝、副主枝1～2刀，控冬梢萌发，促进花芽分化。

十三、岩溪晚芦的关键栽培技术

1. 栽植密度 岩溪晚芦生长较旺盛，为避免过早封行郁闭，宜选3米×4米的株行距，即每667米^{2}栽56株为宜。

2. 肥水管理 该品种晚熟，1月底至2月初果实或熟，采收可延迟至3月，故应加强肥水管理，防止营养亏缺而出现大小年及树势衰弱。施肥要求：一是施足基肥。施肥期2月前后，施肥量以树龄而定。通常10年生树，株施桐籽5～7.5千克、鸡粪10～15千克、猪牛栏粪20～30千克，肥料与土壤充分拌匀后覆土。二是巧施春肥。春芽肥即采果肥。果实采后及时施下，肥料以速效氮肥为主，干旱时宜对水施，施三元复合肥0.5千克加尿素0.2～0.3千克，对水40～50升，土壤施肥。三是重施攻梢肥。宜在7月初施，株施三元复合肥0.5千克、尿素0.2千克。四是重视秋肥。9～10月份结合抗旱，每月施水肥1～2次，肥料用1.0%～1.5%三元复合肥或0.4%尿素加0.4%硫酸钾加1%过磷酸钙浸出液的混合液淋施。每667米^{2}产2 000千克果实，全年施肥量：纯氮18～20千克，五氧化二磷14～16千克，氧化钾16～18千克。有条件的还可在液肥中加生物磷钾菌剂，每667米^{2}加2～3千克，以利于提高肥效。

3. 整形修剪　幼树培养三大主枝的树形。为解决长势旺、分枝角度小,第二年即采取拉枝,加大分枝角度。通过 2～3 年拉枝加摘心、短截,即可造就圆头形丰产树形。

结果树修剪以轻剪为主,疏除树冠中、下部的枯枝、细弱枝、荫蔽枝和树冠上部的过密枝。

4. 保花保果　岩溪晚芦花量大,但坐果率低,应采取保花保果措施,尤其是第一次生理落果前的保花保果。具体做法是:落花 1/3 后 15 天左右喷施柑橘专用保果剂(细胞激动素为主)或赤霉素 2 次,浓度为 50 毫克/千克。也可在落花后 15 天喷施 10 毫克/千克 2,4-D 溶液 2 次,并配合施 0.2%～0.3%磷酸二氢钾加 0.3%尿素的混合液。

5. 防治病虫害　及时防治,尤其是锈壁虱的防治,注意观察虫情,当园内少量果实出现灰色即应喷药 1～2 次,详见病虫害防治章节,此略。

十四、矮晚柚的关键栽培技术

矮晚柚树体矮小,适宜密植。

1. 园地选择　矮晚柚晚熟,果实挂树越冬,适宜在年平均温度 17.5℃～20℃,极端低温－3℃以上,≥10℃年活动积温5 500℃以上,日照充足,雨量充沛(或水源充足),土壤肥沃、疏松、微酸性至中性的丘陵坡地、平地种植。水田地种植要选排水良好的地块,并开深沟排水。

2. 配好砧木　以枳、酸柚作砧木亲和性好,枳砧结果早,丰产稳产。酸柚砧较枳砧矮化,结果稍迟。

3. 改土建园　土壤达不到要求的种前要进行改土培肥,来不及改土的种植后 3 年内完成。种前挖穴(沟)施足基肥,穴深 0.8

米、宽0.8～1.0米，施入绿肥、秸秆、厩肥等作基肥，每穴30～50千克，施过磷酸钙2千克或钙镁磷肥(酸性土)2千克与土分层混合施，回填土起墩(高0.2～0.3米，直径0.8米)，待基肥腐熟后种植。种植后随树长大逐年扩穴改土，在3年内完成，为植株丰产打下基础。

4. 栽植密度 矮晚柚树体矮小，宜密植。通常计划密植株行距为2米×3米，即每667米^{2}栽112株。用整形修剪控冠，以果压梢可连续6～8年后间移去1株，变株行距为3米×4米，即每667米^{2}栽56株。矮晚柚种后第三年，甚至第二年可结果。

5. 肥水管理 矮晚柚结果早、丰产，应加强肥水管理。

幼树“一梢两肥”，重点是芽前。为壮枝梢，1年喷2～3次0.2%～0.3%尿素、磷酸二氢钾的混合液。微肥因树制宜，缺啥喷啥，越冬施好以有机肥为主的基肥。

结果树1年施春芽肥、稳果肥、壮果促梢肥和越冬肥。产量100千克施纯氮0.8～1.0千克、五氧化二磷0.4～0.6千克、氧化钾0.6～0.8千克。春芽肥、稳果肥、壮果促梢肥和越冬肥分别占全年施肥量的10%、20%、30%和40%。各次梢自剪至转绿时喷0.3%磷酸二氢钾溶液。

根据气候情况，树体需水时，尤其是果膨大期应及时灌水。

6. 整形修剪 幼树整形采用低干、矮冠、主枝少(3个)、枝序多的树形。修剪宜轻。

7. 疏花疏果 疏花疏果的顺序应先疏花序，再疏花蕾，最后疏果。疏花序即在1个抽生多花序的结果母枝中疏去头部和尾部较弱的和无叶的花序，只留母枝中间两个左右健壮的序。

疏蕾应在花蕾露白(黄豆大小)进行，此时易判断花蕾的优劣及畸形。在整形修剪中，应疏除畸形花蕾、过小过密的花蕾、头部和尾部的花蕾，只留中间3个左右的健壮花蕾。同时，还可适当抹除生长结果期柚树部分过旺的春梢营养枝，适当疏除盛果期柚树

或衰弱期柚树部分纤弱的春梢，以减少养分消耗，将营养集中于健壮的花上，以提高坐果率。

疏果应在第二次落果期结束后进行。对果枝上着生3个或以上的果实，疏去其中发育较差的畸形果、小果、密弱果，保留健壮果。强树多留，弱树少留。留果量多少，应依据树体营养状况、果实在树冠的分布情况和栽培管理水平，灵活掌握。矮晚柚密植园盛果期前，每667米^{2}栽112株，平均每株产量15个，可产果1680个，平均每个重1.5千克计，产量2520千克；盛果期树，株留40个左右，每667米^{2}可产4480个，以每个1.2千克计，产量可达5000千克以上。

主要参考文献

［1］ 沈兆敏. 中国柑橘技术大全［M］. 成都:四川科学技术出版社,1992.

［2］ 沈兆敏. 脐橙优良品种及无公害栽培技术［M］. 北京 . 出版社,2006.

［3］ 沈兆敏,罗胜利. 椪柑优良品种及无公害栽培技术［M］. 北京:中国农业出版社,2007.

［4］ 沈兆敏,柴寿昌. 中国现代柑橘技术［M］. 北京:金盾出版社,2008.

［5］ 沈兆敏,柴寿昌. 中国三峡柑橘产业［M］. 北京:中国三峡出版社,2008.

［6］ 陈德严,梁金旺. 马水橘优质丰产栽培［M］. 广州:广东科技出版社,2008.

［7］ 鲁剑巍,李荣. 柑橘常见缺素症状图谱及矫正技术［M］. 北京:中国农业出版社,2010.

［8］ 沈兆敏,朱新礼. 中国柑橘产业化［M］. 北京:金盾出版社,2011.

［9］ 彭成绩,蔡明段. 春甜橘、明柳甜橘栽培技术彩色图说［M］. 广州:广东科技出版社,2012.

［10］ 彭良志. 甜橙安全生产技术指南［M］. 北京:中国农业出版社,2013.

［11］ 周常勇,周彦. 柑橘主要病虫害简明识别手册［M］. 北京:中国农业出版,2013.